Richard E. Leakey · Roger Lewin

Wie der Mensch zum Menschen wurde

Neue Erkenntnisse über den Ursprung und die Zukunft des Menschen

Aus dem Englischen von
Angela Sussdorff

Hoffmann und Campe

Copyright © Richard E. Leakey and Roger Lewin
Titel der Originalausgabe: Origins
Layout und Produktion durch The Rainbird Publishing Group
Limited, London 1977
Designer: Ruth Prentice
1. bis 10. Tausend 1978
Alle Rechte der deutschen Ausgabe
© Hoffmann und Campe Verlag, Hamburg 1978
Gesetzt aus Borgis Times-Antiqua
Satzherstellung A. Utesch, Hamburg
Druck und Bindearbeiten Dai Nippon Printing Co., Tokio,
Japan
ISBN 3–455–08931–3. Printed in Japan

Inhalt

1
Perspektiven
der
Menschheit

Vor nahezu drei Millionen Jahren geschah es, daß der Blick eines der Urmenschen, die am Ostufer des riesigen Rudolf-Sees in Kenia lagerten, auf einen glattgewaschenen Stein fiel. Er hob ihn auf und formte daraus mit ein paar geschickten Handgriffen ein Werkzeug. So wurde ein Zufallsprodukt der Natur zu einem Stück durchdachter Technologie, mit dem man Wurzeln ausgraben oder Fleisch zerlegen konnte. Der Mensch, der dieses frühe Steinwerkzeug hergestellt hatte, legte es bald zur Seite und vergaß es. Dieser Stein existiert jedoch noch heute als Verbindungsglied zu unseren Vorfahren und wird mit vielen anderen Geräten zusammen heute im Nationalmuseum von Kenia in Nairobi aufbewahrt. Was für ein erregender Gedanke, daß wir die gleichen genetischen Anlagen haben wie jener, der dieses Werkzeug in den Händen hielt, das wir nun in unseren Händen halten, und daß seine Aufmerksamkeit auf diesen Stein fiel, dem wir heute unsere Aufmerksamkeit schenken.

Die Erforschung der Menschheitsdämmerung hat seit jeher etwas Aufregendes an sich gehabt, dem sich niemand entziehen kann. Wissenschaftler und Laien werden gleich stark in ihren Bann gezogen, denn überall auf der Welt wollen die Menschen ihre ferne Vergangenheit kennenlernen und in Erfahrung bringen, wie sich aus einem affenähnlichen Wesen denkende, fühlende, kultivierte Menschen entwickeln konnten. Aufgrund welcher evolutionären Bedingungen wurde aus diesem affenähnlichen Urwesen ein hochentwickeltes intelligentes Geschöpf mit aufrechtem Gang, das sich nach und nach – mit Hilfe von Geschick und Entschlossenheit – die Erde untertan machte? Das ist die Frage, die wir uns gestellt haben, nicht aus reiner Neugier, sondern weil der Schlüssel zu unserer Zukunft ohne Zweifel darin liegt, daß wir zu einem rechten Verständnis von uns selbst als Lebewesen gelangen.

Seit die ersten Anzeichen von Selbsterkenntnis im Gehirn unserer fernen Vorfahren aufflackerten, hat der Mensch bzw. schon der Urmensch über seine Beziehungen zur Außenwelt nachgedacht. Wir können davon ausgehen, daß die Menschen vor etwa einer Million Jahren sich selbst als integralen Bestandteil ihrer Umgebung verstanden: sie waren Jäger und Sammler und konnten nur überleben, wenn sie die Welt, in

Vorhergehende Seite: Unser kleiner Planet dreht sich um die Sonne, die ihrerseits nur einer der hunderttausend Sterne unserer Galaxis ist. Diese wiederum ist eine der Millionen Galaxien, aus denen sich das Universum zusammensetzt. Der »Urknall-Theorie« zufolge entstand es durch eine gigantische Explosion vor etwa 10 Milliarden Jahren. Diese enorme Zeitskala rückt unsere eigene Erdgeschichte in eine angemessene Perspektive. Unser Bild zeigt den Andromedanebel, der ungefähr 150 000 Lichtjahre von uns entfernt ist.

Die Familie Leakey hat eine wichtige Rolle bei der Erforschung der Zeit der ersten Hominiden in Afrika gespielt. Oben links: Dr. Louis S. B. Leakey im Alter von 20 Jahren mit einem von ihm ausgegrabenen Dinosaurier-Schädel im Jahre 1924. Unten links: An dieser Stelle wurden Überreste eines Homo habilis ausgegraben. Arbeiter legen Einschnitte von losem Erdreich frei. Unter den Arbeitern sind Louis und Mary Leakey zu erkennen. Oben: Luftbild der Olduvai-Schlucht am Rande der Serengeti, wo viele Fossilien gefunden wurden. Oben rechts: Kiefer eines frühen Menschen im Vergleich zu denen eines heutigen und eines Urmenschen. Die Abbildung zeigt die Unterkiefer eines jungen Homo habilis und einer ca. 20jährigen Frau aus der Olduvai-Schlucht (oben links und Mitte) neben den massiven Kinnbacken eines Australopithecinen und eines heutigen Homo sapiens (unten). Der Kiefer des Australopithecinen, den Richard Leakey am Ufer des Natron-Sees fand, hat sehr abgenutzte Reißzähne, von denen man auf harte Nahrung schließen kann. Die Schneidezähne sind im Vergleich zu den anderen klein. Mary Leakey fand den Kiefer eines frühen Homo im tansanischen Laetolil. Die Seitenansicht (Mitte rechts) zeigt die zweiten Zähne und darüber die Milchzähne. Rechts: R. Leakey bei Ausgrabungen in der Nähe des Rudolf-Sees im Herbst 1976.

der sie lebten, respektierten. Und doch waren wohl auch sie schon – wie es seit Menschengedenken geschieht – bestrebt, ihre Überlebensbedingungen zu verbessern, indem sie auf verschiedenerlei Weise versuchten, die die Welt beherrschenden Naturgewalten zu beeinflussen. Im Laufe einer langen Zeit entwickelte sich allmählich der heutige Mensch – Homo sapiens sapiens* – ein Lebewesen, das einem extraterrestrischen Beobachter mehr als leicht verdreht erscheinen muß. Im Gegensatz zu jeder anderen Kreatur führen wir endlos miteinander Krieg. Wir beuten ganz bewußt begrenzte Ressourcen aus und glauben noch, daß wir mit dieser Leichtfertigkeit ewig weitermachen können. Wir tun so, als wüßten wir nichts von den abgrundtiefen Ungerechtigkeiten, die wir doch absichtlich anderen Ländern ebenso wie Menschen im eigenen Land zufügen. In gewissem Sinn ist der Mensch heute der Herrscher der Welt. Und seine enorme schöpferische Intelligenz setzt ihn instand zu tun, was er will. Trotz allem – so könnte ein extraterrestrischer Beobachter denken –, ist dieser Herrscher nicht vielleicht ein bißchen verrückt?

Wenn wir aber nicht verrückt sind – und davon wollen wir ausgehen –, warum ist die Menschheit dann allem Anschein nach so versessen darauf, ihrem eigenen Untergang immer schneller entgegenzuwirbeln? Vielleicht ist die Spezies Mensch nur eine scheußliche biologische Fehlkonstruktion, die nicht mehr fähig ist, in Harmonie mit sich selbst und ihrer Umwelt zu leben! Wir müssen uns mit diesem Gedanken befassen, denn in den letzten Jahren haben Wissenschaftler, Dramatiker und andere zu erklären versucht, warum die Menschheit gezwungen sei, ihre Selbstvernichtung zu gewärtigen. Es wurde die These aufgestellt, daß der Aggressionstrieb des Menschen nun einmal eine Tatsache sei. Wissenschaftlichen Kredit erhielt diese Theorie durch Raymond Dart und Konrad Lorenz sowie Robert Ardrey, der diese These in seinen erfolgreichen Büchern auf sehr populäre Weise ebenfalls vertritt.

Die Aggressionstheorie besagt im wesentlichen, der Mensch müsse von aggressiven Instinkten beherrscht sein, da seine genetische Abstammungsgeschichte die gleiche ist wie die des Tieres. Dieser Ansatz wurde dahingehend weiterentwickelt, daß der Mensch an einem bestimmten Punkt seiner Evolution kein affenähnlicher Pflanzenfresser mehr gewesen sei, sondern ein Mörder – ein Wesen, das nicht nur Tiere tötet, um sich zu ernähren, sondern auch seinesgleichen. Das klingt recht plausibel. Aber viel wichtiger ist, daß durch diese

*Wir verwenden den Fachterminus Homo sapiens sapiens (»moderner« Mensch), um den Unterschied zu seinem Vorfahren Homo sapiens zu verdeutlichen. Alle heute lebenden Menschen sind Mitglieder der Untergruppe Homo sapiens sapiens.

These die Menschheit der Mühe enthoben wird, das Böse in der Welt zu bekämpfen. Diese Auffassung ist nicht nur falsch, sondern gefährlich.

Fraglos sind auch wir ein Teil des Tierreichs. Erst an einem gewissen Punkt unserer Entwicklung haben wir aufgehört, wie die großen Primaten uns ausschließlich von pflanzlicher Kost zu ernähren und begonnen, unsere Nahrung in beträchtlichem Umfang mit Fleisch anzureichern. Aber eine ernsthafte biologische Interpretation dieser Fakten darf auf *keinen* Fall zu der Schlußfolgerung führen, der Mensch sei genetisch zum Töten determiniert, nur weil er vor langer Zeit auch zum Jäger geworden ist. Wir stellen im Gegensatz dazu die

Das Studium der Primaten kann uns wichtige Aufschlüsse über unsere eigene biologische Entwicklung geben. Hier ein Plumplori und Gorillas.

Das Stammesleben heutiger Jäger und Sammler, z. B. die !Kung aus der Kalahari, (unten rechts) kann uns manchen wichtigen Hinweis auf die Lebensweise unserer frühen Vorfahren geben.

Behauptung auf, daß der Mensch sich nicht auf so bemerkenswerte Weise von seinen frühen Vorfahren hätte wegentwickeln können, wenn er nicht ein äußerst kooperationsfähiges Wesen wäre.

Davon ausgehend stellt sich natürlich die Frage, warum dann unsere jüngste Vergangenheit eher durch Konflikt als durch Harmonie gekennzeichnet ist. Wir vermuten, daß die Antwort auf diese Frage im Übergang der Jäger und Sammler zum Ackerbauern zu suchen ist. Dieser Umwandlungsprozeß begann vor etwa zehntausend Jahren und führte gleichzeitig zu dramatischen Veränderungen in den Beziehungen der Menschen untereinander und zu ihrer Umwelt. Während der

Sammler und Jäger noch als Bestandteil einer natürlichen Ordnung anzusehen ist, zerstört der Ackerbauer diese zwangsläufig. Wesentlich wichtiger ist jedoch, daß siedelnde Agrargemeinschaften die Gelegenheit haben, Besitz anzusammeln, den sie dann auch verteidigen müssen. In diesem Verhalten liegt der Schlüssel zum Verständnis der Konflikte, die sich in unserer heutigen, so überaus materialistischen Welt immer mehr verschärfen.

Wenn wir ehrlich sind, müssen wir zugeben, daß wir nie die letzte Gewißheit über die Entwicklung unserer Vorfahren bis zu unserer heutigen Lebensform erreichen werden; dafür haben wir einfach zu wenig Anhaltspunkte. So überdauerten

Es gibt in Afrika außer der Olduvai-Schlucht und dem Rudolf-See noch andere wichtige Fundstätten. Dazu gehören Makapansgat (links) und Sterkfontein, wo der Schädel gefunden wurde, der ganz unten zu sehen ist; links außen das Tal des Omo in Äthiopien, wo Spezimen des Australopithecus boisei gefunden worden sind. Weiter nördlich in Äthiopien liegt Hadar, wo Dr. Don Johanson Fossile des Typus Homo und des Australopithecus entdeckte. Linke und rechte Kieferhälften dieses Australopithecus sind unten zu sehen.

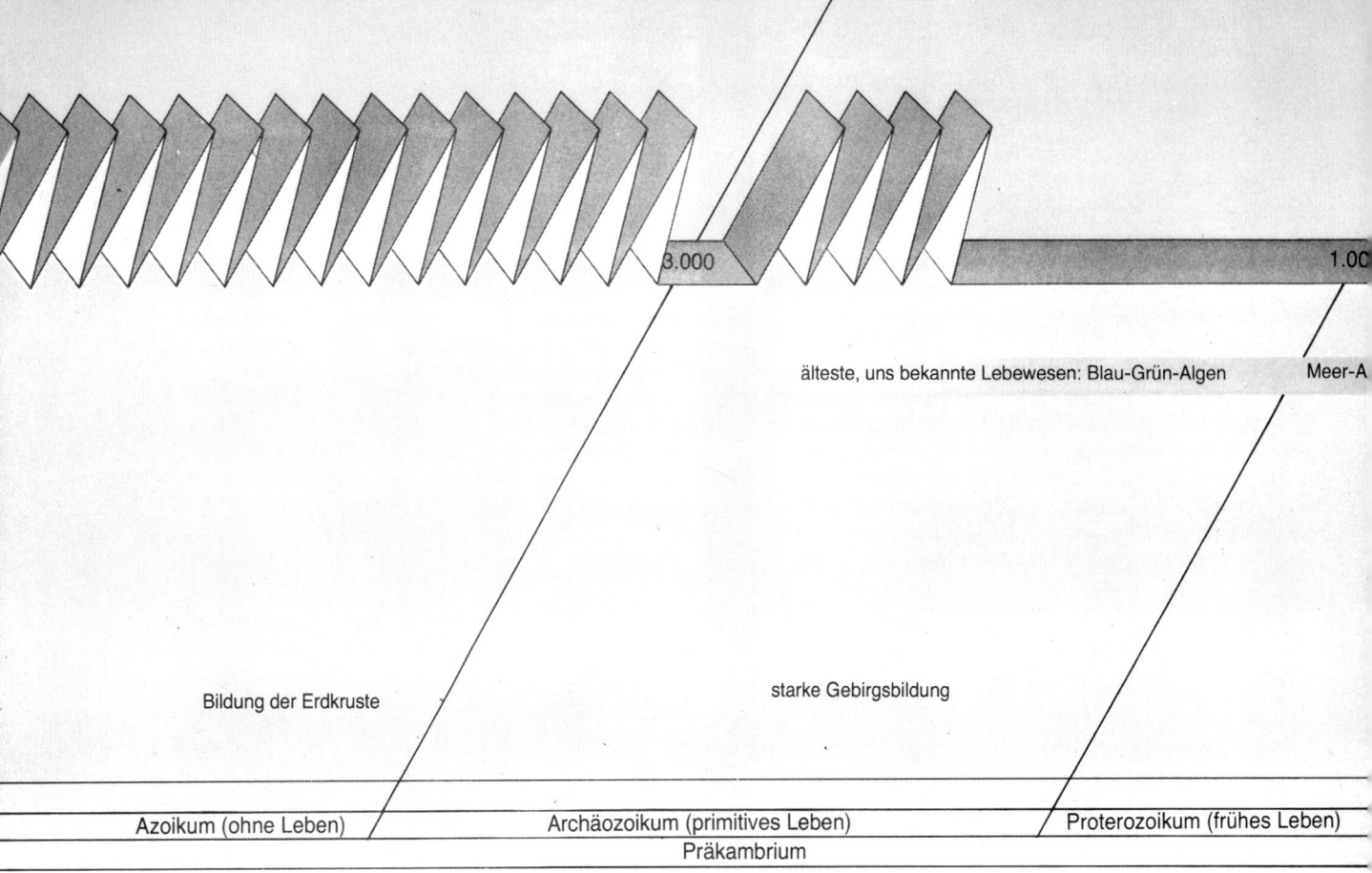

| 3.000 | | 1.00 |

älteste, uns bekannte Lebewesen: Blau-Grün-Algen   Meer-A

Bildung der Erdkruste   starke Gebirgsbildung

| Azoikum (ohne Leben) | Archäozoikum (primitives Leben) | Proterozoikum (frühes Leben) |

Präkambrium

Die Übersicht auf dieser und den nächsten Seiten zeigt die geologische und paläontologische Geschichte unserer Erde.

– und dies nur dank besonders günstiger Umweltbedingungen – nur ganz wenige Ansiedlungen aus der Zeit vor etwa zwei Millionen Jahren. Nur ein winziger Bruchteil davon wird überhaupt jemals entdeckt werden, die anderen bleiben verschüttete, uns immer verschlossene Zeugen der Vergangenheit. Wir können zufrieden sein, wenn wir an den bisher entdeckten Lagerstätten ein paar Steinwerkzeuge und Fossilfragmente finden – spärliche Zeugnisse einer komplexen sozialen und kulturellen Aktivität. Trotz der bisherigen geringen Ergebnisse haben wir doch guten Grund, bessere zu erhoffen, denn in den letzten Jahren hat gerade auf dem Gebiet der menschlichen Frühgeschichte eine Art Revolution stattgefunden. Während früher einige wenige nach steinzeitlichem Werkzeug und Fossilien fahndeten, haben sich neuerdings Wissenschaftler verschiedener Disziplinen zusammengetan, um diesen Forschungsgegenstand gemeinsam ins Visier zu nehmen.

An Symposien mit prähistorischer Thematik nehmen heutzutage fast immer außer Archäologen (die nach Steinwerkzeug graben) auch Forscher folgender Disziplinen teil: Paläoanthropologen (die sich mit frühgeschichtlichen Humanfossilien beschäftigen), Geologen (die die erdgeschichtli-

chen Bedingungen früher Ansiedlungen untersuchen), Taphonomologen (die Versuche über die allmähliche Versteinerung eingegrabener Knochen machen), Anthropologen (die heutige, sogenannte »primitive« Gesellschaftsordnungen studieren), Ethologen (die das Verhalten von Affen und Primaten erforschen) und Psychologen (sofern sie sich mit der Entwicklung des menschlichen Gehirns beschäftigen). Das mag manchem als eine recht zusammengewürfelte Gesellschaft erscheinen, aber wenn man alle ihre Kenntnisse und Erfahrungen verknüpft, wird man sich ein wesentlich vollständigeres Bild über die Ursprünge der Menschheit machen können, als das jemals zuvor möglich war. Da jede Disziplin nicht nur einfach Fakten beisteuert, die den derzeitigen Wissensstand der Evolution des Menschen erweitern, sondern die unterschiedlichen Verfahren ebenfalls in die gemeinsame Untersuchung eingebracht werden, wird es auch gelingen, Fragen zu lösen, die bislang nicht einmal gestellt werden konnten.

Das Glück wollte es, daß diese neuen Methoden zu einem Zeitpunkt entwickelt wurden, als prähistorische Fossilien in bislang unbekanntem Ausmaß entdeckt wurden. In den siebziger Jahren fand man bei Ausgrabungen in Äthiopien, Kenia und Tansania so viele aufschlußreiche Fossilien, daß es Jahre brauchen wird, um sie entsprechend den neuen Verfahren gründlich zu analysieren. Diese Fossilien sind jedoch nicht nur ihrer *Zahl*, sondern auch ihrer *Beschaffen-*

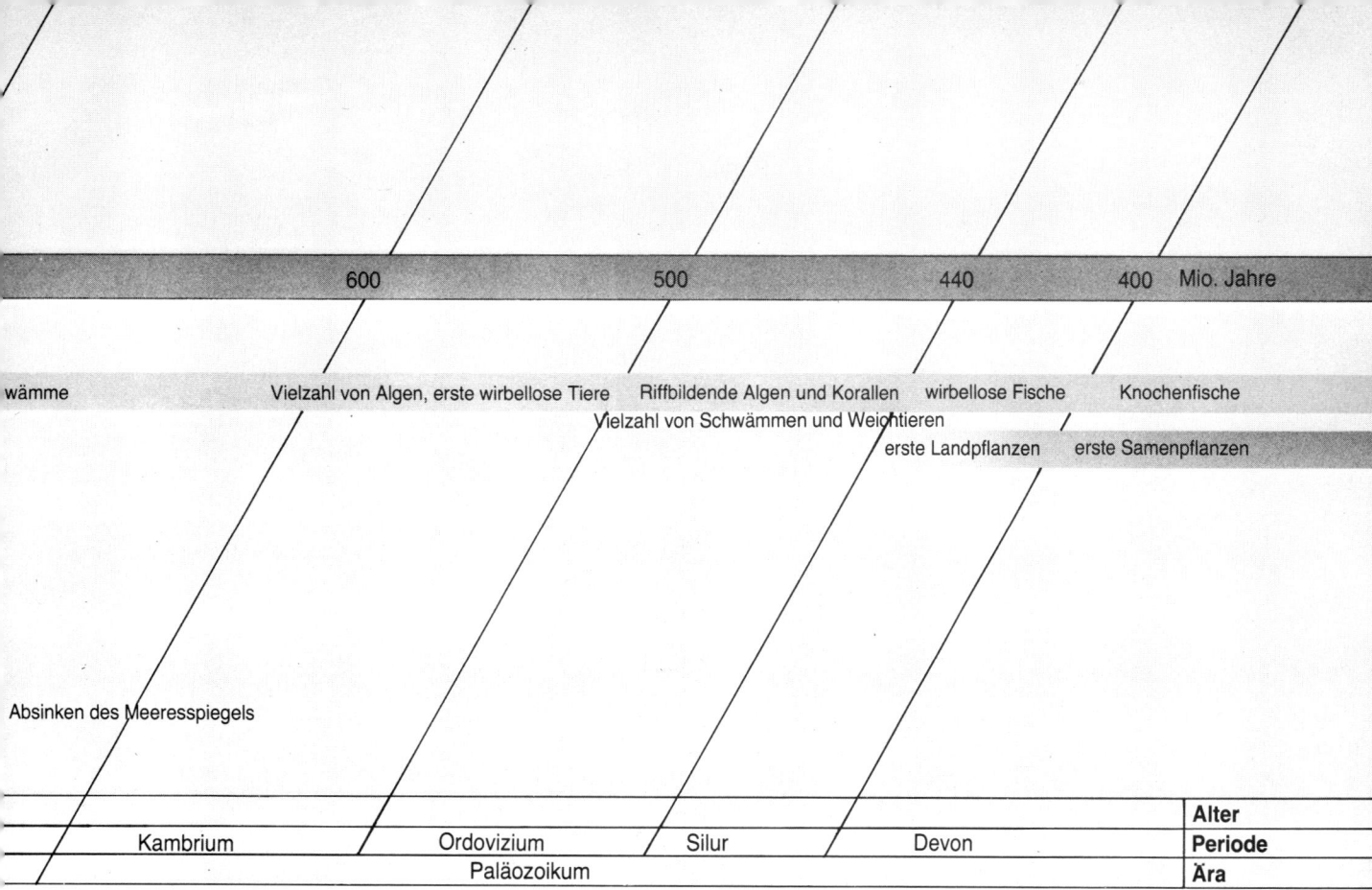

							Alter
Kambrium		Ordovizium		Silur		Devon	**Periode**
		Paläozoikum					**Ära**

600 **500** **440** **400** Mio. Jahre

...wämme — Vielzahl von Algen, erste wirbellose Tiere — Riffbildende Algen und Korallen — wirbellose Fische — Knochenfische

Vielzahl von Schwämmen und Weichtieren

erste Landpflanzen — erste Samenpflanzen

Absinken des Meeresspiegels

heit nach von großer Bedeutung für uns Prähistoriker und haben in den letzten Jahren zu neuen Einsichten über die Evolution des Menschen geführt. So wissen wir heute, daß die Entwicklung zum heutigen Menschen vor fünf, vielleicht sogar sechs Millionen Jahren begann. Außerdem hat sich herausgestellt, daß während dieser Phase unsere Vorfahren lange Zeit mit zwei Typen von Artgenossen unter denselben Umweltbedingungen zusammenlebten, mit denen sie zwar nah verwandt waren, die jedoch allmählich ausstarben. Diese entwicklungsgeschichtlichen Vettern nennt man Australopithecinen.

Die beiden Australopithecinenarten und der Urmensch hatten zumindest zwei Dinge gemeinsam: erstens stammten sie von dem gleichen Vorfahren ab, einem kleinen, primatenartigen Wesen: dem *Ramapithecus,* der vor mindestens zwölf Millionen Jahren in Europa, Asien und Afrika lebte. Zweitens konnten sie alle auf zwei Beinen stehen und hatten einen aufrechten Gang. Derzeit können wir nicht mit letzter Sicherheit sagen, aufgrund welcher evolutionärer Zwänge der *Ramapithecus* sich zu den *Australopithecinen* einerseits und zum *Homo* andererseits entwickelte, was notabene – nach allem, was wir bisher wissen – nur in Afrika der Fall war und sonst auf keinem anderen Kontinent. Aufgrund der neueren Forschungsmethoden und der zahlreichen Fossilfunde können wir heute jedoch Hypothesen über die kaum merklichen Unterschiede in den Verhaltensweisen dieser frühgeschichtli-

chen Artgenossen aufstellen, die man insgesamt als Hominiden bezeichnet. Wir nehmen an, daß ihre Lebensform zunächst sehr ähnlich war. Dann verfeinerte sich jedoch das Sozialsystem des *Homo,* so daß allmählich ein immer größerer Evolutionskeil zwischen diese Spezies und die *Australopithecinen* getrieben wurde. Die neuerworbene Fähigkeit des Urmenschen, nicht nur Pflanzen zu sammeln, sondern auch fleischliche Nahrung aufzunehmen, bedeutete einen ganz entscheidenden Schritt auf dem Weg zur sozialen Höherrangigkeit. Diese Lebensform prägte die menschliche Existenz bis vor nur zehntausend Jahren, als die Menschen begannen, Ackerbau zu betreiben.

Seit diesem Zeitpunkt ist uns die Geschichte wohlbekannt: auf die neolithische Revolution folgte die industrielle Revolution (im letzten Jahrhundert) und führte zur derzeitigen technologischen Revolution. Damit einher ging die explosionsartige Zunahme der Bevölkerung: während die Erdbevölkerung weniger als zehn Millionen Menschen zur Zeit der neolithischen Revolution zählte, sind es heute mehr als vier Milliarden. Zwei Dritteln droht der Hungertod!

Wenn man die geographische Ausdehnung des Menschen als Erfolg bezeichnen kann, so sind wir heute erfolgreich, denn während – entwicklungsgeschichtlich gesehen – unsere Wiege in Afrika stand, so besiedeln wir heute tatsächlich jeden Fleck unserer Erde. Wo immer Leben ist, ist der Mensch. Dank der ungewöhnlichen Anpassungsfähigkeit, die

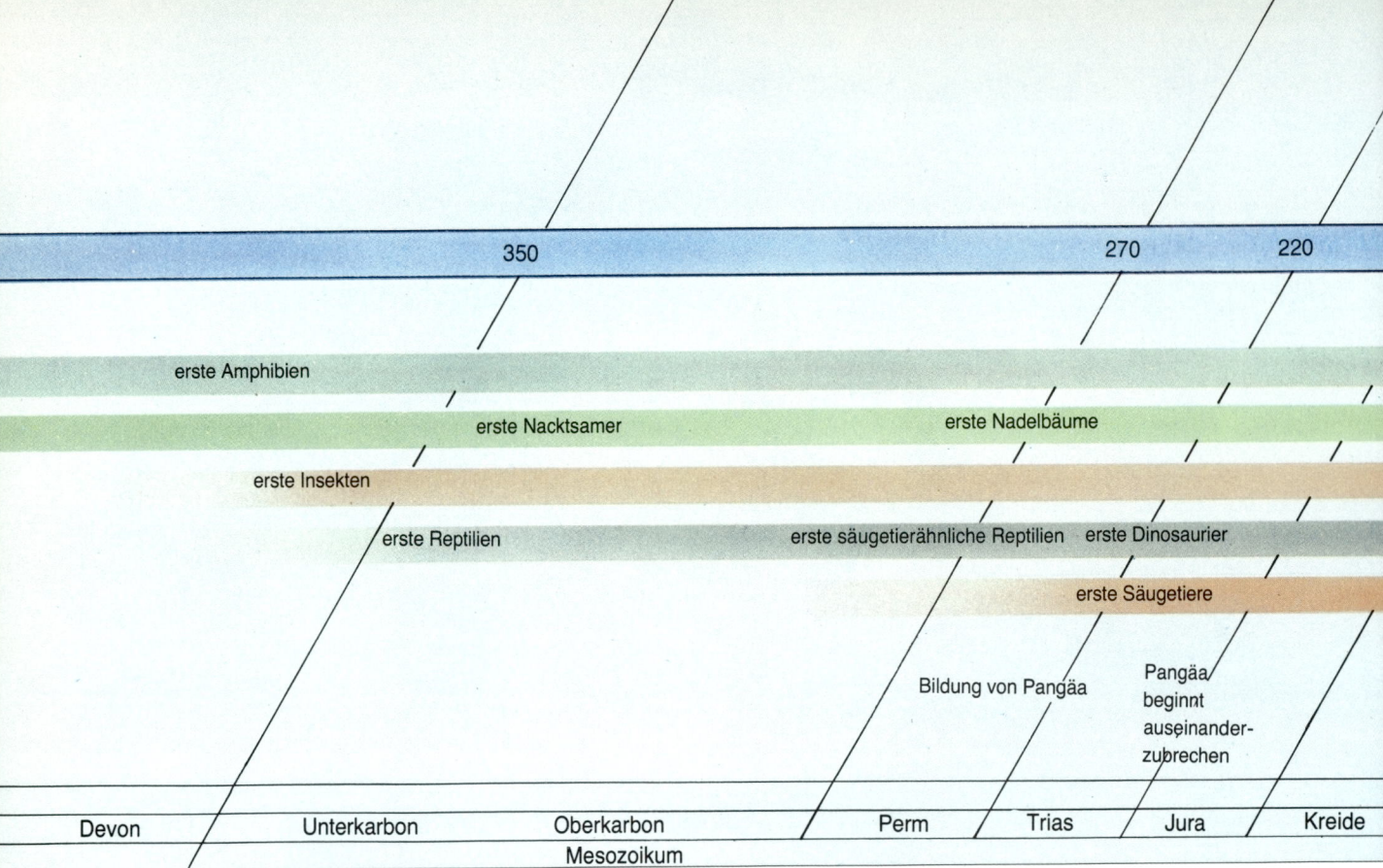

| | | 350 | | 270 | 220 |

erste Amphibien

erste Nacktsamer · erste Nadelbäume

erste Insekten

erste Reptilien · erste säugetierähnliche Reptilien · erste Dinosaurier

erste Säugetiere

Bildung von Pangäa · Pangäa beginnt auseinanderzubrechen

| Devon | Unterkarbon | Oberkarbon | Perm | Trias | Jura | Kreide |

Mesozoikum

von ausschlaggebender Bedeutung für unsere Entwicklung ist, lebt keine andere Spezies unter solch verschiedenartigen Lebensbedingungen.

Allerdings müssen wir die ungewöhnliche Abstammungsgeschichte des Menschen ins Auge fassen. Wollte man nämlich die Geschichte der Erde nachzeichnen, Tag für Tag und Jahr für Jahr, seit ihrem Ursprung aus dem Sonnensystem vor etwa viereinhalb Milliarden Jahren, und wollte man diese Entwicklung niederschreiben in einem Buch von genau tausend Seiten, so müßte auf jeder dieser Seiten ein Zeitraum von viereinhalb Millionen Jahren abgehandelt werden. Fast das ganze erste Viertel des Buchs, also etwa 220 Seiten, müßte sich mit den Bedingungen beschäftigen, durch die allmählich Leben entstehen konnte, nachdem durch Gaskondensation unser siedender Planet entstanden war. Zu diesem Zeitpunkt bewegten sich gallertige Formationen, Zeichen eines primitiven, aber unverkennbaren Lebens, im ruhelosen Gezeitenwechsel der warmen Ozeane. Aber auf ein Leben im Meer, so wie wir es heute kennen, würden wir erst stoßen, wenn wir drei Viertel unseres Buches durchgeackert hätten – denn Fische gibt es erst seit fünfhundert Millionen Jahren. Und auf die ersten Lebewesen auf dem festen Land, Abkömmlinge der Meerestiere, die ihren ozeanischen Lebensraum verlassen hatten, würden wir erst dreißig Seiten später stoßen, vor etwa dreihundertfünfzig Millionen Jahren. Eine der vielleicht exotischsten, sicher aber atemberaubend

sten Perioden der Erdgeschichte, die Phase der Dinosaurier, würde auch auf etwa dreißig Seiten abgehandelt werden. Sie betrifft den Zeitraum zwischen zweihundertfünfundzwanzig und siebzig Millionen Jahren vor unserer Zeit, als die Dinosaurier ganz plötzlich und unerwartet verschwanden, und die Säugetiere an ihre Stelle traten. Zu diesem Zeitpunkt, also vor ungefähr siebzig Millionen Jahren, entstanden die ersten Primaten – kleine, rattenähnliche Kreaturen, die ihre bodennahe, erdverbundene Lebensweise aufgaben und sich auf die Bäume begaben: aus diesen Urwesen entwickelten sich die Affen, die Menschenaffen und die Menschen.

Der entfernteste, uns bekannte Stammvater der Hominiden taucht erst auf den letzten drei Seiten des Buchs auf, das heißt, vor etwa zwölf Millionen Jahren: der *Ramapithecus*. Die Entwicklung des *Homo* finden wir am Ende der vorletzten Seite, die ersten Steinwerkzeuge würden auf der ersten Hälfte der letzten Seite beschrieben werden. Und mit einem enormen Versuch, zu komprimieren, müßten wir die Entstehung des neuzeitlichen Menschen in die letzte Zeile zwingen. Ästhetik und Symbolik der Höhlenmalerei, der Beginn des Ackerbaus, die intellektuellen Errungenschaften der Renaissance, die Umwälzungen der industriellen Revolution, die Polarisierung der Supermächte, der Anfang der Weltraumforschung – überhaupt alles, was unsere neuere Geschichte ausmacht, müßte – wie auch immer – im letzten Wort zusammengefaßt werden!

| 135 | 70 | 60 | 40 | 25 | 10 | 2 Mio. Jahre |

erste Blütenpflanzen

...e Vögel

...saurier sterben aus

Ausbreitung moderner Säugetiere — Auftauchen von weidenden Säugetieren infolge der Verbreitung von Weideland

erste Primaten — erste Menschenaffen — erste Hominiden

Sinkende Temperaturen

Trennung Südamerikas von Afrika

Bildung des Himalaya und der Alpen

Haupteiszeiten mit wärmeren Zwischeneiszeiten

Paläozän	Eozän	Oligozän	Miozän	Pliozän	Pleistozän	Holozän	**Alter**
			Tertiär		Quartär		**Periode**
		Kanäozoikum					**Ära**

Wenn auch die Menschen im Moment die Erde beherrschen, sollten wir doch nicht vergessen, daß die Geschichte unserer Erde sehr viel älter und länger ist als die des Menschen, die nur ein Prozent der gesamten Evolution unseres Planeten ausmacht, und daß auch die Zukunft der Erde viel länger sein wird als die des Menschen.

Auf die Frage, ob *Homo sapiens sapiens* seine derzeitige Führungsrolle noch in zweihundert Millionen Jahren inne haben wird, heißt die Antwort mit an Sicherheit grenzender Wahrscheinlichkeit: nein – und zwar aus zwei Gründen. Erstens: wenn wir weiterhin das anmaßende und törichte Verhalten an den Tag legen, das sogenannte »zivilisierte« Völker kennzeichnet, so werden wir unsere Welt bald so weit ausgebeutet haben, daß selbst unsere Anpassungsfähigkeit überfordert ist. Zweitens: wie wir aus der Kurzfassung der Erdgeschichte gesehen haben, ist eine Langzeitstabilität für eine einzige, hochentwickelte Spezies – wie anpassungsfähig sie auch immer sein mag – biologisch gesehen unmöglich. In vielerlei Hinsicht überschreitet unsere einzigartige Zivilisation unsere biologischen Möglichkeiten – und das macht die Zukunft unserer Spezies noch ungewisser. Die Gefährdung unserer Zivilisation ist so groß, daß wir besser beraten sind, statt eines Zeitraums von zweihundert Millionen Jahren nur einen Bruchteil zu untersuchen, um etwas über die Perspektiven unserer Spezies zu erfahren. Wenn die Zukunft der Menschheit schon in zweihundert Jahren äußerst ungewiß ist,

wieviel mehr dann in zweihundert Millionen Jahren! Mehr denn je zuvor hängt heute unser tägliches Leben von der Wandlungsfähigkeit unserer Kultur ab. Deshalb wird auch die Zukunft unserer Gattung von der Flexibilität und Kraft unserer Kultur bestimmt. Sie verleiht uns die Macht, unsere Zukunft entweder auf Gerechtigkeit und Mitgefühl, oder aber auf Leid und Elend aufzubauen. Als zivilisierte Menschen haben wir die Wahl.

Wenn wir aus unserer langverschollenen Vergangenheit zu lernen versuchen, was wir sind, so können wir damit auch einen gewissen Einblick in unsere Zukunft gewinnen. Fossiles Gestein schließt weit mehr ein als Knochen und Steine; es enthält wesentliche Hinweise auf die menschliche Biologie. Wir werden die Kräfte untersuchen, die die Entstehung der Lebensform als Sammler und Jäger vor etwa drei Millionen Jahren verursachten, und uns mit der Frage beschäftigen, wie eine solch langanhaltende Existenzform vor etwa zehntausend Jahren durch ein agrarisches Gesellschaftssystem abgelöst werden konnte. Auf diese Weise hoffen wir, auch die moderne Gesellschaft besser zu verstehen und einen Ausblick auf unsere Zukunft geben zu können.

Umseitig: Karte der Ausgrabungsorte, denen wir die Grundkenntnisse unserer fossilen Vergangenheit verdanken. Europa hat deshalb so viele Orte aufzuweisen, weil dort schon früh mit der Suche begonnen wurde.

Swansco◄
Cro-Magnon ⌉
Solutré ⎟
Dordogne ⌋
La Chapelle-aux-Sain◄

Torralba/Ambrona◄

Gibraltar ◄
Ternif◄

Los Angeles ●

□ Ramapithecus
○ Australopithecinen
△ Homo habilis
■ Homo erectus
▲ Erste Typen des Homo sapiens
● Cro-Magnon-Menschen

andertal
Steinheim
scale ■ □ Rudabanya
Vertesszöllös
rra Amata
Pyrgos □ ▲ Petralona
□
Regenschlucht ▲ ▲ Shanidar
Berg Karmel

□ Candir

■ Choukoutien

■ Lantian

□ Siwalik-Gebirge
□

○△ Hadar
○○mo
○
△ Koobi Fora
Kanapoi ○□ Fort Ternan
Lothagam ○△ Olduvai-Schlucht
■

▲ Broken Hill

○ Makapansgat
○ Sterkfontein
○△ Swartkrans
Taung ○ Komdraai

Trinil ■▲ Solo

● Mungo-See

2
Die
größte
Revolution

Als die Gemahlin des Bischofs von Worcester an einem schönen Juninachmittag im Jahre 1860 vernahm, daß der Mensch vom Affen abstamme, soll sie gesagt haben: »Du meine Güte! Wir sollen vom Affen abstammen?! Wir wollen hoffen, daß das nicht stimmt – aber wenn es wahr ist, dann wollen wir beten, daß es nicht bekannt wird.« Wie sich herausstellte, war ihre Besorgnis nicht ganz unbegründet: Wir stammen *nicht* von den Affen ab, wenn wir auch gemeinsame Vorfahren haben. Wenn diese Unterscheidung auch zu geringfügig ist, als daß sie dieser Dame hätte Trost bringen können, so ist diese dennoch außerordentlich wichtig.

Es handelt sich hier immerhin um die Kardinalfrage einer der beiden bedeutendsten intellektuellen Revolutionen, die das bis dato bekannte Weltbild erschütterten. Die erste ereignete sich vor mehr als vierhundert Jahren, als Nikolaus Kopernikus die liebgewordene These widerlegte, wonach die Erde als Mittelpunkt des Universums galt. Die zweite Revolution nahm ihren Lauf, als Charles Darwin bewies, daß der Mensch ein Teil der Natur sei und nicht außerhalb ihrer stehe.

Goethe hat einmal gesagt, »keine der uns bekannten Entdeckungen und Theorien haben den menschlichen Geist so nachhaltig beeinflußt wie die Lehre des Kopernikus«. Auch wenn die Wahl zwischen der Relevanz beider Entdeckungen schwerfällt, wäre es doch nicht uninteressant zu wissen, wie Goethe – hätte er sie noch erlebt – die Tragweite der Darwinschen Revolution eingeschätzt hätte. Ganz gewiß kann jedoch die Wissenschaft, die auf Darwins Theorie der stetigen Weiterentwicklung immer komplexer werdender Organismen als Resultat natürlicher Selektion fußt, den Anspruch erheben, die bedeutendste intellektuelle Revolution in der Geschichte der Menschheit zu sein.

Fast zwei Jahrtausende lang galt die jüdisch-christliche Schöpfungsgeschichte in der gesamten westlichen Welt als unanfechtbar. Die Lehre der immer einflußreicher werdenden christlichen Kirche, wonach Gott den Menschen nach seinem Bilde schuf, war tröstlich – und sie wurde aus gutem Grund nicht angezweifelt. Aber man fragte sich doch, wann dieses wundersame Ereignis stattgefunden hatte. James Ussher (1581 – 1656), Erzbischof von Armagh, glaubte 1650 die Antwort gefunden zu haben. Aufgrund seiner Berechnungen auf der Basis des Zahlensystems im Alten Testament datierte Ussher die Schöpfung auf das Jahr 4004 vor Christus. Diese Berechnungen wurden später präzisiert von John Lightfoot, Professor am St. Catherine's College in Cambridge. Er erklärte, die Schöpfung habe präzise am 23. Oktober stattgefunden und zwar genau um neun Uhr morgens. Die ebenso eindrucksvolle wie dubiose Chronologie von Lightfoots Datierungsversuchen zeigt auch, wie sehr Lightfoot um sein und seiner Kollegen Wohl besorgt war: das

Zu den Seiten 18 und 19: Nikolaus Kopernikus, Astronom, Mathematiker und ein gottesfürchtiger Mann, wird oft als Begründer der modernen Astronomie bezeichnet. Im Jahre 1543 veröffentlichte er seine Theorie des heliozentrischen Sonnensystems. Diese zeichnerische Darstellung seiner Theorie wurde erstmals 1761 in Paris gedruckt.

Gegenüber: Diese Arbeit eines französischen Malers aus der Mitte des dreizehnten Jahrhunderts, die Gott als den Schöpfer des Universums zeigt, ist kennzeichnend für die Schöpfungstheorie, die so lange gültig war.

James Ussher, Erzbischof von Armagh, wurde durch seine biblische Chronologie bekannt, nach der die Welt im Jahr 4004 v. Chr. erschaffen worden sein sollte. Dieser Stich von George Vertue wurde nach dem Portrait von Sir Peter Lely angefertigt.

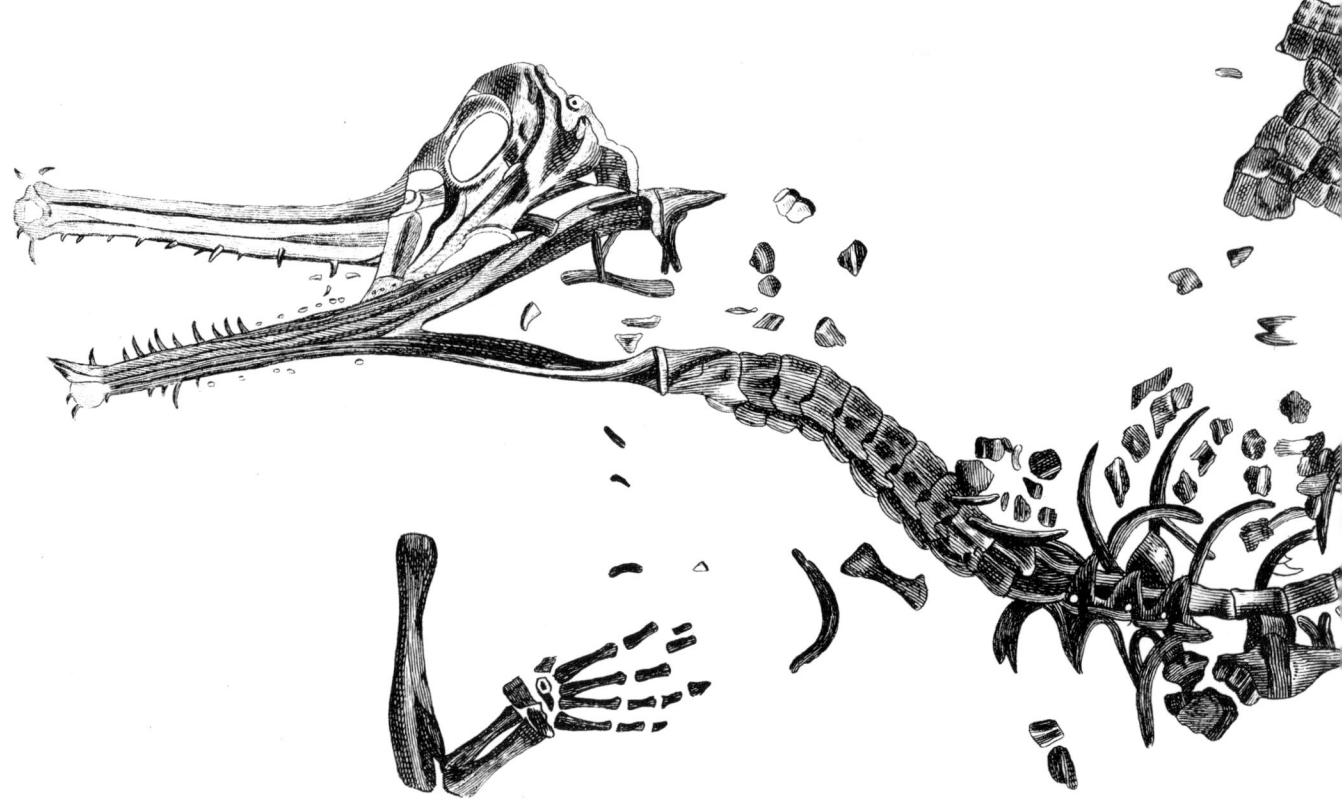

Datum fiel nämlich auf den Beginn des akademischen Jahres.

Den Berechnungen von Ussher und Lightfoot zufolge war die Erde nur bescheidene sechstausend Jahre alt. Dabei hätte doch das außergewöhnlich hohe Alter mancher Gestalten des Alten Testaments – bei ernsthafter Beschäftigung mit der Materie – gewisse Probleme aufwerfen müssen. So wurde die Einschätzung des Erdalters nach Ussher/Lightfoot solange akzeptiert, bis das Gegenteil bewiesen werden konnte. Amateurgeologen, unter denen auch viele Geistliche waren, begannen sich zu fragen, wie denn die Vielschichtigkeit mancher Gesteinsformationen, die sich ganz offensichtlich vor unserer Zeit gebildet hatten, mit den Berechnungen über die Erschaffung der Erde übereinstimmten. Und – was die Sache noch prekärer machte – es gab bereits Fossilfunde, die ganz klar Relikte ausgestorbener Tierarten waren.

Im Verlauf des achtzehnten Jahrhunderts wurden diese Beweise erdrückend. Man suchte eine Erklärung, die mit den Lehren der Heiligen Schrift in Einklang zu bringen war. So entstand die Diluvialtheorie, derzufolge die Versteinerungen Überreste von Tieren waren, die weiland mit der Arche Noah versanken.

Die Diluvialtheorie kam jedoch bald ins Wanken, als man erkannte, daß ein einziges Ereignis wie die Sintflut keine Erklärung für die fossile Entwicklung bot, die man anhand verschiedener Gesteinsschichten nachweisen konnte, denn die jeweils unteren Versteinerungen waren primitiver als die in darüberliegenden Schichten. Den Todesstoß bekam die Theorie durch die Entdeckung »vorsintflutlicher« Fossilien, deren Verwandtschaft zu Tieren, die nach der Sintflut lebten, ganz offensichtlich war.

Im allgemeinen lebte man jedoch immer noch in dem Glauben, der Mensch sei so entstanden, wie das Alte Testament es lehrt: der Mensch wurde erschaffen an einem einzigen Tag, erst Adam und dann Eva. – Allerdings begann dies einigen aufgeklärten Gelehrten fragwürdig zu werden, als die Erde immer mehr Kieselsteinwerkzeuge freigab, man bis dahin für von der Natur geformte Steine oder Donnerkeile gehalten hatte. Die erste überlieferte These, daß der Mensch das Ergebnis eines langen Evolutionsprozesses sei, stammt aus dem Jahr 1797, als John Frere in einer Untersuchung, die er der Royal Society in London aushändigte, Werkzeuge aus Feuerstein beschrieb, die er in dreieinhalb Meter Tiefe in Hoxne bei Diss in Suffolk ausgegraben hatte. Frere, ein Urahn von Mary Leakey, stellte die Behauptung auf, die Werkzeuge wären »von Menschen gefertigt und verwendet worden, die kein Metall kannten . . .

*Gegenüber: Dieses verstei-
nerte Krokodil, abgebildet in
Cuvier ›Das Tierreich‹
(1830) ist mit den heute lebenden verwandt. Funde
dieser Art bereiteten den
Verteidigern der Diluvialtheorie Kopfzerbrechen.*

*Baron Georges Leopold
Cuvier, der sich mit verglei-
chender Anatomie beschäf-
tigte, versuchte eine Erklärung für die in übereinander-
liegenden Schichten gefun-
denen Fossilien zu geben.
Seiner Ansicht nach wurde
die Erde von mehreren Ka-
tastrophen heimgesucht, u.
a. auch der Sintflut.*

die Lage (Tiefe) der Fundstelle läßt uns vermuten, daß sie einer sehr entfernten Periode zuzuordnen sind, einer Periode, die vielleicht sogar älter ist als unsere derzeitige Welt«. Freres Erkenntnis – und sein Mut – blieben bis in die Mitte des neunzehnten Jahrhunderts unbeachtet.

Glücklicherweise trat unterdessen der französische Baron Georges Cuvier (1769 – 1832) auf den Plan, ein Geologe, Naturwissenschaftler und Mitglied der Académie Française, um der Christenheit aus der Verlegenheit zu helfen, in die die Diluvialtheorie sie gebracht hatte. Er führte nämlich die Tatsache, daß Fossilschichten übereinandergelagert sind, auf eine ganze Reihe von Katastrophen zurück, die jeweils alles pflanzliche und tierische Leben ausgelöscht hätten. Dazwischen seien dann immer wieder Ruhepausen eingetreten, in denen Gott die Welt neu – und immer besser – erschaffen habe. Die Sintflut sei nur eine dieser Katastrophen gewesen.

Diese Katastrophentheorie war Balsam für manch aufgewühlte Seele. Adam Sedgwick, Geologe in Cambridge und Lehrer von Charles Darwin, legte diese Theorie folgendermaßen aus: »In aufeinanderfolgenden Perioden entstanden neue Lebewesen, die nicht nur als bloße Nachkommenschaft der vorangegangenen zu sehen sind, sondern als neuer und lebendiger Beweis dafür, daß alles Leben miteinander

verbunden ist. So sind sie alle nach dem gleichen Plan geschaffen, alle im Zeichen weiser Erleuchtung, oftmals ihren Vorfahren nicht verwandt, und doch so wohlgeformt, als kämen sie aus einem anderen Teil des Universums und wären nach dem Aufprall von Planeten auf unsere Erde gekommen.«

Als Cuvier seine Katastrophenlehre (Kataklysmentheorie) entwickelte, ging er ohne Umschweife von der Annahme aus, daß der Zeitenwechsel in der Vergangenheit mit derselben Geschwindigkeit stattgefunden habe wie in der Gegenwart, räumte jedoch ein, daß die Erdentwicklung wohl doch ein wenig mehr als sechstausend Jahre gedauert habe. Dem Beispiel seines Landsmanns folgend, setzte Graf Georges de Buffon (1707 – 1773) das Erdalter auf achtzigtausend Jahre fest. Anhand von Berechnungen, die von Akademiemitgliedern nach Cuviers Tod angestellt wurden, kam man auf siebenundzwanzig aufeinanderfolgende Schöpfungsakte, wobei jeweils das vorangegangene Leben völlig ausgelöscht worden war. So entstand eine geologische »Uhr«. Der Engländer William Smith (1769 – 1839) erhöhte die Anzahl der Erdschichten auf zweiunddreißig.

Das Kardinalproblem dieser erdgeschichtlichen Debatte lag ganz offensichtlich darin, den Ursprung der Fossilien und damit das Erdalter anhand der Fossilschichten genau zu bestimmen. Den ersten ernsthaften Versuch, der Lösung dieses Problems näherzukommen, unternahm der Schotte James Hutton (1726 – 1797), der dank seiner umfassenden Kenntnis des damals bekannten geologischen Anschauungsmaterials zu dem Schluß kam, daß die Kräfte, die einst Kontinente geschaffen und Berge aufgeworfen hatten, noch heute tätig sein mußten. Für ihn stellte sich Erdgeschichte als Kontinuum dar und nicht als Vergangenheit und Gegenwart, deren Trennungslinie exakt durch die göttliche Erschaffung des Menschen markiert war. Hutton war zwar nicht der erste Wissenschaftler, der die Erde für älter hielt, als gemeinhin angenommen wurde, aber er war der erste, der eine logische Beweisführung in seiner ›Theory of the Earth‹ erbrachte. Ihre Veröffentlichung im Jahre 1795 stieß auf Empörung und Spott. Die Hauptthese wurde jedoch weiterverfolgt und als »Uniformitarianismus« oder auch »Aktualismus« bekannt. Zwei Jahre später starb Hutton, im selben Jahr, als Charles Lyell als Sohn wohlhabender Eltern in Schottland geboren wurde. Er überarbeitete und etablierte die Aktualismustheorie, ohne die Darwins Arbeiten undenkbar gewesen wären.

1830 publizierte Lyell den ersten Band seiner monumentalen ›Principles of Geology‹ und wurde damit zum Vater der gesamten modernen geologischen Wissenschaft. Sein Werk ist eine Synthese, in der mit akribischer Genauigkeit der unwiderlegbare Beweis angetreten wird, *Homo sapiens* lebe auf einem sehr alten Planeten.

Die ›Grundlagen der Geologie‹ stießen jedoch auf Widerspruch. Adam Sedgwick in England und Cuvier in Frankreich verbanden sich als überzeugte Anhänger der Katastrophenlehre gegen Lyells Theorie. Zur gleichen Zeit wurde jedoch eben in Frankreich, in Abbeville, einer kleinen Stadt im Nordwesten, der eindrucksvollste Beweis für das enorme Alter der Menschheit gefunden. Jacques Boucher de Crevecœur de Perthes hatte dort neben Fossilien ausgestorbener Tierarten Steinwerkzeuge gefunden, deren Vorhandensein mit keiner der bekannten Theorien erklärt werden konnte.

Erasmus Darwin (1731 – 1802), der Großvater von Charles Darwin, war ein Vorkämpfer und geachteter Für-

Oben: James Hutton – nach einer Karikatur von John Kay – der schottische Geologe und Begründer des Plutonismus oder Uniformitarianismus, wonach alle geologischen Veränderungen immer gleich verlaufen.

Rechts: Der erste Band der ›Principles of Geology‹ von Sir Charles Lyell, der hier abgebildet ist, war ein Reisegeschenk von J. S. Henslow an Darwin anläßlich dessen Reise auf der Beagle. Den zweiten Band erhielt er in Montevideo. Man kann wohl sagen, daß Darwins spätere Erfolge ohne Lektüre dieses Werkes nicht möglich gewesen wären.

M. le CHEVALIER de LAMARCK,
Profeſſor of Botany of the National Inſtitute.

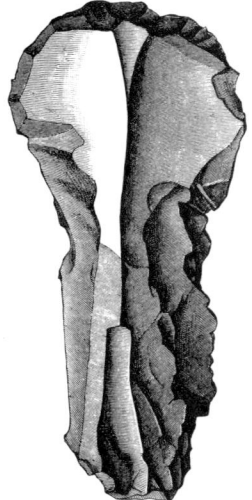

Oben: Der französische Na-
turforscher Jean Baptiste de
Lamarck (Radierung nach
einem Gemälde von Charles
Thévenin) beschäftigte sich
mit der Evolutionstheorie.
Er stellte die These auf, daß
Umweltveränderungen auch
Strukturveränderungen bei
Pflanzen und Tieren herbei-
führten.

Links: Zeichnung (leicht
verkleinert) eines Kiesel-
steinschabers, der in Abbeville gefunden wurde.

sprecher der Evolutionisten in dem intellektuellen Schisma,
das im achtzehnten Jahrhundert zwischen Anhängern der
Schöpfungstheorie und den Evolutionstheoretikern aufriß.
Erasmus Darwin war Physiker, Philosoph und Poet, eine
berühmte Persönlichkeit seiner Zeit, der in seinen zwischen
1784 und 1802 veröffentlichten Schriften zwei verschiedene
Fragen aufwarf. Erstens, ob alle Lebewesen ein und denselben Vorfahren haben, und zweitens, wie eine Spezies
mutieren könne. Als Antwort auf die erste Frage faßte er die
Erkenntnisse und Methoden der Embryologie, der vergleichenden Anatomie, der Systematik und der Geographie
zusammen, und zwar unter Einbeziehung der Fossilfunde. So
versuchte er, die Quelle allen Lebens zu finden, einen
»Lebensfaden« zu erkennen, der das Labyrinth alles Krea-
türlichen, einschließlich des Menschen durchzog. Methodisch
hielt er sich an die Systematik des schwedischen Botanikers
Carolus Linnaeus (1707 – 1778), der – dem Usus des
achtzehnten Jahrhunderts folgend – alle Tiere und Pflanzen
in Familien, Gattungen und Arten einteilte. Linnaeus klassifi-
zierte den *Homo sapiens* als nahen Artverwandten der
Altwelt- und der Menschenaffen, obwohl Wissenschaftler
und Theologen große Mühe darauf verwandten, den Menschen aus dieser unziemlichen Ahnenreihe herauszudivi-
dieren.

Die Beantwortung der zweiten Frage nach den evolutionären Kräften war weitaus verzwickter. Man muß jedoch der
Fairneß halber zugeben, daß Erasmus Darwins Lösungsver-
such zumindest den Boden für die Saat der Evolutionstheorie
bereitete. Er wußte bereits, daß Konkurrenz und Selektion
mögliche Ursachen für Veränderungen waren, daß Überbe-
völkerung zu verschärftem Wettbewerb führt, daß die Pflan-
zenwelt mit in die Evolutionstheorie einbezogen werden
muß, daß der Kampf der Geschlechter von struktureller
Bedeutung für die Evolution ist, und daß Fruchtbarkeit
ebenso wie Anfälligkeit für Krankheiten ihren Teil zur
Selektion beitragen. Er hat zwar letztlich nicht den Beweis
geführt, daß die Hauptkraft der Evolution passive Anpassung
durch natürliche Auslese ist, aber er schien von der Annahme
ausgegangen zu sein, daß sich Lebewesen durch aktive
Anpassung an ihre Umwelt entwickelt haben und daß die
dabei erworbenen Eigenschaften vererbbar seien.

Jean Baptiste de Lamarck (1744 – 1829) blieb es vorbe-
halten, Erasmus Darwins Lehre von der Vererbbarkeit
erworbener Eigenschaften aufzugreifen und zu einer regel-
rechten Abstammungslehre auszuweiten. Lamarck kam beispielsweise ganz ernsthaft zu der reichlich absurden Vermutung, der Hals der Giraffe sei deshalb so lang geworden, weil
Generationen von Giraffen den Nacken hätten strecken
müssen. Das Resultat war, daß der Lamarckismus, wie man so
schön sagte, die ganze Abstammungslehre in Mißkredit

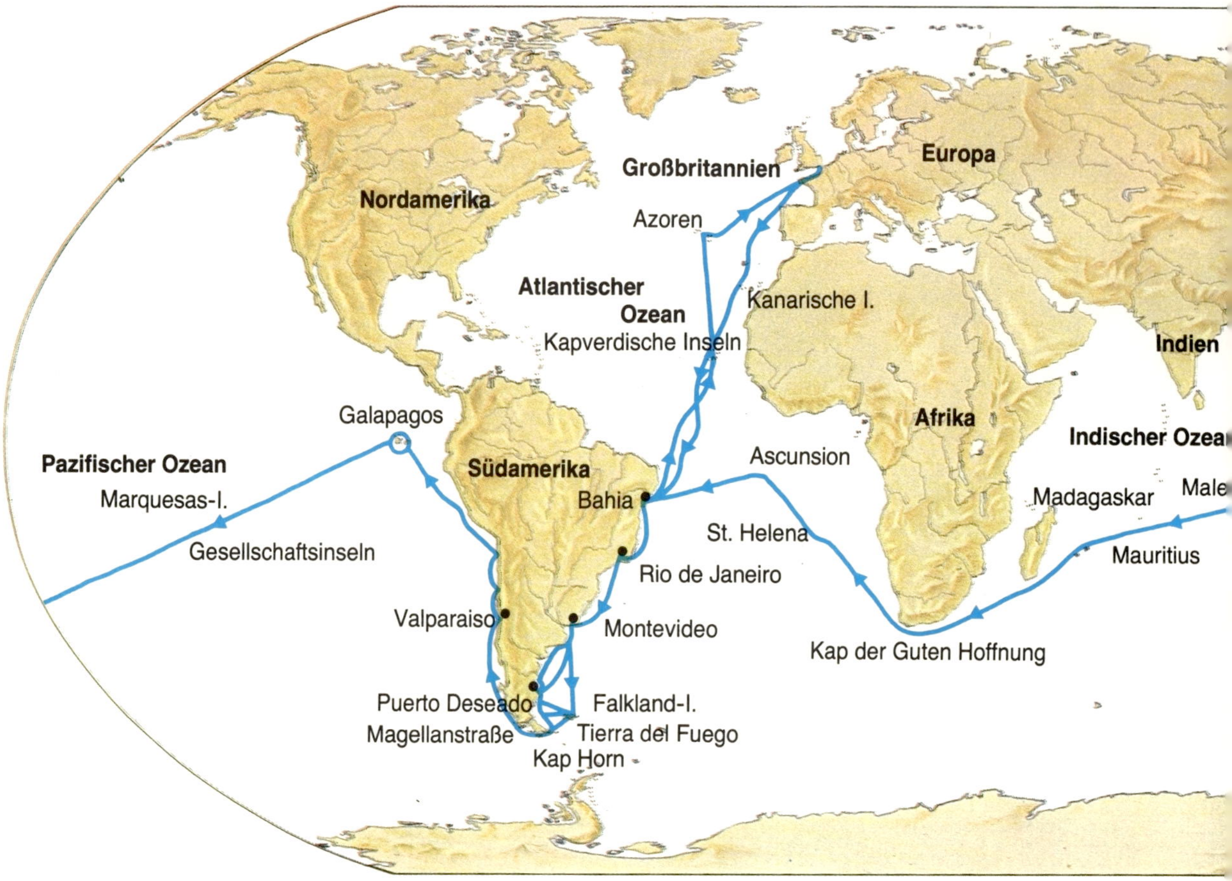

Großbritannien

Europa

Nordamerika

Azoren

Atlantischer
Ozean

Kanarische I.

Kapverdische Inseln

Indien

Galapagos

Südamerika

Afrika

Indischer Ozean

Pazifischer Ozean

Ascunsion

Marquesas-I.

Bahia

Madagaskar

Male

Gesellschaftsinseln

St. Helena

Mauritius

Rio de Janeiro

Valparaiso

Montevideo

Kap der Guten Hoffnung

Puerto Deseado

Falkland-I.

Magellanstraße

Tierra del Fuego

Kap Horn

Vier der verschiedenen Arten der Galapagos-Finken, die
als Illustration Darwins Reisetagebuch zierten. Seine
Beobachtungen dieser Spezies, die er auf diesen Inseln
gemacht hat, zählen wahrscheinlich zu den bedeutendsten, die er jemals machte. Später stellte sich heraus, daß
die verschiedenen Finkenarten alle einen gemeinsamen
Vorläufer hatten, der von Südamerika aus gekommen
war. Durch die schnelle Vermehrung bildeten sich verschiedene Arten aus, die sich unterschiedlichen Lebens-
und Ernährungsweisen anpaßten. Die linken zwei Spezies sind Bodenbewohner, die sich von Samen ernähren,
die rechten Baumbewohner, die sich von Insekten ernähren. Die Schnabelgrößen hängen von der Größe der
Samen oder Insekten ab, von denen sie sich ernähren.

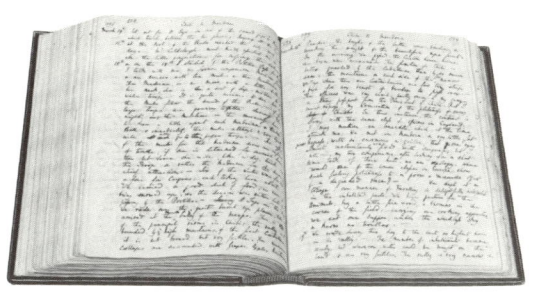

Japan

China

Australien

Fidschi-
Becken

Sydney

Hobart

Südaustralisches
Becken

*Oben links: Karte der Hä-
fen, die die Beagle während
ihrer fünfjährigen Fahrt an-
lief. Oben rechts: Darwins
Reisetagebuch, hier die Seiten vom 14. bis 19. März
1835. Rechts: Portrait von
Charles Darwin, gezeichnet
von George Richmond etwa
vier Jahre nach Beendigung
seiner Reise. Links: Eine der
zahlreichen Illustrationen
aus ›Zoologie der Reise auf
der H.M.S. Beagle‹.*

brachte. 1813 wurde der Lamarckismus von drei Männern – William C. Wells (einem gebürtigen Amerikaner), James C. Pritchard und William Lawrence – unabhängig voneinander vor der ›Royal Society‹ in London widerlegt. Jede dieser Arbeiten erkannte die bereits von Erasmus Darwin vorformulierte These an, wonach natürliche Auslese die Triebkraft der Evolution sei. Nach Pritchard »enden alle erlernten körperlichen Eigenschaften mit dem Tode des Individuums, in dem sie angelegt waren«. Ohne dieses gütige Gesetz der Natur wäre heute die Erde voller Monstren.

Es konnte nicht ausbleiben, daß all diese Thesen bald zur Zielscheibe scharfer Angriffe wurden, vor allem seitens der Kirche und ihr verbundener Organisationen. Dennoch stießen die Schriften von Wells, Pritchard und Lawrence auf großes Interesse bei den damaligen Naturwissenschaftlern. Man kann annehmen, daß sie später auch Charles Darwin zu Gesicht bekam. Zu dieser Zeit experimentierte der Franzose Charles Naudin mit Strukturveränderungen, die bei Getreide und Haustieren durch selektive Züchtung erreicht werden konnten und zog daraus den Schluß, daß ein ähnlicher Prozeß in der freien Natur stattfinden könne, wenngleich passiv.

Ein anderer intellektueller Vorläufer Charles Darwins war Edward Blyth, der schon als junger Mann im Bann der Lyellschen Lehren stand. 1835 und 1837 veröffentlichte er Artikel im ›Magazine of Natural History‹, das auch Darwin bekannt war. »Die größte Verbreitung unter den Tieren, die sich ihre Nahrung kraft ihrer Schnelligkeit, ihrer Stärke und ihrer ausgeprägten Sinnesorgane verschaffen«, schrieb Blyth, »finden wir dort, wo auch die beste Organisationsform vorkommt; diese Lebewesen sind daher auch die physisch stärksten und somit in der Lage, ihre Gegner auszurotten und ihre Überlegenheit ihren Nachkommen zu tradieren.«

Diese Ideen, basierend auf den Grundlagen von Lyell, waren nahezu deckungsgleich mit denen des Darwinismus. Aber es bedurfte erst dieses Forschers, um alle Daten zusammenzutragen und zu einer unanfechtbaren Theorie zu destillieren. Darwin griff – ähnlich wie Lyell – erfolgreich bereits vorhandene Erkenntnisse auf. Seine Theorie war nicht durchweg neu, aber er veröffentlichte sie zu einem Zeitpunkt, in dem das intellektuelle Klima ihr besonders günstig war. Außerdem ergänzte Darwin eine Vielzahl eigener Forschungsergebnisse, um sie gegen die unausbleibliche skeptische Aufnahme gefeit zu machen.

Charles Darwin wurde 1809 in dem freundlichen englischen Landstädtchen Shrewsbury geboren. Sein Vater, Robert Waring Darwin, war Arzt und ein gottesfürchtiger Mann. So kam es nicht von ungefähr, daß Charles Darwin auf den Arztberuf vorbereitet wurde und begann, an der Universität Edinburgh Medizin zu studieren. Allerdings wurde ihm bald klar, daß dies doch nicht der richtige Beruf für ihn sei, und er

ging – noch immer unter Einfluß seines Vaters – nach Cambridge, um Theologie zu hören. Charles Darwin schrieb über seinen Vater: »Er verhinderte mit aller Vehemenz, daß aus mir ein eitler Müßiggänger wurde.«

Weder in Edinburgh noch in Cambridge war Charles Darwin ein akademisches Wunderkind. Er interessierte sich für solch »sportlichen Müßiggang« wie die Jägerei ebenso wie für die Naturwissenschaften. Seine Studienfreunde waren hauptsächlich Botaniker und Geologen. Adam Sedgwick beispielsweise gehörte zu seinem Freundeskreis und der Botaniker J. S. Henslow, Professor in Cambridge.

Henslow war es auch, der Darwin später eine Passage auf der ›H.M.S. Beagle‹ buchte. An Bord dieses Schiffes sammelte Darwin all das Beweismaterial, das später die Grundlage seiner Lehre bilden sollte. Sein Vater verweigerte zunächst die Erlaubnis für die Teilnahme an der Expedition, gab dann aber schließlich nach, als Charles' Onkel, Josiah Wedgwood, sich einschaltete. So kam es, daß Charles Darwin schließlich 1831, zwei Tage nach Weihnachten, mit der ›Beagle‹ in See stach, versehen mit einem Cambridge-Prädikat in Theologie, Mathematik und klassischer Philosophie, aber ohne jeden Qualifikationsnachweis auf dem Gebiet der Naturwissenschaften, um als Forscher fünf Jahre lang rund um die Welt zu reisen. Darwin folgte damit der Tradition des »gebildeten Dilettanten«, der sich seine Kenntnisse allmählich von den ihn umgebenden Fachleuten erwirbt. Und so machte dieser ruhige, zurückhaltende Mann sich auf die Reise, mit nichts als einer »ungewöhnlichen Neugier« ausgestattet, wie sein Onkel Josiah es nannte, und setzte die womöglich größte Revolution im Bereich des menschlichen Selbstverständnisses in Gang.

Die Reise führte Darwin zunächst nach Südamerika, wo er viele Küstenorte aufsuchte, dann über die Galapagosinseln, Neuseeland und Australien nach Südafrika, wo er sich in verschiedenen Hafenstädten aufhielt, und dann schließlich wieder nach Hause. Die ›Beagle‹ legte am 2. Oktober 1836 in Falmouth in England an. Während der ganzen Fahrt war Darwin oft krank gewesen; es hatte schon mit einer zweiwöchigen Seekrankheit begonnen. Doch wo immer das Schiff vor Anker ging, sammelte er reichlich Steine und Fossilien, Vögel, Insekten und größere Tiere, die er fachmännisch ausstopfte.

Den wichtigsten Abschnitt seiner Reise, womöglich den entscheidendsten seines ganzen Lebens, verbrachte Darwin während der vierwöchigen Expedition auf den Galapagosinseln, einem einsamen Archipel im Pazifik, ein paar hundert Meilen westlich von Ekuador. Dort entdeckte er, daß auf jeder Insel eine andere Finkenart lebte, daß sogar an verschiedenen ökologischen Nischen ein und derselben Insel verschiedene Finkenarten vorkamen. Sie alle gehörten ohne

Zweifel zu derselben Gattung. Er nahm von jeder Art einen Vertreter in seine Sammlung auf. Als er wieder in England war, hatte er die umfassendste Sammlung, die jemals von einem Menschen zusammengetragen worden war.

Was Darwin auf seiner Reise gesehen und erfahren hatte, ließ in ihm immer mehr die Überzeugung reifen, daß keine Gattung unveränderlich, sondern vielmehr zu Mutation fähig sei. Aber es blieb die Frage nach dem *Wie*. Die Arbeit, die ihn erwartete, war enorm – aber er ging sie mit Enthusiasmus an. In den ersten sechs Monaten nach seiner Rückkehr hatte er alle Arbeiten katalogisiert mit Hilfe von Sir Richard Owen, den man den englischen Cuvier nannte. Von namhaften Experten ließ er sie in der fünfbändigen, von ihm edierten Ausgabe der ›Zoology of the Voyage of the H.M.S. Beagle‹ kommentieren. Außerdem verfaßte er einen faszinierenden Reisebericht, ›Ein Naturforscher reist um die Welt‹. Drei weitere Bücher folgten, ›The Structure and Distribution of Coral Reefs‹ (1842), ›Volcanic Islands‹ (1844) und ›Geological Observations of South America‹ (1846). Die umfangreichen Veröffentlichungen zu diesen Themen stehen in krassem Gegensatz zu seiner Zurückhaltung gegenüber einer Niederschrift seiner Selektionstheorie. Diese Scheu ist wahrscheinlich darauf zurückzuführen, daß ihm in der Zeit, als er Geschäftsführer der ›Geological Society‹ war (von 1838 bis 1841), ein grober Fehler unterlief. Er hatte eine merkwürdige Felsformation bei Glenroy in Schottland als Reste einer Uferlandschaft bezeichnet, die sich durch die Einwirkung des Meeres losgelöst habe. Später stellte sich heraus, daß sie durch Gletscherablösung entstanden war. Dieser Irrtum hatte Darwins Stolz verletzt. Er beabsichtigte nicht, noch einmal öffentlich einen Fehler zu begehen.

Innerhalb von fünfzehn Monaten schrieb er die erste Fassung von ›The Transmutation of Species‹ (1837; Von der Mutation der Arten). Er war mehr denn je davon überzeugt, daß Arten sich veränderten und zwar durch Selektion. Er hatte beobachtet, daß selektive Züchtung bei Getreide und bei Haustieren grundsätzliche Veränderungen im Organismus verursachten; aber, so schrieb er, »es blieb mir lange Zeit ein Rätsel, wie Selektion bei Lebewesen stattfinden konnte, die in freier Natur leben«. Am 3. Oktober 1838 kam ihm blitzartig der Gedanke, wie man der Lösung dieses Problems näherkommen könne, und zwar als er »nur zur Unterhaltung« das Buch von Thomas Robert Malthus (1766 – 1834) über die ›Grundlagen der Bevölkerung‹ las. Darin wurde die Behauptung aufgestellt, daß die Bevölkerung in geometrischer Progression zunehme, sofern sie nicht daran gehindert werde. Hier, so schien ihm, war die Antwort zu finden: positive Veränderungen erlaubten einem Lebewesen, sich auch positiv weiterzuentwickeln, im Gegensatz zu anderen, die diese Veränderungen nicht mitgemacht hatten. Das

Der Naturforscher Alfred Russel Wallace. Unabhängig von Darwin entwickelte er bei Studien auf dem Malaischen Archipel die Theorie der natürlichen Selektion.

bedeutete, daß die Lebewesen gedeihen konnten, die positiv mutiert hatten, während die anderen aussterben mußten.

Erst im Jahre 1842 verschaffte sich Darwin »die Genugtuung einer kurzen (35 Seiten umfassenden) Abhandlung« seiner Theorie. Eine ausführlichere, etwa 230 Seiten starke Version folgte wenige Jahre später. Danach, im Jahre 1846, wandte sich Darwin von der Evolutionstheorie ab und widmete sich dem Studium der Ringelgans.

In der Mitte des Jahres 1856 begann Darwin, gedrängt von seinen Freunden Charles Lyell und Joseph Hooker, mit der Niederschrift seines Hauptwerks unter dem schlichten Titel ›Von der Entstehung der Arten‹. Zwei Jahre später hatte Darwin zehn Kapitel vollendet und arbeitete gerade am elften, das sich mit Tauben befassen sollte, als ihn am 8. Juni 1858 ein Brief erreichte, der all seine Pläne über den Haufen warf. Er kam von dem Naturkundler und Entdecker Alfred Russel Wallace, der von Darwins Beschäftigung mit der Evolutionstheorie wußte. Er hatte im Februar des gleichen Jahres, während einer Expedition auf die Molukkeninsel Ternate, die zwischen Neu-Guinea und Borneo liegt, mit Fieber zu Bett gelegen. Während seiner Krankheit hatte er, schlaflos und vom Fieber gepeinigt, über das Problem nachgedacht, *auf welche Weise* eine Spezies mutieren könne. Auch er hatte Malthus gelesen und war aufgrund dessen These zu einer plötzlichen Erkenntnis gelangt. Die Nachricht davon flatterte Darwin etwa vier Monate später in einem kurzen Schreiben auf den Tisch. Beigefügt war eine zwölf Seiten starke Zusammenfassung der Wallaceschen Evolutionstheorie. Und diese deckte sich mit der Darwins! Lyells und Hookers Befürchtungen, ein anderer könne die Theorie der natürlichen Selektion formulieren, bevor Darwin noch seine publiziert habe, bestätigten sich nun zwei Jahre später.

Darwin fragte entsetzt seine Freunde um Rat. Sie schlugen vor, die Ideen gemeinsam vor der ›Londoner Linnéschen Gesellschaft‹ vorzutragen. Wallace war einverstanden, und so erschienen sie gemeinsam einen Monat später vor dieser Gesellschaft. Merkwürdigerweise lösten die beiden kurzen Schriften keinerlei Kontroverse aus – die wissenschaftliche Welt schien ihnen keine Beachtung zu schenken. Doch zwang die Erkenntnis von Wallace nun Darwin, das lange ausstehende Buch zu schreiben. Er brauchte dazu ganze fünfzehn Monate. Es war nur eine kurze Streitschrift, verglichen mit dem Mammutwerk, das er hatte schreiben wollen, und umfaßte 502 Seiten. Am 24. November 1859 erschien es unter dem Titel ›Die Entstehung der Arten durch natürliche Zuchtwahl‹ in einer Auflage von 1250 Exemplaren, die noch am selben Tag vergriffen war.

Darwin war darin der Beweis gelungen, daß sich eine Gattung durch allmähliche (passive) Anpassung an die Umgebung ebenso wie durch generationsbedingten Wandel

Thomas Henry Huxley war Darwins größter Fürsprecher. Er führte die Argumente des Bischof Wilberforce ad absurdum anläßlich des berühmten Zusammentreffens der British Association for the Advancement of Science im Jahr 1860.

verändert, beziehungsweise ganz einfach besser für den Lebenskampf ausgestattet wird und so schließlich ein Wesen entstehen kann, das sich äußerlich von seinen Vorfahren unterscheidet. Daher könnten im Laufe der Zeit einige Gattungen unverändert bleiben, während andere sich weiterentwickelten. Ausschlaggebend für ihr Überleben oder ihr Aussterben ist, wie Darwin es formulierte, die »natürliche Zuchtwahl«. Danach überlebt die Kreatur, die sich im Lebenskampf als am besten ausgerüstet erweise, und die andere geht unter. Dies war die Vorstellung eines stetigen Fortschreitens der biologischen Vielfalt, deren höchstentwikkeltes Produkt der *Homo sapiens* ist. Das war die unausweichliche Schlußfolgerung, obgleich Darwin selbst sich auf den bescheidenen Hinweis beschränkte, daß »viel Licht auf die Entstehung des Menschen und seine Geschichte« falle. Aber er muß gewußt haben, daß dieses Werk einen Sturm entfachen würde – was dann auch geschah. Charles Lyell und Joseph Hooker bestärkten Darwin natürlich, ebenso wie Thomas Henry Huxley, Englands bester Geologe, Botaniker und Zoologe. Absolut feindselig reagierten jedoch Philip Gosse, der Vater des Romanciers Edmund Gosse, Adam Sedgwick und Sir Richard Owen.

Vor der Veröffentlichung hatte Darwin an Wallace ge-

*Die Vignette zeigt Bischof Samuel Wilberforce, das Sprach-
rohr von Sir Richard Owen anläßlich des Zusammentreffens
der British Association. Wilberforce leugnete hartnäckig
unsere Verwandtschaft mit den Menschenaffen, mußte sich
schließlich jedoch davon überzeugen lassen.*

schrieben: »Ich sollte wohl das ganze Thema (über den
Ursprung des Menschen) erst gar nicht anschneiden, denn es
steckt so voller Vorurteile, obgleich ich einräumen muß, daß
es das größte und interessanteste Problem für den Naturwissenschaftler darstellt.« Der Darwin von 1859 war nicht mehr
der energiegeladene junge Mann, der er bei seiner Rückkehr
von seiner Reise mit der ›Beagle‹ gewesen war. Er litt unter
chronischer Müdigkeit und war allem gesellschaftlichen
Leben abhold. Sein Zustand ist als Resultat der Chagasschen
Krankheit bezeichnet worden, einer schweren fiebrigen
Erkrankung, die durch Trypanosomen ausgelöst wird, mit der
er sich während seiner Reise angesteckt haben konnte.
Andere Wissenschaftler haben es als ein psychoneurotisches
Syndrom bezeichnet, das ihm erlaubte, jeden gesellschaftlichen Kontakt zu meiden und sich auf sein Werk zu
konzentrieren. Wie dem auch sei – sechs Monate nach der
Veröffentlichung brach der entscheidende Kampf zwischen
Evolutionisten und den Anhängern der Lehre von der
göttlichen Erschaffung der Welt auf. Das geschah anläßlich
der alljährlichen Zusammenkunft der ›British Association for
the Advancement of Science‹ in Oxford. Darwin selbst war
nicht anwesend. Die Protagonisten der berühmten Debatte
von 1860 waren der Bischof Samuel Wilberforce (Sprachrohr

von Richard Owen) und Thomas Huxley. Das Wortgefecht
zwischen diesen beiden Männern entzündete sich im An-
schluß an die Verlesung einer Schrift eines gewissen Dr.
Draper, eines Amerikaners, der sich mit der ›Intellektuellen
Entwicklung unter besonderer Berücksichtigung der Ansichten des Herrn Darwin‹ befaßt hatte. Die Atmosphäre im
Vorlesungssaal, in den sich etwa siebenhundert Studenten
gedrängt hatten, war gespannt. Das Auditorium muß gespürt
haben, daß dies die Zeitenwende zwischen der Schöpfungstheorie und der Evolutionstheorie einläutete.

Wilberforce, ein hervorragender Redner, erhob sich und
begann einen eloquenten Angriff auf Darwins Thesen. Owen
hatte ihn gründlich aufgestachelt. Am Ende richtete sich
jedoch sein Eifer, einen guten Eindruck zu machen, gegen ihn
selbst. Er wandte sich Huxley zu und fragte ihn mit
unverhohlenem Sarkasmus: »Und Sie, Sir, stammen Sie
großväterlicherseits oder großmütterlicherseits vom Affen
ab?« Huxley murmelte vor sich hin: »Der Herr in seiner Güte
hat ihn mir ausgeliefert.« Er erhob sich, legte in geschliffenen
Worten die wissenschaftliche Argumentation dar und rea-
gierte erst dann auf Wilberforces ätzenden Spott: »Niemand
braucht sich zu schämen«, so sagte er, »einen Affen zum
Urahn zu haben. Wenn ich mir einen Vorfahr aussuchen
sollte und dabei wählen müßte zwischen einem Affen und
einem gelehrten Mann, der seine Logik dazu mißbraucht,
ungeschulte Zuhörer in die Irre zu führen, und der eine
schwerwiegende und philosophisch ernstzunehmende Frage-
stellung nicht mit sachlichen Argumenten angeht, sondern sie
wissentlich der Lächerlichkeit preisgibt – wenn ich da wählen
müßte, würde ich mich ohne zu zögern für den Affen
entscheiden.« Schallendes Gelächter belohnte diese Retour-
kutsche, und der gedemütigte Wilberforce mußte sich geschlagen geben.

Die Evolutionstheorie hatte gewonnen – zumindest für den
Augenblick. Zum erstenmal in der Geschichte war es möglich
geworden, die tierische Abkunft des *Homo sapiens* und die
daraus sich ergebenden Implikationen für die menschliche
Gesellschaft in einer Atmosphäre zu diskutieren, die wenigstens nicht überwiegend feindselig war. Dennoch wartete
Darwin bis zum Jahre 1871, bevor er seine Ansichten über
den Platz des Menschen im großen Evolutionsschema darleg-
te. In ›Die Abstammung des Menschen und die geschlechtliche Zuchtwahl‹, das im Grunde zwei Werke in einem Band
zusammenfaßt, stellt Darwin den Menschen als Abkömmling
von Primaten dar und führt die Ähnlichkeit zwischen
Primaten und Menschen in ihrer körperlichen Erscheinungsform, ihrer Physiologie, ihrer Anfälligkeit für Krankheiten
und sogar einige psychologische Charakteristika an, wie
beispielsweise Instinkt, Gefühl und Sozialverhalten. Einige
Aspekte dieser letzteren Thematik greift er erneut in seinem

1872 veröffentlichten Werk ›Über den Ausdruck der Gemütsbewegung bei Menschen und Tieren‹ auf.

Weitsichtiger als alle anderen Vermutungen in seinem Buch ›Die Abstammung des Menschen‹ war wohl die Annahme, daß die Wiege der Menschheit auf dem afrikanischen Kontinent gestanden habe. Darwin argumentierte folgendermaßen: »In jeder größeren Region der Erde läßt sich eine enge Verwandtschaft der lebenden Säugetiere mit den ausgestorbenen desselben Raumes feststellen. Daher könne man davon ausgehen, daß in Afrika Menschenaffen gelebt haben, die mit den Gorillas und Schimpansen nahe verwandt, jetzt jedoch ausgestorben sind; da diese beiden Affenarten die nächsten Artverwandten des Menschen sind, ist die Wahrscheinlichkeit größer, daß unsere Vorfahren in Afrika gelebt haben, als anderswo.« Die reichhaltigen Fossilfunde, die inzwischen gemacht wurden, bestätigen Darwins Vermutung – auch wenn sie vielleicht niemals letztlich bewiesen werden kann.

Währenddessen hatte man jedoch die ersten Schädelfunde von Urmenschen gemacht – aber nicht weiter beachtet, da angeblich kein Zusammenhang mit der menschlichen Evolution bestand. Im Sommer des Jahres 1856 hatten Arbeiter im Neandertal, einer steilabfallenden Schlucht in der Nähe von Düsseldorf, eine kleine Höhle etwa sechzig Fuß über der Düssel, einem Nebenfluß des Rheins, gesprengt. Beim Abbau des Kalksteins stießen sie auf Gebeine. Da sich die Arbeiter jedoch primär für ihre Arbeit und nicht so sehr für alte Knochen interessierten, warfen sie den größten Teil weg und bewahrten nur die Schädeldecke und kleinere Teile des Skeletts auf. Die Überreste gehörten zum sogenannten »Neandertaler«, der vor dreißig- bis hunderttausend Jahren gelebt hatte. Dies war mindestens schon der zweite derartige Schädelfund. Das ließ darauf schließen, daß es sich mit größter Wahrscheinlichkeit um einen frühen menschlichen Typus handelte, der ausgestorben war. Die Reaktion darauf war jedoch überwiegend ablehnend. Das Wesen, von dem der Schädel stammte, wurde als »tierisch«, als »Wilder« und als »pathologischer Idiot« bezeichnet. Der Bonner Professor F. Mayer kam sogar zu dem Schluß, Schädel und Knochen müßten von einem mongolischen Kosaken stammen, der 1814 während der Verfolgung von Napoleons geschlagener Armee durch Preußen geritten sei. Eine fortgeschrittene Rachitis habe nicht nur seine Stirn ausgehöhlt – damit versuchte Mayer, die ausgeprägten Überaugenhöhlen zu erklären – sondern ihn auch gezwungen, sich in die Höhle zu verkriechen, wo er schließlich seiner Krankheit erlegen sei. – Eine sehr phantasievolle Ausdeutung, aber keine sehr wissenschaftliche.

Die Ausgrabungen von menschlichen Fossilien nahmen immer mehr zu. 1868 machten wiederum Arbeiter, die beim Bau der Eisenbahnlinie bei Les Eyzies im Vézèretal im Südwesten Frankreichs beschäftigt waren, eine Entdeckung. In der Halbhöhle von Cro-Magnon fanden sie fünf menschliche Skelette mit dem unverkennbaren langgezogenen Schädel und dem schmalen Unterkiefer des neuzeitlichen Menschen. Und nachdem Ende 1912 eine sehr eigenartige Ausgrabung große Publizität erreicht hatte, begann man plötzlich in vielen Teilen Europas nach alten Gebeinen und primitiven Gebrauchsgegenständen zu suchen. Zuvor – etwa zwischen 1891 und 1898 – hatte Eugène Dubois, ein junger Holländer, auf Java die Schädeldecke und den Oberschenkelknochen eines Wesens ausgegraben, das weder Mensch noch Affe war, sondern irgend etwas dazwischen. Dubois nannte es *Pithecanthropus erectus.* Der Begriff *Pithecanthropus,* zu deutsch Affenmensch, war 1886 von dem deutschen Wissenschaftler Ernst Heinrich Haeckel geprägt worden.

Die englische Archäologie lag inzwischen nahezu brach. Als daher Ende 1912 in einer Kiesgrube im Süden Englands Fragmente eines Schädels entdeckt wurden, gliederte man den Fund ohne genauere Prüfung in die Ahnenkette des Menschen ein. Der Grund dafür war, daß er die richtigen Merkmale aufwies: einen großen Schädel mit einem menschenaffenähnlichen Unterkiefer, der kurz darauf gefunden wurde. Das »Fossil«, das als *Piltdown-Mensch* bekannt wurde, schien das lang gesuchte »fehlende Glied« in der Kette zu sein.

Vierzig Jahre später, nachdem bereits eine Unzahl von Publikationen erschienen war, erwies sich der Piltdown-Mensch als Fälschung, als ingeniöse Verbindung eines

Diese Karte zeigt die Ausgrabungsorte von Neandertal und Vézère. Beide Orte liegen in Kalksteinregionen.

zeitgenössischen menschlichen Schädels mit dem Unterkiefer eines Orang-Utans. Im Gegensatz zu der Zurückhaltung, mit der man der Entdeckung des Neandertal-Menschen begegnet war, illustriert die Piltdown-Fälschung, mit welcher oft unstatthaften Eile ein Naturwissenschaftler als bewiesen annimmt, was ihm in sein Konzept paßt. Auch die moderne Forschung ist keineswegs frei von dieser Schwäche, die man übrigens in allen Zweigen der Wissenschaft antrifft. Aber weil archäologische Theorien oft auf relativ geringfügigen Daten basieren, ist auf diesem Gebiet die Gefahr der Überinterpretation besonders groß.

Eben deswegen kann es vorkommen, daß dann wirklich bedeutsame Entdeckungen ignoriert werden. Dieses Schicksal widerfuhr Raymond Dart, Professor für Anatomie an der Universität von Witwatersrand in Südafrika, der Anfang 1924 einen Artikel in der naturwissenschaftlichen englischen Zeitschrift ›Nature‹ veröffentlicht hatte. Zu jenem Zeitpunkt, als ein Teil der Naturwissenschaftler noch an die Piltdown-Fälschung glaubte, stieß die Entdeckung menschlicher Fossilien in einem so abgelegenen und barbarischen Land wie Südafrika nur auf Spott oder Unglauben. Dart hatte sich jedoch schon einige Zeit mit fossilen Ablagerungen aus einem Steinbruch in Taung beschäftigt. Seine Suche wurde Ende des Jahres 1924 belohnt, als er die Reste eines Schädels von einem Wesen fand, das weder Menschenaffe noch Mensch war. Dart war fest davon überzeugt, daß dieser Schädel ein wichtiges Glied in der Humanevolution repräsentieren mußte und legte dies auch in seinem Artikel dar. Aber es dauerte Jahre, bis sich die wissenschaftliche Welt dazu

durchringen konnte, ihr Augenmerk von Europa auf Afrika zu richten, um dort auf die Suche nach den Ursprüngen der Menschheit zu gehen.

Die Neigung des Menschen, wissenschaftliche Erkenntnisse zu verdrehen, wenn sie sich nicht mehr einfach ignorieren lassen, hat manche unerfreuliche Konsequenz. Eine der unheilvollsten ergab sich aus Darwins Theorie der natürlichen Selektion, die von einigen Wissenschaftlern bewußt oder unbewußt dazu umfunktioniert worden war, die soziale und ökonomische Rangordnung in den Industrieländern zu rechtfertigen. Die Protagonisten des sogenannten »Sozialdarwinismus« vergaßen dabei jedoch, daß dieses Sozialgefüge, dem sie selber angehörten, auf die menschliche Kulturfähigkeit zurückzuführen und nicht etwa ein Teil der natürlichen Ordnung ist. Der Sozialdarwinismus, ein Produkt des neunzehnten Jahrhunderts, durchgeistert diverse philosophische Systeme. In seiner grauenvollsten Form wurde er im nationalsozialistischen Deutschland manifest.

Andererseits wurde der Harvardprofessor Edward O. Wilson 1975 wegen seines Versuchs, in seinem umfangreichen Buch ›Sociobiology: The New Synthesis‹ methodisch den Menschen im Tierreich einzuordnen, von radikalen Wissenschaftlern angegriffen, weil er »nur eine andere, etwas schickere Form des Sozialdarwinismus wiedereingeführt« habe, um »zu beweisen, daß die gegenwärtige Sozialordnung natürlich, unausweichlich und unveränderbar« sei.

Emotionen brechen noch immer dann auf, wenn die Menschheit auf dem besten Wege ist, ihr wahres Sein zu entdecken. Aber das war von jeher so.

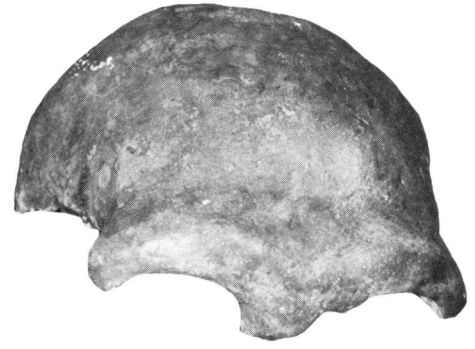

Der Schädel des Neandertalers – vermutlich das berühmteste Fossil aller Zeiten. Er wurde 1856 bei Sprengungen in einem Kalksteinbruch von Arbeitern entdeckt. Auf diesem Fund basieren zahlreiche, meist recht fantastische Theorien: u. a., daß der Neandertaler »brutal« oder gar ein »pathologischer Idiot« gewesen sei. Beides stimmt nicht; er war ein früher Vorläufer des Homo sapiens.

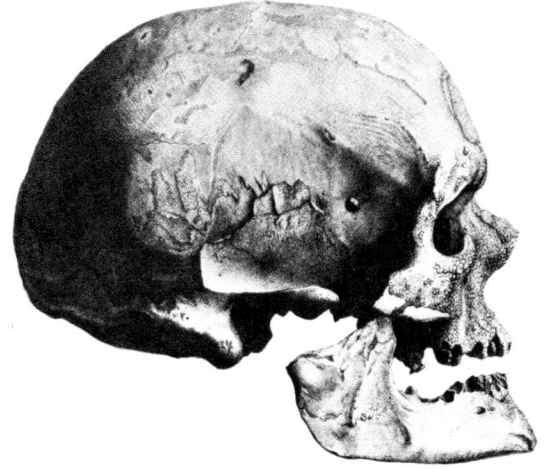

Diese Zeichnung des fossilen Schädels von Cro-Magnon datiert aus dem 18. Jahrhundert und zeigt ganz deutlich die Anatomie des heutigen Menschen.

3
Die Wurzeln
der
Menschheit

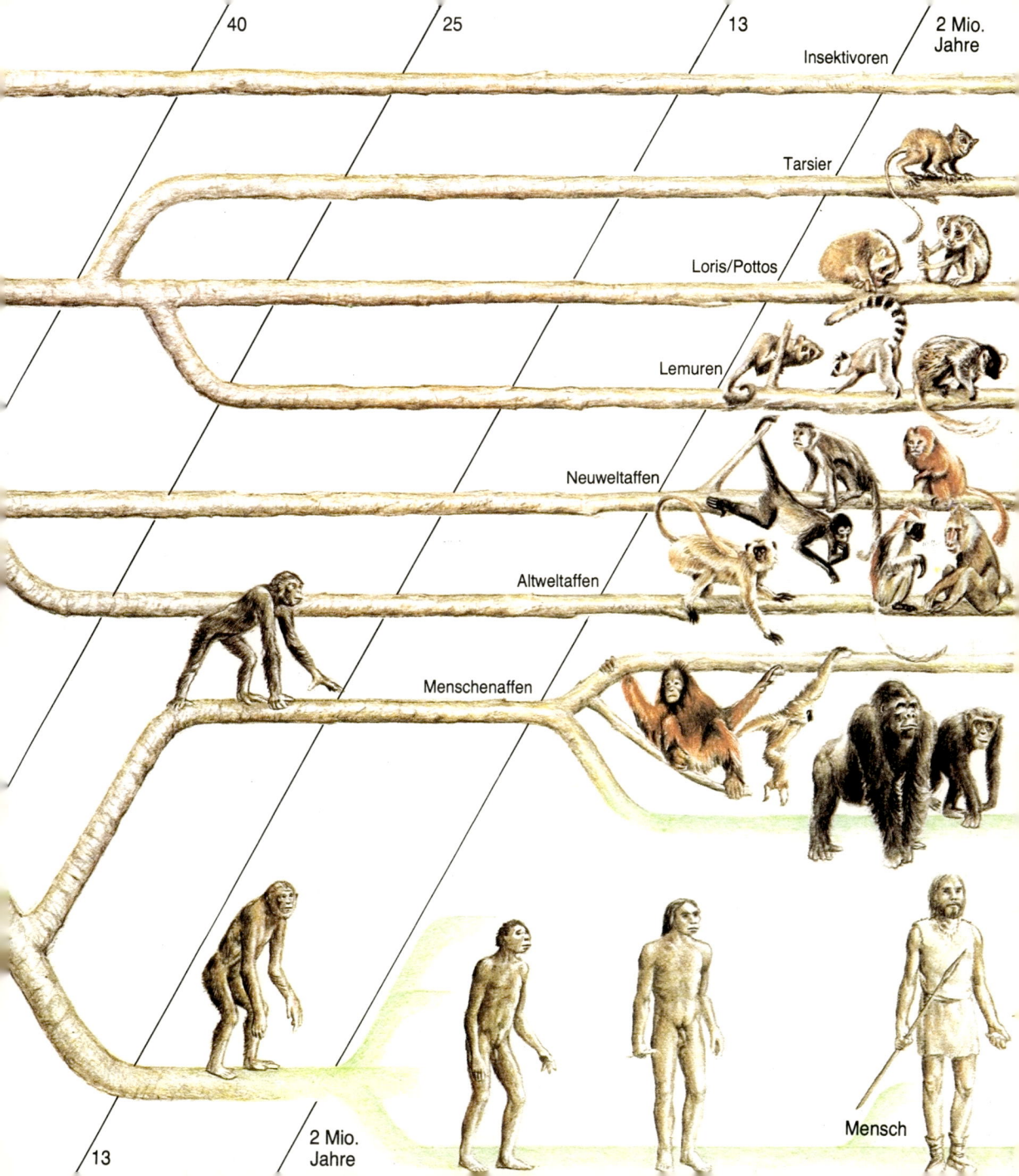

40 25 13 2 Mio. Jahre

Insektivoren

Tarsier

Loris/Pottos

Lemuren

Neuweltaffen

Altweltaffen

Menschenaffen

2 Mio. Jahre

13

Mensch

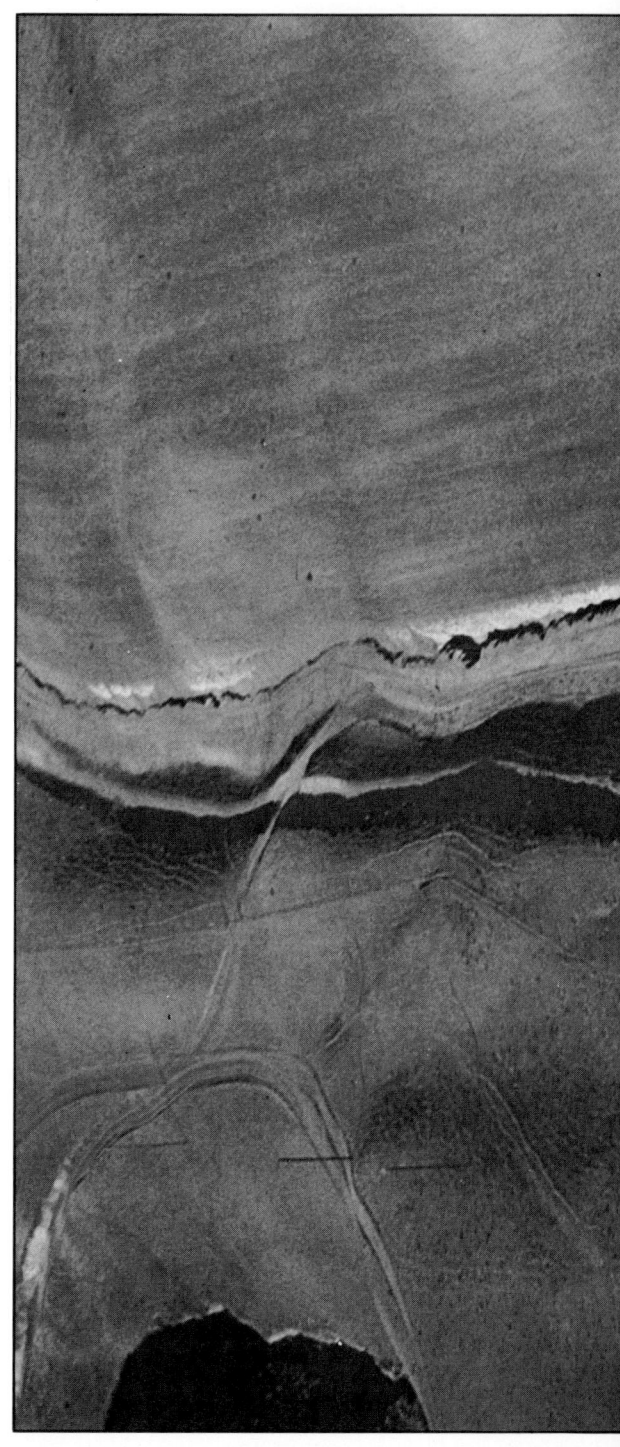

Vor etwa zwölf Millionen Jahren durchlief die Erde einen Veränderungsprozeß, der für die Evolution des Menschen von ausschlaggebender Bedeutung war. Dazu muß man wissen, daß etwa zweihundert Millionen Jahre vor jener Zeit (nach einer von nahezu allen Geologen anerkannten These) der ungeteilte Superkontinent Pangäa, der einst die Erdkruste gebildet hatte, in einem langsamen, aber gewaltsamen Prozeß in die Kontinente auseinanderbrach, wie wir sie heute kennen. Ähnliche tektonische Vorgänge finden noch heute statt. Durch sie wird zum Beispiel der Persische Golf zum potentiellen Ozean; ihretwegen leben die Bewohner des kalifornischen Sankt-Andreas-Grabens in ständiger Angst vor katastrophalen Erdbeben. Nicht zuletzt haben sie auch dazu beigetragen, daß man im ostafrikanischen Great Rift Valley (»Spaltental«) menschliche Funde aus der Frühzeit entdecken konnte. Vor zwölf Millionen Jahren wurden durch Verfaltung riesige Gebirgsketten wie der Himalaja, die Rocky Mountains und die Anden gebildet. Dieser Umbruch verursachte zusammen mit dem ständigen Absinken der Temperaturen auf der ganzen Welt Veränderungen der Umweltbedingungen, ohne die die Entwicklung zum Menschen unmöglich gewesen wäre.

Geologen vermuten heute, daß in jener Zeit der größte Teil Europas, Indiens, Arabiens und Ostafrikas mit ausgedehnten dichten Wäldern bedeckt war. Fast sechzig Millionen Jahre lang hatten diese Wälder die Primaten beherbergt und beschützt und damit eine kontinuierliche Entwicklung begünstigt. Infolge der weltweiten klimatischen Veränderungen zog sich der Waldsaum langsam zurück. An seiner Stelle bildeten sich größtenteils offenes Weideland und Savannen. Die bisherigen Waldbewohner wurden auf diese Weise neuen ökologischen Zwängen ausgesetzt: sie mußten nun auf ungeschütztem Terrain leben, was eine ganz andere Lebens-

Rechts: Luftaufnahme des Sankt-Andreas-Grabens der sich über 700 Meilen von Kalifornien bis nördlich von Los Angeles erstreckt. Dieser Graben markiert die Grenze zwischen zwei gigantischen Erdplatten. Dieser geologischen Formation vergleichbar ist das große Rift Valley in Ostafrika.

Vorhergehende Seiten: Dieses Diagramm zeigt die Beziehung zwischen lebenden Primatenfamilien und der geologischen Periode, in denen dieses Spezies aller Wahrscheinlichkeit nach entstanden sind. Man erkennt, daß sich Primaten und Insektivoren vom gleichen Urstamm herleiten lassen. Außerdem ist hier zu sehen, daß sich die Neuweltaffen früher differenzierten als die Altweltaffen und daß einige der Abkömmlinge des Ramapithecus bereits ausgestorben waren. Der Lebensraum der Primaten (mit Ausnahme des Homo sapiens sapiens) ist auf Seite 50 abgebildet.

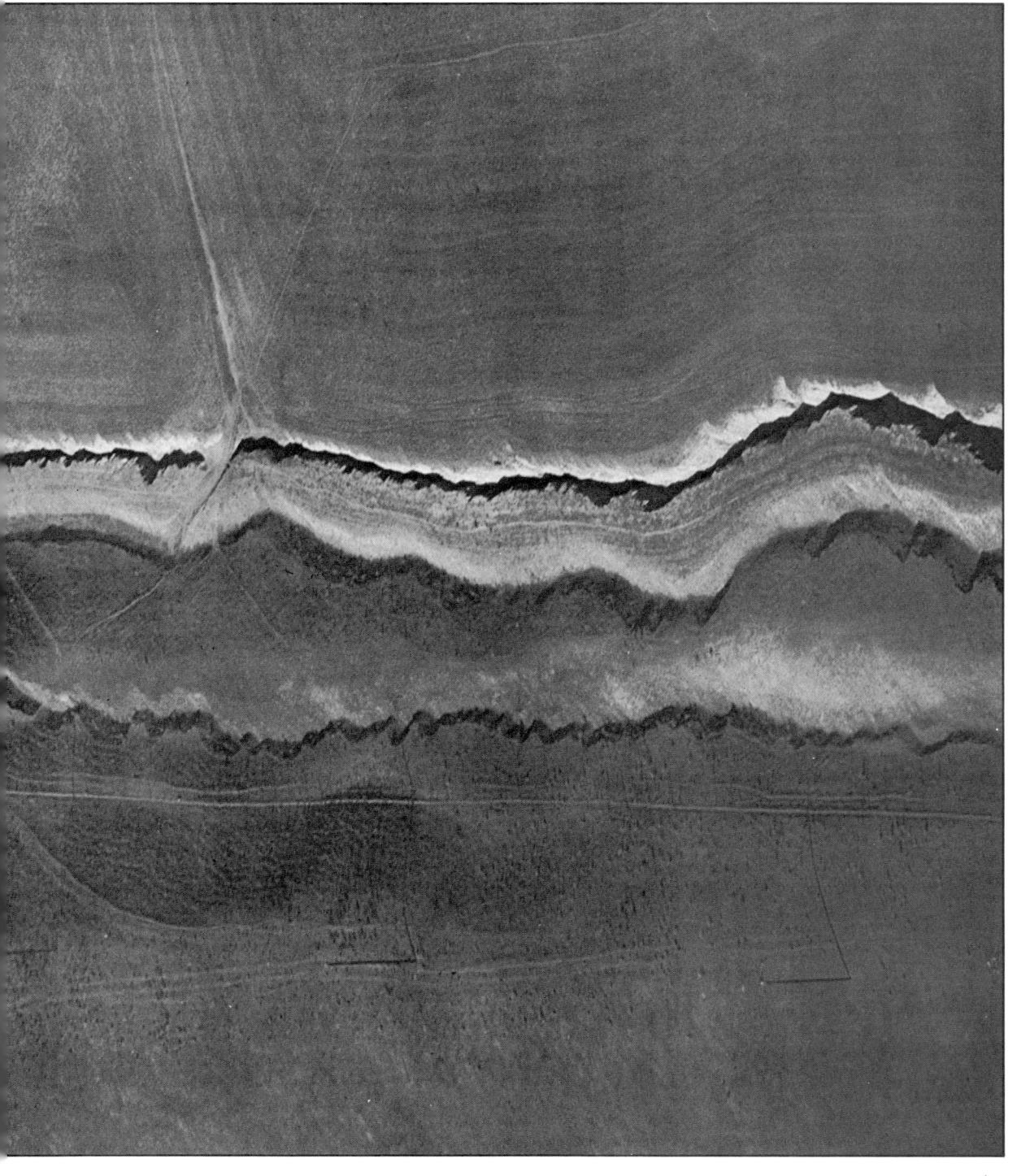

weise erforderte als bisher, denn nun waren die Baumbewohner auch ihnen vorher unbekannten Raubtieren ausgeliefert. Diese neuen Zwänge brachten jedoch auch neue Möglichkeiten mit sich. Und ein Waldbewohner, ein kleiner Menschenaffe, der wahrscheinlich nur wenig größer als ein Meter war, machte sie sich zunutze.

Hätten diese klimatischen Veränderungen etwa fünfzehn Millionen Jahre früher stattgefunden, so hätte es mit einiger Gewißheit unter den Waldbewohnern kein Lebewesen gegeben, das in der Lage gewesen wäre, sich seiner neuen Situation so anzupassen, daß es zum direkten Vorläufer des *Homo sapiens* werden konnte.

Wir müssen der Tatsache ins Auge sehen, daß wir ein Produkt günstiger Umstände sind und den Gesetzen der natürlichen Selektion unterliegen. Das Geheimnis der Humanevolution liegt in der extremen Anpassungsfähigkeit des Menschen. Rein physisch gesehen ist sie darauf zurückzuführen, daß die Hände nicht mehr zur Fortbewegung auf dem Boden gebraucht wurden. Die Auswirkungen dieser an sich bescheidenen Verhaltensänderung sind enorm. Denn dadurch wurde nicht nur der Weg zur Technologie frei – nämlich durch die Herstellung und Handhabung von Werkzeugen – sondern es bedeutet auch, daß sich die Sprachfähigkeit entwickeln konnte: ein Mund, der nur dazu dient, Nahrung aufzunehmen, Gegenstände zu tragen und Aggression auszudrücken ist kaum fähig, zusammenhängende Töne zu artikulieren. Nach unserer Definition liegen in der Manipulationsfähigkeit der Hand und einem entwicklungsfähigen Sprachvermögen die ausschlaggebenden Kräfte, die ein Lebewesen zur Kultur befähigen, denn erst die Kombination beider Fähigkeiten erlaubt es diesem Wesen, seine Umgebung nach seinem Willen zu formen. Das schlichte Resultat des aufrechten Ganges auf den Hinterbeinen ist die ungehinderte Benutzbarkeit der Hände. Daraus entwickelte sich zumindest teilweise ein kompliziertes evolutionäres Verhalten, dem wohl auch so unterschiedliche Faktoren wie Ernährung, Schutz vor Feinden oder auch Veränderungen sozialer Organisationsformen zuzurechnen sind. Als dieses Verhaltensmuster einmal bestand, beschleunigte sich die Entwicklung auch durch Rückkopplung immer mehr und produzierte so schließlich die menschliche Rasse. Der aufrechte Gang konnte jedoch nur von einem Lebewesen erlangt werden, das dafür schon in gewisser Weise prädisponiert war. Das Leben in den Wäldern schafft die richtige Voraussetzung für den bipeden Gang.

Wir können unsere Abstammungslinie zurückverfolgen zu

Der behende silberfarbene Gibbon aus Borneo bewegt sich mit dem für diese Gattung typischen Schwinghangeln vorwärts (Brachiation).

einem menschenaffenartigen Vorfahren, der sich sehr geschickt zwischen den Bäumen in seiner Waldheimat bewegte. Es gibt verschiedene Geleise der Evolution, die man – was die Art der Fortbewegung angeht – von diesem Punkt an verfolgen könnte. Das ist auch bereits in großem Umfang geschehen. Der Gibbon zum Beispiel ist unbestritten der begabteste Akrobat der Welt. Der Tribut dafür aber war, daß er relativ klein blieb (nämlich nur wenig mehr als 8 Kilo schwer), seine Hände dafür aber fabelhaft dazu geeignet sind, in Windeseile von Zweig zu Zweig zu hangeln, aber recht ungeschickt im Umgang mit Gegenständen. Die Entwicklung des Orang-Utans verlief auf ähnlichen Bahnen. Da er jedoch beträchtlich größer ist, ist er auch weitaus weniger beweglich. Im Gegensatz dazu kamen der Gorilla und der Schimpanse nach und nach von der Lebensweise als Baumbewohner ab und eigneten sich eine spezifische Fortbewegungsart an, den sogenannten Knöchelgang. Nur den Vorfahren der Menschen wurde der aufrechte Gang zur Gewohnheit.

Der Zeitraum, in dem sich die Savannen auf Kosten der Wälder auszudehnen begannen, kann daher als entscheidend für die Entwicklung der aufrechten Gangart – und damit der menschlichen Entwicklung – angesehen werden. Hätte diese Veränderung früher eingesetzt, wären die heute lebenden Primaten vermutlich von vierbeinigen Affen – beispielsweise den Pavianen – dominiert; hätte sie später eingesetzt, so wäre die Entwicklung der Menschenaffen vermutlich in den gleichen Bahnen verlaufen, wie die der Gibbons. Wie dem auch sei – der Entwicklungsprozeß zum *Homo sapiens* wäre erheblich verzögert worden, womöglich hätte er überhaupt nicht stattgefunden.

Bevor wir die Frage zu klären versuchen, wie sich das Verhaltensfeld ausweitete, in dem sich auch der Mensch als Nachfahre eines affenähnlichen Stammvaters bewegte, sollten wir uns kurz mit jenem längst ausgestorbenen Menschenaffen beschäftigen, der allmählich den Schutz der Wälder verlassen und sich auf freies Weideland gewagt hatte. Da der Mensch seine Vorherrschaft an Land einer langfristigen arborealen Evolution verdankt, müssen wir uns fragen, wie er die körperlichen Attribute erlangte, dank derer er in der neuen Umwelt überleben und sich ihr stellen konnte. Um den enormen Einfluß der Umwelt auf den Verlauf der Evolution zu demonstrieren, ist es sinnvoll, das Sozialverhalten derjenigen Primaten zu studieren, die uns am nächsten sind.

Der Beginn des Zeitalters der Säugetiere, den wir vor etwa fünfundsiebzig Millionen Jahren ansetzen können, ist gekennzeichnet durch geologische Umwälzungen und klimatische Veränderungen, die nur Lebewesen überstanden, die ihre eigene Körpertemperatur konstant halten konnten. Die kleinen Säugetiere, die fast hundert Millionen Jahre lang ängstlich und furchtsam über den Waldboden schnüffelten

Die Rekonstruktion eines Plesiadapis, eines versteinerten Halbaffen. Die fossilen Reste wurden in einer Erdschicht aus dem Paläozän in Europa gefunden.

Diese quadrupede Lokomotion, auch Knöchelgang genannt, ist kennzeichnend für Gorillas und – wie hier zu sehen – Schimpansen.

Dieser Pavian benutzt seine Hände, um während des Fressens sein Futter festzuhalten.

und Samen und Insekten suchten, ständig von gefräßigen Reptilien bedroht, hatten nun eine evolutionäre Chance. Daher interessiert uns hier besonders eine kleine langnasige Kreatur mit einem Schnauzbart, unserer heutigen Spitzmaus ein wenig ähnlich, die vor etwa siebzig Millionen Jahren von ihrem bisherigen Leben auf dem Boden zum Baumbewohner wurde.

Die beiden Hauptmerkmale der Primaten sind – bedingt durch die Baumexistenz – Greifhände mit flachen Nägeln statt Klauen und ein ausgeprägter Gesichtssinn mit räumlichem Sehvermögen (das heißt, die Augen liegen auf der Stirn und nicht seitlich vom Kopf). Diese Eigenschaften bilden zusammen mit der Fähigkeit, in aufrechter Position Nahrung aufzunehmen oder sich fortzubewegen, die Hauptcharakteristika der Primaten. Andere Säugetiere haben diese Eigenschaften zum Teil auch – Raubtiere zum Beispiel sehen stereoskop –, aber nur Primaten besitzen sie alle zusammen. Als die Vorfahren der Menschen zur bodengebundenen Lebensform zurückkehrten, brauchten sie keine neuen Fähigkeiten zu entwickeln; es genügte, die schon vorhandenen zu verbessern.

Schimpansen sind mit ihren Händen außerordentlich geschickt: hier angelt ein Muttertier Termiten mit einem Stock.

Als der erste rattenähnliche Primat auf die Bäume kletterte, um vor dem immer heftiger werdenden Lebenskampf und den Raubtieren zu flüchten, ließ er sich auf ein gefährliches Abenteuer ein. Statt des relativ sicheren Halts, den der Boden gewährt, muß ein Baumbewohner immer darauf gefaßt sein, daß Zweige oder Äste plötzlich brechen, ohne daß er es im Blätterdickicht merkt. Diese Gefahr besteht ständig, deshalb muß sie immer im Auge behalten werden, und die Reaktion muß schnell und sicher sein. Der Selek-

tionszwang, den dieser neue ökologische Lebensraum ausübte, muß eine Gattung hervorgebracht haben, die sich ihrer neuen Umgebung besonders gut angepaßt hatte, wie die erfolgreiche Weiterentwicklung der Primaten beweist.

Greifhände und nach vorn ausgerichtete Augen mit stereoskopem Sehvermögen kennzeichnen den Primaten jedoch nur zum Teil. Wären nämlich die ersten Prosimiae – das sind Halbaffen – Vegetarier statt Insektenfresser gewesen, so hätten sich die Primaten vermutlich anders entwickelt. Einer verbreiteten wissenschaftlichen Argumentation zufolge hat die Notwendigkeit, Insekten auf schmalen Zweigen zu erspähen und sie vorsichtig und gezielt zu packen, einen entscheidenden Anteil an der Primatenevolution gehabt.

Was auch immer die entscheidenden evolutionären Zwänge gewesen sein mochten – wir wissen auf jeden Fall, daß Augen und Hände markanten Veränderungen unterworfen waren. Die Klauenpfote der frühen Halbaffen entwickelte sich zu einer Hand mit einzeln beweglichen Fingern. Der größte Vorteil dieses Merkmals ist natürlich die Entwicklung des sogenannten »Präzisionsgriffs«, mit Hilfe dessen Daumen und Zeigefinger einen Kreis bilden können. Wir Menschen brauchen diese Greiffähigkeit für besondere handwerkliche Geschicklichkeiten.

Dieser »Präzisionsgriff« verlangt eine Reihe von Fertigkeiten der Hand, vor allem die Fähigkeit, den Daumen über der Handfläche kreisen lassen zu können. Diese Eigenschaft, die man »opponierbaren Daumen« nennt, hat sich nur sehr langsam während der Primatenevolution herausgebildet. Obwohl auch einige Affen und Menschenaffen fähig sind, eine Art Präzisionsgriff auszuüben, ist er nur beim Menschen voll ausgebildet. Die Neuweltaffen können fast alle Daumen und Zeigefinger scherenartig zusammenbringen. Altweltaffen sind etwas besser ausgestattet, bei manchen ist der entgegenstellbare Griff sogar beachtlich ausgebildet. Es darf nicht überraschen, daß eben jene Menschenaffen das bestausgebildete Greifvermögen haben, die ohne es nicht überleben könnten. Die Notwendigkeit, den Körper ökologischen und Verhaltensstrukturen anzupassen, ist im Kontext der Evolutionsbiologie unerläßlich.

Der Gelada-Pavian, ein Bodenbewohner des äthiopischen Hochlands, ernährt sich von Samen, Gräsern, Wurzelknollen und Insekten, die er bei seinem Schlurfgang auf dem Boden sieht und aufklaubt. Im Gegensatz zu den meisten Affen ist der Daumen des Gelada viel größer als der Zeigefinger, der sich etwas zurückentwickelt hat. Dadurch steigt seine Greiffähigkeit, und er kann besser seine Nahrung sammeln. Dagegen hat der akrobatische Gibbon, ein Fruchtfresser, praktisch überhaupt keinen Daumen. Sein Schrumpfdaumen dient eigentlich nur dazu, daß sich der Gibbon bei seinen unerschrockenen »Luftnummern« festhalten kann. Seine

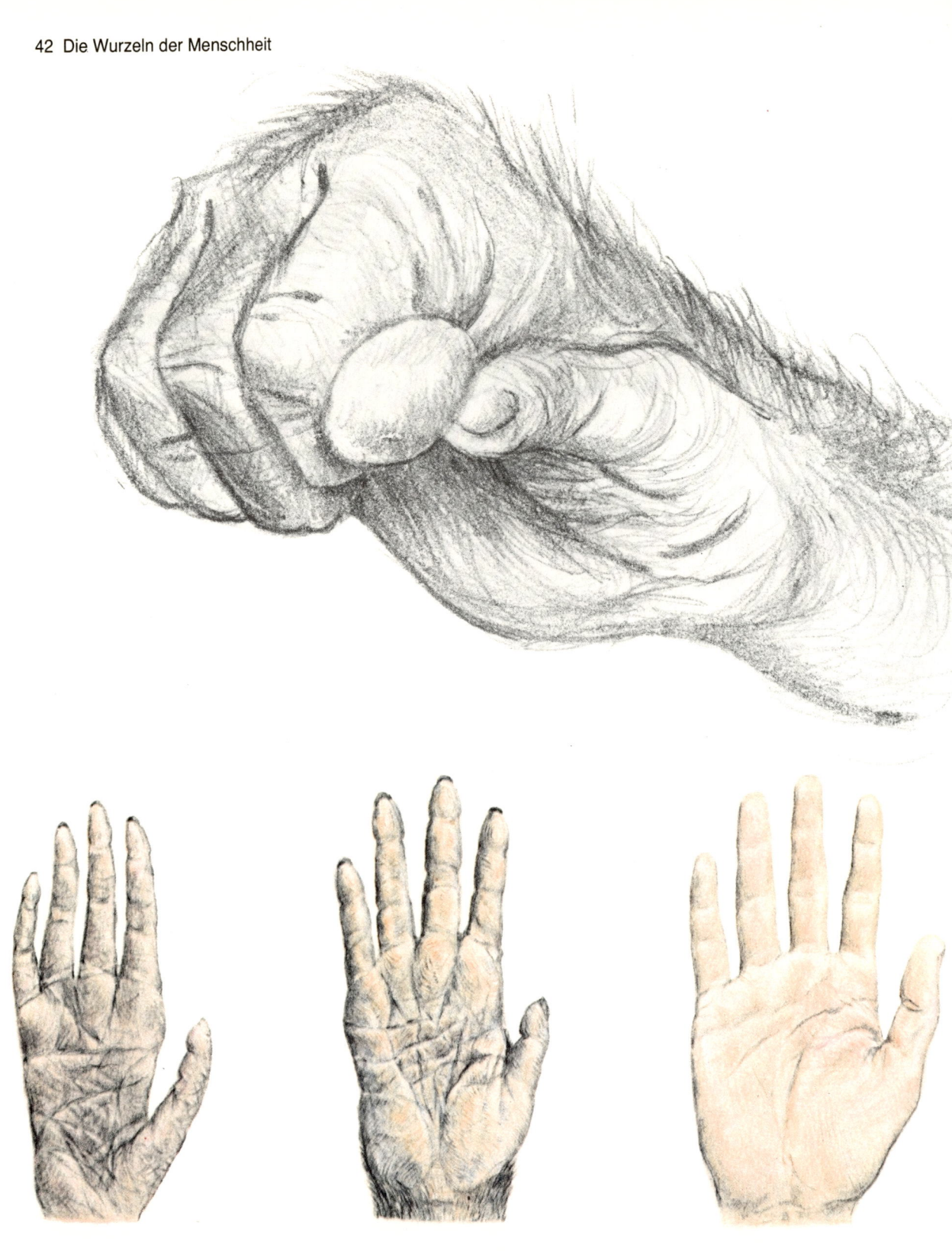

Die Ausbildung unserer Hände und deren Geschicklichkeit waren wichtige Faktoren für die Evolution des menschlichen Gehirns und vice versa. Hier zum Vergleich die Hände (unten) eines Pavian (Altweltaffen), eines Gibbon und eines Schimpansen (Menschenaffen) sowie des Homo. Der Präzisionsgriff des Schimpansen (oben) ist nicht so ausgeprägt wie der des Menschen und auch weniger geschickt. Die Entwicklung der Greifhand ging der des Präzisionsgriffs voraus – siehe nächste Seite oben: die menschliche Hand. Rechts: der Präzisionsgriff in seiner Vollendung, die erst die Fertigung von Werkzeugen erlaubt.

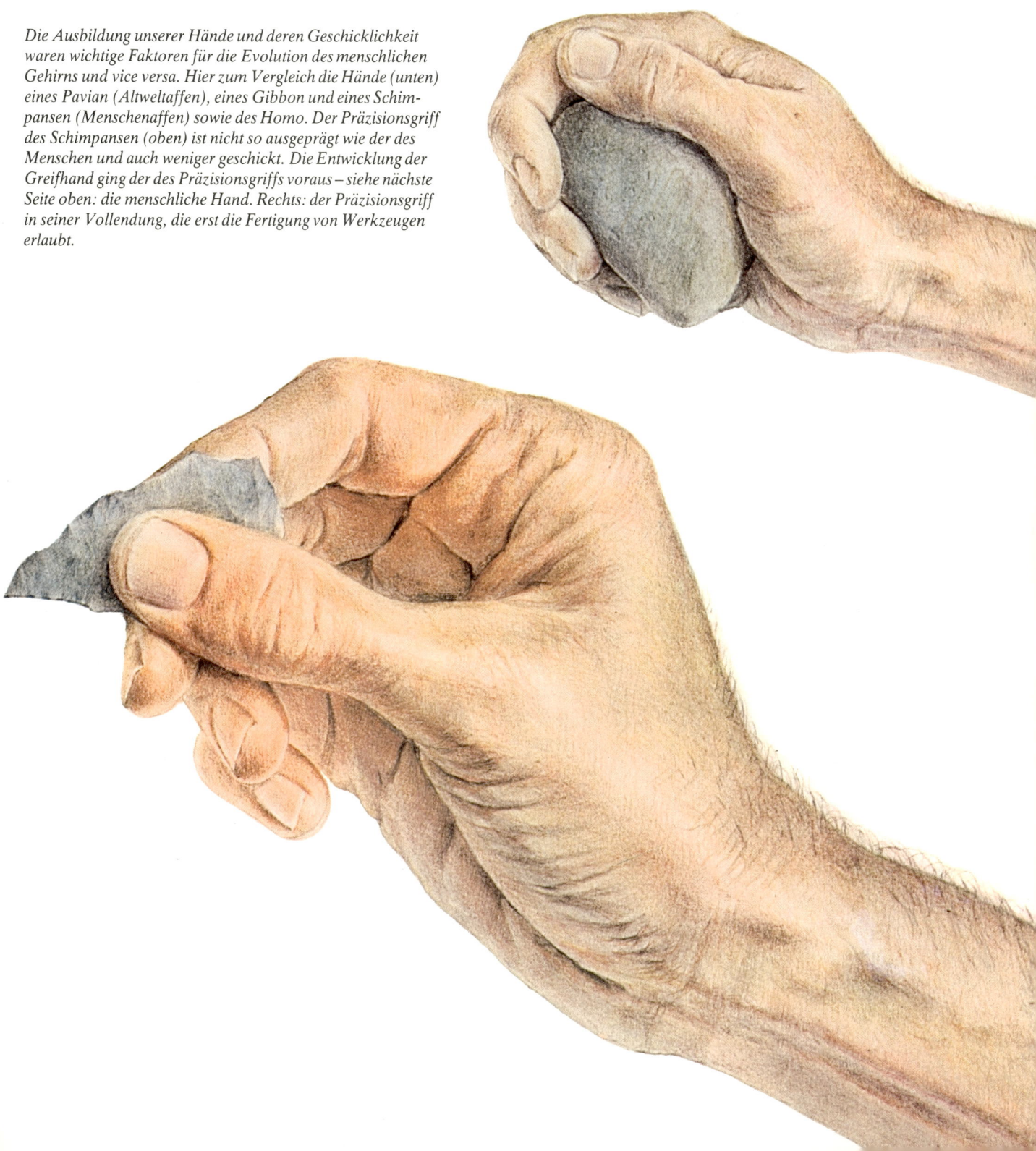

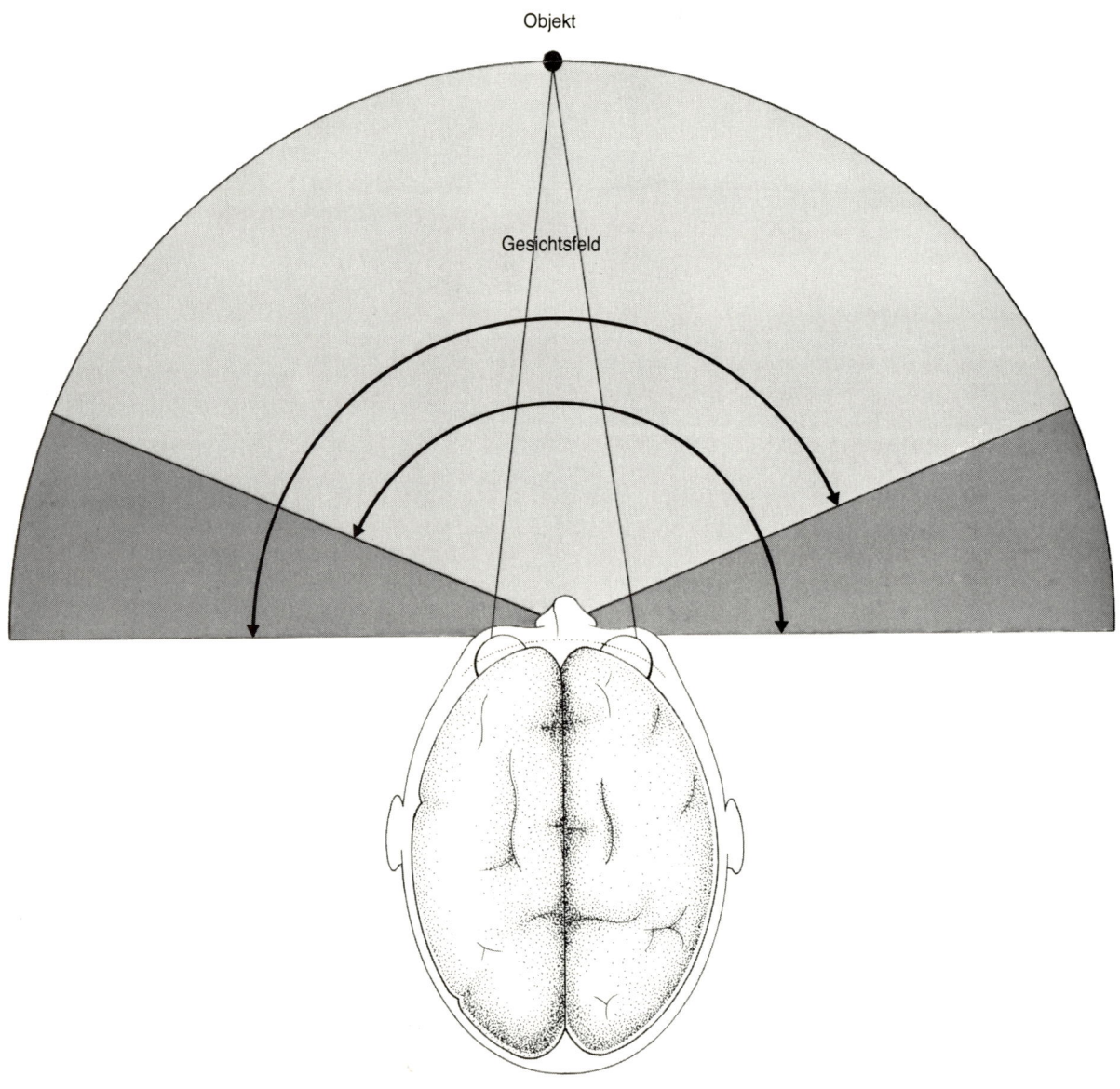

Objekt

Gesichtsfeld

Finger sind besonders dünn, so daß ein Präzisionsgriff unmöglich ist. Aber als baumbewohnender Fruchtfresser kann der Gibbon recht gut ohne eine besonders ausgebildete Greiffähigkeit auskommen. Man kann wohl füglich behaupten, daß ein Primat, der sich einerseits so geschickt wie der Gibbon bewegen könnte, aber andererseits nur wenig Nahrung aufnähme, zumindest biologisch unwahrscheinlich wäre.

Schimpansen, die am menschlichen Standard gemessen die intelligentesten nicht-menschlichen Primaten sind, haben sogar verschiedene Möglichkeiten, den Präzisionsgriff anzuwenden. Da sich die Hände des Schimpansen jedoch seinem Knöchelgang angepaßt haben, sind sie doch nicht so gut ausgebildet wie die menschlichen Hände. Der Schimpanse kann seinen Daumen mit seinem gebogenen Zeigefinger zusammenbringen, was die Voraussetzung für seine Greifgeschicklichkeit ist.

Alles in allem hat die Entwicklung der Hand bei der Spezies Primaten zu einer immer besseren Greiffähigkeit geführt, was deshalb wichtig ist, weil nur damit der Primat sich sicher auf relativ dünnen Ästen bewegen und seine Nahrung sammeln und festhalten kann. Je mehr der Evolutionsprozeß fortschritt, desto mehr entwickelte sich der Präzisionsgriff, der beim Menschen seine höchste Vollendung erreichte. Trotz dieser Spezialisierung hat die menschliche Hand jedoch nicht ihre ursprünglichen und fundamentalen Fähigkeiten verloren, nämlich das Zupacken und Greifen. Und dies ist nun ein weiterer Beweis dafür, daß der Schlüssel des Erfolgs der Humanevolution darin liegt, daß der Mensch spezielle Fähigkeiten erwerben konnte, aber nicht – wie etwa der Gibbon – auf Kosten anderer lebenswichtiger Fähigkeiten. – Die menschliche Hand ist zu außerordentlich vielseitigen Funktionen fähig.

Die Manipulationsfähigkeit der Hand bietet nicht nur die Möglichkeit, Nahrung aufzunehmen. In Verbindung mit dem zweiten Hauptcharakteristikum der Primaten – dem stereoskopen Sehvermögen – hat sie das Wahrnehmungsvermögen der Tiere verändert. Da viele der ganz frühen Primaten Nachttiere waren, vergrößerten sich unter anderm auch die Augen. Als die größeren Primaten im Lauf der Zeit immer mehr zu einer Lebensweise am Tage übergingen, wurde das Nervennetz hinter den Augen immer feiner. Außerdem

Die Kombination von räumlichen Sehvermögen mit dem Farbensehen (siehe Abbildungen nächste Seite) waren wichtige Schritte der Evolution, die es den höheren Primaten erst ermöglichte, sich ihrer Umwelt bewußt zu werden. Das Diagramm zeigt das komplette Gesichtfeld unserer Augen. Die Überlappung (hellgrau) der Gesichtsfelder ermöglicht das räumliche Sehen, die dunkelgrauen Felder werden nur von jeweils einem Auge erfaßt.

verstärkte sich die Unterscheidungsfähigkeit von Licht und Dunkel sowie von Farben.

Wir sind daran gewöhnt, farbig zu sehen. Gerade deshalb ist es der Mühe wert, einen Augenblick darüber nachzudenken, welche enormen Vorteile diese Art von Sehen gegenüber der nur monochromen Wahrnehmungsweise hat und was sie für eine Hilfe ist, um Tiefe und Entfernungen richtig einschätzen zu können. Gerade im Wald mit seinen vielfältigen Grünschattierungen und wenigen vereinzelten Farbflecken ist das rein monochrome Sehen von Nachteil, wie die Abbildungen auf Seite 46 deutlich zeigen. Vor allem bei der enorm wichtigen Suche nach Früchten ist das Sehen in Farben von großem Vorteil. Die Entwicklung dieser Wahrnehmungsfähigkeit bei den waldbewohnenden Primaten war beim Fortgang der Evolution nur eine Frage der Zeit und schließlich eine unumgängliche Notwendigkeit. Als unsere Vorfahren dann wieder auf den Boden zurückkehrten, blieb ihnen diese Fähigkeit erhalten, die sie allen anderen Bodenbewohnern, die bald ihre Konkurrenten werden sollten, deutlich überlegen machte.

Für die höheren Primaten, die die Fähigkeit haben, die Welt farbig und dreidimensional zu sehen, die außerdem in der Lage sind, Gegenstände aufzugreifen und damit umzugehen, ist die Welt mehr als nur eine dreidimensionale farbige Struktur. Es ist eine Welt voll erkennbarer Gegenstände. Affen, Menschenaffen und Menschen sind wohl die einzigen Lebewesen, die Dinge anfassen, aufnehmen, herumdrehen und sie sowohl mit dem Gesichts- als auch dem Geruchssinn untersuchen. Damit kann die Form, die Beschaffenheit, das Gewicht, der Geruch und die Nützlichkeit eines Objekts abgeschätzt werden, und so bekommt eben dieses Objekt für das Tier eine bestimmte Bedeutung. Es ist dann eben nicht mehr nur ein kleiner Teil einer intakten Struktur, sondern etwas Herauslösbares. Die Implikationen dieser neuen zerebralen Dimension sind zahlreich. Sie sind von grundlegender Bedeutung dafür, vor welchem Hintergrund die Entwicklung des menschlichen Gehirns zu sehen ist. Die Möglichkeit, die Welt zu *erfahren*, und nicht nur einfach nach vorprogrammierten Verhaltensmustern auf bestimmte Erscheinungsformen zu reagieren, wird dadurch beträchtlich vergrößert. Schließlich ist die Fähigkeit, einen Gegenstand als einem anderen unabhängige Einheit zu erkennen, die unabdingbare Voraussetzung für die Entwicklung der Sprache, einer Fähigkeit, die vermutlich nur dem Menschen eignet.

Die lebenden Primaten unterscheiden sich hinsichtlich ihrer Größe beträchtlich, denn der winzige Mausmaki zählt ebenso dazu wie der große Gorilla. Soweit man aufgrund der außerordentlich geringen Fossilfunde Schlüsse ziehen kann, haben einige der lebenden Primaten Ähnlichkeiten mit ihren ausgestorbenen Vorfahren, so daß wir durch die Beobach-

Die Aufnahmen links zeigen, daß es viel einfacher ist, Objekte – beispielsweise Nahrung – in Farbe statt monochrom zu sehen.

Rechts: Dieser Schimpanse betastet Gegenstände – eine sehr sinnvolle Beschäftigung, durch die die Umwelt erfahren und die Brauchbarkeit eines Gegenstandes abgeschätzt werden kann.

tung der heutigen Primaten zumindest einen Hinweis darauf bekommen können, welche Evolutionsstadien unsere Vorfahren durchlaufen haben. Wenn eine Spezies sich nämlich den Gegebenheiten und Besonderheiten seiner Umwelt gut angepaßt hat, wird sie dem Zwang zur Veränderung kaum ausgesetzt sein und somit über einen langen Zeitraum hinweg nahezu unverändert bleiben.

Verfolgen wir jedoch den Weg der Evolution weiter zurück, so hilft uns dies Vorgehen allerdings nicht mehr allzuviel. Wir können uns nicht die Schimpansen und Gorillas, denen wir als Primaten am nächsten verwandt sind, ansehen und feststellen: »So also haben wir auch einmal ausgesehen!« Die heutigen Menschenaffen sind wie wir Menschen das Ergebnis einer über fünfzehn Millionen Jahre andauernden Entwicklung. Unser Vorfahr war wesentlich kleiner als der Mensch der Neuzeit, genauso wie der Ahnvater der Gorillas und Schimpansen. Andererseits unterscheiden sich beide wesentlich in ihrer Gangart: der Mensch geht aufrecht, die Fortbewegungsweise des Menschenaffen ist durch den Knöchelgang gekennzeichnet. Wir dürfen diese Perspektive nicht verlieren, wenn wir versuchen, aus dem Studium der Menschenaffen und der Affen Rückschlüsse auf die menschliche Evolution zu ziehen. Es bestünde sonst nämlich die Gefahr, daß einige sehr menschenähnliche Fähigkeiten, wie wir sie vor allem bei den Schimpansen antreffen, selbst den unbeirrbarsten Wissenschaftler zu einer gewagten Vermenschlichung verleiten könnten. Dennoch können uns eben die Tiere, mit deren Vorfahren auch die unseren nahe verwandt waren, und die heute in einer Umgebung leben, die der Umwelt unserer Vorfahren sehr stark ähnelt, etwas über unsere eigene Evolution lehren. Und weil die Umwelt in der Entwicklung von Verhaltensweisen eine so entscheidende Rolle spielt, können wir vermutlich mehr über uns selbst – genauer gesagt: über unsere Vorfahren – lernen, wenn wir den Pavian (also einen Affen) zu unserem Studienobjekt machen und nicht den Gibbon (also einen Menschenaffen), obgleich wir entwicklungsgeschichtlich den Menschenaffen näher stehen als den Affen.

Die neuzeitlichen Primaten werden in zwei Hauptgruppen* oder Unterarten aufgeteilt: einmal die Prosimiae (das heißt: Halbaffen) und zum zweiten die Affen und Menschenaffen. Die Prosimiae sind klein; zu ihnen zählen der Mausmaki, der Sifaka, die Tarsier und die Plumploris. Die Affen und Menschenaffen (Anthropoidea) werden in drei weitere Gruppen aufgeteilt: 1. die Neuweltaffen (Ceboidea), zu denen die Tamarine, die Brüll- und die Spinnenaffen

gehören; 2. die Altweltaffen (Cercopithecoidea), zu denen der Pavian, der Patas und der Colobus zählen; 3. die Menschenaffen (Hominoidea), zu denen der Gibbon, der Siamang, der Orang-Utan, der Schimpanse, der Gorilla und der Mensch gehören.

Die Affen der Neuen und der Alten Welt liefern uns ein interessantes Beispiel für die sogenannte »parallele Evolution«. Darunter versteht man die evolutionäre Ausformung sehr ähnlicher Charakteristika bei völlig getrennt lebenden Spezies aufgrund vergleichbarer, wenn auch getrennter Umwelten. Die Neuweltaffen kommen nur in Mittel- und Südamerika vor, während die Altweltaffen in den gesamten tropischen Zonen von Afrika und Asien leben. Physisch ähneln sich die beiden Gruppen stark. Nur ein geschultes Auge kann die wenigen Unterscheidungsmerkmale sofort erkennen. Eines dieser Charakteristika sind die Nasenlöcher, die bei den Altweltaffen eng beieinander, bei den amerikanischen Affen weit auseinanderliegen. Ein weiterer Unterschied besteht in der Greiffähigkeit des Schwanzes vieler Neuweltaffen. Sehr deutlich kann man die Zugehörigkeit zu einer der beiden Gruppen an den Zähnen erkennen: Altwelt- und Menschenaffen besitzen zweiunddreißig Zähne, während die amerikanischen Spezies ein etwas »primitiveres« Gebiß aus sechsunddreißig Zähnen haben.

Da Zähne besonders resistent gegenüber Verwesung sind und selten verschluckt oder aufgefressen werden, spielen sie eine unverhältnismäßig wichtige Rolle unter den Funden, die uns Aufschluß über die Vergangenheit geben. Das trifft vor allem für die Beschreibung jenes Wesens zu, das man für den frühesten Primaten hält. Bis vor kurzem war das einzige, was man gefunden hat, ein einzelner oberer Backenzahn, der aus einer Unmenge von Kreidekieseln an einem Ausgrabungsort in Montana ausgesiebt wurde, der bezeichnenderweise Purgatory Hill (Fegefeuerberg) heißt. Paläontologen sind zwar gewohnt, kühne Theorien auf äußerst geringen Fakten aufzubauen, aber dieser Backenzahn hat der Interpretationsfreudigkeit doch ihre Grenzen gezeigt. Und da im heutigen Nordamerika keine Primaten leben, wie sollte dieser Backenzahn wohl dort hingekommen sein?

Die Antwort darauf liegt in der geologischen Hypothese von Pangäa, jener ungeteilten Landmasse, von der man annimmt, daß sie bei ihrer ersten Teilung in zwei Superkontinente aufgebrochen sei, in einen der nördlichen Hemisphäre (Laurasia) und einen der südlichen (Gondwanaland). Irgendwann einmal löste sich die Landmasse, die später Südamerika werden sollte, von Gondwanaland ab und driftete allmählich nach Westen, um sich dort mit Nordamerika zu verbinden, wobei man den Zeitpunkt vor nur ungefähr zwei Millionen Jahren ansetzt. Es läßt sich nicht mit Sicherheit sagen, wann genau sich Südamerika über den Ozean hinweg bewegte, aber

* Nach der Gliederung von G. Heberer in drei Unterordnungen: I. Lemuroidea (Halbaffen), II. Tarsioidea (Koboldmakis), III. Anthropoidea (Menschenähnliche),(Anm. d. Red.)

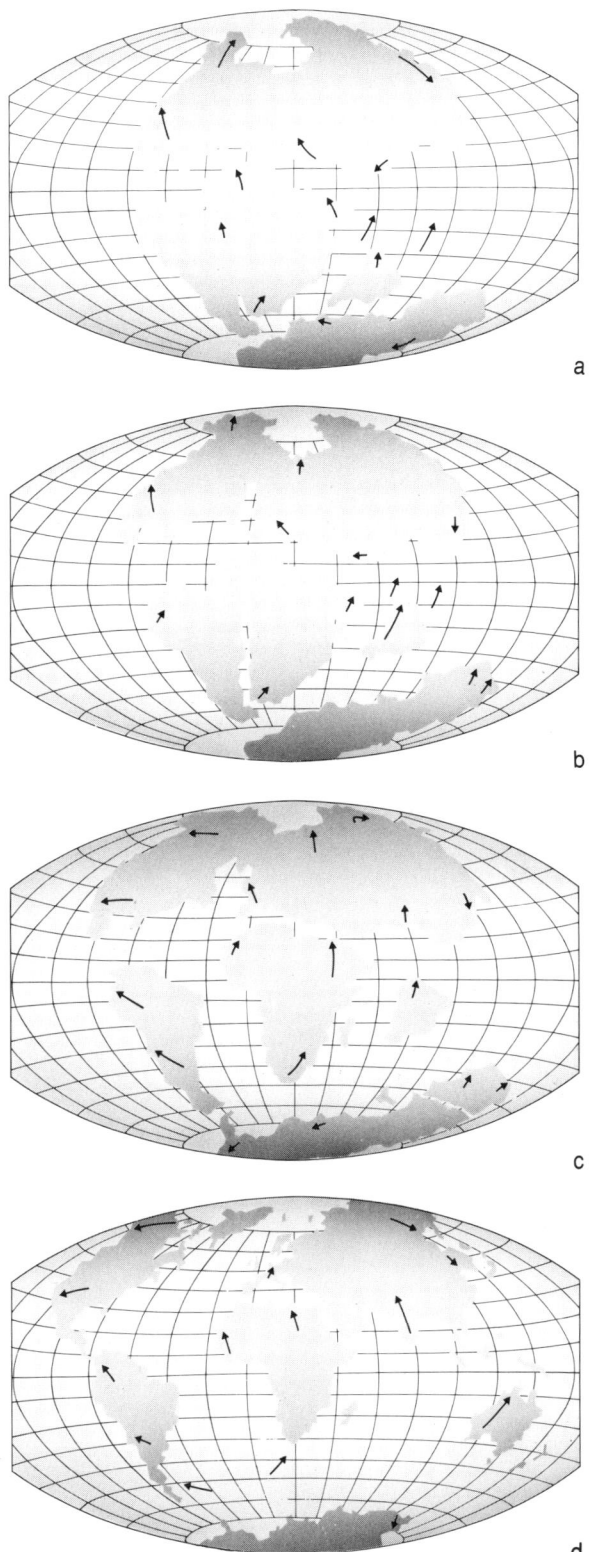

Fossilfunde lassen den Schluß zu, daß es vor etwa siebzig Millionen Jahren gewesen sein muß – also kurz nachdem der Grundstock für die Entstehung der Primaten gelegt worden war. Daher ist es denkbar, daß auf dem südamerikanischen Halbkontinent ein Vorfahr der Prosimiae lebte, der dem ähnelte, der in der Alten Welt zurückgeblieben war.

Der Fund dieses einzelnen Backenzahnes läßt darauf schließen, daß einige der frühesten Primaten einst im heutigen Nordamerika lebten, aber zu einer Zeit, als diese Landmasse noch eng mit dem angenommenen nördlichen Superkontinent Laurasia verbunden war. Das Klima muß dann aber damals subtropisch oder tropisch gewesen sein, damit dieses Säugetier überhaupt in der Lage war, während des ganzen Jahres pflanzliche Nahrung zu finden. Laurasia brach jedoch langsam auseinander. Und vor etwa fünfundfünfzig Millionen Jahren hatte sich das nordamerikanische Klima zu stark abgekühlt, als daß Primaten hätten überleben können. Die Möglichkeit, daß einige von anderswo zugewandert sein könnten, ist ebenfalls auszuschließen. Die alte Verbindung mit Eurasien war also bereits abgebrochen, die östliche Landbrücke von Asien herüber war für die Lebensbedürfnisse der Primaten zu kalt und die südamerikanische Landmasse war noch nicht nach Westen gedriftet.

Ganz anders sah das jedoch in Europa und Asien aus. Während nämlich Laurasia nordwärts driftete, wanderten die Primaten Richtung Süden auf der Suche nach Sonne. Sie zogen aber nicht etwa deshalb nach Süden, weil sie heliophil gewesen wären, sondern weil sie ihre Nahrungsgewohnheiten geändert hatten. Statt von Insekten lebten sie nun von Früchten und Blättern, die sie in tropischen Zonen das ganze Jahr über finden konnten, in kühleren Klimaten jedoch nur zu bestimmten Jahreszeiten. Während also die Kontinente

Die ursprüngliche, zusammenhängende Landmasse, die wir heute Pangäa nennen, begann vor etwa 200 Millionen Jahren (a) in die Superkontinente aufzubrechen, und zwar Laurasia im Norden und Gondwanaland im Süden. Vor etwa 135 Millionen Jahren (b) löste sich Südamerika von Afrika, Nordamerika von Eurasien, und Indien trieb allmählich nach Norden. Nord- und Südamerika drifteten nach Westen, dadurch entstand der Atlantische Ozean, wodurch Afrika auf Europa traf. Australien begann sich von der Antarktis abzulösen, und der indische Subkontinent vereinte sich mit Asien. Das war vor etwa 65 Millionen Jahren (c). Heute sind Afrika und Indien mit Europa respektive Asien zusammengestoßen und haben dadurch die Alpen und das Himalaya-Massiv aufgeworfen. Süd- und Nordamerika hängen noch zusammen, und Australien hat sich ganz von der Antarktis abgelöst (d). Die Bewegung ist jedoch noch nicht zum Stillstand gekommen: Ostafrika beginnt abzubrechen. Beweis dafür ist das Große Rift Valley.

Das Studium der lebenden Primaten ist wichtig für das Verständnis unserer Vorfahren. Sie helfen uns, die Fossilfunde von Primaten richtig zu interpretieren. Ihre Sozialstruktur und Verhaltensweisen können uns gewisse Hinweise für die Lebensweise unserer Vorfahren geben. Auf diesen beiden Seiten ist die natürliche Streuung der lebenden Primaten (mit Ausnahme der Menschen) entsprechend der vegetativen Zonen, in denen sie leben, zu erkennen. Desgleichen einige Exemplare dieser äußerst vielfältigen Spezies: Mausmaki, Plumplori und Tarsier sind Halbaffen; das Totenkopfäffchen und das Spinnenäffchen sind Neuweltaffen und weisen die Merkmale auf, durch die sie sich von den Altweltaffen unterscheiden, nämlich einen Greifschwanz und auseinanderliegende Nasenlöcher – hier zu sehen beim Totenkopf- und Husarenäffchen.

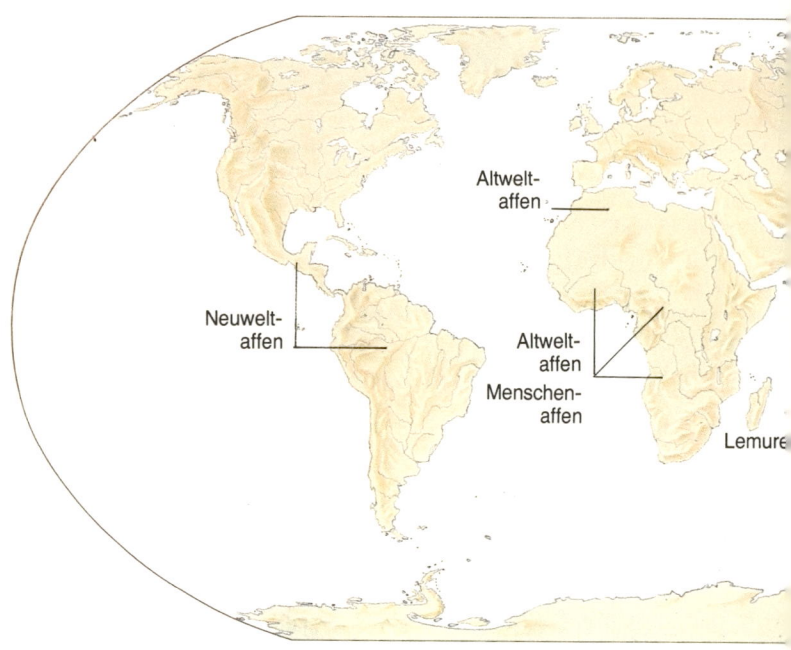

Altwelt-affen

Neuwelt-affen

Altwelt-affen

Menschen-affen

Lemure

Plumplori

Tarsier

Mausmaki

Gorillamännchen

Altwelt-
affen
Loris
Menschen-
affen

Altwelt-
affen

Tarsier
Loris
Menschenaffen

Totenkopfäffchen

Husarenäffchen

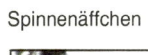
Spinnenäffchen

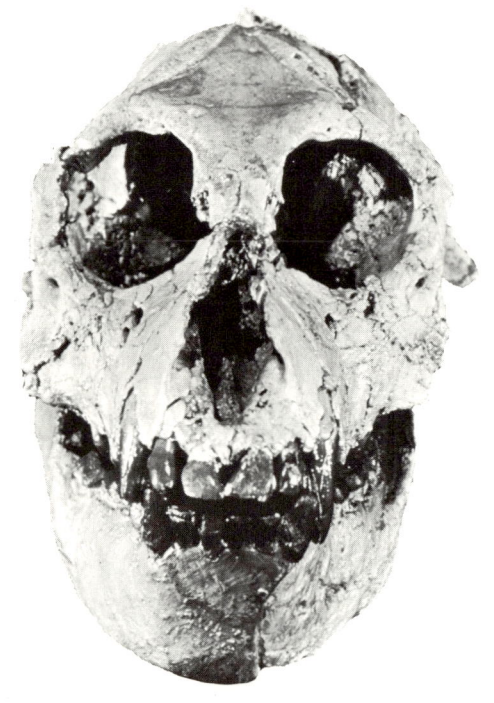

Der affenähnliche Schädel des Aegyptopithecus zeuxis aus der Niederung von Al-Fayum war der erste Menschenaffe, der aus dem Urstamm der Altweltaffen evolvierte.

nach Norden drifteten, zogen die Primaten nach Süden und blieben letztlich so mehr oder weniger stabil in bezug auf ihre klimatischen Lebensbedingungen und in Verbindung damit auf ihre Nahrungsgewohnheiten.

In Südamerika haben sich die Prosimiae anscheinend ganz ähnlich entwickelt wie die Altweltaffen. Die Gemeinsamkeit besteht natürlich darin, daß sie alle Baumbewohner waren. Damit haben wir wieder ein Beispiel dafür, wie wichtig bestimmte Umweltbedingungen für die Entwicklung einer spezifischen evolutionären Richtung sind.

In den ökologischen »Kinderstuben« der Neuen und der Alten Welt muß es jedoch zumindest einen ganz entscheidenden Unterschied gegeben haben, und zwar lag der vermutlich in der unterschiedlichen Dichte der Wälder. Südamerika stieß nämlich auf seiner langsamen Abwanderung nach Westen auf ein relativ stabiles subtropisch-tropisches Klima, das dichte, üppige Wälder favorisiert. Im Gegensatz dazu waren die Altweltaffen einem etwas kühleren Klima ausgesetzt, das lichtere Wälder kennt. Obgleich wir keine Gewißheit haben, ist doch die Spekulation zulässig, daß dieser Unterschied in gewisser Weise der Grund dafür ist, weshalb

Menschenaffen in Afrika und Asien auftauchten, nicht aber in den beiden amerikanischen Halbkontinenten. Die Altweltaffen hatten noch einen besonderen Anlaß, nach Süden zu wandern: Die Erdtemperatur sank ständig. Der Temperaturrückgang hatte fast unmerklich vor etwa sechzig Millionen Jahren begonnen, war eine Zeitlang konstant geblieben, nahm dann jedoch vor etwa vierzig Millionen Jahren ganz beträchtlich zu. Somit ist es kein Zufall, daß dieser Zeitpunkt durch eine ganz entscheidende Verschiebung in der Primatenevolution markiert wird. Während über dreißig Millionen Jahren, seit Primaten sich in ihre neue Umgebung gewagt hatten, entwickelten sich und gediehen die Prosimiae. Während sie zuerst noch kleine rattenartige Wesen waren, hatten sie allmählich nach vorne gerichtete Augen und Greifhände entwickelt sowie – zumindest teilweise ihre Nahrung von Insekten auf Pflanzen umgestellt. Sie waren größer geworden, wenn auch noch immer kleiner als unsere Katze und hatten sich über riesigen Flächen ausgebreitet. Eine rückläufige Tendenz setzte jedoch vor etwa dreißig oder vierzig Millionen Jahren ein. Der Grund dafür war mit an Sicherheit grenzender Wahrscheinlichkeit sozusagen Konkurrenz aus den eigenen Reihen – denn inzwischen traten die Affen auf den Plan. Und kurz danach tauchten die ersten Menschenaffen auf.

Unsere Kenntnis dieser frühesten Affen und Menschenaffen stützt sich im wesentlichen auf Ausgrabungen in der Oasenregion von Faijum, einer Niederung am östlichen Rand der Sahara. Obgleich sie heute ausgetrocknet ist, war dies vor vierzig Millionen Jahren ein Gebiet mit dichten tropischen Wäldern, durchzogen von Flüssen und Strömen, die gemächlich dem Mittelmeer entgegenflossen. Dies sind zwar nun nicht gerade Bedingungen, unter denen sich Gebeine über lange Zeit erhalten und langsam versteinern. Aber einige sind uns doch erhalten geblieben, und so hat die Oase Faijum etwa seit der Jahrhundertwende Paläontologen angezogen. Aber erst im Jahre 1960, als Elwyn Simons von der Yale University mit gezielten Ausgrabungen begann, erkannte man, welch reiche Schätze dort verborgen lagen.

Ein Prachtexemplar aus der Oase Faijum sind die Relikte eines frühgeschichtlichen Menschenaffen, der mit dem Terminus *Aegyptopithecus zeuxis* bezeichnet wird (*Pithecus,* das altgriechische Wort für Affe, taucht in der Nomenklatur der Humanevolution verschiedentlich auf). Das Expeditionsteam von Simons hatte das große Glück, einen fast vollständig erhaltenen Schädel zu finden (mit Ausnahme des Kiefers), was auf der Suche nach den Ursprüngen der Menschheit außerordentlich selten ist; sein Alter schätzt man auf etwa achtundzwanzig Millionen Jahre. Damit repräsentiert er den frühesten Menschenaffen, der sich aus dem Stamm der Altweltaffen entwickelt hat. So gesehen ist der *Aegyptopithe-*

cus ein Vorfahr unserer eigenen Spezies ebenso wie der der heutigen Menschenaffen.

Die doppelte Verschiebung der Primatenevolution, in der sich zunächst Halbaffen zu Affen und dann später Affen zu Menschenaffen entwickelten, hat zur Folge, daß man auch die Veränderungen in der Art der Fortbewegung erkennen kann. Diese Veränderungen hängen hauptsächlich mit der Größe der Tiere zusammen. Die Fortbewegungsweise der kleinen Prosimiae nennt man Schwinghangeln, das heißt, sie bewegen sich vertikal. Allerdings nehmen sie in der Ruhehaltung eine eher aufrechte Position ein, die wiederum charakteristisch für die Primaten ist. Ihre Hinterbeine sind als Folge ihrer springenden Fortbewegungsweise besonders stark ausgeprägt. Die kleineren Vorderbeine dienen vor allem zur Nahrungsaufnahme.

Affen, die ja beträchtlich größer sind als Halbaffen, von denen sie abstammen, bewegen sich auf allen Vieren auf Ästen vorwärts – sie sind mit anderen Worten quadruped. Sie haben, da sie die Äste mit einem ungleich größeren Gewicht belasten, Hände und Füße entwickelt, mit denen sie sich im Unterschied zu den Halbaffen einen festen Halt verschaffen können. Der Schwanz ist dabei ebenfalls von großem Nutzen für die Balance. Die neuzeitlichen schwanzlosen Menschenaffen haben eine ganze Reihe verschiedener Fortbewegungsarten entwickelt: die Gorillas und Schimpansen beispielsweise den Knöchelgang, die Gibbons, Siamangs und die Orang-Utans sind sogenannte Brachiatoren, das heißt, sie benutzen ihre Arme und Beine zum Hangel- und Schwingklettern. Ihre Vorfahren haben sich jedoch vermutlich die meiste Zeit nur mit den Händen von Ast zu Ast weitergezogen. Ein Menschenaffe, wie beispielsweise der Orang-Utan, dessen Körper größer und somit natürlich schwerer ist als der eines Affen, kann sich an einen Ast hängen und eine reife Frucht am Ende eines Zweiges greifen, denn er hat die Möglichkeit, sein Körpergewicht zu verteilen, indem er sich mit drei Händen festhält und mit der vierten nach der Frucht greift – wobei es keineswegs unkorrekt ist, in diesem Zusammenhang von vier *Händen* zu sprechen.

Wenn man die Art der Lokomotion klassifizieren will, muß man notgedrungen verallgemeinern, vor allem bei der Betrachtung der lebenden Gattungen. Viele heutige Neuweltaffen bewegen sich zum Beispiel ähnlich wie der frühe Menschenaffe, bezeichnenderweise immer wie dessen größere Arten – ein weiteres Beispiel dafür, daß zwischen Körpergröße und Fortbewegungsart ein Zusammenhang besteht. Paviane haben ihre Lebensweise als Baumtiere weitestgehend aufgegeben. Sie leben vorwiegend auf dem Boden und bewegen sich auf allen Vieren. Aber allgemein kann man feststellen, daß der Übergang vom vertikalen Schwingen zu quadruper Fortbewegung in den Bäumen bis

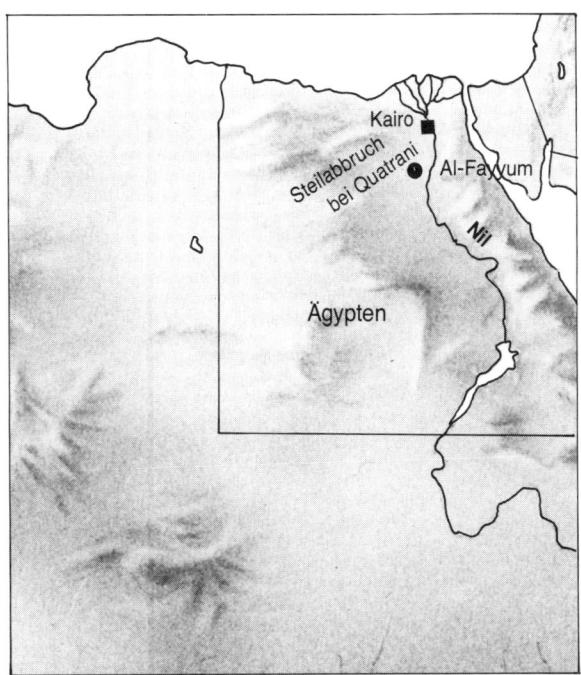

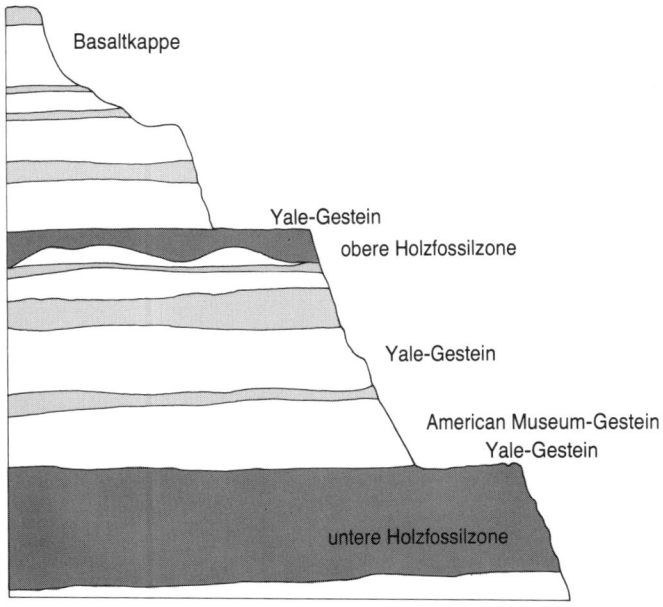

Die Niederung von Al-Fayyum am Rand der ägyptischen Sahara war im Oligozän mit Wäldern bewachsen, durch die Flüsse nördlich bis zum Mittelmeer führten.

Eine mögliche Erklärung dafür, daß sich Menschenaffen in Afrika und Asien, nicht jedoch in beiden Amerikas entwickelten, ist die Tatsache, daß die Wälder in Afrika und Asien nicht so dicht waren. Zum Vergleich die Abbildungen einer Savanne in Tansania (während der Regenzeit) und des Regenwaldes in Brasilien.

hin zum Hangeln die gesamte Primatenevolution durchzieht. Daher können wir von der Art der Fortbewegung auf das evolutionäre Stadium eines Fossils schließen.

Aus dem Skelett des *Aegyptopithecus* können wir – auch wenn die Argumentation auf etwas dünnen Beinen steht – den Schluß ziehen, daß dieser Menschenaffe aller Wahrscheinlichkeit nach noch quadruped war. Wir können aber mit an Sicherheit grenzender Wahrscheinlichkeit davon ausgehen, daß hier auch der Anfang des Hangelns liegt, weil damit ja die Früchte, die am Ende der Zweige hängen, besser gegriffen werden konnten, während sich ja die meisten Affen von Blättern ernähren. Dieser kardinale Unterschied in der Ernährungsweise muß einer der Faktoren der evolutionären Divergenz zwischen Affen und Menschenaffen sein.

Versuchen wir nun, den Weg der Geschichte bis zur Entstehung des Menschen weiterzugehen, so werden unsere Schritte etwas unsicher. Das liegt daran, daß es für diesen Zeitraum nur sehr wenig Fossilfunde gibt. Ein wichtiges fossiles Zeugnis der Evolution der Menschenaffen haben wir erst etwa acht Millionen Jahre nach dem *Aegyptopithecus* mit dem sogenannten *Dryopithecus africanus*. Louis und Mary Leakey konnten 1948 auf der Rusinga-Insel im Viktoria-See einen nahezu vollständig erhaltenen Schädel und einige Knochen der Extremitäten ausgraben. Damals schrieb die

Der Orang-Utan (links) verteilt sein Gewicht, indem er alle vier Gliedmaßen dazu nutzt. Im Gegensatz zu den Affen haben die Menschenaffen keinen Schwanz, mit dessen Hilfe sie balancieren könnten. Der weiße Gibbon (oben) ist ein weiteres Beispiel dafür. Ein anderer Gibbon hält sein Fressen mit drei Händen und klammert sich mit der vierten fest.

Presse enthusiastisch, nun sei der direkte Vorfahr vom Menschen und Menschenaffen gefunden. Die Diskussion darüber, welchem evolutionären Stadium der *Dryopithecus africanus* zuzuordnen sei, ist zwar noch nicht beendet, aber es darf mit einiger Sicherheit angenommen werden, daß der *Dryopithecus* bereits eine Spezifikation des Genus war und schon eine Abstammungslinie zum Menschenaffen hin zu formieren begann. Es ist aber auch denkbar, daß frühe Vertreter der Gattung *Dryopithecus* (früher *Proconsul* genannt) die Vorfahren sowohl des menschlichen wie des Menschenaffen-Urstamms hervorgebracht hatten.

Die früher geläufige Bezeichnung *Proconsul* bedarf einer Erklärung. Sie wurde von Arthur Hopwood vom ›National History Museum‹ in London geprägt und zwar einzig und allein deshalb, weil es damals einen berühmten Schimpansen gab, der Consul genannt wurde, und Arthur Hopwood der Meinung war, dieses Fossil könne der Vorfahr der Schimpansen sein. Ein Beispiel dafür, wie die fossile Nomenklatur entstehen kann – was zwar einerseits bezeugt, daß auch diese Wissenschaft nicht humorlos ist, andererseits aber auch Probleme aufwirft.

Verfolgen wir die Entwicklung des *Dryopithecus* (also dem Vorfahren sowohl der Menschenaffen als auch des Menschen) weiter bis zu einem Zeitpunkt vor etwa zwölf Millionen Jahren, so stoßen wir auf drei Hauptgruppen: *Dryopithecus*, *Gigantopithecus* und *Ramapithecus*. Auch hier herrscht in der Wissenschaft keine restlose Übereinstimmung sowohl in der Spezifizierung der Genera als auch in der Bezeichnung. Aber wichtig ist allein die übergreifende Zuordnung. *Dryopithecus* oder »Waldaffe« ist der Ahnvater aller heutigen Menschenaffen. *Gigantopithecus* war der Vorfahr offensichtlich sehr großer bodenbewohnender Menschenaffen, die in Asien vorkamen, inzwischen jedoch ausgestorben sind. Der dritten Gruppe, dem *Ramapithecus*, gilt unser Hauptinteresse, denn nach dem heutigen Stand unserer Kenntnisse ist er der erste Vertreter der Hominiden.

Es war *Ramapithecus*, der sich vor etwa zwölf Millionen Jahren aus dem Schutz des Waldsaumes begab und sich aufmachte, den Ungewißheiten und Gefahren der offenen Savanne zu begegnen. Die Anforderungen, die das Leben in der Savanne stellte, müssen – ähnlich wie die Lebensweise als Baumtier die Entwicklung zum Primaten beschleunigt hat – die Evolution vom menschenähnlichen Affen zum affenähnlichen Menschen vorangetrieben haben.

Ein Rückblick auf den evolutionären Stammbaum der Menschenaffen zeigt uns, daß die jüngste Spezialisierung vor etwa zwölf Millionen Jahren erfolgte, aus denen die Hominiden hervorgingen. Unmittelbar zuvor hatten sich Gorilla und Schimpanse vom gemeinsamen Stammbaum abgespalten, ebenso wie einige Zeit zuvor die asiatischen Menschenaffen,

nämlich der Orang-Utan und der Gibbon. Die genaue Fixierung des Zeitpunkts, wann diese Spezifikationen erfolgt sind, ist noch immer umstritten. Dies um so mehr, als die beiden amerikanischen Biologen Vincent Sarich und Allan Wilson mit ihren Arbeiten über die Ähnlichkeiten respektive Unterschiede in der molekularen Zusammensetzung der Proteine der Menschenaffen die Kontroverse verschärft haben. Sarich und Wilson stellen zwar nicht die Reihenfolge in Frage, in der sich die Menschenaffen mit arteigenen Spezifikationen weiterentwickelt haben, aber ihre Forschungsergebnisse legen den Schluß nahe, daß der Vorgang viel später stattfand, als die Paläontologen annehmen. So spezifizierten sich – wenn man der Molekulartheorie folgt – die Hominiden, die Schimpansen und die Gorillas vor etwa vier Millionen Jahren, der Orang-Utan vor etwa sieben und der Gibbon vor zehn Millionen Jahren.

Die Knochen der Gliedmaßen und der Schädel eines Dryopithecus africanus, die in den Miozänablagerungen auf der Rusinga-Insel im Viktoria-See im Jahre 1948 von Louis und Mary Leakey entdeckt wurden. Man vermutet in dieser Spezies den Vorfahr des heutigen Schimpansen.

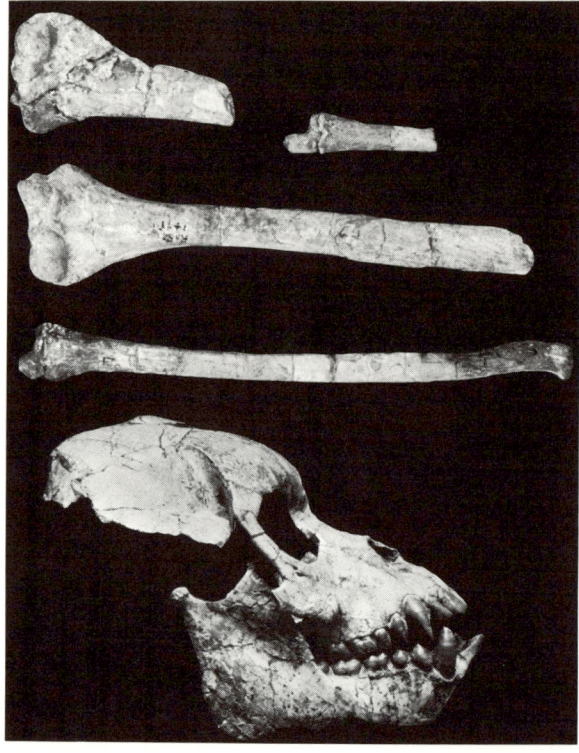

Abgesehen von der unterschiedlichen Datierung resultiert aus diesen Untersuchungen zwingend unsere Artverwandtschaft mit den Schimpansen. Allan Wilson hat nämlich zusammen mit Marie-Claire King die Struktur einer großen Anzahl menschlicher Proteine und der von Schimpansen untersucht. Dabei ergab sich nur ein geringfügiger Unterschied: zu 99 Prozent ist die Proteinstruktur identisch! Diesem Test zufolge ist die Verbindung des Schimpansen zum Menschen enger als die zu den asiatischen Menschenaffen. Und auch wenn es keine Fossilfunde gäbe, die Darwins Theorie bestätigen, daß die menschliche Rasse afrikanischen Ursprungs ist, so würde sie doch durch die Ergebnisse von Wilson und King zweifellos gestützt werden, denn der Schimpanse kommt ausschließlich in Afrika vor.

Neueste Erkenntnisse über die Abstammung des Menschen haben wir durch die Arbeiten von Sarich und Wilson, zwei amerikanischen Biologen, die die Proteinmoleküle im Blut verschiedener Primaten untersuchten. Je ähnlicher die Molekularstruktur, desto näher die Verwandtschaft unter den jeweiligen Tieren. Diese Erkenntnis diente dazu, die Abfolge der Primatenevolution nachzuzeichnen. Ausgehend von der Annahme, daß Protein sich konstant im Körper entwickelte, ließ sich überdies ein Zeitschema erstellen. Das Diagramm zeigt die Ergebnisse dieser Untersuchungen und kann mit den allgemein anerkannten Ergebnissen der Fossilforschung verglichen werden.

Eine Rekonstruktion des Dryopithecus.

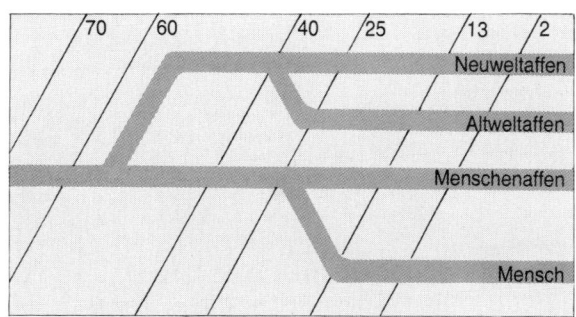

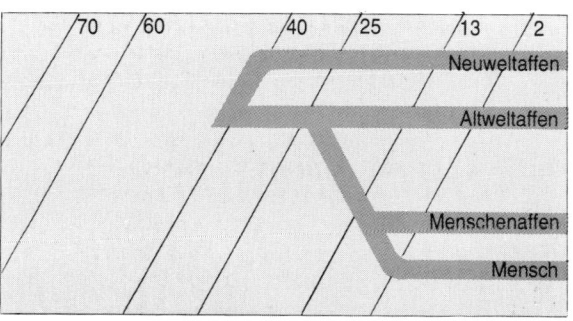

4
Die
ersten
Hominiden

Wir Menschen sind vor allem soziale Lebewesen: emotional haben wir das Bedürfnis, einer Gruppe anzugehören, und unser Intellekt ist dafür geschaffen, zwischenmenschliche Beziehungen herstellen und pflegen zu können, ob nun beispielsweise innerhalb einer Gemeinde, in persönlichen Verbindungen oder in politischen Gruppierungen. Auf der Suche nach unseren Anfängen muß uns das Verhalten unserer Vorfahren und ihr Sozialgefüge ebenso beschäftigen wie ihre physische Erscheinungsform und ihre kognitiven Fähigkeiten. Unglücklicherweise verewigt Verhalten sich nicht als Fossil wie etwa Knochen. Daher sind uns die ersten spärlichen Hinweise darauf erst ab dem Zeitpunkt zugänglich, wo im evolutionären Prozeß technologische Kenntnisse in Form von Werkzeugen oder Schutzhütten auftauchen.

Aber unsere Suche auch nach weiter zurückliegenden

Vorhergehende Seiten: Eine Gruppe von Gorillas im Kongo – das männliche Leittier ist rechts zu sehen. Dian Fossey, von dem diese Aufnahme stammt, berichtet, daß die Gruppe in ihrem Verhalten sehr häufig von ihrem Leittier bestimmt ist.

Momenten ist doch nicht ganz hoffnungslos, da wir aus den Verhaltensweisen der uns verwandten Primaten gewisse Erkenntnisse über die Verhaltensformen unserer frühesten Vorfahren qua Analogieschluß ableiten können. Wir müssen uns die Frage stellen, welche Faktoren für die Bildung von Primatengesellschaften von Belang sind und welche Adaptationen tierische Gruppen entwickeln können. Dies ist die Kernfrage in dem Versuch der Rekonstruktion des Sozialverhaltens unserer Vorfahren. Wir sollten uns auch mit den Gemeinschaftsformen der höheren Primaten beschäftigen, ohne dabei allerdings die Grenzen dieses Verfahrens aus den Augen zu verlieren.

Eines steht auf jeden Fall fest: auch die Primaten lehren uns, daß das Sozialverhalten jeder Gattung flexibel und größtenteils durch gegebene Umstände bestimmt ist. Bei der Untersuchung moderner Gesellschaftsformen dürfen wir nicht vergessen, daß eben diese Flexibilität beim Menschen am ausgeprägtesten ist. Im Augenblick wollen wir uns jedoch ausschließlich damit befassen, die soziale Organisationsform mit hinreichender Sicherheit erkennen zu können, die unsere

Oben: Die Beziehung zwischen einer Schimpansenmutter und ihrem Jungen ist sehr eng. Die Zeit des Heranwachsens dauert bei Primaten verhältnismäßig lange. Da für die Jungtiere gesorgt werden muß, bilden sie ein stabiles Element innerhalb einer Gruppe.

Links: Paviane sind besonders soziale Tiere. Jede Gruppe hat eine eigene Struktur. Die Gruppe auf diesem Photo sucht ihr Futter im Freiland, von Bäumen entfernt. Die männlichen Tiere sind geschickter als die weiblichen und die Jungen.

Vorfahren zu jenem Zeitpunkt entwickelt hatten, als sie den Schutz der Wälder verließen und das offene Grasland zu erobern und schließlich zu beherrschen begannen.

Die Quantität der Nahrung und – wahrscheinlich im geringeren Maße – der Grad der Gefährdung durch Raubtiere sind die beiden Faktoren, die die größte Rolle in der Beziehung der Lebewesen einer Gattung untereinander spielen. Die Regeln, die für die Primaten gelten, sind auch für alle anderen Arten relevant. Die höheren Primaten bilden in gewisser Weise eine Ausnahme, weil sie ihrer Natur nach eher Gruppenwesen als Einzelgänger sind. Unterschiedliche Umweltbedingungen wirken sich daher eher auf das *Wie* ihres Sozialverhaltens aus und nicht darauf, *ob* sie überhaupt sozial sind. Höhere Primaten tendieren zum Gruppenleben, weil dies einen langen Lernprozeß während der Kindheit ermöglicht; und Lernen ist ein Zeitvertreib, dem Primaten weit mehr frönen als jedes andere Lebewesen. Lernen ist Zeitvertreib mit Zielsetzung. Sein Zweck ist, daß die Mitglieder einer Gruppe ihre Umgebung, in der sie überleben müssen, gründlich kennenlernen. Größeres Wissen bedeutet größere

Überlebenschancen – und Evolution ist nur durch Überleben möglich.

Die Periode der Kindheit und somit die Periode des Lernens beinhaltet die Abhängigkeit von Erwachsenen. Daraus ergibt sich, daß die Basis allen Sozialverhaltens innerhalb von Primatengruppen ausnahmslos die Mutter-Kind-Beziehung ist. Dieses enge Band umschließt die soziale Einheit, aus der alle höheren sozialen Ordnungen sich konstituiert haben.

Zunächst wollen wir uns jedoch den Einflüssen zuwenden, die aus der Verschiedenartigkeit der Nahrungsversorgung resultieren. Im Grunde gibt es nur zwei Arten natürlicher Nahrungsverteilung: einmal Futter, das gesammelt werden muß, wie etwa Wurzeln und Körner, zum anderen Futter, das an einem Ort konzentriert zu finden ist, wie etwa Früchte auf einem Baum. Nahrung, die über ein weites Gebiet verstreut vorkommt, wird in der Regel von kleineren sozialen Einheiten gesammelt. Im Gegensatz dazu werden Bäume voller Früchte von ganzen Tierherden geleert. Das sind einfache Gesetzmäßigkeiten und keineswegs etwa Zauberformeln.

Das Ganze wird jedoch komplexer, wenn man bei der Betrachtung einen weiteren Punkt mit einbezieht: den Schutz vor Raubtieren. Lebewesen, die ständig in der Furcht vor Raubtieren leben, können entweder eine Art Verteidigungssystem aufbauen oder fliehen. Meist tun sie beides. Verteidigung ist gewöhnlich nur innerhalb einer Gruppe wirksam. Meist sind die männlichen Tiere – die normalerweise größer sind als die Weibchen und große Reißzähne haben – für die Verteidigung der Herde verantwortlich oder doch zumindest dafür, die Raubtiere solange hinzuhalten, bis die anderen Mitglieder der Gruppe fliehen können.

Die Olivenpaviane sind ein besonders gutes Beispiel dafür, wie Nahrungsgewohnheiten und Verteidigungszwang ineinander übergreifen. Aus der Art ihrer Nahrung könnte man schließen, daß diese Paviane eher Einzel- als Gruppenwesen sind. Da sie aber mehr oder weniger im offenen Gelände und damit unter der ständigen Bedrohung durch Raubtiere leben, ist das Rollenverhalten, das sich aus der Art der Nahrung ergibt, etwas in den Hintergrund getreten. Paviane hocken auf dem Boden, um nach Wurzeln oder Sprossen zu graben oder auch Insekten unter Steinen aufzuklauben, aber sie

schauen sehr oft hoch und äugen kurz nach allen Seiten, ständig auf der Hut nach Anzeichen von Gefahr. Das Leben in der Gruppe ermöglicht nicht nur eine wirksame Abwehr im Moment einer Gefahr, sondern auch eine dauernde Wachsamkeit, die ein einzelnes Lebewesen oder eine sehr kleine Gruppe niemals leisten könnte: in einer Herde von sechzig Pavianen werden es beispielsweise immer mindestens sechs Tiere sein, die gleichzeitig von ihrem Futterplatz hochschauen. Und wenn besonders viele Raubtiere in der Nähe sind, bleiben die Paviane auffällig nahe bei den Bäumen, so daß sie jederzeit und sehr leicht flüchten können.

Paviane leben in sehr unterschiedlichen Lebensräumen; manche leben in der freien Savanne, manche in Gebieten, die man am besten als Waldlichtungen beschreiben könnte. Obgleich die Grundstrukturen der Pavianherden in diesen unterschiedlichen ökologischen Räumen gleich sind, unterscheiden sich doch die sozialen Interaktionen selbst innerhalb der gleichen Spezies beträchtlich. Der Hauptunterschied liegt in der Dichte des sozialen Gefüges, die besonders bei den Savannenherden auffällt. Das Gruppenleben der Paviane, die sich überwiegend in Waldlichtungen aufhalten, ist eher

Keine andere Menschenaffenart hat eine so eindeutige Paarbeziehung wie der Gibbon (ganz links). Der Orang-Utan, vor allem die männlichen Tiere, sind nicht sehr gesellig, häufig sogar richtige Einzelgänger.

flexibel. Es wird hauptsächlich von einigen männlichen Tieren bestimmt, die eine Art loser Hierarchie aufgebaut haben. Die Männchen wechseln ihre Gruppe häufig; den Kern bilden die Weibchen und die Jungtiere.

Würde man solch eine Herde in die offene Savanne versetzen, wo die Bedrohung durch Raubtiere erheblich größer ist, so würde der Gruppenzusammenhalt sofort erheblich stärker, das soziale Netz erheblich dichter werden; Rangordnungen würden genauestens eingehalten und der Wechsel zwischen den Gruppen eingeschränkt werden; das geschärfte Bewußtsein für Gefahr würde auch die Aggressionen zwischen den Tieren untereinander verschärfen. Die Veränderung der sozialen Interaktion würde somit aller Wahrscheinlichkeit nach die Lebensnotwendigkeit erhöhter Wachsamkeit und eines dichteren Sozialgefüges angesichts wirklicher Gefahr bezeugen.

Dieses Beispiel belegt nicht nur die Unterschiedlichkeit sozialer Verhaltensmuster bei Pavianherden, sondern auch die unterschiedlichen Anforderungen, die sich durch verschiedenartige Umweltbedingungen stellen. Man hat auch bei Schimpansen Veränderungen ihrer sozialen Gewohnhei-

ten beobachtet, wenn sie einem Wechsel ihres Lebensraumes ausgesetzt waren, etwa aus dem sicheren, relativ dichten Waldgebiet in Lichtungen oder gar in offene Savannen. Im Gegensatz zu Pavianen ziehen Schimpansen nicht freiwillig ins ungeschützte Grasland.

Schimpansenherden zeigen hochentwickelte Sozialstrukturen, deren Differenziertheit wir erst nach und nach – vor allem dank der geduldigen und akribischen Beobachtungen von Jane Goodall im Gombe-Stream-Reservat in Tansania – zu erkennen beginnen. Diese Untersuchungen haben uns gelehrt, daß das Leben der Schimpansen entschieden interessanter und aufschlußreicher ist, als man bislang angenommen hat.

Das Stabilisierungselement in Schimpansenherden, die häufig bis zu hundert Tieren zählen (in der Regel allerdings weniger), ist ohne jeden Zweifel die Verbindung zwischen Mutter- und Jungtier. Die männlichen Tiere zanken sich um einen besseren Platz in der sozialen Rangordnung; ihre Machtkämpfe ähneln denen rivalisierender Savannenpaviane. Das ranghöchste Männchen einer Schimpansenfamilie ist jedoch im Gegensatz zum Leittier einer Herde von Savannenpavianen relativ duldsam gegenüber den Annäherungen anderer Männchen an die Weibchen; sexuelle Promiskuität ist hier Teil der natürlichen Ordnung. Schimpansen ernähren sich in der Hauptsache von Früchten, daher ist ihre Gruppenintensität abhängig von der Futtermenge. Wenn eine Herde zum Beispiel Bäume entdeckt hat, die prall voll sind mit Früchten und Nüssen, klettern alle zusammen hinauf und schmausen gemeinsam. Da aber wilde Früchte sehr häufig nur weit verstreut vorkommen, sind die Tiere gezwungen, sich in kleinere Gruppen aufzuteilen, damit jedes genügend zu fressen bekommt. In diesen Untergruppen schließen sich dann beispielsweise alle Mutter- und Jungtiere zusammen, oder alle Männchen und Weibchen oder nur alle Männchen.

Aus dem Faktum, daß Gruppen sich periodisch aufteilen beziehungsweise wieder sammeln, um möglichst viel Futter zu bekommen, können wir höchst interessante Verhaltensmuster ableiten. Dies um so mehr, als wir archäologisches Fundmaterial haben, aus dem wir Ähnlichkeiten zu Gruppenformen unserer menschlichen Vorfahren bzw. auch heute lebender Sammler- und Jäger-Gesellschaften ablesen können. Die Buschmänner in Botswana leben zum Beispiel nur während der kurzen Regenzeit – also etwa acht Wochen im Jahr – als geschlossener Stamm zusammen, weil dann genügend Wasser für alle da ist. Während des übrigen Jahres lebt der Stamm in Kleinfamilien verstreut und sucht nach saftigen Früchten, die dann die einzige Flüssigkeitsquelle sind.

Das Leben am Boden birgt viele Gefahren. Bei den Pavianen konnten wir ein Verteidigungsmittel darin erkennen, daß die Männchen größer sind. Am ausgeprägtesten ist dies bei dem riesigen männlichen Gorilla, der bis zu 200 Kilo wiegen kann. Ausgewachsene Gorillas sind in der Regel nicht mehr wie während ihrer Kindheit in der Lage, auf Bäume zu klettern, denn für die meisten Bäume sind sie einfach zu schwer. Aber ihre Körpergröße bringt es auch mit sich, daß sie vor Raubtieren keine Furcht zu haben brauchen – mit einer einzigen Ausnahme: dem Menschen. Wegen ihrer wirkungsvollen physischen Verteidigungsmöglichkeiten sind Gorillafamilien erheblich kleiner als Pavianherden. Im allgemeinen bestehen sie nur aus etwa zwanzig Tieren mit einem schönen, silberglänzenden Leittier. Im Gegensatz zu vielen Affenherden, die von einem einzelnen Männchen dominiert werden, ist der *alpha*-Gorilla bemerkenswert tolerant gegenüber anderen männlichen Tieren, was vermutlich ein Zeichen für die größere Intelligenz der Menschenaffen ist. Intelligenz ist ja häufig das, was man *nicht* tut, und nicht so sehr das, *was* man tut.

Die asiatischen Menschenaffen (Gibbons, Siamangs und Orang-Utans) können uns aufgrund ihrer spezifischen ökologischen Anpassungsformen wenig lehren, was uns direkten Aufschluß über das mögliche Sozialverhalten unserer frühesten Vorfahren geben könnte. Der Gibbon scheint sich beispielsweise selbst in eine eng umrissene ökologische Nische verrannt zu haben. Seine enorme körperliche Geschicklichkeit befähigt ihn zwar in außerordentlichem Maße dazu, Früchte selbst von unerreichbar scheinenden Zweigen zu pflücken, aber sie erschwert ihm andererseits auch die Überwindung größerer Entfernungen. Man kann daher vermuten, daß der Gibbon »gezwungen« war, sein Revier zu verteidigen (was sonst unter höheren Primaten nicht üblich ist) und seine Futterzone gegenüber allen Eindringlingen zu bewachen. Die Größe der Gruppe ist auf die kleinstmögliche Einheit reduziert: Männchen, Weibchen und deren Junge. Männliche und weibliche Tiere sind gleich groß, vermutlich weil ein Weibchen, das die Rolle des »Mannes« übernehmen kann, doch sehr nützlich ist, wenn es das eigene Revier zu verteidigen gilt.

Der Gibbon ist der einzige Menschenaffe, der in einer sogenannten Zweierbeziehung lebt, die viele Leute fälschlicherweise nur dem Menschen zugestehen. Der Gibbon ist jedoch aller Wahrscheinlichkeit nach zu diesem Sozialverhalten »gezwungen« worden, weil er im Grunde genommen ein Einzelgänger ist. Die Vorfahren des Menschen waren jedoch vermutlich gruppenorientiert und -gebunden. Wahrscheinlich ist es daher auch kein Zufall, daß der Gibbon nicht nur derjenige unter den höheren Primaten ist, der am wenigsten zur Gruppenbildung fähig und auch die intellektuell niedrigste Spezies ist.

Der asiatische Verwandte des Gibbon, der Orang-Utan (malaiisch: »Waldmensch«), ist ein sehr merkwürdiges Tier. Obgleich er fast zehnmal so schwer und groß ist wie der Gibbon, scheint dieser wunderschöne, goldfarbene Menschenaffe ein etwas antisoziales Lebewesen zu sein, vor allem die großen männlichen Tiere. Der Orang-Utan ist ein Fruchtesser wie der Gibbon, klettert geschickt, aber vorsichtig in den Bäumen der sumpfigen Regenwälder von Südostasien, Borneo und Sumatra. Während der vergangenen Jahre sind die Orang-Utans von unverantwortlichen Leuten, von menschlichen Raubtieren, rabiat dezimiert worden. Dies ist möglicherweise der Grund dafür, daß das Sozialsystem eines Lebens in einer Kleinstgruppe (nämlich Mutter und Jungtier, wozu sich gelegentlich ein männliches Tier gesellt) als eine Form der Abweichung angesehen werden muß, der eine aussterbende Gattung ausgeliefert ist. Einige Wissenschaftler ziehen unter anderm daraus die Schlußfolgerung, daß das ursprüngliche Verhalten des Orang-Utans wesentlich mehr dem der Gorillas und nicht so sehr dem der Gibbons ähnelt,

Ein großes Gorillamännchen schlägt sich auf die Brust – eine Geste, die zu den Drohgebärden gehört.

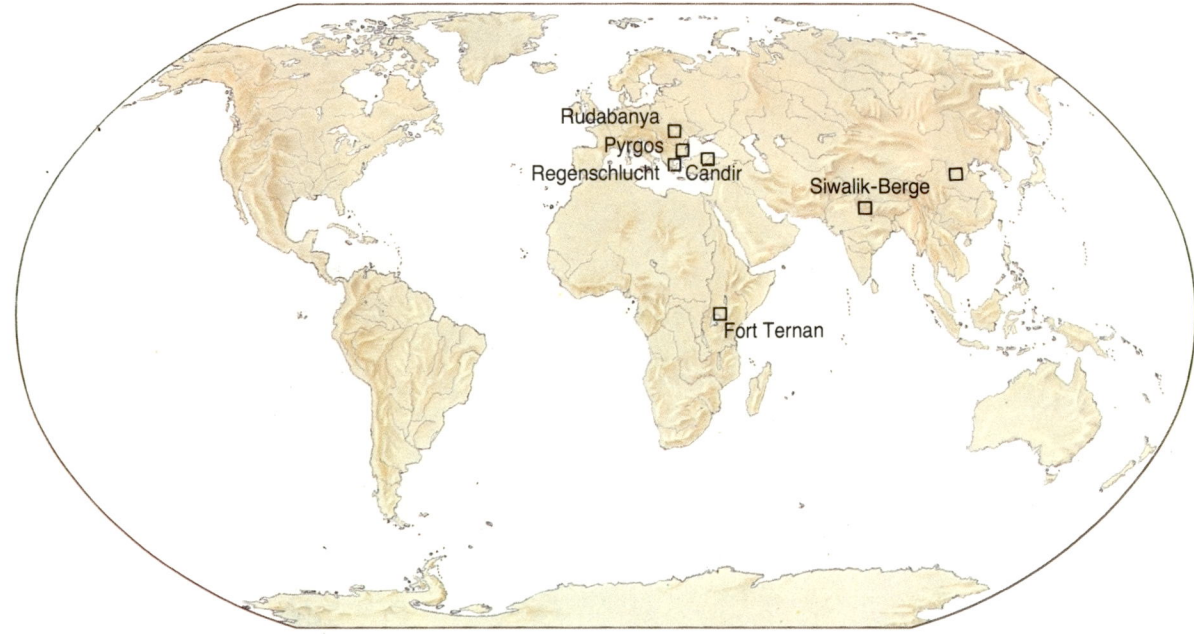

wie es derzeit den Anschein hat. Diese Fragen, die ohnehin noch kaum hinreichend untersucht sind, können zur Zeit noch nicht adäquat beantwortet werden.

Die meisten höheren Primaten reagieren biologisch vorbestimmbar auf einschneidende Einflüsse von außen, aber diese Reaktion ist weitestgehend untrennbar von der fundamentalen menschlichen Neigung zur sozialen Gruppenbildung. Soziabilität ermöglicht nicht nur die Erziehung eines Einzelwesens, sondern liefert auch das Potential, mit dessen Hilfe ein »Gruppenwissen« entwickelt werden kann, das für die Weiterentwicklung der individuellen intellektuellen Fähigkeiten von ebenso vitaler Bedeutung ist.

Je weiter man die Evolution in ihrem Fortschreiten verfolgt, desto länger wird der Zeitraum, in dem das Junge von einem ausgewachsenen Tier abhängig ist. Pavianjunge brauchen ihre Mutter zwei Jahre lang und kommen dann in eine Art »Halbwüchsigenphase«, die etwa doppelt so lange andauert. Schimpansenkinder brauchen etwa drei Jahre, bis sie diese Altersstufe erreichen, in der sie sich dann noch etwa sieben Jahre bewegen. Im Vergleich dazu dauert die Kindheit eines Menschen etwa sechs Jahre, vierzehn weitere Jahre gilt er als »Jugendlicher«. Diese unterschiedlichen »Lehrjahre« gehen etwa Hand in Hand mit gleichlangen Schwangerschaftszeiten. Während der Zeit vor dem Erwachsensein muß das heranwachsende Lebewesen zwei verschiedene Fähigkeiten erlernen: einmal die sozialen Spielregeln der Gruppe und zum zweiten den Umgang mit der Außenwelt, die zwei Dinge

bereithält: Futter und Feinde. Je länger die Periode des Heranreifens andauert, desto mehr kann gelernt werden.

Es kann als gesichert gelten, daß Primaten keine sozialen Lebewesen geworden wären, wenn das Sozialverhalten keine evolutionären Vorteile mit sich gebracht hätte. Diese Vorteile liegen – wie wir gesehen haben – darin, daß sowohl die soziale Interaktion wie auch die Nahrungssuche erlernt werden. Man könnte sogar die Hypothese aufstellen, daß die wirksamere Ausnutzung aller Umweltgegebenheiten aufgrund besseren und größeren Wissens der ausschlaggebende Impuls für den evolutionären Vorteil war, und daß die Aneignung sozialer Verhaltensmuster einfach die Folge davon war und die beste Möglichkeit bot, die erste Fähigkeit so gut wie möglich auszubilden und zu vervollkommnen. Mit anderen Worten: Ein Lebewesen kann nur innerhalb einer Gruppe ausreichende Kenntnisse über seine Umwelt erlangen; und die Gruppe wiederum kann nicht über einen längeren Zeitraum hinaus intakt bleiben, wenn ihre Mitglieder nicht die Möglichkeit haben, Sozialverhalten zu üben und auch untereinander zu erproben. Es ist daher absolut notwendig, daß man die »Spielregeln« lernt. Eine reichlich vertrackte Argumentation, wie so häufig in der Evolutionsbiologie, denn die Schwierigkeit liegt darin, daß man nie genau sagen kann, was die Ursache und was die sich daraus unausweichlich ergebenden Konsequenzen sind.

Einer der Vorteile des Gruppenlebens ist, wie wir gesehen haben, das Lernen im sozialen Kontext. Ein weiterer ist die

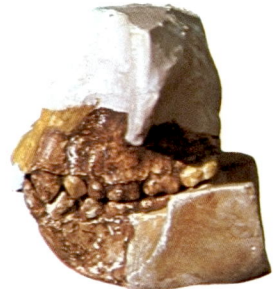

Die Karte links bezeichnet die Stellen, wo verschiedene Spezies der Gattung Ramapithecus gefunden wurden. Die Beschaffenheit der Gesteinsablagerungen und die damit verbundenen pflanzlichen Funde lassen darauf schließen, daß die damalige Umgebung sehr waldreich war, wahrscheinlich von Lichtungen, Flußläufen oder Seeufern durchzogen. Oben links eine Rekonstruktion der unteren Gesichtshälfte eines Ramapithecus, der in Fort Ternan gefunden wurde. Oben rechts ein Kiefer aus der Türkei. Rechts ein Rekonstruktionsversuch aufgrund der wenigen Funde.

sogenannte »Gruppenerfahrung«, die zusammen mit ersterem den Beginn der Kultur markiert. Als soziale Einheit hat beispielsweise eine Schimpansenherde mehr Möglichkeiten, Erfahrungen zu erwerben als ein Einzelwesen. Und doch ist diese Erfahrung jedem Mitglied der Gruppe zugänglich. Zum Beispiel kann Teil einer solchen Gruppenerfahrung sein, daß man weiß, welche Nahrung genießbar ist und wo man sie findet, oder wie man ein Raubtier erkennen und dieser Gefahr ausweichen kann. Ebensogut können es unangenehme Erfahrungen sein. Ein Beispiel dafür erlebte ein Biologe, der in Kenia parasitäre Infektionskrankheiten studierte und zwei kranke Paviane aus einer Herde von seinem Wagen aus abschoß. Noch acht Monate danach hatten alle Tiere aus dieser Herde Angst vor Autos, obgleich nur einige von ihnen den Vorfall gesehen hatten.

Die Arbeiten der amerikanischen Primatenforscherin Shirley Strum liefern uns weiteres Anschauungsmaterial über das Gruppenlernen bei Pavianen. Im Rift Valley, 150 Kilometer nordöstlich von Nairobi, beobachtete sie eine Herde, die sie die »Pumphouse Gang« nannte. Dabei fiel ihr ein ausgewachsenes männliches Tier auf, das sie Rad taufte. Rad zeigte eine besondere Geschicklichkeit bei der Jagd auf kleine Antilopen. Innerhalb von zwei Jahren waren die meisten Männchen der »Pumphouse-Gang« genauso scharf auf Fleisch wie Rad. Ganz offensichtlich hatten sie am Beispiel gelernt und dann eine Methode entwickelt, wie sie gemeinsam jagen konnten.

Welche Rückschlüsse können wir nun aus diesen Beobach-

tungen hinsichtlich des Verhaltens unseres frühen Vorfahren, des *Ramapithecus*, ziehen? Im Vergleich zu den Fossilresten des frühesten Primaten in Montana sind die Funde vom *Ramapithecus* beträchtlich, wenngleich – absolut gesehen – noch immer viel zu gering: Fragmente von Ober- und Unterkiefer, ein paar Zähne von vermutlich nicht viel mehr als dreißig Individuen. Das ist alles, was wir haben, und damit müssen wir Stück für Stück nachzubilden versuchen, wie aus dem Menschenaffen ganz allmählich ein Hominide wurde. Wir wissen aber auf jeden Fall, daß die Fossilfunde weit verstreut waren und aus sehr weit auseinanderliegenden Gebieten kamen, aus Indien, Kenia, Ungarn, Pakistan und der Türkei. Und wir dürfen auch mit einiger Sicherheit annehmen, daß *Ramapithecus* in seiner »Blütezeit« – also vor etwa zehn bis zwölf Millionen Jahren – bevorzugt in Waldgegenden lebte, die von Flußläufen durchzogen waren und somit also auch Lichtungen hatten. Da wir keine

gesicherten Beweise haben, können wir nur vermuten, daß *Ramapithecus* durch abrupte klimatische Veränderungen, in deren Folge die Wälder auf Kosten der Savannen zurückgingen, gezwungen war, sich den Bedingungen eines offenen und somit ungeschützten Lebensraums anzupassen.

Den augenfälligsten Beweis, den wir bislang für die Lebensweise des *Ramapithecus* haben, liefern uns die Reißzähne. Die meisten Menschen- und die Altweltaffen haben lange, scharfe Reißzähne, mit denen sie sich wirkungsvoll gegen Raubtiere wehren, große Nahrungsstücke kleinreißen und vor allem ihren Platz innerhalb der Hierarchie ihrer Herde verteidigen können. Die Reißzähne des *Ramapithecus* sind jedoch im Unterschied dazu ziemlich klein und kaum größer als die danebenliegenden Schneide- und Eckzähne. Was bedeutet das?

Wenn wir uns darüber Klarheit verschaffen wollen, müssen wir uns mit einem heute lebenden Affen, dem Gelada-Pavian,

Während seiner Kindheit ist ein junger Primat sehr auf seine Mutter angewiesen. Beim Pavian dauert diese Periode zwei Jahre; daran schließen sich vier Jahre des Heranwachsens an.

befassen. Diese Affenart kommt heute nur noch im äthiopischen Hochland vor. Tagsüber leben sie in der offenen Savanne und legen sich nachts zum Schlafen auf Steinplatten zwischen Felsenriffs. Sie ernähren sich von Körnern, Gräsern, Knospen, Wurzeln und Insekten, die sie vom Boden aufsammeln – eine Ernährungsweise, die die Entwicklung eines gut ausgebildeten Präzisionsgriffs bei nichtmenschlichen Primaten begünstigt hat. Und außerdem haben sich ihre Zähne diesen Nahrungsgewohnheiten angepaßt. Im Gegensatz zu den meisten Affen und Menschenaffen haben sie kleine Schneide- und große Backenzähne. Der Grund dafür liegt auf der Hand: da der Gelada seine Nahrung nicht kleinreißen muß, wären aneinandergereihte Schneidezähne mit scharfen Kanten zwecklos; aber die Nahrung muß gründlich zerkaut werden, was wiederum die Größe der Backenzähne erklärt. Außerdem hat der Gelada-Pavian relativ kleine Reißzähne (die des männlichen Tieres sind allerdings größer als die des Weibchens.)

Das Fehlen der langen Reißzähne hat wahrscheinlich einen mechanischen Grund: sie hätten es unmöglich gemacht, die harte Nahrung zu zermahlen und breiig zu kauen. Ausgehend von dieser Erklärung stellte der amerikanische Biologe Clifford Jolly die Hypothese auf, daß man vom Gebiß des *Ramapithecus* darauf schließen könne, daß sich die ersten Hominiden von Körnern ernährten. Diese Nahrungsgewohnheit hätten sie angenommen, als sie ihren Lebensraum in die Savanne verlagerten. Das habe dann auch dazu geführt, daß sich die Form und die Stellung ihrer Zähne verändert habe. Die Reißzähne wurden kürzer, um das Zerkauen der Körner zu ermöglichen. Gleichzeitig haben sie infolge von strenger Selektion die Fähigkeit entwickelt, präzise greifen zu können. Denn nur dieser Präzisionsgriff erlaubt es, auch kleine

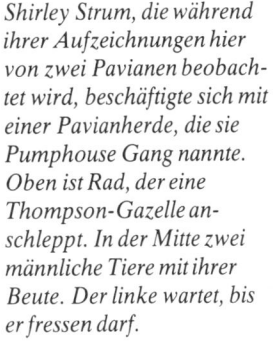

Shirley Strum, die während ihrer Aufzeichnungen hier von zwei Pavianen beobachtet wird, beschäftigte sich mit einer Pavianherde, die sie Pumphouse Gang nannte. Oben ist Rad, der eine Thompson-Gazelle anschleppt. In der Mitte zwei männliche Tiere mit ihrer Beute. Der linke wartet, bis er fressen darf.

Oben: Schimpansen haben die verschiedensten Gesten, Aufregung auszudrücken – sie können hochspringen, wobei sich ihnen die Haare sträuben, Stöcke schwingen oder auch Gegenstände werfen.

Links: Dieser Pavian bleckt seine langen Reißzähne in Drohhaltung.

Nahrungsteilchen aufzunehmen. Einiges spricht zweifellos für diese Hypothese, zumal gerade der Gelada-Pavian ein interessantes Anschauungsmodell für diesen Aspekt der Evolution liefert.

Ernährte sich nun unser Vorfahr vor zwölf Millionen Jahren tatsächlich von Samen und Körnern? Die fossilen Zähne des *Ramapithecus* legen immerhin den Schluß nahe, daß seine Nahrung – woraus auch immer sie bestand – gründlich gekaut werden mußte, ehe sie geschluckt werden konnte. Die Schneidezähne des Ramapithecus haben ungefähr die gleiche Größe wie die des Gelada; sie unterscheiden sich aber dadurch, daß sie leicht ausgehöhlt sind und sich somit eine Schnittfläche gebildet hat, deren Wirksamkeit durch eine leichte Glätte der Reißzähne noch erhöht wird. Daraus kann man die klare Schlußfolgerung ziehen, daß

Ramapithecus nicht nur von Körnern und Gräsern gelebt haben konnte, sondern auch Nahrung zu sich genommen haben mußte, die erst zerkleinert werden mußte.

Einige Wissenschaftler behaupten, daß die Nahrung des *Ramapithecus* auf Fleisch basiere. Er habe mit seinen Schneidezähnen das Fleisch zerkleinert und die einzelnen Stücke von den Knochen genagt. Anatomisch gesehen liegen jedoch keine ausreichenden Beweise dafür vor, daß seine Schneidezähne tatsächlich diese Funktion dauernd ausgeübt haben. Im Augenblick können wir jedenfalls nicht mit letzter Sicherheit sagen, wovon *Ramapithecus* sich tatsächlich ernährt hat. Von größerer Bedeutung ist jedoch die Tatsache, daß die Reihung der Zähne uns einen klaren Beweis dafür gibt, daß dieser erste Hominide sich einen neuen ökologischen Lebensraum zu erobern begann. Kein anderes Mitglied dieser Spezies, weder einer lebenden noch einer ausgestorbenen, hat das gleiche Gebiß-Schema. Es ist interessant, dieses Schema mit dem des *Gigantopithecus* zu vergleichen, einem anderen primitiven Menschenaffen, von dem man fossile Überreste in China und Indien gefunden hat. Dieses Lebewesen, das – wie schon sein Name sagt – erheblich größer war als *Ramapithecus* (etwa so groß wie der Gorilla), hatte nicht nur Backenzähne, die sich besonders dafür eigneten, harte

Nahrung zu zermahlen, sondern auch Reißzähne, die etwas abgeflacht und somit der Nahrungszerkleinerung sehr zweckdienlich waren. Vermutlich ernährte er sich ähnlich wie der Gelada-Pavian. Unsere Kenntnisse über das Gebiß des *Ramapithecus,* dessen Reißzähne sich im Lauf seiner Entwicklung zurückbildeten, können und dürfen uns nicht dazu verleiten, nach einer *einzigen* Erklärung zu suchen. Wir müssen diese Entwicklung vielmehr als einen Teil komplexer Interaktionen betrachten. Da ist zunächst einmal die Frage nach der Verteidigung gegen Raubtiere, die zweifelsohne mit der Ausprägung der Merkmale früher Hominiden zu tun hat, wenn dieses Problem auch mit Sicherheit bis jetzt immer überbewertet worden ist.

Paviane blecken gelegentlich ihre dünnen, langen Zähne in Drohhaltung vor einem Angreifer. Sogar ein Löwe zieht sich dann meist zurück. Aber wir wissen heute, daß die langen Reißzähne des Pavian eher dazu bestimmt sind, seinen Artgenossen Respekt einzujagen, als ernsthaft Feinde anzugreifen. Sie können natürlich böse Wunden reißen, aber letztlich sind sie einfach zu brüchig und stehen auch nicht im richtigen Winkel, um eine wirksame Verteidigung zu garantieren. Wann immer man beobachten konnte, daß männliche Paviane fest entschlossen ihre Reißzähne vor einem sich nahenden Feind blecken, so hat sich gezeigt, daß diese Drohgebärde reiner Bluff war. Denn diese Affenart, die überwiegend auf dem Boden lebt, wird sich eher in den sicheren Schutz der Bäume retten, als unten den Helden zu spielen. Wie sollten dann unsere Vorfahren einem großen und mächtigen Raubtier Angst einjagen können? Denn im Gegensatz zu seinem Verwandten *Gigantopithecus,* der ja auch keine Reißzähne hatte, war *Ramapithecus* nur ungefähr einen Meter groß und daher wohl kaum in der Lage, sich in seiner Umwelt den Respekt zu verschaffen, den heutzutage etwa der Gorilla genießt. Er wird sich ganz sicher, wie die uns heute bekannten Paviane, als Bewohner offener Waldlichtungen in die Bäume geflüchtet haben. Aber manches Mal ist wohl einer gefangen worden, und wenn unsere Vermutung über die allmähliche Veränderung der Umwelt zutrifft, so muß diese Gefahr zugenommen haben, je mehr diese Gattung in der offenen Savanne zu leben begann. Wie also konnte *Ramapithecus* sich verteidigen?

Um diese Frage zu beantworten, müssen wir uns wieder mit einer lebenden Spezies befassen, diesmal mit den im Wald lebenden Schimpansen. Wenn diese Tiere aufgeregt sind oder wenn sie anderen Gruppenmitgliedern imponieren wollen, dann schwingen sie gerne große Zweige. Wenn sie mit einer Gefahrensituation konfrontiert werden, aus der sie nicht sofort fliehen können, wenden sie mit Sicherheit die gleiche Technik an. Jeder, der schon einmal in einem Zoo war, konnte die Beobachtung machen, daß sowohl Schimpansen

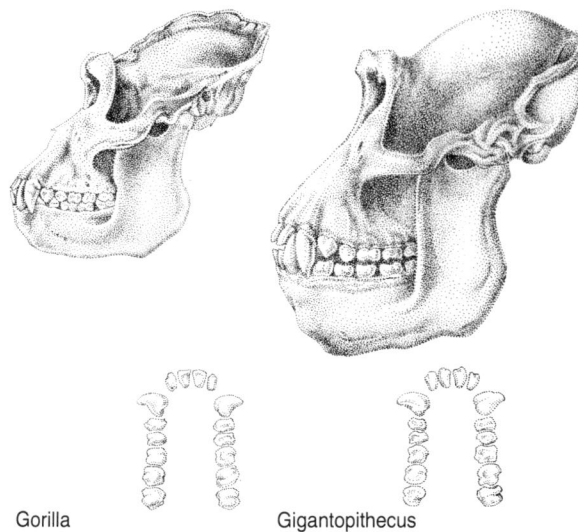

Gorilla   Gigantopithecus

als auch Gorillas alles, was sie finden können, nach Zuschauern werfen, die ihr Mißfallen erregt haben. Das ist keineswegs ein abweichendes Verhalten, das sich während des Lebens in Gefangenschaft entwickelt hat, denn man hat Schimpansen in ihrem natürlichen Lebensraum beobachtet, die Steine nach Pavianen geworfen haben.

Wenn diese Verhaltensweise auch kaum dazu geeignet ist, einen sich nähernden Feind ernsthaft zu bedrohen, so ist doch allein die Geste schon außerordentlich wirkungsvoll. Und ihr Effekt wird noch dadurch verstärkt, daß die Tiere in aufgerichteter Haltung ihre Geschosse werfen oder Zweige schwingen, in einer Drohhaltung also, die den Primaten erheblich größer erscheinen lassen, als er tatsächlich ist. In einer Umgebung, wo Drohgebärden fast so viel bedeuten wie tatsächliche Aggression, ist es durchaus denkbar, daß *Ramapithecus* ein Schutzverhalten ausgebildet hat, das dem der Schimpansen und Gorillas ähnelt und gleichermaßen eine aufgerichtete Haltung impliziert.

Ein weiterer Aspekt eines Schutzverhaltens gegenüber Raubtieren, das ebenfalls aufgerichteter Haltung bedarf, ist Wachsamkeit. Für Tiere, die sich überwiegend zwischen hohem Gras aufhalten, ist die Fähigkeit, aufrecht zu stehen und damit einen größeren Überblick über ihre Umgebung zu gewinnen, von großem Vorteil. Pavianherden haben die Gewohnheit angenommen, sich tagsüber immer wieder auf die Hinterbeine zu stellen und so wachsam ihre Umgebung zu überprüfen, um etwaige Feinde rechtzeitig entdecken zu können. Ein Lebewesen, das sich dementsprechend verhält, hat enorme Überlebenschancen, obgleich das Phänomen der Wachsamkeit allein wohl nicht ausgereicht hätte, die Evolution des dauernden aufrechten Gangs zu erklären.

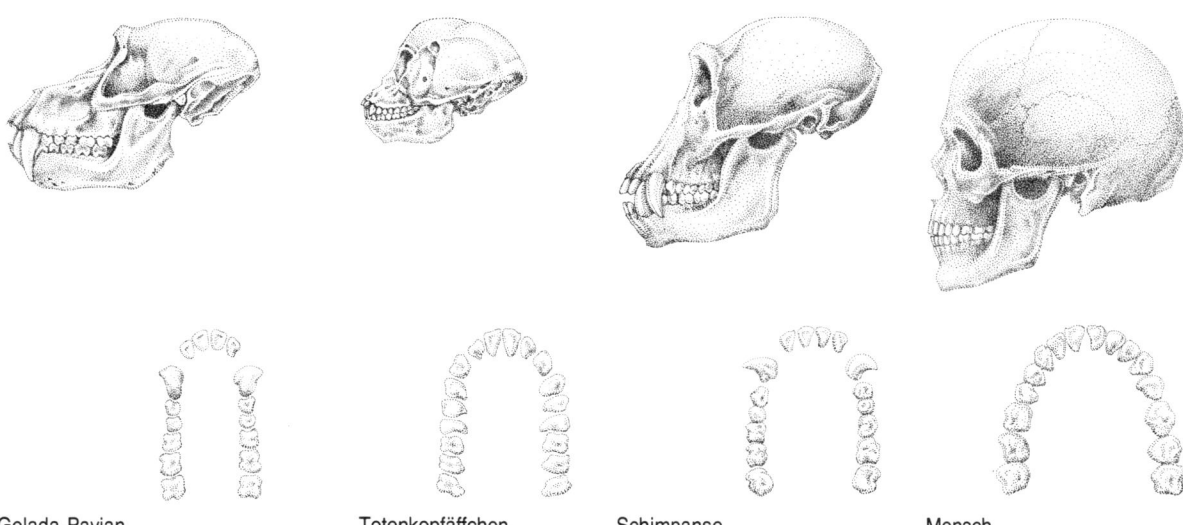

Gelada-Pavian   Totenkopfäffchen   Schimpanse   Mensch

Zähne sind sehr aufschlußreich. An ihrer Beschaffenheit sind z. B. Nahrungsgewohnheiten abzulesen. Unsere Kenntnisse der Form und Funktion von Zähnen heute lebender Primaten kann uns dazu verhelfen, Rückschlüsse auf unsere Vorfahren zu ziehen. Die Abbildungen oben zeigen die Schneide- und Backenzähne des Gelada-Pavians im Vergleich zu denen des Totenkopfäffchens, des Schimpansen und des Menschen, links Gigantopithecus und Gorilla.

Viele Wesensmerkmale, die im Laufe der Evolution entstanden sind, waren des Ergebnis eines Rückkoppelungsmechanismus. Unten ein Diagramm, daß vereinfacht diesen Mechanismus aufzeigt. Im Grunde heißt das nur, daß ein Merkmal durch ein anderes verstärkt wird und umgekehrt. Beispiel: das aufrechte Gehen führt dazu, daß die Hände frei werden – um etwas zu tragen oder herzustellen. Je mehr jedoch die Hände benutzt wurden, desto effektiver wurde seinerseits der aufrechte Gang.

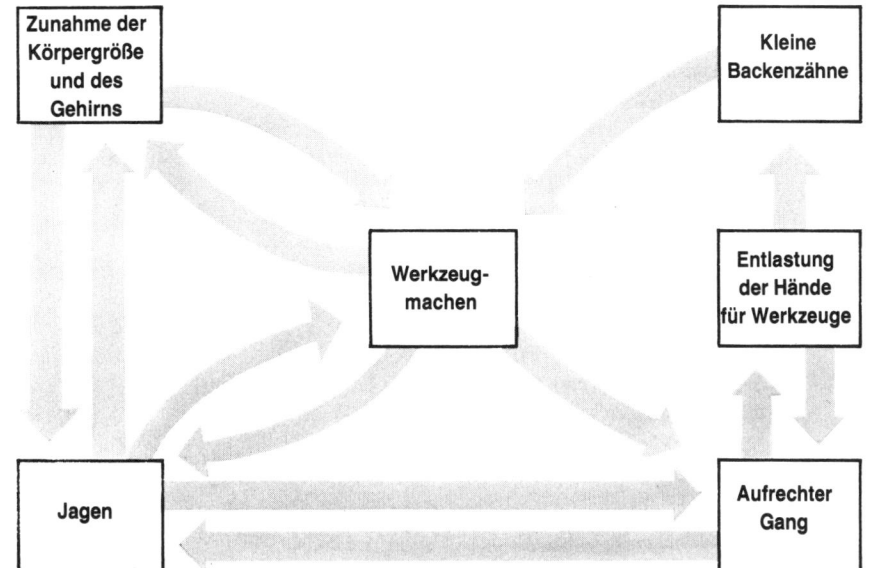

Der behauene Kieselstein, den Louis Leakey in Fort Ternan
neben fossilen Überresten eines Ramapithecus fand.

Ein dritter Faktor, der sicherlich bei der Ausbildung des
aufrechten Gangs eine nicht unbeträchtliche Rolle gespielt
hat, ist die zunehmende Fähigkeit, Gegenstände – wie etwa
Futter – in den Händen zu tragen. Schimpansen schlurfen oft
vollbeladen mit Früchten in ein stilles Eckchen, um dort
ungestört zu schmausen, obgleich sie nicht in der Lage sind,
mehr als ein paar Meter aufrecht auf den Hinterbeinen zu
gehen. Und eine Last, die zumindest jeder weibliche *Ramapithecus* in seinen Armen halten mußte, war natürlich das
Junge. Damit haben wir ein weiteres, äußerst anschauliches
Beispiel dafür, welche Rolle die evolutionäre Rückkopplung
zu Beginn des hominiden Entwicklungsprozesses spielte.

Je mehr die Fähigkeit des bipeden Gangs zunahm, desto
mehr paßten sich die Füße der Hominiden an die aufrechte
Gangart an. Damit geht jedoch die Fähigkeit verloren, mit
den Füßen zu greifen. Dies trifft auf ausgewachsene Hominiden ebenso zu wie auf ihre Kleinen. Das bedeutet im
Endeffekt, daß das Junge sich nicht mehr mit beiden Händen
und Füßen an seine Mutter anklammern kann wie etwa die
Jungen von Menschenaffen. Und daraus ergibt sich die
bereits erwähnte Notwendigkeit, daß die Mutter mehr und
mehr dazu gezwungen ist, ihr Kind sicher in den Armen zu
halten und daher aufrecht gehen muß. Mit anderen Worten
heißt das, daß je mehr eine Spezies die bipede Lokomotion
entwickelt, sie desto mehr gezwungen ist, sich weiter in dieser
Richtung zu entwickeln, ein klarer Beweis dafür, wie positive
Rückkoppelung zu weiterer Evolution und auch zur Evolution zusätzlicher Fähigkeiten führt.

Es wird immer wieder angenommen, daß der frühe
Hominide in der Lage war, Werkzeuge in die Hand zu
nehmen, nachdem einmal die aufrechte Haltung ausgeformt
war. Der amerikanische Primatenforscher Sherwood Washburn geht so weit, zu vermuten, daß die Hauptantriebskraft
für bipede Lokomotion und aufrechte Haltung der Hominiden im Gebrauch von Werkzeugen zu sehen sei. Diese
Hypothese ist aus einer ganzen Reihe von Gründen zunächst
durchaus verlockend. Als die frühen Hominiden ihr neues
ökologisches Habitat in Besitz zu nehmen begannen, muß
eine zusätzliche Verhaltensdimension – und nichts anderes
bedeutet der Gebrauch von Werkzeugen – von großem
Nutzen für sie gewesen sein. Genauso wie diese Lebewesen
entdeckt hatten, wie wirksam man sich verteidigen kann,
wenn man drohend Zweige schwingt oder Gegenstände auf
seinen Feind schleudert, so werden sie auch entdeckt haben,
wie nützlich Werkzeuge bei der Nahrungsbeschaffung sind.
Man kann beispielsweise annehmen, daß sie mit Hilfe eines
Steins Knochen aufbrachen, um das Mark aussaugen zu
können, oder daß sie einen Stock benutzten, um Wurzeln
auszugraben.

Den einzigen, reichlich dürftigen Beweis, den wir für alle
diese Vermutungen haben, lieferte Louis Leakey, der die
fossilen Überreste eines *Ramapithecus* in Fort Ternan in
Kenia ausgrub. Dabei stieß er auf einen Kieselstein, der
möglicherweise behauen war und neben einem Tierknochen
lag, der *möglicherweise* mit eben diesem Stein aufgeschlagen
worden war. Wenn dies wirklich der Fall gewesen sein sollte,
könnte man daraus schließen, daß tierische Kost tatsächlich
Bestandteil der Nahrung der Hominiden war. Aber da uns die
letzte Gewißheit fehlt, kann es sich auch um die einmalige
Erfindung eines besonders gewitzten Exemplars dieser Spezies oder um einen reinen Zufall der Natur gehandelt haben.

Einmal angenommen, *Ramapithecus* habe tatsächlich
Werkzeuge gekannt und benutzt, so muß man davon ausgehen, daß sie zumindest anfangs überwiegend aus Holz und
nicht aus Stein gefertigt waren. Zweige, die sich als wirksamer
Schutz vor Feinden erwiesen hatten, konnten ebensogut zur
Futtersuche »umfunktioniert« werden. Beide Fähigkeiten
wurden vermutlich etwa gleichzeitig entwickelt, wobei das
Schutzverhalten sicherlich an erster Stelle stand. Wenn also
wirklich Holzwerkzeuge eine so wesentliche Rolle bei der
kulturellen Ausbildung des *Ramapithecus* spielten, so wird
unser Problem noch schwieriger – denn Holz erhält sich nur
selten. Wir sind also gezwungen, nach Beweisen zu suchen,
die nicht mehr existieren.

Möglicherweise ist die Bedeutung von Werkzeugen im
menschlichen Evolutionsprozeß enorm überschätzt worden,
denn die einzig brauchbaren Hinweise auf die Lebensweise
unserer Vorfahren waren schließlich lange Zeit nur Steinwerkzeuge. Daher hat sich die Vorstellung vom Urmenschen
als Werkzeugmacher tief in die Gemüter der meisten Leute
eingegraben. Selbst Darwin schrieb in der ›Abstammung des
Menschen‹: »Die frühen männlichen Vorfahren des Men-

Rechts: ein männlichen Schimpanse bettelt einen anderen um
Futter an, der einen Buschbock gefangen hat.

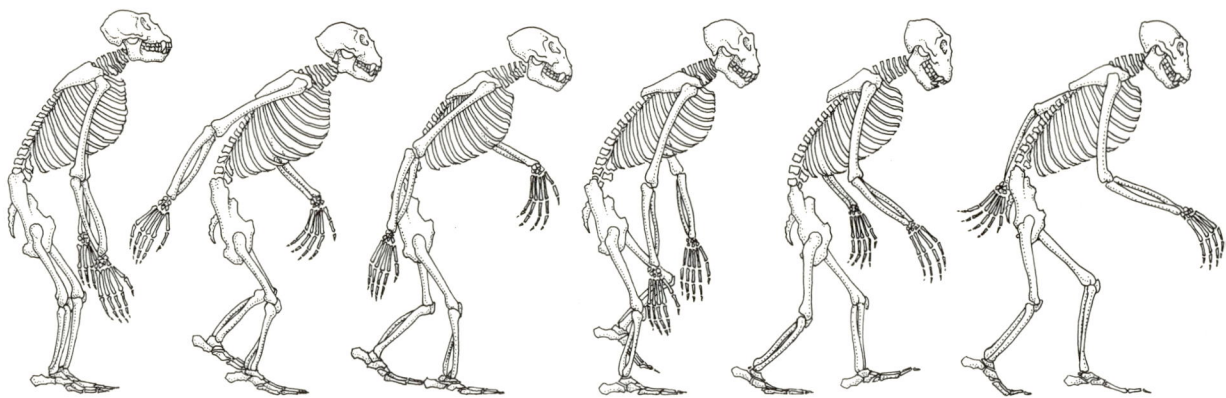

schen waren vermutlich mit großen Reißzähnen ausgestattet. Da sie aber ganz allmählich die Fähigkeit entwickelten, Steine, Keulen und andere Waffen als Schutz gegenüber Feinden oder Rivalen zu gebrauchen, benötigten sie ihre Kiefer und Zähne für diesen Zweck immer weniger. So bildeten sich die Kiefer und mit ihnen natürlich die Zähne langsam zurück.« Dieses Bild, das Darwin sich von den frühen Hominiden machte, impliziert ganz klar den aufrechten Gang und den Gebrauch von Werkzeugen als die entscheidenden Antriebskräfte der menschlichen Evolution, und als deren Folge die Reduzierung der Reißzähne, wenn sich auch heute genau das Gegenteil zu bewahrheiten scheint.

Wenden wir uns hier wieder den Pavianen zu, um brauchbare Aufschlüsse über das mutmaßliche Verhalten unserer fernen Vorfahren zu bekommen. Wir erinnern uns, daß die Sozialstrukturen einer Pavianherde fester wurden, als sie vom Wald in die offene Savanne wanderte. Es läßt sich daher vermuten, daß eine ähnliche Verstärkung des Gruppenverbandes auch bei *Ramapithecus* eintrat.

Den Verteidigern einer Herde wird gar nichts anderes übriggeblieben sein, als sich mit anderen Artgenossen zu verbünden, um sich gemeinsam besser schützen zu können. Dieses Verhalten war zweifellos effektiver, als wenn einer allein die Drohgebärde des Zweigschwingens ausgeübt hätte.

Wahrscheinlich wurden die sozialen Spannungen zwischen den Hominiden immer größer, je mehr sie sich in ungeschütztes Territorium wagten. Solche sozialen Spannungen können zwar für die Prägung des Verhaltens untereinander sehr wichtig sein, führen aber zu destruktivem Verhalten, wenn sie überhand nehmen. Schlimmer noch, es kann soweit gekommen sein, daß sich die Hominiden unter dem Druck zu großer Spannungen gegenseitig umgebracht haben. Es stellt sich

daher die Frage, ob sie nicht bereits eine Art Gruppenbewußtsein entwickelt hatten, das über gemeinsame Verteidigung hinausging, um solche selbstmörderischen Aktionen zu verhindern. Denkbar wäre es, denn unserer Meinung nach sind Gruppenbewußtsein und Kooperation der Schlüssel zur erfolgreichen Evolution des *Homo sapiens*.

Einen ganz besonders wichtigen Stimulus für die Kooperation innerhalb einer Gruppe bildete natürlich das Teilen der Nahrung. Tiere, die sich nur von Pflanzen ernähren, teilen ihre Nahrung aus einem ganz einfachen Grund nicht. Blätter und Früchte kommen nur in kleinen Mengen vor, und daher nehmen sich selbst Herdentiere nur so viel und fressen nur das, was sie selber brauchen. Wenn Nahrung jedoch in großer Menge konzentriert vorhanden ist – wie etwa ein erlegtes Tier –, dann wird nicht nur die Möglichkeit, sondern auch die Notwendigkeit größer, das Fressen aufzuteilen. So teilt beispielsweise ein vielzitierter Fleischfresser, der afrikanische Wildhund, seine Beute auch mit den Tieren aus seiner »Familie«, die sie nicht mit ihm zusammen erbeutet haben. Besonders interessant ist in diesem Zusammenhang, daß man auch Schimpansen, die ja nur gelegentlich Fleisch fressen, dabei beobachtet hat, wie sie Fleischstückchen an andere abgaben, wenn diese ausdauernd genug darum bettelten. Das steht in bemerkenswertem Gegensatz dazu, daß der Schimpanse als überwiegender Pflanzenfresser ansonsten seine Nahrung so gut wie nie mit anderen teilt.

War also *Ramapithecus* ein Fleischfresser? Vermutlich haben diese Wesen alles gefressen. Auf jeden Fall war ihre Nahrung abwechslungsreicher als die der Menschenaffen, wenn sie auch zu Anfang nur gelegentlich Fleisch verzehrten. Wir wissen jedoch, daß einige der Nachfahren des *Ramapithecus* sich von tierischer Kost ernährten und daß vor etwa

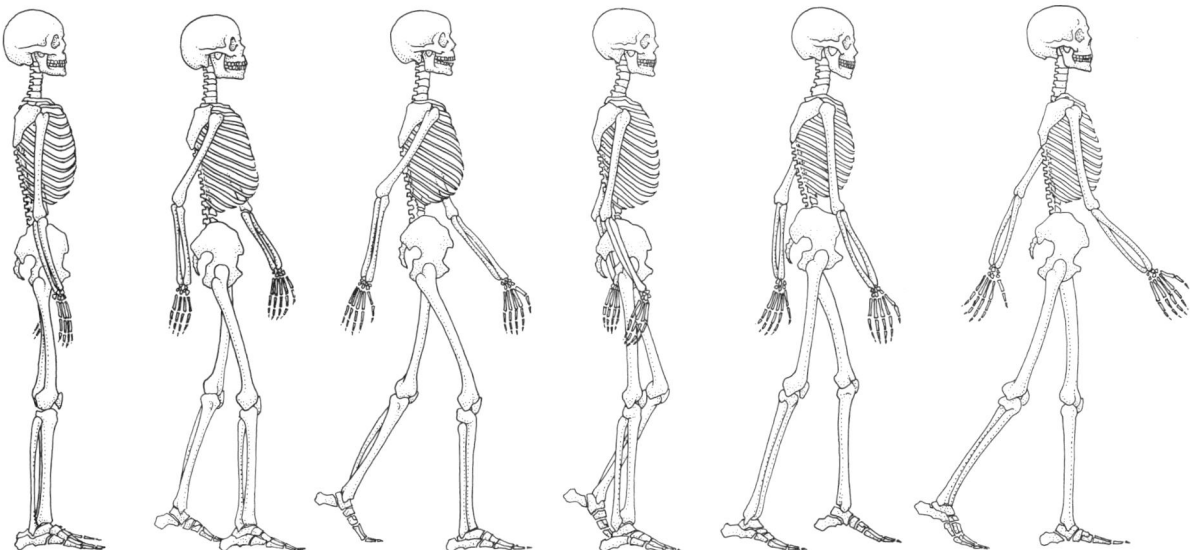

zwei oder drei Millionen Jahren Fleisch einen großen Bestandteil der hominiden Nahrung ausmachte. Fleischfressen führte zur Nahrungsteilung und diese wiederum zu größerem Gruppenzusammenhalt. Wann diese Gruppenzusammengehörigkeit – auch in ihrer einfachsten Form – für unsere Vorfahren zur unabdingbaren Notwendigkeit wurde, ist allerdings bislang noch ungeklärt. Erst wenn einmal die Knochen eines fünfzehn Millionen Jahre alten *Ramapithecus* ausgegraben sein werden – was hoffentlich bald der Fall sein wird –, können wir uns endlich eine klare Vorstellung von den Verhaltensweisen der ersten Hominiden machen. So bleibt bis jetzt immer noch die Kardinalfrage, wann genau unser Vorfahr begann, sich in aufgerichteter Haltung zu bewegen.

Rein mechanisch gesehen ist die Fortbewegungsweise auf zwei Beinen gegenüber der auf vier Beinen von Nachteil. Daraus können wir schließen, daß die Verhaltensweisen, die unsere Vorfahren zu diesem Zeitpunkt bereits entwickelt hatten, schon so ausgeformt waren, daß sie einen Ausgleich für die zunächst als Handicap erscheinende Fortbewegungsweise boten. Allerdings läßt sich weitaus leichter die Frage beantworten, *wie* diese Haltung zustande kam, als *warum*. Bevor *Ramapithecus* auf zwei Beinen gehen konnte, war vermutlich das arboreale Schwinghangeln die gebräuchlichste Art der Fortbewegung. In beiden Fällen waren lange Arme, ein kleiner, gedrungener Körper und Füße, die ein ausreichendes Standvermögen gestatteten, die Vorbedingung. Der Übergang bedurfte also – unter evolutionären Gesichtspunkten gesehen – keiner einschneidenden physischen Veränderungen. Es genügte, daß die Arme ein wenig länger, die Füße ein bißchen größer und das Becken breiter wurden. Warum das aber alles eintrat, können wir zum jetzigen Zeitpunkt noch nicht mit ausreichender Sicherheit sagen. Wir können

Menschenaffen gehen weitaus häufiger auf zwei Beinen als Affen. Der aufrechte Gang eines Schimpansen (oben links) ist jedoch nicht so ausgeprägt wie der eines Menschen. Die größere Fähigkeit des Menschen, aufrecht zu gehen, ist das Resultat einer Anzahl anatomischer Anpassungen.

nur vermuten, daß diverse Faktoren zusammentreffen mußten, damit sich diese Fähigkeit ausbilden konnte. So zum Beispiel: kleine Reißzähne, verstärkte Sozialisation durch Verlängerung der Kindheitsperiode, Notwendigkeit eines veränderten Schutzverhaltens und Gebrauch von Werkzeugen. Keiner dieser Faktoren hätte für sich allein ausgereicht, diese Evolution in Gang zu bringen. Wenn es schon merkwürdig ist, daß aufschlußreiche Funde aus der Zeit der ersten Hominiden so selten sind, so ist es noch viel erstaunlicher, daß wir über deren Nachfahren, die in dem Zeitraum von vor etwa zehn bis vor etwa fünf Millionen Jahren lebten, praktisch überhaupt keine Anhaltspunkte haben. Und aus der darauffolgenden Epoche haben wir auch nur ein Kieferfragment, dessen Herkunft allerdings ungesichert ist. Ausreichende Zeugnisse sind uns erst aus dem Zeitraum vor zwei Millionen Jahren überkommen, als es wahrscheinlich bereits mehrere Hominiden-Arten gab.

In den letzten Jahren sind nun allerdings zahlreiche Fossilien ausgegraben worden, die unsere Kenntnisse über die Humanevolution korrigiert haben. Heute können wir mit Sicherheit sagen, daß der Evolutionsprozeß keineswegs so glatt und reibungslos ablief, wie lange Zeit angenommen wurde. Aber wir wissen auch – und das soll im folgenden behandelt werden –, daß er bei weitem logischer verlief.

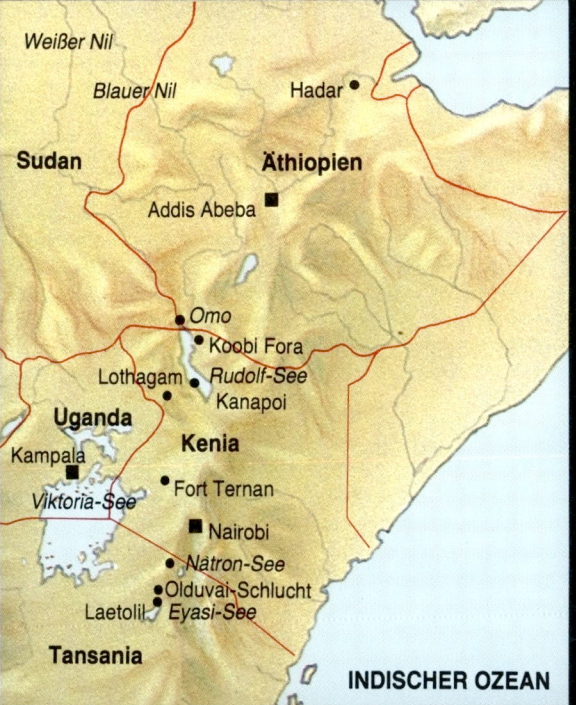

Weißer Nil
Blauer Nil
Hadar
Sudan
Äthiopien
Addis Abeba
Omo
Koobi Fora
Lothagam
Rudolf-See
Kanapoi
Uganda
Kenia
Kampala
Fort Ternan
Viktoria-See
Nairobi
Natron-See
Olduvai-Schlucht
Laetolil
Eyasi-See
Tansania
INDISCHER OZEAN

Makapansgat
Kromdraai
Sterkfontein
Swartkrans
Johannesburg
Taung
Durban
Kapstadt
INDISCHER OZEAN

5

Die Wiege

der

Menschheit

An einem Spätnachmittag im Herbst zog eine Hominidenfamilie gemächlich am Ufer des Rudolf-Sees in Nordkenia entlang, auf der Suche nach einem geeigneten Lagerplatz. Sie fanden eine Stelle, die nicht zu weit vom Ufer entfernt war und an dem auch nicht das nadelscharfe Steppengras wuchs, das den größten Teil des Seeufers für einen Rastplatz denkbar ungeeignet macht. So lagerten sie im sandigen Bett eines ausgetrockneten Flußlaufs, der wie die benachbarten während der Regenzeit zum reißenden Strom wird und sich in den See ergießt. Vier Tage lang hausten sie dort, fingen Fische oder Krokodile aus dem nahen See oder ließen sich das Fleisch eines Zebras schmecken, das ein Löwe gerissen und dann liegengelassen hatte. Nach vier Tagen zogen sie weiter und suchten sich einen neuen Lagerplatz an einer anderen Uferstelle, den sie vermutlich nach genauso kurzer Zeit wieder aufgaben. Die Regenzeit kam. Die reißenden Gewässer füllten die alte Lagerstatt mit feinem Triebsand – und so begann der langsame Verschüttungsprozeß, der die verstreuten Überreste eines einst belebten, gemeinschaftlich bewohnten Rastplatzes konservierte. Und damit war der Boden bereitet für Paläontologen, die die Überreste ausgruben und versuchten, sie zu interpretieren.

Diane Gifford begann im Sommer 1974 mit den ersten vorsichtigen Ausgrabungsarbeiten, nur knapp ein Jahr, nachdem das Lager verlassen worden war! Denn die Hominiden waren Menschen unserer Zeit, sie gehörten zum Dassanetch-Stamm, einem kuschitischen Hirtenvolk, das am Nordostufer des Rudolf-Sees lebt und sich bis nach Äthiopien hinein ausgebreitet hat. Aber warum, so wird man sich fragen, müssen Lagerplätze von heute lebenden Menschen ausgegraben werden? Die Antwort darauf ist einfach: wir können die verstreuten und spärlichen Funde aus frühgeschichtlichen Epochen erst dann verstehen und besser interpretieren, wenn wir genügend über die Konservierungs- und Versteinerungsprozesse anhand von Ausgrabungen jüngster Fundorte wissen. Diese auf den ersten Blick merkwürdig erscheinende Mischung alter und neuer Ausgrabungen ist Hauptbestandteil eines interdisziplinären Forschungsprogramms, das unseren Vorfahren gilt, die vor mindestens zwei Millionen Jahren in der Gegend lebten, wo sich heute der Dassanetch-Stamm aufhält.

Diese Verbindung zwischen alten und neuen Funden erweist sich deshalb als besonders brauchbar, weil eine bemerkenswerte Ähnlichkeit zwischen dem von D. Gifford ausgegrabenen Dassanetch-Rastplatz und einer frühgeschichtlichen Lagerstätte besteht, die nur wenige Kilometer nördlich davon am Seeufer entdeckt worden ist. Vor über zwei Millionen Jahren hatte sich dort für kurze Zeit eine Hominidengruppe niedergelassen. Aus den geologischen Untersuchungen wissen wir, daß sie – wie die Dassanetch – ein ausgetrocknetes Flußbett als Lagerplatz ausgesucht hatten. Diese Art des Lagerplatzes nennen Geologen heute abgekürzt KBS, nach dem Entdecker Kay Behrensmeyer. Vermutlich scheuten auch sie die Stellen, an denen das scharfe Steppengras wuchs. Sicher ist, daß sich die Hominiden immer Plätze suchten, an denen Laubbäume wuchsen, die ihnen Schutz vor der Sonne gewährten. Wir wissen das deshalb so genau, weil ein heruntergefallenes Blatt – witzigerweise ein Feigenblatt – an dieser Stelle konserviert wurde.

Lassen wir einmal beiseite, daß uns dieses Feigenblatt die alte Geschichte von Adam und Eva ins Gedächtnis ruft. Eines wissen wir auf jeden Fall sicher: die dortigen Ausgrabungen, ebenso wie die zahlreichen anderen Funde, die ganz in der Nähe am Nordostufer des Rudolf-Sees gemacht wurden, haben – zusammen mit den Fossilien, die unlängst in Äthiopien und Tansania ausgegraben wurden – unser Wissen über den Evolutionsprozeß entscheidend verändert. Aufgrund dieser Funde können wir uns heute ein Bild vom Leben unserer Vorfahren – wie auch von uns selbst – machen, ein Bild, das längst nicht mehr nur auf reiner Fantasie, sondern auf Fakten beruht. Noch vor gar nicht allzu langer Zeit gab es fast so viele Fossiliensucher wie Funde aus der frühhominiden Phase. Wir können uns zwar heute auch nicht gerade über einen Überfluß an Fossilienfunden beklagen, aber das Material des Paläontologen ist doch reichlicher und ergiebiger geworden. Aus den derzeitigen Ausgrabungen und Funden in Afrika können wir eine sehr einfache, aber doch eindrucksvolle Tatsache ablesen: jene Hominiden, die vor zweieinhalb Millionen Jahren sich langsam zum uns jetzt bekannten Menschentypus entwickelten, lebten mit nah verwandten Artgenossen zusammen, die – aus welchen Gründen auch immer – sozusagen von der Evolution vergessen wurden und ausstarben. Früher war die Ansicht weit verbreitet, daß die verschiedenen primitiven Urmenschen alle einem menschenaffenähnlichen Stamm als Abkömmlinge zugeordnet werden könnten, aus dem sich in direkter Folge der moderne Mensch entwickelte. Diese Ansicht setzte sich erfolgreich durch, weil sie – wenn auch unbewußt – die Vorstellung unterstützte, daß die Entstehung zum *Homo sapiens sapiens* in gewisser Weise vorherbestimmt war. Alle die »Fast-Menschen«, »Ur-Menschen«, »Af-

Vorhergehende Seiten: An diesen Ausgrabungsorten in Afrika fand man Überreste frühzeitlicher Menschen.

fen-Menschen«, »Menschen-Affen« – oder wie immer man sie nannte – stellten nach dieser weitverbreiteten Ansicht nur Schritte eines evolutionären Prozesses dar, an dessen Ende dann das gelungene Endprodukt stand. Das alles klingt zwar recht einleuchtend, ist aber nicht gerade biologisch gedacht.

Unserer Meinung nach gibt es in der Geschichte der menschlichen Evolution vier Haupttypen: Der erste, seinerzeit aber nicht unbedingt der bedeutsamste, ist ein Hominide, der sich vor allem dadurch auszeichnet, daß wir von ihm abstammen. Dafür fehlt uns der letzte Beweis, da kein vollständiges Skelett erhalten blieb. Es kann jedoch als gesichert gelten, daß dieser frühe Vorläufer des Menschen etwa anderthalb Meter groß war und sich – wie wir – voll aufgerichtet bewegte. Sein Gehirn war etwa zwei Drittel so groß wie das des heutigen Menschen. Nicht wesentlich anders, aber zierlicher sah der Hominide aus, den wir als den zweiten in unserer Kategorisierung aufzählen wollen. Auch sein Gehirn war erheblich kleiner. Der dritte war wesentlich kompakter und im Stand etwa anderthalb Meter groß; sein Gehirn war jedoch beträchtlich kleiner als das unseres direkten Vorfahren. Der vierte war der Kleinste, über den wir aufgrund der äußerst spärlichen Fossilfunde so gut wie gar nichts wissen. Es gibt nur ein erstaunlich gut erhaltenes Skelett, das vor nicht allzulanger Zeit in Äthiopien ausgegraben wurde.

Das also sind sozusagen die Akteure in unserem Stück. Doch wie sollen wir sie nennen? Diese Frage berührt eines der schwierigsten Probleme, die in der Paläoanthropologie seit jeher die größte Verwirrung angerichtet haben. Früher wurden die Fossilienfunde nach den oberflächlichsten und dürftigsten anatomischen Merkmalen benannt. Neue Arten und Gattungen wurden schematisiert und mit einer Nomenklatur versehen, ohne daß man die offenkundigen Variationen zwischen Individuen derselben Spezies oder eine mögliche biologische Verwandtschaft mit einer anderen Spezies beachtet hätte. Um eine Gruppe von Einzelwesen als eigene Spezies betrachten zu können, muß sich diese Spezies biologisch von ihren Verwandten unterscheiden. Dies wiederum beinhaltet, daß sich diese Spezies in zwar möglicherweise geringem, aber doch nicht unbedeutsamen Maße ihrer spezifischen Umgebung angepaßt hat. Daß Kreuzungen zwischen verschiedenen Spezies vorkommen, ist in der Natur äußerst selten.

Da wir uns mit Wesen beschäftigen, die längst tot sind, ist uns auch die Möglichkeit genommen, eine artenspezifische Hypothese auf den Nachkommen einer Gattung aufzubauen. Uns bleibt nur die anatomische Analyse, die darüber hinaus nur an versteinerten, meist auch nur fragmentarisch erhaltenen Knochen vorgenommen werden kann. So darf es uns also nicht wundern, daß es ebenso einfach war, eine angeblich neue Spezies zu katalogisieren, wie eine vorhandene Nomenklatur aufzugreifen. Der einzige Weg ist die akribische, analysierende Statistik von Knochenabmessungen und -formen, um dann zu entscheiden, ob die feinen Abweichungen normale Variationen oder wirklich signifikant sind.

Wenn wir uns über diese Vorbehalte im klaren sind, können wir damit beginnen, eine Art »Namensliste« aufzustellen. Am besten beginnen wir mit den beiden mittleren Hominidentypen, und zwar deshalb, weil sie am einfachsten zu katalogisieren sind. Da beide große Ähnlichkeiten miteinander aufweisen, können wir sie in derselben Gattung zusammenfassen, der Gattung *Australopithecus*. Der grazilere Typus wird zur besseren Unterscheidung *africanus* genannt, der kräftigere *boisei*.

Der erste Typus auf unserer Liste ist dagegen reichlich problematisch. Obgleich er sich anatomisch nicht auffallend von den hominiden Artgenossen unterscheidet, müssen wir doch davon ausgehen, daß hinsichtlich des Verhaltens ein großer Unterschied bestand. Jedoch genau diese Divergenz war der Hauptgrund dafür, daß sich dieses Wesen zum Menschen entwickeln konnte. Nach evolutionären Gesichtspunkten betrachtet, geschah dies in atemberaubender Geschwindigkeit: biologische Meilensteine wurden genauso schnell erreicht, wie sie wieder hinter sich gelassen wurden. Dieses Wesen hat sich dermaßen dynamisch weiterentwickelt, daß es fast als vergebliche Liebesmüh erscheinen mag, die einzelnen Stadien dieser rasanten Entwicklung terminologisch aufzuschlüsseln. Wichtig bleibt jedoch: aus diesem Wesen entwickelte sich *Homo sapiens sapiens*, also der moderne Mensch. Im Augenblick ziehen wir jedoch vor, nur die Gattungsbezeichnung *Homo* zu verwenden, ohne sie zu spezifizieren. Es mag auf den ersten Blick pedantisch erscheinen, daß wir auf diesem terminologischen Verfahren beharren. Wenn wir uns dann aber der Untersuchung der Knochen und Steine zuwenden, werden wir sehen, daß unsere Methode vernünftig ist, um den Gang der Evolution zu erkennen.

Der letzte auf unserer Liste ist auch der älteste dieser Vorfahren, *Ramapithecus*. Zeugen seiner Existenz – leider nur eine recht spärliche Kollektion fossiler Fragmente – haben wir aus dem Zeitabschnitt vor etwa neun bis zwölf Millionen Jahren. Dann verlieren wir ihn aus den Augen – und zwar vermutlich zu eben jenem Moment, als er sich aus dem Schutz des Waldes herauswagte. Von diesem Zeitpunkt ab haben wir nicht einen einzigen Fossilfund

Oben: Drei Männer des Dassanetch-Stammes, die hier ein Lager aufgeschlagen haben, um im Rudolf-See zu fischen.

Diane Gifford hat zusammen mit ihren Mitarbeitern die verlassenen Lagerplätze der Dassanetch ausgegraben. Die Ergebnisse ihrer Untersuchungen trugen entscheidend mit dazu bei, prähistorische Lagerplätze interpretieren zu können. Dieser Lagerplatz oben links wurde im November 1973 verlassen – einen Tag, bevor er fotografiert wurde. Der Assistent Andrew Kilzono (rechts) zeigt auf Herdsteine und einen Holzhaufen. Der Assistent Jack Kilzono hält die Überreste eines grossen Krokodils in den Händen. Das Lager wurde wieder untersucht, und zwar nach dem ersten Regen im Jahre 1974. Das Foto außen links zeigt Andrew Kilzono, der auf die Herdsteine weist, die jetzt aus dem frisch abgelagerten Schlemmsand herausragen. Die Reste des Krokodils liegen links hinter dem Meterstab. Im August 1974 wurde der Lagerplatz ausgegraben. Das Foto links zeigt Kay Behrensmeyer, der die Formationen untersucht, und Andrew Kilzono bei den Vorbereitungen, um die Herdsteine aus den Ablagerungen auszugraben. Die Reste des Holzhaufens liegen vor Behrensmeyer und die des Krokodils links hinter Kilzono.

bis vor etwa vier Millionen Jahren. Und erst aus der Phase vor etwa zwei bis drei Millionen Jahren haben wir genügend hominide Fossilien, um uns vernünftig damit auseinandersetzen zu können. Daß wir über einen solch langen Zeitraum überhaupt nichts wissen, ist deshalb so frustrierend, weil am Anfang nur der eine einzige *Ramapithecus* existiert und am Ende dieser Phase gleich eine ganze Hominidensammlung: *Australopithecus africanus*, *Australopithecus boisei*, der frühe *Homo* und der späte *Ramapithecus*. Wenn wir dann abermals einen Zeitsprung machen bis vor etwa dreiviertel Millionen Jahren, dann haben wir wieder nur einen einzigen Typus, den wir *Homo erectus* nennen. Die Geschichte dieser frühen Verzweigung, der eine drastische Verminderung folgte, ist die Geschichte der menschlichen Evolution.

Es ist interessant, wenn man versucht, das Thema dieser Geschichte nachzuzeichnen und sich Gedanken über die Gewohnheiten und Beziehungen der »Hauptfiguren« untereinander macht. Leider hat das Thema einen Bruch, und zwar merkwürdigerweise einen geographischen. Wir wissen, daß *Ramapithecus* nicht nur an einem einzigen Ort lebte. Er existierte in verschiedenen Gegenden, nämlich dem heutigen Europa, Afrika und Asien.

Ramapithecus

Wir wissen, daß auch *Homo erectus* in den gleichen Regionen lebte. Die Grundelemente der Geschichte, die Diversifikation und die nachfolgende Diminuierung – die Periode also, während der verschiedenartige Hominidentypen zusammenlebten – scheint jedoch ausschließlich in Afrika stattgefunden zu haben. Es kann natürlich nicht ausgeschlossen werden, daß fossile Überreste von *Australopithecinen* in den Hügellandschaften von Europa und Asien verborgen liegen, aber es wäre doch überraschend, daß dann noch niemand zumindest Fragmente ausgegraben hat, die dafür dann ein überzeugender Beweis wären.

Was war der Grund, so müssen wir uns fragen, warum der ursprüngliche Stamm, also *Ramapithecus*, sich aufspaltete und sich in den verschiedenen Mitgliedern der Familie der Hominiden fortpflanzte? Und warum ausgerechnet nur in Afrika? Warum hat gerade die *Homo*-Linie sich so erfolgreich weiterentwickelt? Und was war der Grund, daß die zwei Australopithecinen-Arten ausgestorben sind? Welche Kräfte waren da am Werk? Das sind die Fragen, die die Wissenschaft immer wieder beschäftigen. Unser Wissensdurst ist noch immer ungestillt; dabei

ist uns das Bedürfnis wohl schon angeboren, etwas über unsere Ursprünge zu erfahren. Wieso waren sie schon fast Menschen, die Werkzeuge aus Holz und Stein machten, die in sozialen Gruppen zusammenlebten, gleichzeitig mit anderen Lebewesen, die ebenfalls schon dem Menschen näher waren als den Menschenaffen. Wir müssen uns ehrlicherweise eingestehen, daß wir diese Fragen niemals schlüssig werden beantworten können. Wir können nur Vermutungen anstellen, denen allerdings die Ergebnisse der interdisziplinären Forschung eine gewisse Substanz verleihen. Aber selbst wenn wir unserer Vermutungen ganz sicher wären, könnte niemand behaupten, daß sie absolut richtig sind.

Man könnte unsere Aufgabe mit dem Versuch vergleichen, ein dreidimensionales Puzzlespiel zusammenzusetzen – nur fehlen uns die meisten Stücke, und die paar, die wir haben, sind zerbrochen! Und unser Puzzle ist deshalb mehrdimensional, weil wir nicht nur die physische Evolution unserer Vorfahren nachverfolgen, sondern auch die Verhaltensschemata enthüllen wollen.

Das Kernproblem liegt jedoch in unseren Fossilienfun-

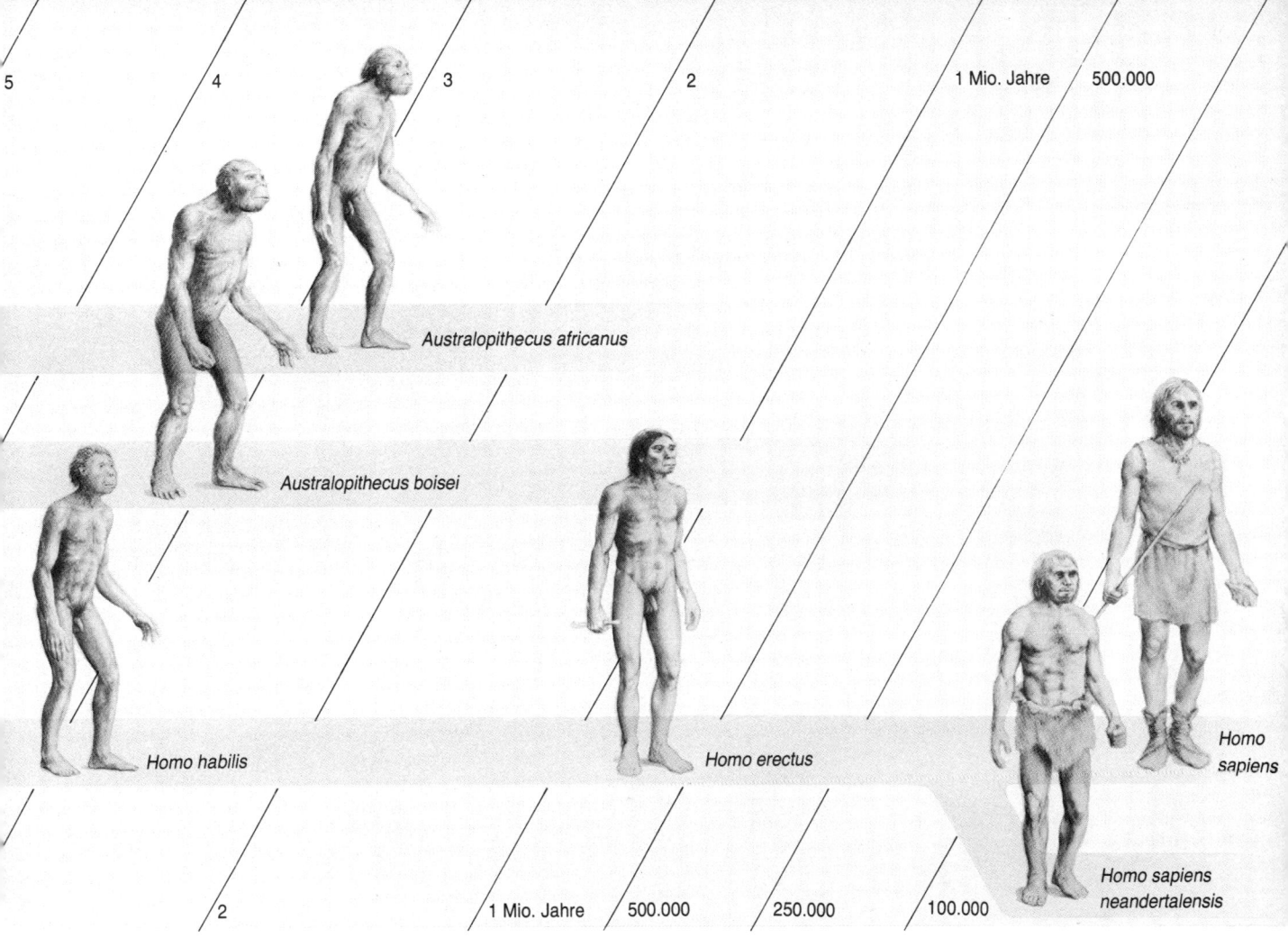

Australopithecus africanus

Australopithecus boisei

Homo habilis

Homo erectus

Homo sapiens

Homo sapiens neandertalensis

den, den Knochenfragmenten, die heutzutage in Afrika ausgegraben werden. Jeder, der einmal ein Puzzle zusammengesetzt hat, weiß, daß ein einziges Stück – an der richtigen Stelle eingefügt – eine Hilfe für weitere Schritte zur Vervollständigung des Mosaiks sein kann. Vergleichbar damit ist die Entdeckung eines fossilen Schädels am Ostufer des Rudolf-Sees im Jahre 1972, die zum Meilenstein in der Erforschung der Evolution wurde. Dieser Schädel, den man nach seiner Katalognummer im National-Museum von Kenia meist nur »1470« nennt, liefert in verschiedener Hinsicht eine Bestätigung früherer Vermutungen, die zwar biologisch plausibel schienen, für die es aber keinen Beweis in Form von Fossilien gab.

Die Ausgrabung Nummer 1470 hatte bereits einen »Vorgänger«, Relikte eines Individuums, die Anfang 1961 in der berühmten Olduvai-Schlucht in Tansania gefunden worden waren. Dieser Fund war deshalb so wichtig, weil man trotz des unvollständig erhaltenen Schädels aus Form und Größe darauf schließen konnte, daß dies bereits ein weit entwickelter hominider Typus war, der vor etwa eindreiviertel Millionen Jahren gelebt

Diesen Verlauf hat die Evolution der Hominiden aller Wahrscheinlichkeit nach genommen. Früher wurden die unterschiedlichen Entdeckungen gleichsam einem gerade verlaufenden Pfad entlang angeordnet, ohne Abzweigungen. Neuerdings wurden die verschiedensten Schemata entwickelt. Wir werden zwar nie einen universalen Konsensus über den tatsächlichen Verlauf der Evolution haben können, aber je mehr Erkenntnisse wir sammeln, je mehr Ausgrabungen wir machen und aufgrund der Zusammenarbeit mit anderen Disziplinen einzuordnen vermögen, desto genauer wird das Bild sein, das wir uns vom Ablauf unserer eigenen Entwicklungsgeschichte machen können.

haben mußte. Man nannte ihn *Homo habilis*. Dies war der erste Beweis dafür, daß frühe Hominiden zur gleichen Zeit gelebt hatten wie die Australopithecinen und nicht etwa deren Vorfahren waren, wie weithin behauptet wurde. So aufregend die Entdeckung des *Homo habilis* auch war, so frustierend blieb sie schließlich ihrer Unvollständigkeit wegen. Um die neue, eben erst in der Entwicklung befindliche Theorie der Evolution des Men-

 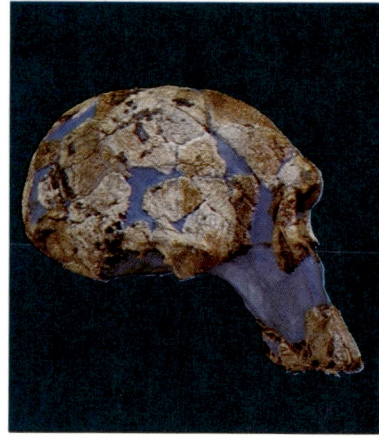 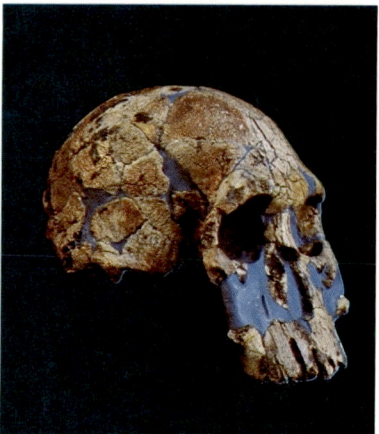

schen zu stärken, bedurfte es eines überzeugenderen, besser erhaltenen Spezimen. Und dies war dann 1470.

Wie der *Homo habilis* von Olduvai, so hat auch 1470 einen großen Schädel und kann als Stufe zum Menschen betrachtet werden. Man hätte also guten Grund, ihn ebenfalls zur Gattung *Homo habilis* zu zählen, denn der Olduvai- ebenso wie der Schädel vom Rudolf-See gehören zur selben Spezies. Das Faszinierende an 1470 ist jedoch, daß er vor mindestens zwei Millionen, vermutlich jedoch eher vor drei Millionen Jahren gelebt hat. Außerdem war sein Gehirn größer als das des *Homo habilis* aus der Olduvai-Schlucht.

Der erste Hominidenschädel, der in den Uferablagerungen des Rudolf-Sees 1969 gefunden wurde, lag vollständig erhalten im ausgetrockneten Flußbett und wartete sozusagen nur darauf, entdeckt zu werden. 1470 dagegen wurde aus vielen kleinen Splittern zusammengesetzt. Bernard Ngeneo, ein Mitglied des Forschungsteams, hatte nur ein paar Knochensplitter in den Sedimenten eines ausgetrockneten Gießbachs gefunden, einer Gegend, die heute mehr wie eine Mondlandschaft aussieht als wie ein Siedlungsplatz unserer Vorfahren. Nach und nach siebte man die restlichen Schädelfragmente aus dem Sand, worauf Meave Leakey und der britische Anatom Bernard Wood die schwierige Aufgabe hatten, daraus den Schädel zusammenzusetzen.

Die Erwartungen waren schon hochgeschraubt, bevor die Rekonstruktion nach sechs Wochen langer geduldiger und mühseliger Arbeit beendet war. Der Grund dafür war, daß man bereits an zwei ziemlich großen Fragmenten aus der Stirngegend des Schädels erkennen konnte, daß es sich hier um ein Wesen handeln mußte, das Anzeichen einer evolutionären Verfeinerung erkennen ließ, die nach damaliger Vorstellung viel zu weit fortgeschritten war.

Der älteste »komplette« Schädel – 1470 – wurde in der Nähe des Rudolf-Sees von Richard Leakey gefunden. Links die erste Rekonstruktion, daneben die vorläufige Gesamtrekonstruktion; die Leerstellen sind mit Plastik ausgefüllt. Oben eine Dreiviertelansicht von vorn. Komplette Frontalansicht rechts. Der Schädel hat bereits gewisse Ähnlichkeiten mit dem des heutigen Menschen, dem allerdings die vorgewölbten Brauenbögen und die dicken Knochen fehlen, die für eine frühere Spezies charakteristisch sind.

Als man sich dann eine genauere Vorstellung von 1470 machen konnte, war bewiesen, daß die beiden Schädelstücke keine leeren Erwartungen geweckt hatten. 1470 war tatsächlich etwas ganz Besonderes: es war der fast vollständig erhaltene Schädel eines *Homo habilis*.

Damit wurde zweierlei bestätigt: erstens, daß die Ahnenreihe des Menschen wesentlich weiter zurückging, als die meisten Forscher bislang angenommen hatten, wahrscheinlich bis in die Zeit vor über einer Million Jahren. Zweitens bedeutet das, daß *Homo* ein Zeitgenosse der Australopithecinen gewesen sein mußte, wenn sich seine Ahnenreihe so weit zurückverfolgen läßt. Das wiederum macht es unwahrscheinlich, daß unsere Vorfahren Abkömmlinge der Australopithecinen gewesen sein sollen – zweifellos waren sie verwandt, aber sie stammten nicht von ihnen ab. Bis dato hatten nämlich die Forscher die Meinung vertreten, der robustere *Australopithecus* sei möglicherweise ein abgestorbener Zweig des evolutionären Stammbaums, der etwas feingliedrige Verwandte jedoch, *Australopithecus africanus* aber mit Sicherheit ein Teil der direkten evolutionären Abstammungsreihe, aus dem sich allmählich der Typus *Homo* entwickelt habe.

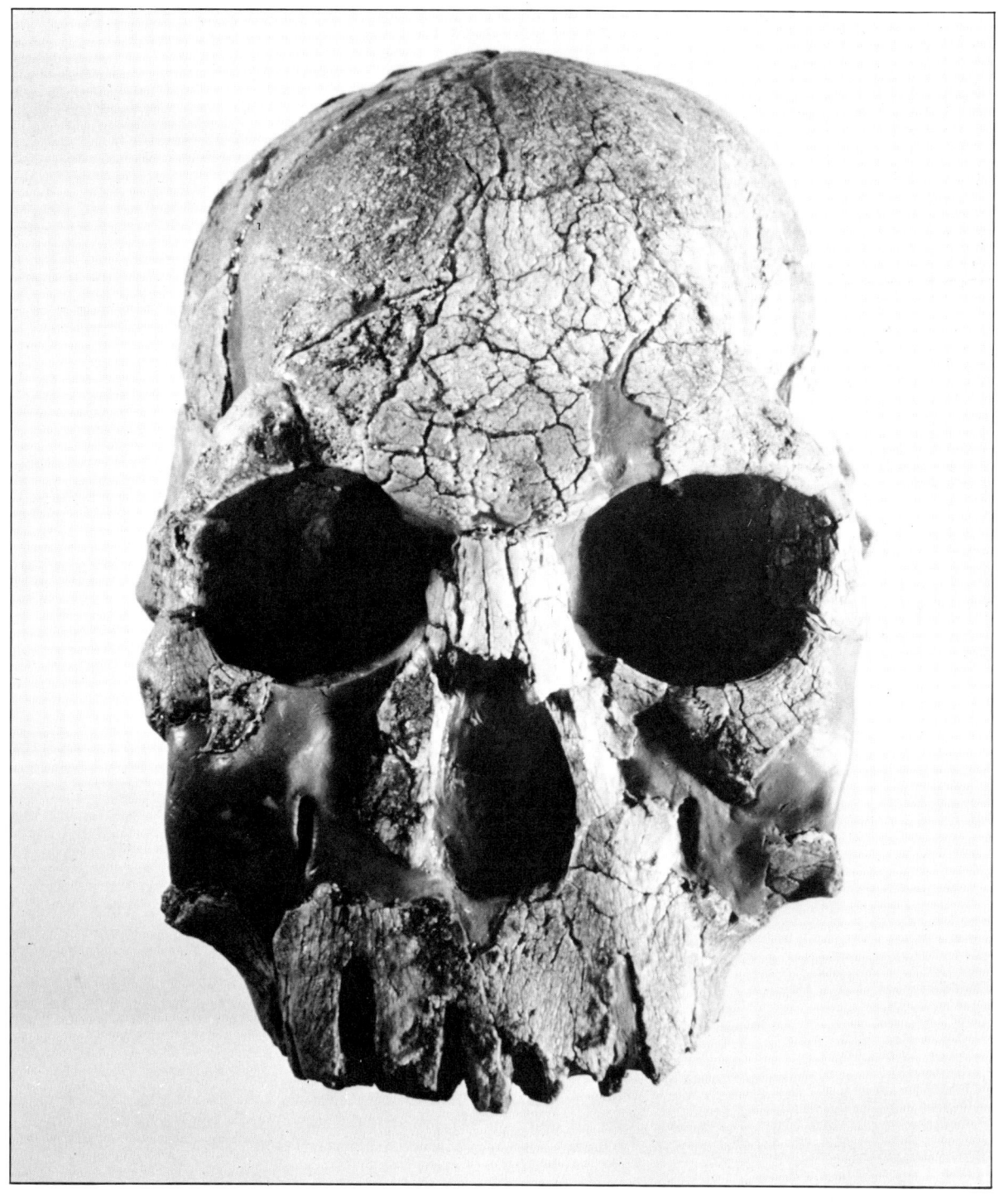

Dank diesem unwiderlegbaren Beweis, den wir nun in der Hand hatten, war es uns auch möglich, die neue Abstammungstheorie zu festigen. Man konnte nun voraussagen, daß man eines Tages Spezimen des Typus Homo ausgraben würde, die vermutlich vier bis fünf Millionen Jahre alt sein würden. Dem liegt die Theorie zugrunde, wonach vor etwa fünf bis sechs Millionen Jahren der Typus *Ramapithecus* in verschiedene Zweige diversifiziert sei. Der Grund dafür war vermutlich, daß Veränderungen des Klimas oder der Umgebung dem neuen Typus ein neues Habitat schufen. (Man muß dabei erwähnen, daß zur selben Zeit auch andere Lebewesen diversifizierten, was unsere Ansicht verstärkt, daß damals enorme Umwälzungen stattgefunden haben.) Wenn dies zutreffen sollte, dann bedeutet das aber auch folgendes: Je näher die Wissenschaft sich dem Zeitpunkt nähert, zu dem die erste Spezifikation erfolgte, desto schwieriger wird es, die Fossilfunde zu klassifizieren und zu bestimmen, welchem hominiden Typus sie zuzuordnen sind. Sie werden dem Urtypus nämlich ziemlich ähnlich sein und weisen natürlich auch untereinander Ähnlichkeiten auf.

Die zahlreichen Fossilien aus Ostafrika, die wir seit der weittragenden Entdeckung von 1470 im Jahre 1972 ausgraben konnten, bestätigt folgende Vermutung: ein Gutteil der oft spektakulären Fossilfunde sind Relikte eines *Homo*-Typus, der schon vor etwa vier Millionen Jahren gelebt haben muß. Zu diesen Entdeckungen zählen vor allem die von Don Johanson und seinen Kollegen in der Trockenwüste von Ost-Äthiopien, aber auch die von Mary Leakey und ihrem Team in der Nähe der Olduvai-Schlucht. Einige Jahre früher hätte dies kein vernünftiger Mensch für möglich gehalten. Aber es ist so, die Beweise sind offenkundig, und wir müssen uns mit der fantastischen, gleichzeitig ein wenig beängstigenden Situation auseinandersetzen, daß unsere direkten Vorfahren schon vor so unendlich langer Zeit lebten. Inzwischen sind noch einige eminent wichtige Fossilien am Ostufer des Rudolf-Sees ausgegraben worden, die bisher besterhaltenen Überreste des vermutlich frühesten Typus des *Homo erectus,* unserem unmittelbaren Vorfahren. Dieser Typus hat aus Gründen, die wir bestenfalls erraten können, den schmalen Landstreifen überquert, der Asien von Afrika trennt, und damit den ersten Schritt auf dem Weg zur Beherrschung der Erde getan.

Aber wir sind zu schnell vorangeeilt, denn kurz nachdem Bernard Ngeneo die ersten Splitter des 1470-Schädels ausgegraben hatte, untersuchte ein anderer Paläontologe aus dem Team die fossilen Überreste eines Elefanten. Dieser John Harris fand mitten unter den vielen Teilen Bruchstücke eines fast vollständigen Ober-

schenkelknochens (Femur) und die oberen und unteren Partien des Unterschenkelknochens (Tibia und Fibula), die auf einen schon weitentwickelten Hominiden hinwiesen. Bei näherer Untersuchung stellte sich heraus, daß praktisch kein Unterschied zu einem Schenkelknochen eines heute lebenden Menschen festzustellen war. Konnte dies der Schenkel des 1470 sein, der vielleicht von einem der vielen Aasfresser verschleppt worden war, mit denen unsere Vorfahren ihr Ufer-Habitat teilten? Wir werden darauf nie eine verbindliche Antwort geben können, aber wir wissen mit Sicherheit, daß es Knochenreste eines jener bereits fortgeschrittenen Hominiden sind, zu denen auch 1470 zählt.

Wir können als gesichert annehmen, daß 1470 und seine Artgenossen eine ebenso aufgerichtete Haltung und einen ebenso leichten Gang hatten wie wir heutigen Menschen. Dies war sicherlich ein Vorteil gegenüber *Australopithecus,* denn dessen anatomische Anordnung der Schenkelknochen und des Beckens war nicht für eine dauernde aufgerichtete Haltung geeignet. Das soll aber nicht heißen, daß die Australopithecinen mühsam auf dem Boden herumkrochen, wie manche Karikatur uns glauben machen möchte. Wahrscheinlich hatte ihre andersartige Anatomie nur zur Folge, daß sie sich eben etwas anders bewegten als ihre Artverwandten.

Zu der Zeit, als »1470« und seine hominiden Artgenossen die Ufer des Rudolf-Sees bevölkerten, war dieser sehr viel größer und tiefer als heute. Das bedeutete, daß auch Flora und Fauna erheblich üppiger waren. Die Geschichte dieses Sees ist außerordentlich bewegt. Er hat sich im Lauf der Zeit in ungleichmäßigen Zyklen verschiedentlich ausgedehnt und wieder verkleinert. Vor weniger als zehntausend Jahren war der See 60 Meter tiefer. Heute wirkt er mit seiner Länge von immerhin 240 Kilometern fast wie ein Tümpel. Niemand weiß, warum der Wasserspiegel so ungeheuer gefallen ist; nur das Nilbecken erinnert an die Zeit, als der Rudolf-See groß und tief genug war, um einer der Quellseen dieses Stroms zu sein.

Die Verschiebungen des Wasserspiegels sind für Fossilienforscher nicht unwichtig, denn wäre er konstant geblieben seit der Zeit, als unsere hominiden Vorfahren und deren Artverwandte dort lebten, so hätte man wohl nur sehr spärliche Funde machen können. Das langsam ansteigende Wasser überzog jedoch die Skelette langsam mit feinem Schlamm und schützte sie damit vor Sonne und Wind, vor allem aber vor Aasfressern.

Diese Aasfresser sind wohl der Hauptgrund, weswegen man bis jetzt noch nie ein vollständiges Skelett der frühen Hominiden gefunden hat. Die Untersuchungen von Diane Gifford, Ergebnisse eines recht ungewöhnlichen

Forschungsprojekts, belegen dies sehr anschaulich. Sie beobachtete über einen Zeitraum von mehreren Jahren hinweg, was mit Tierleichen geschieht, mit ihren »Stinkern«, wie sie sie nannte. Das Fleisch von toten Tieren – bei ihren Untersuchungen handelte es sich meist um Zebras – wird fast immer zuallererst von Aasgeiern, Schakalen und Hyänen bis auf die nackten Knochen aufgefressen. Aber das ist noch nicht alles. Hyänen nagen mit Vorliebe an den Knorpeln und an den Knochen herum, wobei sie das Skelett beim Fressen natürlich hin- und herziehen. Außerdem reißen sie oft einen Knochen ab und fressen ihn woanders in Ruhe oder bringen ihn ihren Jungen. Aber auch pflanzenfressende Tiere spielen eine Rolle, denn sie ziehen oder schieben oft die größeren Knochen weg, um besser an Gras oder andere Pflanzen heranzukommen. Allerdings werden die kleineren Knochen oft dadurch konserviert, daß sie von Hufen vorüberziehender Herdentiere in den weichen Boden gedrückt werden, ohne daß sie zerbrechen.

Wenn eine Tierleiche mehr als ein Jahr an einem Platz gelegen hat, darf man nicht erwarten, ein säuberlich weißglänzendes Skelett in der Sonne bleichen zu sehen. Mit ein bißchen Glück kann man wohl einen Schädel finden (allerdings meist zerbrochen), manchmal ein oder zwei zerbrochene Schenkel- oder Armknochen, ein paar Rückenwirbel und Hunderte von Knochensplittern, die alle über eine relativ große Fläche verstreut sind. Auch wenn man sie alle sammelt, hat man noch immer kein vollständiges Skelett, weil die vielen Stücke fehlen, die die Hyänen weggeschleppt haben. Und das gleiche geschah wohl auch mit den Hominiden, die vor zwei Millionen Jahren gestorben sind. Bis die Flamme des Bewußtseins den menschlichen Geist erleuchtete und der Mensch seinen Nächsten begrub, um seine Seele für ein Leben nach dem Tode zu retten, endete jeder Leichnam eines Urmenschen auf diese Weise.

Der Versteinerungsprozeß mutet uns im Grunde noch heute fast wie ein Rätsel an. Letztlich hängt er jedoch von der chemischen Zusammensetzung des Bodens und dem Vorhandensein von Mineralien ab, die die Knochenmineralien ersetzen können. Das bedeutet natürlich, daß keineswegs alle Knochen fossilierten, die die mannigfache Gefahr der Zerstörung überstanden hatten. Die meisten zerbröckelten ganz einfach und wurden mit der Zeit zu Staub. Deshalb ist die Suche nach Fossilien ein so zermürbendes Geschäft! In stillen Stunden träumt man wohl manchmal davon, ein prähistorisches Pompeji zu entdecken – eine ganze Hominidenfamilie von vulkanischen Aschen verschüttet und konserviert. Das wäre fantastisch! Denn dann wären wir erstmals in der Lage,

Die Untersuchungen Diane Giffords anhand von Tierleichen sind für den Paläontologen von großem Interesse. Oben: Reste einer Kuhantilope, die etwa einen Monat, nachdem sie verendet war, fotografiert wurden. Unten: die verstreuten Reste eines Zebras in der Nähe des Südufers von Koobi Fora. Das Foto wurde acht Monate, nachdem das Zebra von einem Löwen gerissen worden war, aufgenommen.

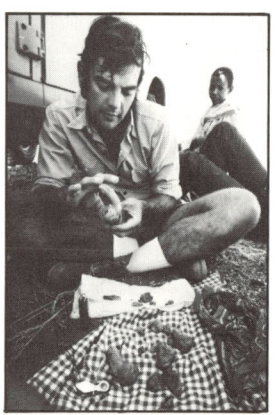

Don C. Johanson (links) vom Cleveland Museum für Naturwissenschaften hat Untersuchungen in der äthiopischen Afar-Niederung gemacht, die ein Teil des großen Rift Valley ist.

Unten: Don Johanson benutzt hier einen kleinen Preßluftbohrer, um den Schädel eines etwa fünfjährigen Kindes vom Typus Homo freizulegen.

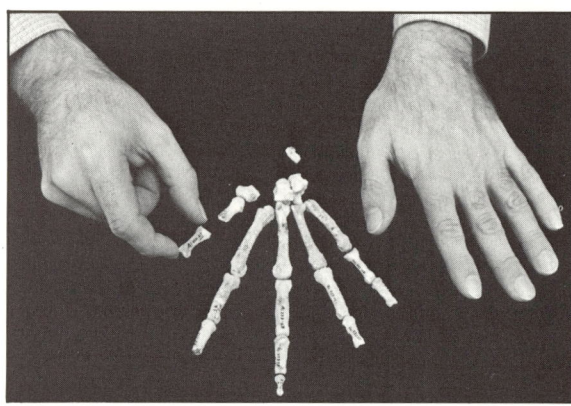

Don Johanson und seine Mitarbeiter fanden in der Afar-Niederung noch fünfunddreißig Hand- und Handrückenknochen. Sie reichen aus, um eine komplette Hand zu rekonstruieren, die hier im Vergleich zu seiner eigenen Hand zu sehen ist.

einen Vergleich zwischen der Größe des Gehirns und dem Körper zu ziehen – und das ist im Augenblick noch der Punkt, an dem wir nicht weiterkommen. Wir könnten zum erstenmal mit Sicherheit sagen, aus wievielen Mitgliedern so eine Gruppe oder Familie bestand und auch mit ziemlicher Genauigkeit sagen, welchen Beschäftigungen diese Wesen nachgingen.

Aber wir können ja nicht unentwegt nur träumen. Wir müssen diese Fragen irgendwie beantworten, aber unsere Kenntnis ist so unendlich viel geringer als die, die solch ein prähistorisches Pompeji uns verschaffen könnte. Unserem Wunschtraum kam bis jetzt nur das Team von Don Johanson in Dschibouti, dem Land der Afar am nächsten. Er fand eine Ansammlung von Knochen, die vor etwa dreieinhalb Millionen Jahren begraben worden waren. Seiner Meinung nach – der Beweis ist jedoch schwer zu erbringen – handelt es sich dabei um Knochen von fünf bis sieben Leuten, zwei davon waren etwa fünfjährige Kinder. Vermutlich waren es Mitglieder von ein oder zwei Familien. Obgleich die Endeckung von Johanson natürlich den Wunschtraum einer Art prähistorischen Pompejis nicht erfüllt, ist es doch der erste fossile Beweis, daß Hominiden in familienartigen Gruppen zusammenlebten. Aber aus welchem Grund starben sie alle gemeinsam? Welcher Katastrophe erlagen sie? Wir wissen heute, daß sie nicht in einer Flut umkamen. Möglicherweise fielen sie einer bestimmten Viruskrankheit zum Opfer.

Johansons Fossilfamilie ist deshalb so besonders wichtig, weil sie der Spezies *Homo* zuzuordnen ist. Und der Zufall wollte es, daß so viele fossile Knochenteile gefunden wurden, daß er daraus eine Hand und ein fast vollständiges Skelett zusammensetzen konnte. Obgleich die Knochen nicht alle von demselben Individuum stammten, paßten sie gut genug zusammen, um zu beweisen, daß die Größe der Hominidenhand der des heutigen Menschen entspricht (und man konnte überdies daraus ablesen, daß die erwachsenen Hominiden etwa 1,20 bis 1,50 Meter groß waren). Wichtiger ist jedoch, daß man aus den einzelnen Handknochen auf die gleiche Geschicklichkeit schließen kann – und das schon vor dreieinhalb Millionen Jahren! Wenn wir unsere Hände betrachten, können wir Strukturen erkennen, deren Möglichkeiten zwar erst der heutige Mensch nutzen kann, deren Grundformen jedoch schon ganz am Anfang unserer Evolution festgelegt worden sind. Hätten wir vor dreieinhalb Millionen Jahren gelebt, wären unsere Hände kaum anders geformt als heute, aber wie wir sie gebraucht hätten, können wir heute nur erraten.

Obgleich die ostafrikanischen Vulkane uns – soweit wir bis heute wissen – kein zweites Pompeji »beschert«

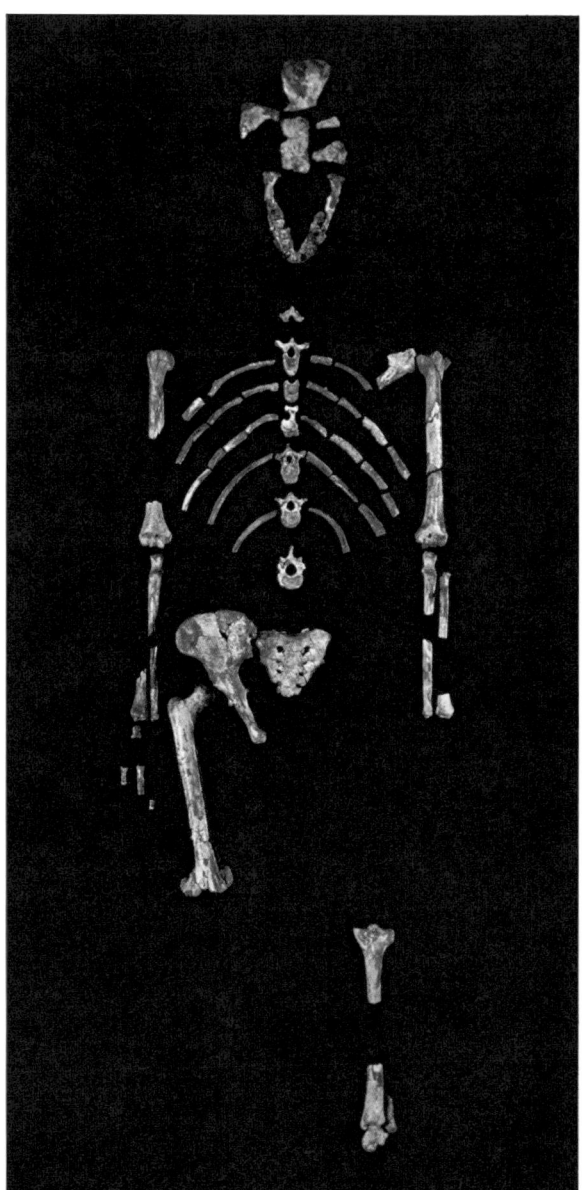

*Eine weitere wichtige Entdeckung von Johanson war ein
nahezu vollständiges Skelett, »Lucy« genannt, nach einem
Song der Beatles, der während der Ausgrabungen auf Tonband
lief. Das Skelett stammt von einem weiblichen Australopithecus
– jedoch kaum vom Australopithecus africanus, weil das Skelett
Unterschiede aufweist. Der innere Umfang des Beckenrandes
gibt Aufschluß über die Geschlechtszugehörigkeit.*

Die Datierung hominider Fossilien

Die genaue Datierung der Fossilien oder der Ablagerungen,
in denen sie gefunden wurden, ist für das Verständnis unserer
Entwicklungsgeschichte von ausschlaggebender Bedeutung.
Die bekannteste Datierungsmethode basiert auf der Messung
der Abnahme des radioaktiven Kohlenstoff-Isotops 14 C in
organischen Fundsubstanzen, die von jedem Lebewesen in
Form von Nahrung aufgenommen und gespeichert werden.
Wenn ein Lebewesen gestorben ist, nimmt die 14 C-Konzen-
tration ab, d. h. die Kohlenstoff-Isotopen 14 C zerfallen in
Stickstoff-Isotopen 14 N. Der Verlauf des Zerfalls ist bekannt.
Wenn man nun die Anzahl der vorhandenen Kohlenstoff-Isotopen 14 C mit derjenigen in den Knochen eines toten
Lebewesens vergleicht, läßt sich das Alter der Fossilien
bestimmen. Nach 50 000 Jahren ist allerdings nur noch so
wenig 14 C vorhanden, daß eine genaue Datierung unmöglich ist. Daher wurden andere Datierungs-Methoden entwik-
kelt.

Kalium-Argon-Verfahren

Diese Methode basiert auf dem gleichen Prinzip wie die
14 C-Datierung, geht aber vom Zerfall des radioaktiven
Kalium-Isotops 40 K in ein Argon-Isotop 40 Ar aus. Dieser
Prozeß findet in Vulkangestein statt. Da der Zerfallsprozeß
von 40 K langsamer vor sich geht als der von 14 C, ist es mit
diesem Meßverfahren möglich, auch sehr frühe Funde zu
datieren.

Spaltspuren-Datierung

Diese verhältnismäßig neue Methode wurde aufgrund der
Beobachtung entwickelt, daß künstliches Glas Uranverbin-
dungen als Farbstoff enthält, genauer gesagt instabile Uran-
Isotope 238 U, die zu stabilen Blei-Isotopen 206 Pb zerfallen.
Diese Spaltspuren können mit Hilfe einer geeigneten Säure
unter dem Mikroskop sichtbar gemacht werden. Der gleiche
Prozeß findet auch in vulkanischen Glasbildungen statt, die
zunächst auf Spaltspuren untersucht werden. Durch Neutro-
nenbestrahlung bestimmt man dann die Urankonzentration
der Probe und mißt die Zahl der dabei induzierten Spaltun-
gen. Da man den Zerfallsprozeß von 238 U kennt, kann man
so aus der Zahl der beobachteten spontanen Spaltspuren das
Alter der Probe bestimmen. Die so erhaltenen Daten können
mit denen, die man aufgrund der Kalium-Argon-Methode
erhalten hat, verglichen bzw. ergänzt werden, da die Fehler-
quellen beider Methoden verschieden sind.

Archäomagnetische Datierung

Bei Ablagerungen, die nicht genügend Kalium oder Uran
enthalten, müssen andere Methoden angewendet werden.
Eine davon bedient sich der Tatsache, daß sich das Magnetfeld der Erde im Verlauf der Zeit in Richtung und Intensität
stetig ändert. Wenn sich nun Erdschichten ablagern, nimmt
das darin enthaltene Metall die Richtung des zur Zeit
herrschenden Magnetfeldes an und behält sie bei, versteinert
sie sozusagen. Somit erhält man eine zusätzliche Zeitskala
für die Datierung von Gesteinsschichten, die man für sich
allein und/oder zur Kontrolle verwenden kann.

haben, spielen sie doch eine nicht zu unterschätzende Rolle in unserer Kenntnis der Fossilfunde. Sie geben uns vor allem ein Zeitschema in die Hand, aufgrund dessen wir das Alter der Funde recht genau bestimmen können. Dies ist durch spezielle physikalische Tests möglich, die auf den langsamen, aber gleichmäßigen Isotopenzerfall von Kalium in Argon basieren.

Woher wissen wir das? Während der ganzen langen Zeit, seit die ersten Menschen lebten, hat feiner Sand aus Seen oder Flüssen oder auch Flugsand Schicht für Schicht gebildet, die sich ganz allmählich zu Felsen verfestigten. Der Grund dieser Sedimente ist natürlicherweise älter als ihre Spitze, denn er bildet ja die erste Schicht. Die Art und Weise, wie sich diese Sedimente verfestigt haben, wird – ebenso wie ihr Härtegrad – durch die Sand- und Schlammablagerungen bestimmt. In der Olduvai-Schlucht sind die Gesteins- und Aschenablagerungen etwa 90 Meter hoch und über einen Zeitraum von etwa zwei Millionen Jahren entstanden. Im äthiopischen Omo-Distrikt haben sich jedoch im gleichen Zeitraum Sedimente von 500 Meter Dicke abgelagert. In diesen Ablagerungen wurden die Hominidenknochen eingeschlossen und fossilierten allmählich. Da wir aber weder das Alter von Fossilien noch das von nicht-vulkanischem Gestein direkt bestimmen können, haben wir nur die Möglichkeit zu sagen, daß ein Fossil älter sei als das andere – wenn es einer tiefer liegenden Schicht entstammt. Deshalb sind vulkanische Aschen für die Zeitbestimmung so wichtig. Aus tätigen Vulkanen brechen oft ganze Aschewolken hervor, die sich allmählich am Boden festsetzen – entweder als Ascheregen oder als Lavastrom, der sich bergab bewegt und erst am Fuß des Vulkans festsetzt. So schichtet sich Lage auf Lage übereinander, die sich im wesentlichen nicht unterscheiden, aber sozusagen den Datumsstempel der Eruption in sich bergen. Diese verschiedenen Daten, die man an der Tiefe der Ablagerungen ablesen kann, vermitteln uns eine Art Skala zur zeitlichen Bestimmung der Versteinerungen. Um ein Beispiel anzuführen: Wird ein Fossil unter einer Ascheschicht gefunden, die zwei Millionen Jahre alt ist, die darunterliegende Schicht ist jedoch drei Millionen Jahre alt, so muß das Fossil aus dem dazwischenliegenden Zeitraum stammen. Als Faustregel gilt, daß je näher das Fossil am oberen Ende der Schicht gefunden ist, desto näher ist es dem Alter von zwei Millionen Jahren.

Dieses System hat sich bei den wichtigsten Ausgrabungen in Ostafrika von unschätzbarem Wert erwiesen, und zwar vor allem in Äthiopien (Hadar und Omo), am Ostufer des Rudolf-Sees in Kenia, in der Olduvai-Schlucht und im tansanischen Laetolil. Diese Datierungs-

Die Stelle in Ostturkana, wo Werkzeuge gefunden wurden. Die vulkanischen Ablagerungen dienen der Datierung.

methode ist zwar nicht problemlos, aber sie liefert uns doch ein Zeitraster, in das Hominidenfunde aus unterschiedlichen Gegenden eingefügt werden können. Daraus wiederum kann man schließen, ob die Evolution in einer bestimmten Gegend rascher voranschritt als in einer anderen. Oder man kann auf Hominiden stoßen, die von der Evolution sozusagen im Stich gelassen worden sind.

Eines wissen wir aber mit Sicherheit: der Entstehungsprozeß der Vorfahren des Menschen verlief dynamisch. Es gab weder eine gleichförmige Entwicklung der hominiden Bevölkerung Afrikas, noch hat sich etwa in einer bestimmten Gegend sozusagen eine Art »Herrenrasse« gebildet, die Afrika und später die restliche Welt hätte beglücken können. Bestimmte Umweltbedingungen führen zu lokalen Varianten, so viel wissen wir mit Sicherheit. So waren zum Beispiel die robusten *Australopithecinen*, die an den Ufern des Rudolf-Sees lebten, weitaus stämmiger als die in Südafrika lebenden. Ähnliche Varianten finden wir beim *Homo erectus*, der sich in Europa, Asien und Afrika vor einer Million und mehr

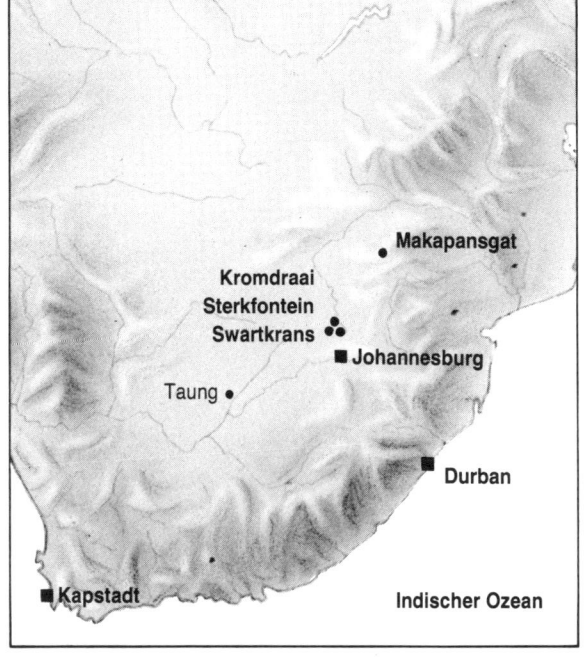

Diese Karte zeigt Ausgrabungsorte in Südafrika, die für die Evolutionsgeschichte der Australopithecinen wichtige Erkenntnisse lieferten.

Jahren ausgebreitet hatte. Man muß sich ja nur die heutige Welt ansehen, um festzustellen, daß das Menschengeschlecht zwar unbestreitbar eine geschlossene Spezies bildet, daß aber beträchtliche Varianten – bedingt etwa durch geographische Unterschiede – vorkommen.

Die Wiege des afrikanischen *Australopithecus* – die archäologische, nicht die biologische – kann mit einiger Sicherheit bestimmt werden. Während einer Sprengung in einem Steinbruch an einem Ort namens Taung (in der Bantusprache: Ort des Löwen) brach Ende des Jahres 1924 ein Felsbrocken ab, der einen fossilen Kinderschädel freigab. Der Fund wurde mit einigen anderen zu Raymond Dart gebracht, der damals Professor für Anatomie an der Universität von Witwatersrand war. Zuvor hatte man im gleichen Steinbruch schon den versteinerten Schädel und Knochen eines vorgeschichtlichen Pavians entdeckt, und Dart war nun natürlich neugierig, was dieser Ort noch alles bergen würde. Das Taung-Baby, wie er es nannte, übertraf seine Erwartungen bei weitem – und ganz offensichtlich auch die der bedeutendsten Paläoanthropologen seiner Zeit, der englischen wie der französischen und der deutschen. Aber sie nahmen seine Entdeckung nicht ernst.

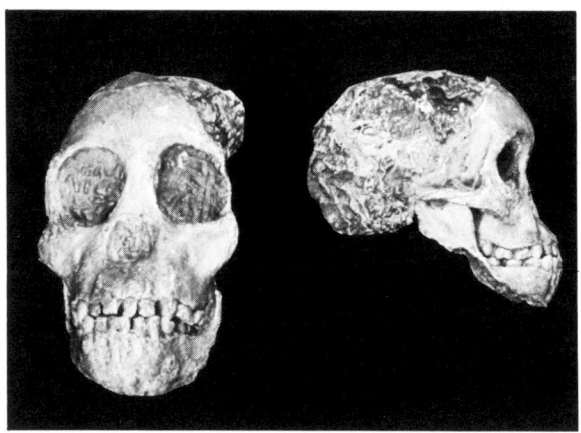

Zwei Ansichten des Schädels des Taung-Babys, einem fünf- bis sechsjährigen Australopithecus africanus. Dieses Fossil wurde in einem Steinbruch in der Nähe von Taung in Betschuanaland gefunden und Raymond Dart geschickt, der damals – im Jahre 1924 – an der Universität von Witwatersrand lehrte. Nach einer langwierigen und mühseligen Untersuchung erkannte Dart die Wichtigkeit dieses Fundes.

Dart stellte fest, daß der Schädel relativ groß war im Vergleich zu denen anderer, nicht-humaner Primaten; die Zähne glichen eher denen von Hominiden als von Menschenaffen. Das gleiche betraf die Kopfform. Aufgrund des angenommenen Winkels, in dem der Kopf zum Hals stand, kam er zu dem Schluß, daß dieses Wesen eine aufrechte Haltung gehabt und sich auch auf zwei Beinen fortbewegt haben mußte. Dart war absolut davon überzeugt, daß es sich um eine prähumane Spezies handeln mußte, und legte dies auch Anfang 1925 in der naturwissenschaftlichen Zeitschrift ›Nature‹ dar. Zu dieser Zeit war ein großer Teil der Fachwissenschaft noch ganz im Bann der Piltdown-Fälschung. Dies war ein neuzeitlicher Schädel, der mit dem Kiefer eines Menschaffen verbunden worden war. Irgendein Spaßvogel – der übrigens bis heute unbekannt geblieben ist – hatte ihn in einer Kiesgrube in Sussex, England, vergraben. Die »Entdeckung« dieses seltsamen Wesens im Jahre 1913 paßte fabelhaft zu der damals weitverbreiteten Ansicht, der Vorfahr des Menschen müsse ein großes Gehirn besessen haben und sein Körper habe sich langsam vom Menschenaffen zum Menschen entwickelt. So konnte es nicht anders kommen, als daß Darts Entdeckung weithin ignoriert wurde. Man konzedierte ihm allenfalls, daß es sich um den Vorfahr eines Menschenaffen handeln könne, niemals jedoch um den eines Menschen.

Dart jedoch arbeitete unverdrossen weiter, und schon nach kurzer Zeit beteiligten sich andere Forscher – unter anderen auch Robert Broom, John Robinson und später auch Philip Tobias – an den Ausgrabungsarbeiten in verschiedenen Gegenden Südafrikas. Innerhalb von zwanzig Jahren wurden »Affenmenschen« an vier verschiedenen Orten gefunden und zwar teilweise zusammen mit Steinwerkzeugen. Drei Funde, und zwar die aus Taung, Sterkfontein und Makapansgat, ähnelten Darts erstem Hominiden: es war der zierlichere Typus des *Australopithecus*, den Dart *Australopithecus africanus* nannte. An zwei anderen Orten hatten jedoch kräftigere

Links: Das afrikanische große Rift Valley ist eine der Regionen der Erde, die noch immer nicht zur Ruhe gekommen ist. Dieses Tal hat sich auf der Erdoberfläche als nicht zu übersehende Formation eingegraben, als ein fortlaufender Graben nämlich, der sich über mehr als 2000 Meilen erstreckt und mit vulkanischen Kegeln und Kratern gespickt ist. Die vulkanische Asche gibt unschätzbare Hinweise für Geologen, mit deren Hilfe die fossilhaltigen Ablagerungen datiert werden können. Das Foto zeigt die Uferniederung zum Manyara-See in Tansania.
Rechts: Rekonstruktion eines Australopithecus africanus.

Hominiden gelebt, die man *Australopithecus robustus* nannte (er ist identisch mit dem südafrikanischen *Australopithecus boisei* aus unserer ersten Liste).

Die Fossilsammlung aus diesen Ausgrabungsorten ist inzwischen recht umfangreich. Sie enthält viele kleine und größere Teile verschiedener Knochen, auch der Gliedmaßen und des Beckens sowohl des Typus *africanus* als auch des *robustus*. Deren Oberschenkelknochen unterscheidet sich auf merkwürdige Weise von dem des Typus *Homo*: am Beckenrand ist nämlich die »Kugel« des australopithecinen Oberschenkelknochens kleiner als der des Typus *Homo*, der »Hals« hingegen ist länger und flacher. Man hat diese und andere Details dahingehend interpretiert, daß sie die Ursache für einen nicht so ausgeprägten Gang der Australopithecinen sei. Dessenungeachtet hatten jedoch auch diese Lebewesen schon die Fähigkeit des dauernden aufrechten Gangs, denn wir haben keinerlei Beweis dafür, daß sie sich – wenn auch nur gelegentlich – auf allen Vieren vorwärtsbewegt hätten, wie etwa die Schimpansen oder Gorillas mit ihrem Knöchelgang.

Außer in Taung haben die Forscher überall – überwiegend jedoch an jüngeren Ausgrabungsorten – Steine gefunden, die so aussehen, als seien sie zu Werkzeugen bearbeitet worden. Die meisten sind ungeschliffen und rauh und wurden vermutlich dazu benutzt, Nüsse aufzuklopfen oder andere pflanzliche Nahrung zu zerkleinern. Vielleicht wurden damit auch Knochen aufgebrochen, um an das Mark zu kommen. Man hat auch sogenannte »Schaber« gefunden, etwas flachere, kantige Werkzeuge, die wahrscheinlich dazu dienten, um Felle oder Borken abzuschaben. Die Schwierigkeit der Beschreibung dieser Werkzeuge – oder Artefakte, wie der korrekte Terminus heißt – liegt darin, daß ein Werkzeug zu den verschiedensten Zwecken gebraucht worden sein konnte. Wesentlich komplizierter ist jedoch die Frage, wer nun diese Artefakte hergestellt hat?

Man kann mit gutem Grund behaupten, der Typus *Homo* sei bereits ein Werkzeugmacher gewesen, weil dies ganz offensichtlich ein bedeutsamer Schritt auf dem Wege der menschlichen Evolution war. Aber wie sieht das bei seinen Vettern, den Australopithecinen, aus? Solange sich unser Wunschtraum nach einem prähistorischen Pompeji nicht erfüllt und wir keinen *Australopithecus africanus* finden werden, den der Tod eben überraschte, als er ein Artefakt herstellte – solange werden wir nie wirklich wissen, ob sie auch schon Werkzeugmacher waren. Es ist bekannt, daß man Menschenaffen lehren kann, Werkzeuge zu benutzen und auch ganz einfache herzustellen – was durch ›Abang‹, einen Orang-Utan aus dem Zoo von Bristol bewiesen werden konnte. Es ist

daher unwahrscheinlich, daß die *Australopithecinen* nicht wenigstens gelegentlich Steine oder Holzgegenstände als Werkzeuge benutzt haben sollten. Ob aber diese hominiden Spezies bereits in der Lage waren, ganz bestimmte Werkzeuge herzustellen, ob sie also eine Kultur hatten, wie wir sie aus der Steinzeit vor etwa zwei Millionen Jahren kennen – das ist eine ganz andere Frage.

Eine dieser Vorstellungen der prähistorischen »Werkzeugmacherei«, die inzwischen zwar wissenschaftlich absolut widerlegt ist, aber immer noch das Bild vom »Affenmenschen« prägt, entstand durch die Funde in Makapansgat. Wie die meisten südafrikanischen Ausgrabungsorte ist auch Makapansgat eine Höhle, also ein Ort, an dem Tiere und auch Hominiden verendet sind, aber nicht etwa rasteten oder sich niedergelassen hatten. Raymond Dart machte sich Gedanken über diese merkwürdige Ansammlung von Tierknochen, die zusammen mit den Überresten von Hominiden gefunden wurden. Er kam zu dem Schluß, daß diese einer Kulturstufe zuzurechnen seien, die er osteodontokeratische Kultur nannte (übersetzt: Knochen-, Zahn- und Haarkultur). Er gab zu bedenken, ob die Artefakte des *Australopithecus* nicht auch guterhaltene Gebisse hätten gewesen sein können, die als eine Art Säge hätten benutzt werden können und Schenkelknochen beispielsweise als Keulen usw. So kam man zu der Überzeugung, daß unsere Vorfahren nicht nur Fleischesser, sondern auch Kannibalen waren.

Vor nicht allzu langer Zeit hat jedoch Bob Brain in einer hervorragenden wissenschaftlichen Arbeit den Mythos der osteodontokeratischen Kultur zerstört. In einer ganzen Serie sorgfältig vorbereiteter Experimente untersuchte Bob Brain den Einfluß, den Witterung und Aasfresser auf Tierknochen haben. Diese Experimente liefen während mehrerer Jahre, und schließlich entstand eine Knochensammlung, die mit der von Dart entdeckten in gewisser Weise identisch war: Die osteodontokeratische Kultur war demnach nichts anderes als die Überbleibsel zahlloser Löwen- und Hyänenmahlzeiten! Dieser Vorfall zeigt ganz deutlich, wie vorsichtig man sein muß, aus vorgeschichtlichen Funden gleich eine ganze Kultur zusammenzuzimmern, und sie bezeugt darüber hinaus den Wert, den die angeblich so perverse Untersuchung heutiger, in Verwesung befindlicher Tierknochen hat. Dadurch wird nämlich deutlich, was während der Zeit zwischen dem Tod eines dieser prähistorischen Lebewesen geschah und dem Tag, an dem die Forscher die Fossilien sorgsam freilegten.

Auf der Suche nach Fossilien kann man leicht vergessen, daß die Funde nicht so sehr darüber Auskunft geben, *wie* diese Wesen gelebt haben, sondern nur darüber, *wo* sie fossiliert sind. Diese Schwierigkeit besteht vor allem bei den südafrikanischen Fossilien, die überwiegend in Kalksteinhöhlen ausgegraben worden sind. Sie könnten dort hineingefallen sein und mit anderen Fossilien ein Konglomerat gebildet haben. Sie könnten aber auch von Tieren hineingeschleppt worden sein, die sie gejagt und dann vielleicht dort verspeist hatten. Die fünf bedeutendsten Fundorte in Südafrika sind zwar wichtige Fossilquellen, aber doch wohl eher die Futterplätze von Aasfressern als hominide Wohnstätten, zumindest sind letztere bis auf den heutigen Tag noch nicht entdeckt worden. Und abgesehen von Philip Tobias' Entdeckung eines bruchstückhaften Schädels im Herbst 1976 gibt es auch keine »Konkurrenten« für den Typus *Homo*. Die Unterschiede erklären sich nur so, daß einige dieser Spezies zwar in dieser Gegend gelebt und auch Werkzeuge hergestellt hatten, aber irgendwie dem Schicksal entgangen waren, daß sie in Höhlen verschleppt wurden.

Unglücklicherweise geben uns diese Höhlen weder ein Bild von der Lebensweise der Hominiden, noch können sie – was mindestens ebenso frustrierend ist – einwandfrei datiert werden. Wir können zum augenblicklichen Zeitpunkt noch nicht mit Sicherheit sagen, wann genau ein Skelett in eine dieser Höhlen gebracht worden ist. Ohne die Skala, die vulkanische Formationen liefern, kann das geologische Alter nur anhand tierischer Fossile bestimmt werden, die in der Nähe hominider Reste gefunden worden sind. Diese Methode, die man »Faunakorrelation« nennt, stützt sich auch auf den Vergleich evolutionärer Stadien und ist daher zwangsläufig recht unzuverlässig. Aufgrund dieser Kriterien und diverser anderer Forschungsmethoden wurde das Alter der Höhlenhominiden auf etwas mehr als eine Million und etwas weniger als drei Millionen Jahre festgelegt, wobei die Kromdrai-Hominiden die jüngsten und die aus Makapansgat die ältesten sind. Diese Daten sind derzeit noch nicht gesichert, obgleich es letztlich möglich sein wird, eine genauere Zeitskala zu erstellen, wenn man die Felsformationen auf Anzeichen hin untersucht, inwieweit sich das Magnetfeld der Erde verändert hat, was ja während der letzten vier Millionen Jahre stetig geschehen ist.

Im Südosten der Serengeti-Wüste in Tansania liegen mehrere erloschene Vulkane. Das Umland ist während der meisten Zeit des Jahres völlig trocken. Aber vor etwa zwei Millionen Jahren lag im Schatten dieser Vulkane ein See, der von zahllosen Zuflüssen aus der Hochebene gespeist wurde. Er diente zu dieser Zeit als Wasserquelle für Tiere und zweifellos auch für Hominiden.

Seit dieser Zeit haben sich Sedimente und Sand abgelagert und im Lauf der Zeit diese ferne Vergangen-

Der inzwischen verstorbene Louis S. B. Leakey verbrachte fast vier Jahrzehnte mit der Erforschung prähistorischen Lebens in Ostafrika. Hier ist er mit dem zerbrochenen Backenzahn eines Dinotheriums in der Hand zu sehen. Auf seinem Hut der Zahn eines eine Million Jahre alten Elefanten, der in der Schlucht von Olduvai gefunden wurde. Unten seine Frau Mary, selbst eine anerkannte Forscherin, in der Olduvai-Schlucht.

heit unter etwa neunzig Meter tiefen Ablagerungen begraben. Durch Erdbewegungen, die auf die Beben im Great Rift Valley zurückzuführen sind, wurde der See allmählich ausgetrocknet. Durch eine Laune der Natur, könnte man sagen, durch einen kleinen Fluß nämlich, der nur gelegentlich Wasser führt, entstand eine tiefe Schlucht. Wenn man oben steht und hinabschaut, kann man die Ablagerungen von Jahrtausenden sehen, säuberlich übereinandergeschichtet wie in einem Baumkuchen. Anhand der Messungen von vulkanischen Aschen kann man diese Sedimente zeitlich ziemlich genau bestimmen. Es handelt sich um die Olduvai-Schlucht, einen Graben von 40 Kilometern Länge, der sich als prähistorische Schatzkammer erwiesen hat.

Lange bevor man hominide Fossilien in den untersten Sedimenten der Olduvai-Schlucht entdeckte, fanden Louis und Mary Leakey eine Reihe von Steinwerkzeugen, die heute das umfassendste Zeugnis dieser frühen Kultur bilden und sich als Meilenstein in der menschlichen Evolution erwiesen haben. Mitte der dreißiger Jahre begann vor allem Mary Leakey damit, Steinwerkzeuge zu analysieren und zu katalogisieren, die sie an früheren »Wohnstätten« fand; sie datierten aus einem Zeitraum vor etwa ein bis zwei Millionen Jahren. Wie nicht anders zu erwarten war, sind diese Werkzeuge mit fortschreitender Zeit immer verfeinerter geworden, aber die Unterschiede sind letztlich doch nur graduell; außerdem überlagern sich offensichtlich unterschiedliche Kulturen.

Die Werkzeuge, die aus der untersten Schicht der Olduvai-Schlucht stammen, sind natürlich noch recht unbehauen, eigentlich nur Kieselsteine etwa in der Größe eines Tennisballs, die leicht abgeschliffen sind. Daraus wurde eine Art Hacke, die das Kernstück der sogenannten »Olduvai-Werkstatt« bildet. Außerdem hat man einfache Schaber und Hammersteine gefunden. Über mehr als eine Million Jahre hinweg kann man die Entwicklung dieser Olduvai-Kultur beobachten, die gegen Ende dieser Zeit dann doch so verfeinert war, daß man sie zu recht »Olduvai-Werkstatt« nennen kann, doch vor einer Million Jahren versank diese Kultur.

Wir haben jedoch Zeugnisse einer zweiten Werkzeug-Kultur, und zwar entlang dem damaligen Uferverlauf. Man nennt sie die »Acheuléische Werkstatt«. Kennzeichen dieser Kultur ist ein sehr charakteristisches, aber auch geheimnisvolles Werkzeug, das man gemeinhin »Handaxt« nennt. Sie ist etwa birnenförmig behauen und somit ein Werkzeug, das zu seiner Fertigung beträchtlicher Geschicklichkeit bedarf. Wir wissen jedoch nicht genau, wozu sie benutzt wurde. Man vermutet, daß sie zum Holzhacken, Knochen aufschlagen und allen möglichen anderen Verrichtungen gebraucht wurde, doch hat sich bis jetzt niemand über die Besonderheit der Form Gedanken gemacht, die doch viel Mühe und Zeit gekostet haben mußte. Die acheuléischen Werkzeugmacher, die offensichtlich dem Typus *Homo erectus* zuzuordnen sind, hatten mit Sicherheit bereits gute Materialkenntnisse, denn sie benutzten außer den Handäxten bereits geschliffene Hacken, Meißel, Schaber, Hackmesser, Aalen, Ambosse, Hämmer und einiges andere mehr. Diese verschiedenen Werkzeuge sind auf keinen Fall zufällig entstanden. Sie wurden mit durchaus erkennbarer Absicht geschaffen, ebenso – obgleich etwas perfekter – wie die Olduvai-Werkzeuge.

Es überrascht natürlich nicht, daß eine komplexere und geordnetere Technologie einer weniger ausgeprägten folgt. Aber es ist doch merkwürdig, daß beide Kulturen

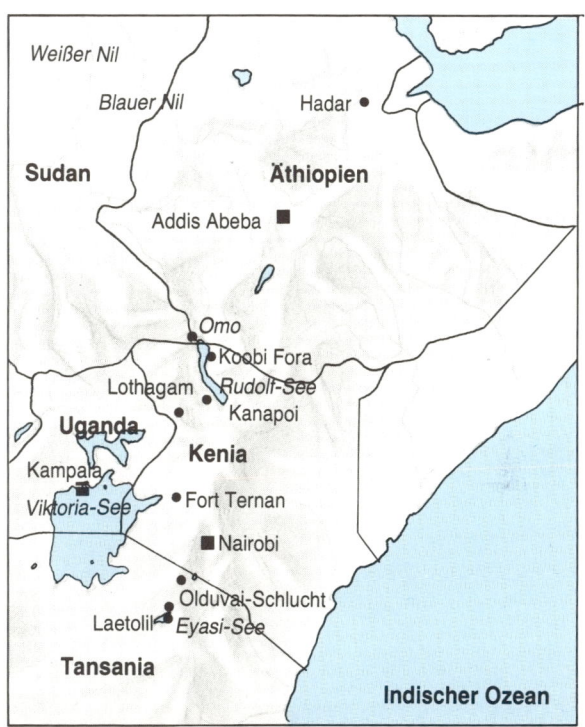

Die Ausgrabungsorte in Ostafrika (siehe Karte), an denen
Fossile gefunden wurden, haben uns mit einer großen Anzahl
hominider Überreste versehen. Die Schlucht von Olduvai, die
durch die Ausgrabungen von Louis Leakey und seiner Frau
Mary berühmt wurde, ist etwa 90 m tief und etwa 40 km lang.
Sie entstand durch einen früheren Flußlauf, der sich in die
Gesteinsschichten eingegraben hatte, heute jedoch ausgetrock-
net ist. Ursprünglich führte er zu einem See. Rechts: Ein
Querschnitt durch die Erdschichten.

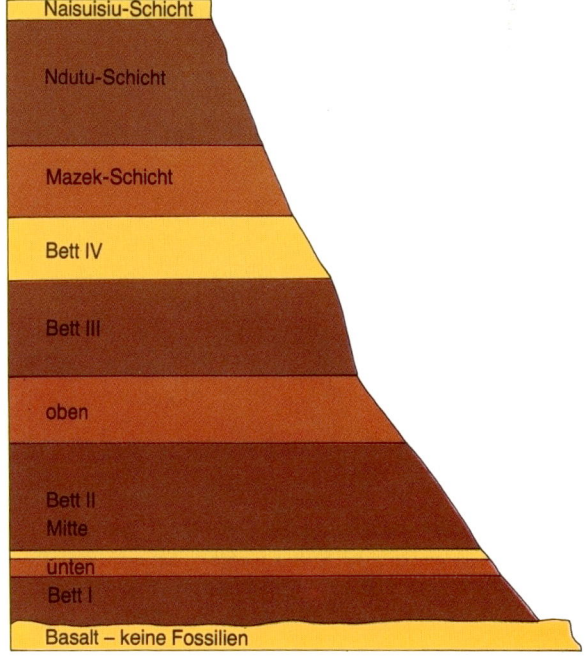

Oben: Primitiver Schaber, gezeichnet nach einem Werkzeug, das man im Bett I in Olduvai gefunden hat. Die Olduvai-Werkzeuge finden sich auch im Bett II. Die Machart der Werkzeuge wird zunehmend besser, so daß man zu Recht von einer fortgeschrittenen Olduvai-Kultur sprechen kann (Mitte). Dort fand man auch noch weiter verbesserte Werkzeuge, die man der sogenannten acheuléischen Kultur zurechnet. Die Zeichnung rechts stellt einen Hackmeißel dar.

ohne Zweifel während eines langen Zeitraums gleichzeitig existierten. Die späte Olduvai-Kultur hat sich wohl vor etwa einer Million Jahren entwickelt und zwar in der Zeit, in der die Acheuléische Kultur in dieser Gegend bereits seit einer halben Million Jahren bestand!

Im Zeitraum von einer halben Million Jahren bestanden zwei relativ entwickelte Technologien gleichzeitig, vermischten sich jedoch nie. Das ist einigermaßen verwirrend. Denn die Menschen, die diese beiden Technologien handhabten, wohnten am selben Seeufer, sie mußten sich also gesehen und voneinander gewußt haben. Was bedeutet das?

Es gibt natürlich eine ganze Reihe plausibler Erklärungen dafür. Eine Theorie besagt, daß zwischen zwei und anderthalb Millionen Jahren die dortigen Hominiden unberührt von Einflüssen der Außenwelt lebten und ihre Technologie nur ganz allmählich entwickelten. Danach seien andere Menschen gekommen, deren Technologie sehr viel weiter war, die also bereits die Acheuléische Kultur hatten. Es müsse sich um den Typus des *Homo*

erectus gehandelt haben. Diese Neueinwanderer und die ursprünglichen Bewohner hätten, so wird in dieser Theorie weiter ausgeführt, in nächster Nähe und ohne nennenswerte Zusammenstöße gelebt, bis schließlich die weniger entwickelten Hominiden im Kampf um das tägliche Leben unterlegen seien. Eine weitere Theorie besagt, daß diese frühen Hominiden nicht etwa im Lauf der Evolution ausgelöscht worden seien, sondern sich mit den Zuwanderern vermischt hätten, bis eine genetische Einheit entstanden sei, wobei allerdings die überlegene Technologie überwogen habe. Derlei Interaktion muß allerdings im Verlauf der menschlichen Evolution mehrmals stattgefunden haben.

Ganz im Gegensatz dazu steht die Theorie, derzufolge eine solche »Invasion« niemals stattgefunden hat, sondern daß wir von den Ausgrabungen nur den Übergang von einer bestimmten Lebensweise (nämlich der der Olduvai-Kultur) zu einer anderen (also der Acheuléischen) ablesen können, und daß während dieser Übergangsphase beide Technologien gleichzeitig bestanden

hätten. Die Olduvai-Hominiden, so behauptet diese Theorie, wären immer einige Tage an einem Lagerplatz geblieben und hätten dort die Olduvai-Werkzeuge gefertigt. Dann seien sie weiter gezogen, hätten eine andere Lebensform angenommen und demzufolge andere Werkzeuge hergestellt, die dieser neuen Lebensform adäquat gewesen wären. Natürlich gibt es einen Unterschied der Lebensformen, wenn man sich beispielsweise vorstellt, so eine Hominidengruppe hätte einige Zeit in der Hochebene gelebt und sich dort von Früchten, Nüssen und anderen Pflanzen ernährt, dort auch gelegentlich Tiere erjagt und verzehrt. Anschließend wäre sie wieder zum Seeufer hinuntergezogen und hätte dort überwiegend von Schildkröten und Fischen gelebt. Ob aber diese unterschiedlichen Lebens- und Ernährungsweisen tatsächlich auch verschiedenartige Technologien erfordert haben, scheint doch mehr als fraglich.

Der technologische *Standard* heute lebender primitiver Völker ist nicht so sehr durch deren Beschäftigung, als vielmehr durch bestimmte Sitten und Gebräuche bestimmt, die – wenn man so will – Ausdruck der Identitätsfindung einer Gruppe sind. Die funktionale Bestimmung eines Werkzeugs bedingt natürlich ein bestimmtes

Die Turgen (links) und die Njemps (rechts) sind ein Beispiel dafür, daß zwei Stämme, die eine ähnliche Wirtschaftsform haben und die gleiche Region bewohnen, doch kulturell verschieden sein können. Beide Stämme leben in der Umgebung des Baringa-Sees in Kenia. Obgleich ihre Dörfer in nächster Nähe zueinander liegen, die beiden Stämme soziale Kontakte miteinander haben und außerdem auch untereinander Handel treiben, unterscheiden sie sich beispielsweise in der Art ihres Körperschmucks.

Grundmuster, aber die Art und Weise, wie zum Beispiel eine Schnittfläche geformt wird, ist durch zwar freiwillige, aber allgemein eingehaltene Regeln innerhalb einer bestimmten Gruppe determiniert. Dies trifft natürlich besonders auf Verzierungen zu, die häufig ein besonders ausdrucksstarkes Zeichen des Identitätsbewußtseins einer Gruppe sind. Wir müssen uns nun fragen, ob dies auch für die beiden Olduvai-Kulturen gilt.

Man kann natürlich weder verallgemeinern, noch eine direkte Parallele zu diesen Kulturen ziehen, weil die Hominiden vor zwei Millionen Jahren natürlich nicht die Fähigkeit der neuzeitlichen Menschen hatten, eine kulturelle Identität herzustellen. Sehr hilfreich sind in dieser

Frage jedoch die Arbeiten des britischen Anthropologen Ian Hodder. Er studiert kulturelle und materielle Schemata bei zwei verschiedenen Stämmen, den Turgen und den Njemp, die in der sanften Hügellandschaft unweit des Baringo-Sees in Kenia leben. Die Lebensformen beider Stämme ähneln sich, basierend auf Viehwirtschaft: Hornvieh, Schafe und Ziegen. Allerdings neigen die Njemp mehr zu einem Hirtendasein als ihre Nachbarn. Dennoch leben sie im selben Gebiet und ihre Dörfer liegen nahe beieinander. Trotz dieser seit langem bestehenden Nachbarschaft gibt es große Unterschiede hinsichtlich Schmuck, Bemalung und Werkzeugen ebenso wie in der Bauweise und Anordnung ihrer Hütten. Außerdem sprechen sie verschiedene, wenngleich verwandte Sprachen. Solch klare Unterscheidungen zwischen zwei Gruppen wären verständlich, wenn sie keine sozialen Kontakte oder Handelsbeziehungen unterhielten, was aber seit Jahren der Fall ist.

Hodder ist der Ansicht, daß der Grund für die sehr scharfe Trennung bei Geräten wie bei Verzierungen darin zu sehen ist, daß ein starkes Identitätsbewußtsein innerhalb der Gruppe für die Aufrechterhaltung der sozialen Struktur unerläßlich sei. Die ausgeprägten Verwandtschaftsbeziehungen und Hochzeitsrituale würden zerbrechen, wenn der starke Gemeinschaftsgeist verloren ginge. Wenn man also verlassene Siedlungen der Turgen und der Njemps ausgraben würde, so würden die Unterschiede nicht etwa die verschiedenen Lebensformen reflektieren, sondern wären Ausdruck unterschiedlicher Gruppenzugehörigkeit.

Das Sozialverhalten und die Gruppenorganisation der Olduvai-Hominiden war vor anderthalb Millionen Jahren natürlich einfacher als das der neuzeitlichen Menschen. Dennoch scheint es keineswegs ausgeschlossen, daß auch sie schon eine Art Selbstbewußtsein und ein Gefühl für Form und Gestaltung hatten, das man an ihren Werkzeugen ablesen kann. Eine acheuléische Handaxt zum Beispiel ist eine wirklich schöne Arbeit, und man kann sich sogar – ohne zu übertreiben – denken, daß der, der sie herstellte, sich dessen durchaus bewußt war. Wir wissen, daß die Werkzeugmacher der späten Olduvai- und der Acheuléischen Kultur – sehr genau wußten, welche Geräte sie zu welchem Zweck herstellten, denn die Grundmuster der einzelnen Werkzeuge wiederholten sich. Sicher spielte dabei zum Teil auch die Form eine Rolle und nicht nur der Zweck. Damit soll aber nicht gesagt sein, daß der »Stil« eines bestimmten Werkzeugs unbedingt Ausdruck eines Formbewußtseins gewesen sei. Wahrscheinlich war dieses frühe Stadium einer Kultur nur Ausdruck der Vertrautheit mit der Umgebung, wobei

Werkzeuge eben Teil dieser Umgebung waren. Trotz der unleugbaren Verfeinerung der acheuléischen Werkzeuge, gibt es nur wenige Verrichtungen, für die nicht auch die Olduvai-Geräte benutzt werden konnten.

Dies alles legt die Vermutung nahe, daß die beiden Olduvai-Kulturen trotz ständiger Verfeinerung von zwei verschiedenen »Stämmen« geschaffen wurden, die gleichzeitig ihr kärgliches Dasein am Ufer des Sees fristeten. Es kommt in der Tierwelt recht häufig vor, daß Mitglieder der gleichen Spezies in einer anderen Gruppe aufgenommen werden – und das könnte auch für die Olduvai-Hominiden gelten. Das Besondere daran ist allerdings, daß sich das Gruppenbewußtsein darin ausdrückt, wie Gegenstände bearbeitet und geformt werden. Man könnte also fast vermuten, daß die Olduvai-Artefakte erste Anzeichen eines Stammesbewußtseins waren.

In der Zeit, als die Olduvai-Hominiden vor anderthalb Millionen Jahren an den wildreichen Ufern des damaligen Sees lebten und die beiden unterschiedlichen Steinkulturen entstanden, schufen die Hominiden, die das Ostufer des Rudolf-Sees bevölkerten, eine Steinwerkzeugkultur, die ein weiterer Beweis für die Vielfalt dieser frühen Kulturen ist: die sogenannte Karari-Kultur. Diese Hominiden lebten in einer Umgebung, die sehr der KBS-»Feigenblatt«-Gegend ähnelte, waren aber bereits weiter entwickelt als ihre Artgenossen, die eine Million Jahre davor gelebt hatten. Ihre steinernen Artefakte glichen denen der späten Olduvai-Kultur. Daß die Artefakte der KBS-Hominiden eher denen der einfachen Olduvai-Werkzeuge glichen, ist sicher nicht verwunderlich. Ausschlaggebend ist allein, daß trotz der Ähnlichkeit zwischen der Karari- und der späten Olduvai-Kultur die Unterschiede letztlich doch so groß sind, daß man beide Kulturen unterscheiden kann.

So ist zum Beispiel für die Werkzeuge der Karari-Kultur charakteristisch, daß sie besonders viele schwere Schaber kannte. Eine weitere Besonderheit ist, daß die Geräte, die für leichtere Arbeiten gebraucht wurden, besonders fein zugespitzt waren, um eine möglichst wirksame Schnittfläche zu bekommen. Allem Anschein nach unterschied sich die Lebensweise der Karari-Hominiden beträchtlich von der der Olduvais, obgleich die Verschiedenheiten sicherlich nicht grundlegender Natur waren, denn beide lebten in einer vergleichbaren Umgebung mit ähnlichen Ressourcen. Die Unterschiede in der Lebensweise sind sicherlich der Grund für manche Unterschiedlichkeiten der Werkzeuge, aber auch hier können wir wieder vermuten, daß bestimmte lokale Gepflogenheiten ebenfalls eine Rolle gespielt haben. Bevor die Karari-Kultur sich konstituierte, stellten die

*Gegenüber: die Ausgra-
bungsorte im Tal des Omo in
Äthiopien, in denen man
sehr viele Fossilien gefunden
hat. Hier entdeckten Clark
Howell und Yves Coppens
Quarz-»Werkzeuge«.*

Hominiden am Ostufer des Rudolf-Sees mehr oder weniger die gleichen Werkzeuge her wie die frühen Olduvais, nur benutzten sie Lavagestein, das vom fließenden Wasser glattgewaschen war. Wäre vor zwei Millionen Jahren einer dieser Hominiden auf die Idee gekommen, hundert Kilometer nordwärts entlang dem Omofluß zu wandern, der sich durch die große Ebene im Süden Äthiopiens schlängelt, bevor er heutzutage seine rotbraunen, schlammigen Wassermassen in den Rudolf-See ergießt, so hätte er einen ganz gehörigen Schrecken bekommen. Die hominide Bevölkerung, die an den Ufern des Flusses und in der angrenzenden Ebene lebte, unterschied sich zwar nur unwesentlich von den Hominiden, die sich am See und in der nahegelegenen Hügellandschaft aufhielten – aber ihre Technologie war ganz anders als alles, was er je zuvor gesehen hatte.

Im Vorland der Shungura-Berge entdeckten Clark Howell, Yves Coppens und ihre Kollegen eine ganze Reihe alter Lagerplätze, an denen sie scharfe, unregelmäßig abgewinkelte Quarzbruchstücke fanden. Abgesehen von zwei Lavafragmenten, die ebenfalls aller Wahrscheinlichkeit nach Artefakte waren, sind die »Quarzwerkzeuge« das einzige, was man dort in der staubigen Tonerde gefunden hat. Es mag ungerechtfertigt erscheinen, diese Fragmente als »Werkzeuge« zu bezeichnen, denn sie fallen natürlich nicht unter die exakten Kategorien einer Kultur, so wie wir sie bis jetzt aufstellen konnten. Und doch besteht kein Zweifel darüber, daß der Quarz von Hominiden dorthin gebracht worden war,

denn das nächste Quarzvorkommen ist einige Kilometer weit entfernt; das Gestein wurde von Flüssen an die Lagerplätze geschwemmt, die etwa zwanzig Kilometer entfernt sind. Wahrscheinlich wurde der milchweiße Quarz einfach zerschlagen und dadurch entstanden die Fragmente, die heute französische und amerikanische Wissenschaftler in dem Gebiet des Omo finden. Ist das nicht ein Beweis dafür, wie ungeschickt die ersten Hominiden waren? Nicht unbedingt, denn der Quarz und vereinzelte Lavabrocken sind zwar die einzigen Steine, die als leicht bearbeitete Werkzeuge in dieser Tiefebene gefunden wurden. Der Grund dürfte eher in der Beschaffenheit des dortigen Felsgesteins liegen, das eine so sorgfältige Bearbeitung wie in den Lagern der Turkana- und Olduvai-Hominiden einfach nicht zuließ. Und vermutlich war die »Quarztechnologie« für die Bedürfnisse dieser Hominiden ausreichend. Die Tatsache, daß diese Hominiden sich Lagerplätze in der Nähe von Flüssen ausgesucht und sich lieber mit unzureichendem Material für Werkzeuge abgefunden haben, statt kilometerweit ins Hügelland weiter zu ziehen, wo sie genug Lava hätten finden können, um »gutes« Werkzeug herzustellen, ist kennzeichnend dafür, daß die Hominiden dieser Entwicklungsphase Lagerplätze in Wassernähe vorzogen. Irgendwann muß dann einer auf die Idee gekommen sein, Wasser zu transportieren und aufzubewahren – in Tierhäuten vielleicht oder in den Eierschalen der riesigen, dem Vogel Strauß ähnlichen Vogelart, die zu jener Zeit in dieser Gegend existierte. So konnte die vom Wasser

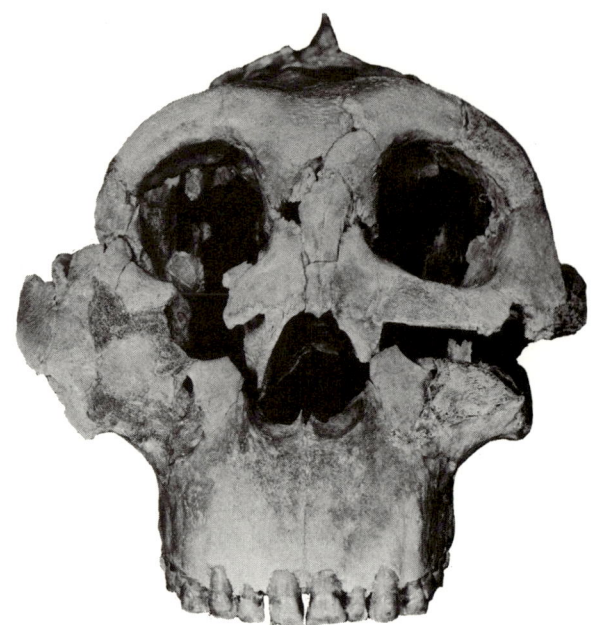

Oben: Teilrekonstruktion des Schädels eines Australopithecus boisei, den Mary Leakey in der Olduvai-Schlucht fand.

abhängige Lebensweise aufgegeben werden, und unsere Vorfahren hatten nunmehr die Möglichkeit, das Land ihrer Ursprünge in größerem Maße zu erkunden.

Die Omo-Hominiden haben uns gelehrt, daß noch ein weiterer Faktor bei der Interpretation früher Steinwerkzeugkulturen zu beachten ist – die Beschaffenheit des vorhandenen Materials. Bedürfnis, kulturelle Tradition und das Rohmaterial sind also bei der Entstehung der verschiedenen Steinwerkzeugkulturen ausschlaggebend. Viel später in der Geschichte der Humanevolution, vor hundert- bis etwa fünfzigtausend Jahren nämlich erst, weiteten sich die Technologien aus und wurden wesentlich reichhaltiger. Damals fand ein kultureller Übergang statt, der dem von Olduvai durchaus vergleichbar war. Der Unterschied liegt einzig darin, daß die Entwicklung zu diesem Zeitpunkt bereits sehr viel schneller voranging. Kultur drückt sich in technologischer Vielfalt aus, das heißt: je entwickelter die Technologie, desto entwickelter auch die Kultur. Deshalb sprechen wir analog selbst in jenen Frühzeiten von Olduvai und vom Rudolf-See bereits von *Kultur* und nicht nur von *Technologie*.

Die Jahre zwischen 1930 und 1959 brachten Louis und Mary Leakey Erfolge, aber auch Mißerfolge bei ihrer Arbeit in der Olduvai-Schlucht. Ihr Erfolg lag darin, daß

Links: Rekonstruktion eines Australopithecus boisei.

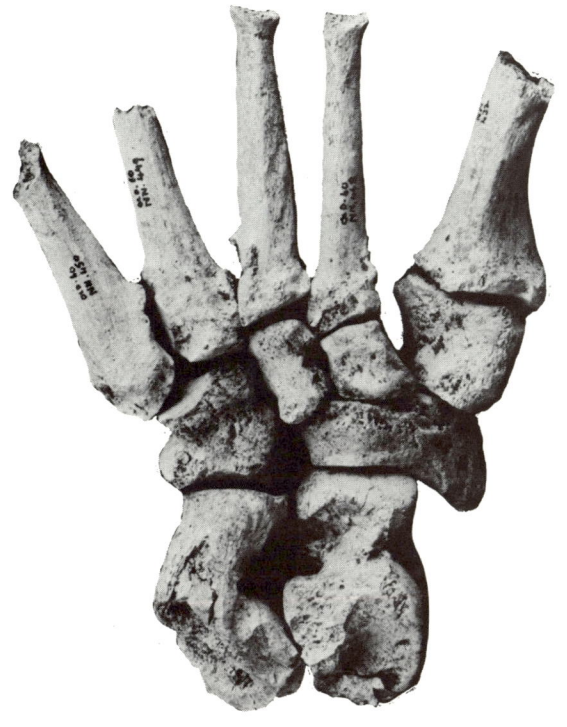

Der zweite Hominide, der in der Olduvai-Schlucht gefunden wurde, ist ein Repräsentant des Typus Homo habilis. Oben: Fossilien von Fußknochen. Ihre Beschaffenheit und Zuordnung läßt darauf schließen, daß er bereits aufrecht ging, anders allerdings als der moderne Mensch.

sie ungeheuer viele Steinwerkzeuge finden und daraus kulturelle bzw. technologische Eigenarten ableiten konnten. Frustrierend war allerdings, daß sie in all den Jahren nicht eine einzige Spur fanden, die zu den Erzeugern dieser Geräte hätte führen können. Den ersten wichtigen Hominidenfund machte Mary Leakey am 17. Juli 1959. Louis Leakey lag mit einem Grippeanfall im Zelt, und Mary Leakey war gerade dabei, einige Sedimente in der Nähe des Ortes zu untersuchen, an dem Louis Leakey bei seiner ersten Forschungsreise in die Olduvai-Schlucht vor 28 Jahren schon einige Steinwerkzeuge entdeckt hatte. Mary Leakey hielt sich auch an jenem Tag an den Leakeyschen Grundsatz, daß man einfach immer wieder suchen muß, um schließlich das zu finden, von dem man weiß, daß es irgendwo dort, wo man sucht, verborgen sein muß. Diese Maxime bewährte sich, denn Mary Leakey fand an jenem denkwürdigen Tag Fragmente eines Schädels. Bei vorsichtiger Sondierung des Erdreichs stieß sie auf weitere Schädelfragmente, so daß schließlich der nahezu vollständige Schädel eines *Australopithecus* des robusten Typus zum Vorschein kam.

Rechts: Rekonstruktion des Homo habilis.

Auch dieser Schädel war wie der des 1470 in hundert kleine Teile zerbrochen. Es bedurfte größter Geduld, um einen Schädel zu rekonstruieren, in dem sich vor eindreiviertel Millionen Jahren ein Gehirn befunden hatte, das wenig größer als ein Drittel des heutigen menschlichen Gehirns war (530 zu 1400 cm^3). Dieses Wesen glich dem südafrikanischen *Australopithecus robustus*, war jedoch noch etwas größer. Er wurde *Zinjanthropus boisei* – Ostafrika-Mensch – genannt, ist heute jedoch geläufiger unter der Bezeichnung *Australopithecus boisei*.

Etwa zwei Jahre später wurde ein zweiter Hominide gefunden, der kleiner als *boisei*, dessen Gehirn jedoch größer war (zwischen 650 und 700 cm^3). Aufgrund der Größe des Gehirns und der Tatsache, daß die Backenzähne nicht so sehr viel größer waren als die Schneidezähne, entschloß man sich, ihn als Typus *Homo* zu klassifizieren, bezeichnete ihn aber später genauer als *Homo habilis* – (der »geschickte Mensch«). Das mußte der Werkzeugmacher von Olduvai gewesen sein, so vermutete man zumindest. Seit dieser Zeit ist die Hominiden-Sammlung aus der Olduvai-Schlucht beträchtlich gewachsen. Sie repräsentiert heute den Typus *Australopithecus boisei*, *Australopithecus africanus* und *Homo habilis*, also Hominidenarten, die alle zur gleichen Zeit am Seeufer lebten. Dies ist also das Szenarium für die Evolution der Hominiden in Ostafrika, und so dürfen wir auch die Voraussage wagen, daß eines Tages die Anwesenheit des Typus *Homo* auch im südlichen Afrika bestätigt wird. Die Entdeckungen fossiler Hominiden, die in Afrika seit 1924 und besonders zahlreich in den letzten Jahren gemacht wurden, sind unsere beste Unterstützung auf der Suche nach unseren Ursprüngen. Die Entdeckung des 1470 im Jahre 1972 und spätere Funde trugen ganz entscheidend dazu bei, die Theorie der Humanevolution zu festigen, die auf den Ausgrabungen in Olduvai basierte. Wir wissen heute, daß wir – könnten wir uns mit Hilfe einer Zeitmaschine in die Zeit vor zwei bis drei Millionen Jahren zurückversetzen – zwei bis drei verschiedene Hominidentypen antreffen würden (*Australopithecus boisei*, *Australopithecus africanus* und einige Überlebende des späten *Ramapithecus*). Wir wissen auch, daß der Grundtypus des *Homo* bereits vor drei Millionen Jahren eine fast ebenso lange Entwicklungsgeschichte hatte. Das Problem liegt darin, daß sich biologische Veränderungen nur sehr allmählich vollziehen, und daß daher die Spezifizierung der Fossilfunde um so schwieriger ist, je älter sie sind. Das heißt, daß die frühesten Diversifikationen sich noch sehr ähneln und im Grunde genommen alle dem Urtypus *Ramapithecus* gleichen.

Doch können wir heute mit einiger Sicherheit sagen, daß der Grundtypus unserer menschlichen Vorfahren während eines Zeitraums von etwa fünf bis sechs Millionen Jahren entstand. Diese Geburt war weder dramatisch, noch vollzog sie sich an einem einzigen Ort. Verschiedene Umweltbedingungen schufen bestimmte ökologische Nischen, in denen sich die Abkömmlinge des *Ramapithecus* weiterentwickeln konnten. Darauf beruhen wohl auch die geographischen Varianten innerhalb der Spezies, die sich zweifellos vom Ausgangspunkt ihrer Entstehung entfernt haben. Diese Ausbreitung kann aber nicht als Argument dafür gelten, daß es doch nur einen einzigen Geburtsort des Menschengeschlechtes gäbe. Wir werden zwar niemals wissen, an wievielen Orten sich *Ramapithecus* allmählich spezifizierte, aber wir können mit Sicherheit davon ausgehen, daß es nicht nur ein einziger war. Als vor etwa vier Millionen Jahren die Diversifizierung des *Ramapithecus* abgeschlossen war, folgte eine lange Periode, während der *Australopithecus africanus*, *Australopithecus robustus* und *Homo* friedlich zusammenlebten – eine Zeitlang sogar mit dem späten *Ramapithecus*. Schließlich dominierte der Typus *Homo;* die Australopithecinen starben aus.

Im Jahre 1975 fand ein Mitglied des Ausgrabungsteams am Ostufer des Rudolf-Sees den ältesten und vollständigsten Schädel eines *Homo erectus*, der bislang in Afrika entdeckt worden ist. Dieser menschliche Vorfahr hatte schon ein großes Gehirn (etwa 900 cm^3) und lebte vor zirka anderthalb Millionen Jahren an den Ufern des Sees. Die Entdeckung dieses Schädels ist ein Beweis für die Koexistenz der frühen hominiden Typen, dies um so mehr, als unweit dieser Ausgrabungsstelle kurz zuvor der Schädel eines *Australopithecus robustus* gefunden worden war. Uns interessiert vor allem die Art ihrer Koexistenz. Was taten sie, deren Leben gleichzeitig und doch voneinander getrennt verlief.

Diese Frage ist mit Sicherheit die schwierigste in der Vorgeschichte des Menschen. Alles was wir haben, um diese Frage zu beantworten, sind Knochen und Steine, verstreut auf der Spur der Zeit. Und so wie Abfall meist im Abfalleimer endet und nicht dort, von wo er stammt, so sind auch Hominidenreste meist nicht mehr dort, wo der Hominide einst existiert hatte. Wir wissen nur mit Sicherheit, wo so ein Wesen gestorben ist, aber niemals, wo es gelebt hat – und schon gar nicht, *wie* es gelebt hat. Die Beweiskette ist lückenhaft – das dürfen wir nie vergessen, wenn wir nicht Gefahr laufen wollen, uns in eine Sackgasse zu verrennen.

Allerdings hilft dem Prähistoriker ein kleiner Trick, genauer gesagt: die Ethno-Archäologie, eine Methode, die Diane Gifford beispielsweise bei der Untersuchung der heutigen Lagerplätze der Dassanetch angewandt hat. Allerdings müssen wir dabei zur Kenntnis nehmen, daß die Untersuchung der heutigen Lagerplätze uns womöglich die Sicht auf die frühgeschichtlichen verstellt. Die Dassanetch kennen zwei verschiedene Lagertypen: einmal die kurzfristigen Lager, an denen sie sich nur wenige Tage aufhalten und die im wesentlichen nur aus einer Feuerstelle bestehen. Zum anderen Lagerplätze, an denen sie sich länger aufhalten, um ihre Herden zu weiden – eine Art Kral, der mit dornigen Hecken umzäunt ist. Man nennt dies in Ostafrika »Manyattas«. Da diese Menschen natürlich genügend Wasser brauchen, liegen ihre Lager meist in unmittelbarer Nähe des Rudolf-Sees oder in der Nähe der Trockenflüsse, wo man aber immer noch Quellen finden kann. Dieses Volk kennt auch die Bedeutung der Regenzeit und der Fluktuationen des Wasserspiegels genau, und dementsprechend bauen sie auch ihre Lager. Die Manyattas liegen in etwas höherliegenden Gegenden, die nicht vom Hochwasser bedroht sind, wohingegen die kurzfristigen Lager sehr nahe am Wasser liegen und erheblich gefährdeter sind.

Aus der Sicht der Bewohner ist ein überflutetes Lager natürlich mehr als unangenehm. Für den Archäologen ist es jedoch die einzige Möglichkeit, daß solch ein Lager vollständig konserviert wird. Der feine Schlamm, den das langsam ansteigende Hochwasser des Sees oder auch die Flüsse während der Regenzeit mit sich führen, eignet sich vorzüglich zur Konservierung von Knochen und Steinen, die die Nomaden an ihrem Lager zurückgelassen haben. Deshalb ist die Wahrscheinlichkeit größer, daß die Lagerplätze konserviert werden, die sich in der Nähe des Sees oder auch an den Flußufern befanden als die höher gelegenen. Hinsichtlich der Dassanetch bedeutet dies, daß die Archäologen in der Hauptsache die temporären Lager freilegen können, während die längerfristigen Lagerplätze fast ausnahmslos einfach verschwinden.

Könnte dies auch auf die hominiden Lager zutreffen? Wir wissen ja, daß die meisten Lagerplätze durch Überflutungen gefährdet waren, da sie sich direkt am Seeufer oder in Flußbetten befanden. Also muß es sich bei den bisherigen Ausgrabungen um temporäre Lagerplätze gehandelt haben, wobei allerdings durchaus denkbar ist, daß die Hominiden nie für längere Zeit an einem einzigen Ort gelebt haben. Das bedeutet jedoch nicht, daß sie nur am Seeufer gewohnt hätten, wie man aus einem Vergleich mit dem !Kung in Betschuana sehen kann. Die !Kung sind ein Volk von Jägern und Sammlern, die sich überwiegend von Pflanzen ernähren und nur gelegentlich – meist kleine – Tiere jagen. Sie leben ebenfalls am Seeufer, allerdings nur während der trockenen Jahreszeit. Zu Beginn der

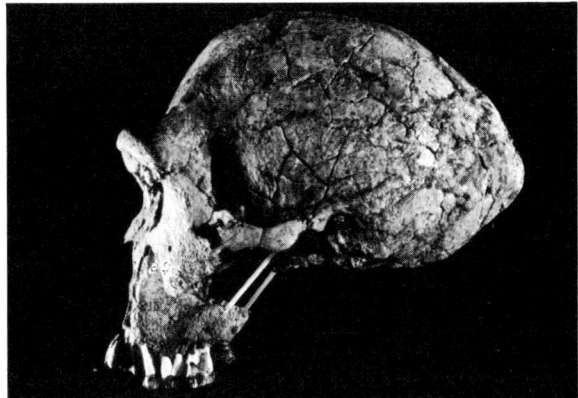

Dieser fast ganz erhaltene Schädel eines Homo erectus, der 1975 in Ostturkana/Kenia gefunden wurde, ist deshalb so besonders interessant, weil er sehr dem des Pekingmenschen gleicht. Das legt die Vermutung nahe, daß die physischen Merkmale des Menschen nicht nur über einen großen geographischen Raum, sondern auch während einer langen Zeitspanne einander sehr ähnlich waren.

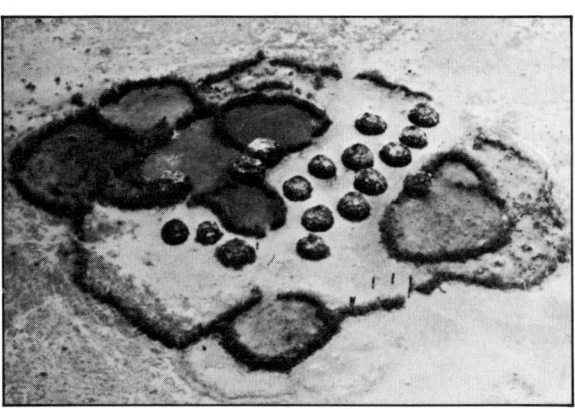

Luftbild einer Manyatta der Dassanetch. Die Koppeln und die äußeren Zäune sind aus Dornbüschen. Kleine Hütten, vollständig transportierbar, befinden sich in der Mitte der Manyatta.

Regenzeit teilen sie sich in kleinere Gruppen auf und halten sich an Wasserstellen auf, die durch die starken Regenfälle entstehen. Auf diese Weise werden hauptsächlich die !Kunglager aus der Trockenzeit konserviert, obgleich auch die Lager während der Regenzeit nur recht kurzfristig bestehen.

Noch komplizierter wird die Sache durch ein Nachbarvolk der !Kung, die G/wis, die sich genau umgekehrt verhalten. Sie leben während der Regenzeit in der Nähe

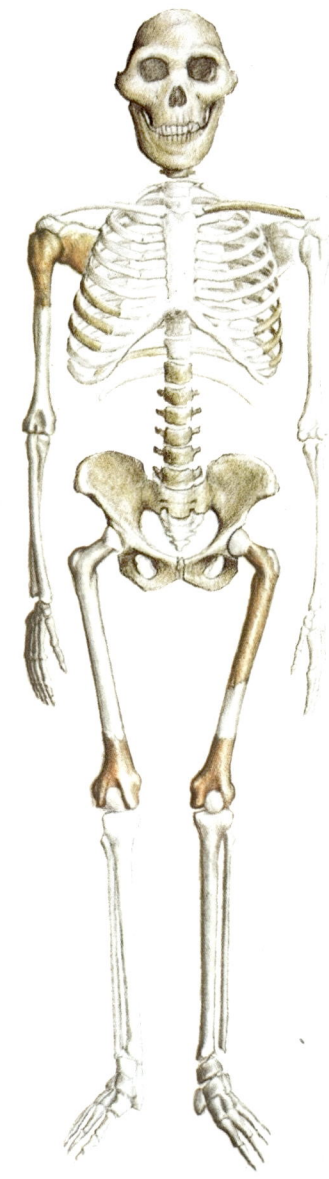

Oben: Richard und Mary Leakey mit Bernard Wood bei der Ausgrabung des Oberkiefers eines Australopithecus africanus in der Nähe des Rudolf-Sees. Oben die noch unvollständige Rekonstruktion eines Schädels. Rechts zum Vergleich das Skelett eines Australopithecus boisei, eines Australopithecus africanus und eines Homo sapiens sapiens. Australopithecus boisei ging wahrscheinlich noch nicht so aufrecht wie Australopithecus africanus.

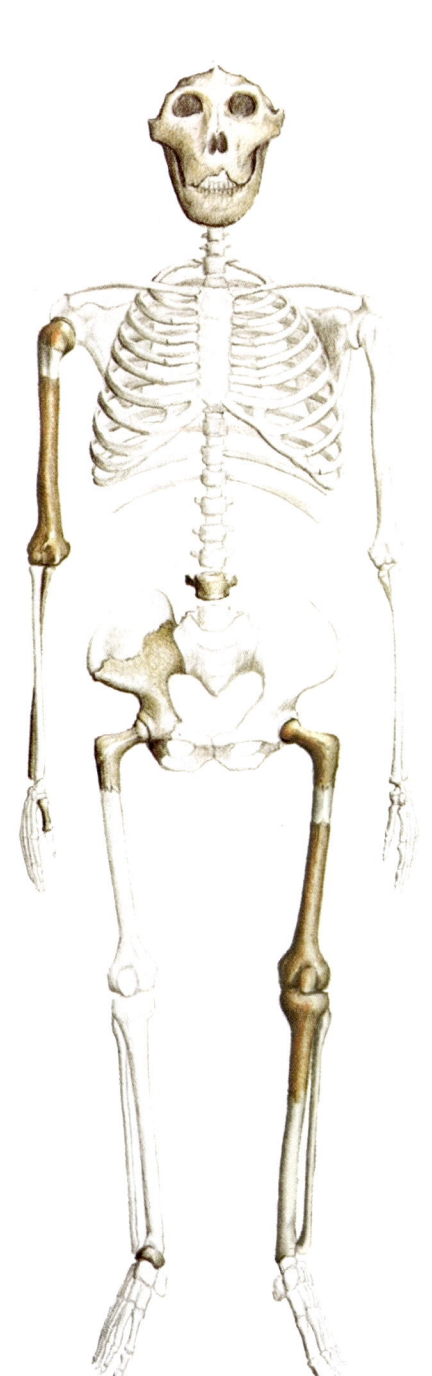
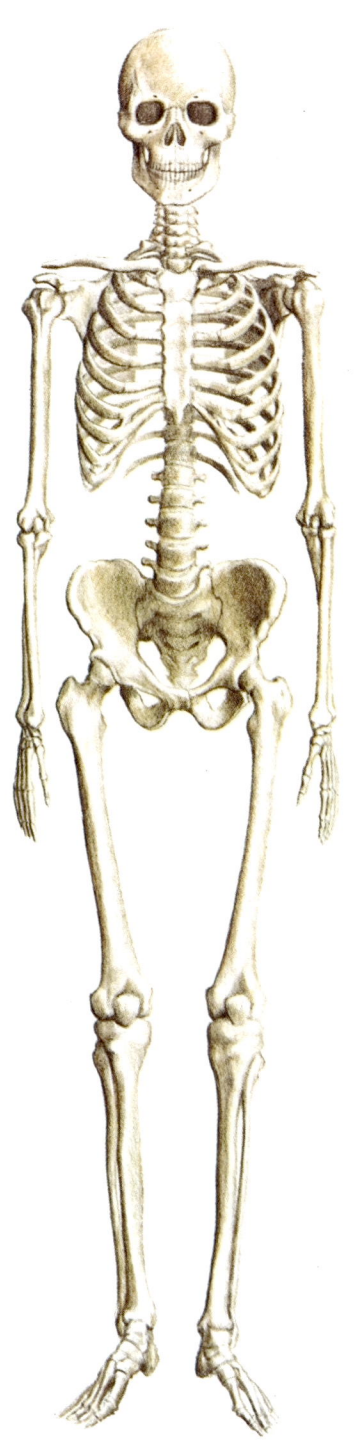

Die !Kung hier haben ihre gesamte Habe zusammengepackt, um zu einem neuen Wasserloch weiterzuziehen.

Eine G/wi Frau gräbt nach saftigen Wurzelsprossen in der Kalahari-Wüste bei Khutse Pan in Betschuanaland.

von kleinen Tümpeln eng zusammen und zerstreuen sich während der Trockenzeit. Allerdings haben die G/wis die sehr ungewöhnliche Fähigkeit, zehn Monate im Jahr ohne ständige Wasserstelle auszukommen, da sie ihren Flüssigkeitsbedarf aus saftigen Pflanzen und Früchten befriedigen. Die Erforschung der G/wis ist ein Beweis für die ganz offensichtliche Vielfalt der Lebensweisen nomadisierender Stämme. Im großen und ganzen kann man jedoch davon ausgehen, daß die ufernahen Lagerplätze, die bis jetzt ausgegraben worden sind und aus einem Zeitraum von vor etwa 2 Millionen Jahren stammen, Lager der Trockenzeit sind – wie etwa die der !Kung. Während der Regenzeit sind Hominidengruppen vermutlich etwas weiter vom Seeufer weggezogen und haben an Lagerplätzen gelebt, die kaum noch zu lokalisieren und vermutlich auch völlig zerstört sind. Deshalb kann nur eine sorgfältige statistische Auswertung der Knochen und Artefakte, die man an solchen Lagerplätzen gefunden hat, den Beweis für die Richtigkeit unserer Überlegungen erbringen.

Mit Hilfe der Ethno-Archäologie bekommen wir jedoch noch von einem anderen Merkmal dieses hominiden

Lagerlebens Kenntnis, und zwar von den weitverstreuten Funden von Werkzeugen und Abfällen. Wir müssen uns dabei allerdings besonders mit den Abfällen beschäftigen, da kein neuzeitlicher Stamm ausschließlich Steinwerkzeuge benutzt. Man kann beobachten, daß in nur kurzfristig belebten Lagerplätzen so etwas wie ein Hauswesen nahezu unbekannt ist. Kleine Knochen und andere Essensreste sind so spärlich, daß sie den Leuten keinen Ärger bereiten. Während eines längeren Lagerlebens können Abfälle allerdings für die Bewohner recht lästig werden, die in der Regel an einen nahegelegenen Ort gebracht werden. So verhalten sich zum Beispiel die von Diane Gifford beobachteten Dassanetch, und überzeugende Parallelen finden wir auch in der Olduvai-Schlucht.

Eine der interessantesten Entdeckungen in der Olduvai-Schlucht ist ein zwei Millionen Jahre alter Steinkreis. Einige Steine sind übereinandergeschichtet und bilden so eine architektonische Struktur, die älteste bisher bekannte und von Menschenhand errichtete. Vermutlich hatten die dort lebenden Hominiden Zweige kreisförmig in den Boden gesteckt und sie mit Steinen befestigt. In dieser Schutzhütte – falls es sich tatsächlich darum handelte – fand man aber nur dreißig Knochen- und Steinfragmente, also – verglichen mit anderen Lagerplätzen – außerordentlich wenig. Vielleicht hatten die Bewohner ihren Abfall woanders hingetragen, ihre Werkzeuge wieder woanders hergestellt und ihr Essen wieder an einem dritten Ort zubereitet. An einem anderen Lagerplatz in Olduvai, den man für einen Aufenthaltsort des ersten *Australopithecus boisei* hält, fand man sehr viele Knochen- und Steinfragmente, merkwürdigerweise in einem fast leeren Umfeld. Auf diesem Platz saßen und aßen vermutlich die Bewohner, und die Ansammlung von Abfällen war sozusagen ihr Mülleimer. Ein Windstoß oder ähnliches kann der Grund dafür gewesen sein, warum die beiden Areale nicht mehr zusammenhängen. Daß dort aber zufällig der Schädel eines Australopithecinen vom robusten Typus gefunden wurde, heißt noch lange nicht, daß die damaligen Bewohner auch *Australopitheci boisei* gewesen sein mußten.

Steigen wir wieder in unsere Zeitmaschine und lassen uns an das Ostufer des Rudolf-Sees vor zweieinhalb Millionen Jahren bringen. Was würden wir dort zu sehen bekommen? Vermutlich nicht viel anderes als heutzutage. Der See war etwas tiefer, wurde aber genau wie heute während der Regenzeit von verschiedenen Zuflüssen gespeist. Die Ufer dieser Flüsse und Bäche waren mit großen Bäumen und Sträuchern bestanden, was wiederum von der vorhandenen Grundwassermenge abhing. Der Uferstreifen rund um den See ist mit dichtem Gras bewachsen, was sonst in diesem überwiegend trockenen Gelände kaum vorkommt. Gazellen, Sumpfhirsche, Schweine, dann und wann auch Giraffen kommen zum Wassertrinken, aber sie müssen vor den Krokodilen auf der Hut sein, die in den seichten Ufergegenden lauern. Ab und zu sieht man auch ein Nilpferd oder einen Wels. Fern im Norden steigt eine dünne Rauchfahne in den blauen Himmel, Überbleibsel eines relativ jungen Vulkanausbruchs in den äthiopischen Bergen. Die Asche, die in den Himmel geschleudert wird und langsam am Rand des Berges niedersinkt, wird bald von den Flüssen und Bächen weggeschwemmt und an den Ufern des Rudolf-Sees in ständig wachsenden Schichten abgelagert. Hätten wir einen Landrover dabei, so könnten wir nach Norden fahren, an der Alia-Bay und der Landzunge von Koobi Fora vorbei, wo heute das Forscherteam des Rudolf-Sees sein Standquartier hat. Wir ließen die Steilhänge von Karari zu unserer Rechten und kämen schließlich nach einer Strecke von etwa achtzig Kilometern in die sanfte Hügelgegend von Ileret. Mit etwas Glück würden wir in der Abenddämmerung zwei oder drei Hominidenfamilien sehen, die aber sicherlich sofort vor unserem Motorengeräusch geflüchtet wären. Wenn wir uns aber allmählich vorsichtig annähern könnten, so würden wir nach einiger Zeit mit Hilfe starker Ferngläser feststellen können, daß vier verschiedene Hominidentypen am Seeufer und im angrenzenden Bergvorland lebten. Wir würden auch feststellen können, daß einige Typen häufiger vertreten waren als andere. Wir würden dann auch wissen, daß die Hominiden sich nicht nur hinsichtlich ihrer Statur, sondern auch ihrer Verhaltensmuster unterschieden. Ein Hominidentypus unterscheidet sich allerdings ganz erheblich von den anderen dreien. Der Unterschied in der Verhaltensweise darf uns nicht erstaunen, denn Lebewesen, die im Grunde dem gleichen Typus angehören, müssen sich ihren Lebensunterhalt auf unterschiedliche Weise besorgen, um gleichzeitig existieren zu können.

Der Typus, der uns am häufigsten begegnet, ist ein korpulentes Individuum mit mächtigem Unterkiefer und etwa 1,50 Meter groß. Die Kopfform verrät große Kaumuskeln, die – ähnlich wie bei den neuzeitlichen Gorillas – bei den männlichen Artgenossen sehr viel ausgeprägter sind als bei den weiblichen, die insgesamt auch kleiner sind. Wenn wir uns die Gruppe von etwa zwanzig Wesen näher betrachten, wie sie sich zwischen Büschen und Sträuchern bewegen, erkennen wir auch den Grund für die enormen Kiefer. Jeder aus der Gruppe

Umseitig: So etwa könnte ein Lager des Homo habilis ausgesehen haben.

sucht sich seine Nahrung selbst, meist Wurzeln, Grassamen und andere pflanzliche Kost, die alle recht zäh sind und zermahlen werden müssen. Dafür sind die massiven Backenzähne da, die in den kräftigen Kiefern sitzen. Die Hominiden reißen auch Wurzeln aus der Erde und gelegentlich benutzen sie einen Stock, um etwas auszugraben.

Die Gruppe bewegt sich langsam vorwärts. Sie bleibt immer zusammen, und jeder sucht sich beim Weiterziehen seine Nahrung selbst. Trotz dieser Ernährungsweise sind sie soziale Wesen – das bestätigen ihre Beziehungen untereinander. Und wenn dann die Sonne hinter dem Ostabhang des Rift-Valley-Massivs versinkt, verschwindet die Gruppe in Felsspalten oder im Schutz dichter Bäume, um sich so – wie schon die Nacht zuvor – möglichst gut vor Raubtieren zu schützen, die sich in der Abend- oder Morgendämmerung ihre Beute suchen.

Dieses Wesen ist der *Australopithecus boisei*, der in seinen Nahrungsgewohnheiten in etwa dem Pavian gleicht, aber ohne dessen verfeinerten Geschmack. Dieser hominide Typus ist allem Anschein nach in einer engen ökologischen Nische steckengeblieben, deren Resultat die massigen Kiefer und die riesigen Backenzähne waren, die die Funktion von Mahlsteinen hatten.

Während wir die *boisei* beobachten, werden wir fast ebenso viele sehr ähnliche Hominiden sehen, die allerdings etwas feiner gebaut und etwas beweglicher sind. Dies ist der *Australopithecus africanus,* ein Lebewesen, das einen ganz ähnlichen ökologischen Lebensraum hat wie der neuzeitliche Pavian. Wie der *boisei* lebt auch *africanus* in recht intakten Gruppen, die allerdings mehr Mitglieder haben. Auf dem Speisezettel des *africanus* stehen Wurzeln und Samen, aber auch Beeren, Nüsse, Würmer, Käfer, Eidechsen, Vogeleier und manchmal eine junge Gazelle, die ihre Mutter verloren hat. Er ist schon recht geschickt mit seinen Händen, sucht sich gelegentlich auch mal einen scharfen Stein, um damit aus Baumrinden Maden zu kratzen. Manchmal wetzt auch einer einen Kieselstein an einem Felsenstück, bis ein Stück abbricht und eine scharfe Kante hinterläßt, aber das geschieht alles zufällig und nicht systematisch. Sie benutzen auch größere Steine, um die Schalen proteinhaltiger Nüsse aufzubrechen. Diese Wesen benutzen zwar Werkzeuge, aber sie machen keine. Ihre Lebensform ist durch Zufälligkeiten bestimmt.

Wenn sich die Dunkelheit über den See breitet, dann könnte man mit etwas Glück eine Gruppe von *Australopitheci africani* vorbeiziehen sehen, wie ihre korpulenteren Artgenossen auf der Suche nach einem Schlafplatz. Sie suchen vor allem Schutz im Schatten der Bäume, die sie

zur Not schnell erklettern können, wenn sie sich bedroht fühlen. Denn nicht Aggression, sondern Vorsicht spielen die beherrschende Rolle in ihrem Verhalten in einer von Raubtieren bedrohten Umwelt.

Der seltenste hominide Typus, den es in jener Zeit am Seeufer gab, sind vermutlich die Nachfahren des ursprünglich dort beheimateten *Ramapithecus*. Sie sind kleiner als der *Australopithecus africanus,* ähneln ihm aber in ihrer Lebensweise, mit der Einschränkung, daß sie sich sicherer in den Bäumen bewegen, da ihre Füße besser zum Klettern geeignet sind. Die Überlagerung dieses späten *Ramapithecus* durch den größeren *Australopithecus africanus* innerhalb des gleichen ökologischen Lebensraums war jedoch zu groß, als daß der ältere Typus hätte überleben können. Er starb schließlich aus.

Man kann zwar die Gründe für das Aussterben des *Ramapithecus* ziemlich leicht erkennen, nicht jedoch für die beiden Australopithecinen-Arten. Die Fossilfunde beweisen uns, daß beide vor etwa einer Million Jahren ausstarben. Vielleicht wurden diese Hominiden aus ihrem angestammten Lebensraum durch eine Art Klammergriff verdrängt: einmal nämlich durch die »modernen« Paviane, die sich mehr und mehr in den Savannen ansiedelten, und zum anderen vom *Homo erectus*, der sich schnell anpaßte und fortpflanzte. Allerdings haben wir keinen Beweis für die These, *Australopithecus* sei deshalb ausgestorben, weil *Homo erectus* ihn verspeist hätte.

Es wurde schon verschiedentlich die Vermutung geäußert, *Australopithecus africanus* sei als erster der beiden Australopithecinen-Arten ausgestorben, während *boisei* erheblich länger existiert haben könnte, weil er viel weniger von Pavianen oder vom *Homo erectus* bedroht war. Ohne ausreichende Funde aus dem Zeitraum von einer Million bis vor dreihunderttausend Jahren können wir jedoch nicht mit Sicherheit sagen, ob diese These stimmt.

Wir sind aber mit unserer Beschreibung des Rudolf-Seeufers vor zweieinhalb Millionen Jahren noch nicht zu Ende. Der letzte der vier hominiden Typen ist – obgleich er soviel seltener vorkommt als die Australopithecinen – doch bei weitem der interessanteste. Er ähnelt den beiden Australopithecinen-Arten: seine Größe entspricht etwa der der *boisei,* doch besitzt er nicht die massigen Kiefer und den Knochenhöcker auf dem Schädel; der Kopf selbst ist etwas größer als der der Australopithecinen, aber nicht wesentlich. Ihr Gang muß etwas leichter gewesen sein, aber auch dieser Unterschied war zweifellos geringfügig. Ein entscheidender Unterschied lag wohl nur in ihren Verhaltensweisen.

Die Gruppen sind viel kleiner, die unterwegs z. B.

Nüsse, Früchte und Maden in einem aus Blättern geflochtenen Behälter sammeln. Zwei andere tragen ein Stück Fleisch, das sie einem frisch getöteten Tier abgerissen hatten, da sie es zufällig auf ihrer Suche nach Nüssen und Früchten gefunden hatten. Sie folgten den Spuren ihrer Gruppenmitglieder und kommen schließlich in ihrem Lager an, das im Schatten der Bäume in einem trockenen Flußbett aufgeschlagen worden war.

Dies ist nun ein Lager im eigentlichen Sinn: die Bewohner hielten sich schon einige Tage dort auf und würden wohl auch noch einige Zeit dort bleiben. In der Zwischenzeit ziehen immer zwei oder drei aus der Gruppe gemeinsam los und kommen gegen Abend mit reichlicher Nahrung zurück. Meist sind es Pflanzen, gelegentlich aber auch kleinere Nagetiere und dann und wann ein größeres Fleischstück. Das meiste Fleisch stammt von gerade verendeten Tieren, nach denen gründlich gesucht wird. Giraffen, Stachelschweine und Gazellen gelangen so auf den Speisezettel dieser Hominiden, in seltenen Fällen wohl auch eine lebend gefangene, junge Gazelle.

Ebenso wie die anderen Hominiden sind diese Lagerbewohner soziale Wesen, jedoch in einem höher entwickelten Grad. Die Beziehungen zwischen den einzelnen Gruppenmitgliedern sind enger, und zwar nicht nur zwischen Verwandten. Außerdem waren sie vermutlich schon in der Lage, durch eine Lautkombination und durch Gesten miteinander zu kommunizieren. Im Mittelpunkt ihres Lagerlebens steht die Nahrungsteilung. In der Regel sind es die Männer, die sich auf die Suche nach Fleisch begeben oder nach Gelegenheiten Ausschau halten, Tiere zu jagen. Sie sammeln aber auch Pflanzen und Früchte ebenso wie die Frauen, die natürlich auch Fleisch mitbringen, wenn sie welches finden. Die aktive Nahrungssuche ist jedoch im allgemeinen eine vorwiegend männliche Beschäftigung. Auf jeden Fall wäre ein solches Wesen, das nur von Fleisch hätte leben können, langsam aber sicher verhungert, denn das tägliche Essen bestand vorwiegend aus pflanzlicher Kost, die bei Gelegenheit durch Fleisch angereichert wurde.

Nach etwa zehn Tagen zog die Gruppe weiter und ließ abgenagte Knochen oder Steinwerkzeuge zurück, mit denen sie Stöcke zum Graben zugespitzt, Fleisch abgelöst oder Häute geschabt hatten. Während sie weiterzogen, fiel ein Feigenblatt langsam vom Baum und blieb auf dem verlassenen Lagerplatz liegen. Er ist nie wieder benutzt worden, aber ganz allmählich wurde er von feinem Sand und Schlamm bedeckt und blieb so zweieinhalb Millionen Jahre begraben, bis er zunächst durch Witterungseinflüsse, später durch die Archäologen wieder freigelegt wurde: ein direkter Beweis menschlicher Existenz.

Das ist natürlich alles erfunden, Produkt einer mehr oder weniger auf Fakten gestützten Phantasie. In Wahrheit weiß niemand genau, wie die Hominiden lebten. Aber unsere Vermutungen basieren auf den wenigen Beweisen und Funden, die wir haben, und die passen sehr gut in unser biologisches Szenarium.

Der Hauptunterschied im Verhalten der Australopithecinen und unserem direkten Vorfahren, *Homo* also, ist ebenso einfach wie wesentlich: *Homo* hatte bereits Wohnstätten, und er teilte die Nahrung mit seinesgleichen. Er gab die Lebensform eines eher zufälligen Nahrungssuchens auf und wurde zum systematischen Sammler. Außerdem erschloß er sich eine Quelle hochwertiger Proteine, indem er seine pflanzliche Nahrung durch mehr und mehr Fleisch ergänzte. Das Teilen von Nahrung, eine Verhaltensweise, die sonst bei keinem Primaten in nennenswerter Form auftaucht, hatte alles in allem enorme Auswirkungen hinsichtlich des Verhaltens und der Sozialisation des Menschen, wie wir in Kapitel 7 sehen werden.

Unsere Vorfahren waren also zu jener Zeit Sammler, und zwar von Pflanzen wie von Fleisch. Das Jagen gewann zwar im Lauf der Zeit immer mehr an Bedeutung, ist jedoch in den meisten populärwissenschaftlichen Schriften zu diesem Thema weit überschätzt worden. Unsere erfindungsreichen Vorfahren haben sicherlich verschiedene und sinnvolle Techniken des Jagens entwickelt und sie wohl dann und wann angewandt, um auch große Tiere zur Strecke zu bringen. Doch war die Jagd mit Sicherheit nicht der Grundpfeiler der hominiden Ernährung. Manche Wissenschaftler behaupten zwar, daß ein organisiertes Jagdwesen die wichtigste Antriebskraft der Humanevolution gewesen sei, aber wir halten sie doch – obgleich sie sicherlich eine bedeutende Rolle gespielt hat – für zweitrangig gegenüber dem tatsächlichen Motor, demzufolge sich die Hominiden von einem primitiven Stamm zu differenzierteren Lebewesen weiterentwickelten. Vorrangig ist ganz zweifellos die Eigenschaft, innerhalb einer sozial organisierten Gruppe die Nahrung zu *teilen*. Ausgestattet mit diesem biologischen Legat der Nahrungsteilung und der sozialen Organisation waren unsere Vorfahren vor etwa anderthalb Millionen Jahren gerüstet, die Wanderung nach Asien und Europa anzutreten.

Afrika war die Wiege der Menschheit. Als *Homo erectus* jedoch im Buch der Zeiten auftauchte, war er schon bereit, die übrige Welt zu erobern.

6
Von
Afrika zur
Agrikultur

Als unser Vorfahr *Homo erectus* sich in kleinen Gruppen aufmachte, vor etwa einer Million Jahren den trockenen Landstreifen zu überqueren, der Afrika mit Asien verbindet, bildete er quasi die Vorhut für die Vorherrschaft des Menschen auf der Erde. Im Gegensatz zu einer früher weitverbreiteten, populären Ansicht handelte es sich dabei nicht um ein habgieriges Volk, das nur darauf aus war, erst Asien und dann Europa Stück für Stück zu erobern. Und dieser Auszug bedeutete auch nicht, daß Afrika damit entvölkert wurde, denn dann hätte es ja einige hunderttausend Jahre warten müssen, bis es von den Menschen der Neuzeit, aus sogenannten »zivilisierten« Gegenden, wieder bevölkert wurde.

Dies alles trifft nicht zu. Der Auszug des *Homo erectus* in nördlichere Kontinente war ein evolutionäres Moment, die notwendige Konsequenz aus einer Sozial- und Verhaltensorganisation, die auf einer ausschließlich menschlichen Eigenschaft basierte, der Nahrungsteilung. Dieses Volk war nun bereits geistig und technologisch so weit, daß es jede Herausforderung seiner Umwelt annehmen konnte. Und wer würde leugnen wollen, daß auch zu jener Zeit schon Abenteuerlust den menschlichen Geist bewegte, Neuland zu erkunden? Dieser Grundzug des menschlichen Wesens, der sich damals ganz allmählich herausschälte, muß zusammen mit der ständigen Suche nach neuen, ergiebigen Nahrungsquellen den Ausschlag für eine langsame, friedliche Eroberung neuer Regionen gegeben haben. Eine anhaltende klimatische Veränderung war mit Sicherheit nicht der Grund dafür, daß unsere Vorfahren nach Norden zogen. Im Gegenteil, die damalige Welt erfuhr die dramatischste Periode ihrer Geschichte hinsichtlich klimatischer Turbulenzen, und zwar durch die häufigen Verschiebungen der Eiskappen. Wenn man auch davon ausgehen darf, daß *Homo erectus* sicherlich günstige Umweltbedingungen nutzte, so muß man doch sagen, daß dies in keiner Weise der Anlaß für seine Weltenwanderung war. Der Grund lag nicht in seiner Außenwelt, sondern in ihm selbst.

Allerdings ist Vorsicht geboten, wenn man Wesenszüge der Menschen herauszudestillieren versucht, die vor einer oder etwas mehr Millionen Jahren gelebt haben. Das Gehirn des *Homo erectus* war mit Sicherheit anders beschaffen als das unsere, obgleich die Evolution die Entwicklung zu einem so bemerkenswerten Gebilde beschleunigt hat, wie es das Gehirn des *Homo sapiens sapiens*, also unser Gehirn, ist.

Vorhergehende Seiten: Die Cro-Magnon-Menschen waren bereits große Künstler. In ihren Höhlen wurden zahlreiche Wandmalereien gefunden, überwiegend in Spanien und Frankreich. Diese Zeichnung eines Bisons stammt aus den Höhlen von Altamira in der Nähe von Santander in Spanien.

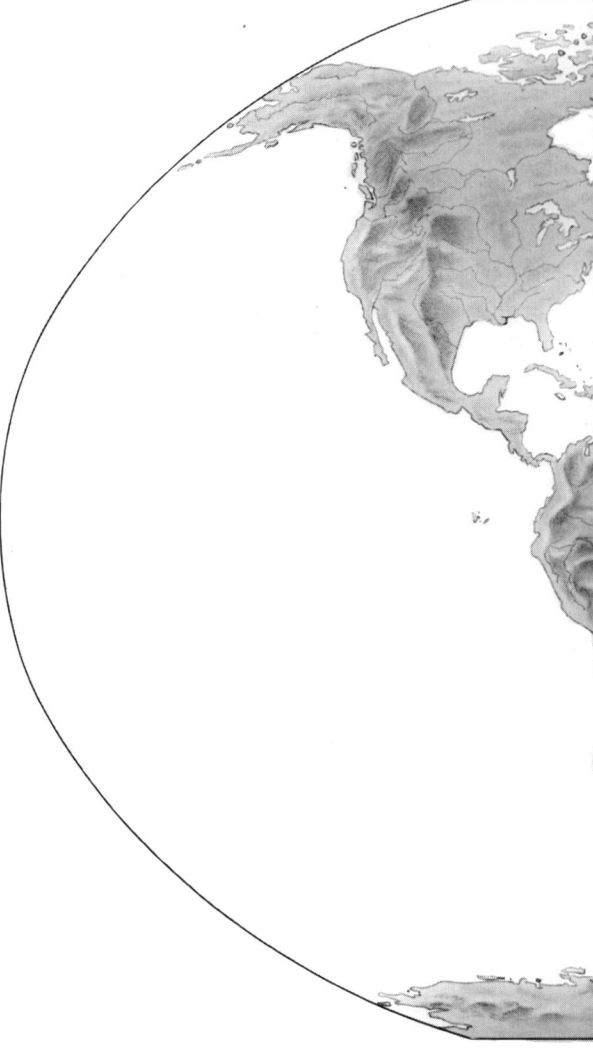

Vermutlich haben sich unsere Vorfahren jedoch auch schon gefragt, woher die großen Schwärme der Zugvögel kamen und wohin sie flogen. Sie werden sich wahrscheinlich auch schon überlegt haben, was wohl hinter den fernen Gebirgen liegen mochte – ohne daß sie selbst zu großen Wanderungen aufgebrochen wären. Denkbar ist allerdings, daß sie über die ferner gelegene Hügelkette zogen, um ihre Neugier zu befriedigen und vielleicht dort ihr Lager aufschlugen, wenn ihnen die Gegend zusagte. Ihre Wanderung ging recht gemächlich voran; im allgemeinen zog eine Gruppe höchstens um die 15 Kilometer während einer Generation weiter. Allerdings ist es in diesem Zusammenhang ganz nützlich zu

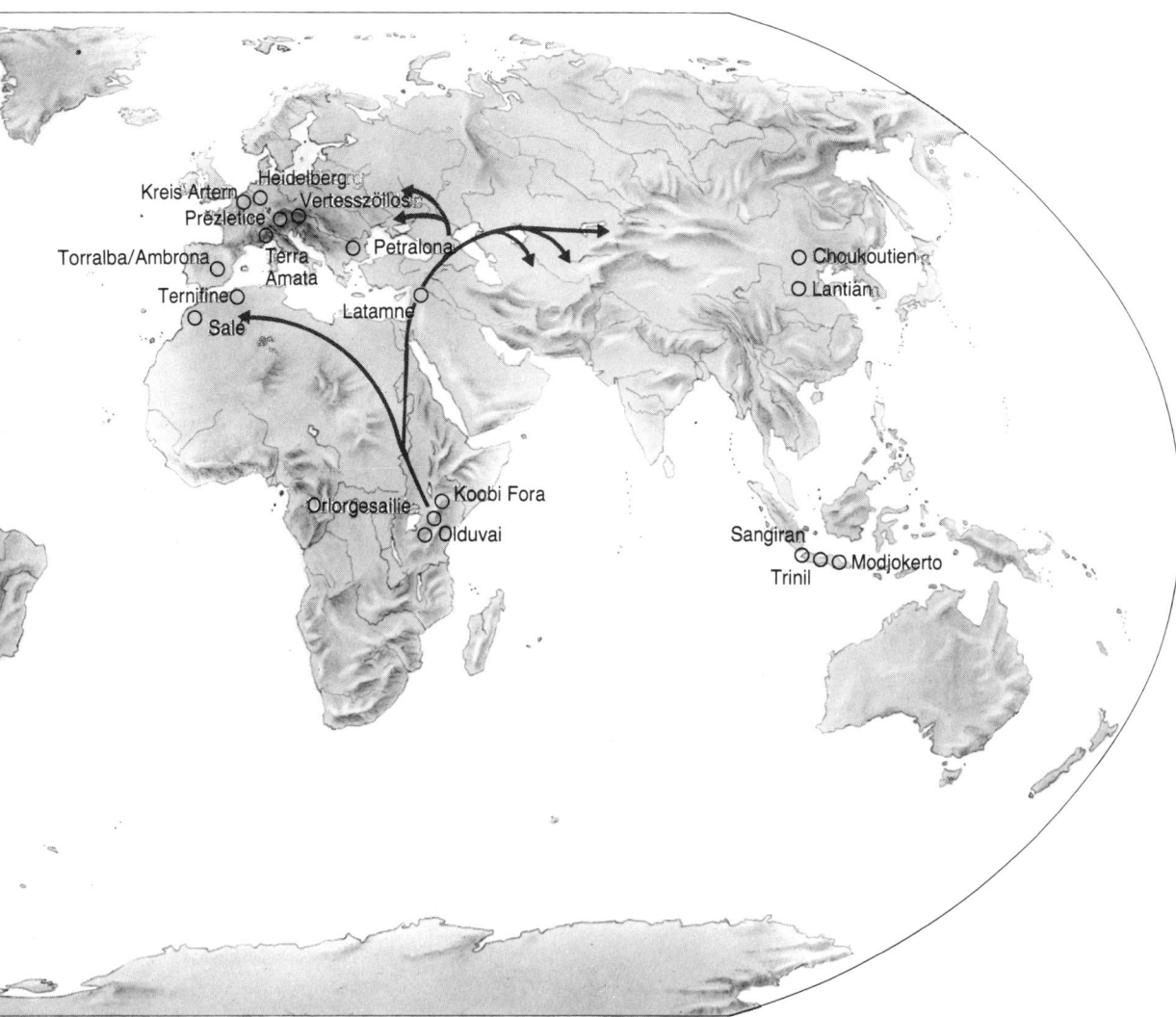

bedenken, daß selbst bei diesem geruhsamen Tempo – im Mindestfall zehn Kilometer in einer Generation – die Strecke zwischen Nairobi und Peking in weniger als fünfzehntausend Jahren überwunden worden wäre – was man hinsichtlich der Zeitskala der Evolution allerdings eine äußerst schnelle Reise nennen würde.

Zu der Zeit, als sich die *Homo*-Linie neben den Australopithecinen in Afrika entwickelte (also vor etwa fünf bis sechs Millionen Jahren), und derjenigen, als die ersten Gruppen des *Homo erectus* sich in anderen Regionen auszubreiten begannen, wurde die Frühgeschichte der Menschheit von evolutionären Kräften bestimmt, die die physische Struktur

Reste des Homo erectus wurden an vielen Ausgrabungsorten auf der ganzen Welt gefunden. Die wichtigsten Fundstellen sind auf dieser Karte vermerkt. Außerdem sind hier die Wege nachgezeichnet, auf denen sich Homo erectus vermutlich aus den tropischen Zonen in gemäßigtere Klimazonen bewegte.

der prähumanen Wesen bestimmten. Dagegen verlagert sich die evolutionäre Kraft in späteren Epochen (also etwa in der Zeit zwischen einer Million und dreihunderttausend Jahren) auf die Ausformung und Prägung der Kopfform. Stellen wir uns vor, daß ein solcher *Homo erectus* durch Zauberkraft in unserer Zeit an einem Maskenball teilgenommen hätte, so

wäre sein Erscheinen kaum besonders aufgefallen, außer daß er etwas kleiner als die anderen Gäste gewesen wäre. Doch welch einen Schock hätten unsere Zeitgenossen bei der Demaskierung um Mitternacht bekommen! Der Gast aus der Vorzeit hätte einen merkwürdig flachen Schädel gehabt, wulstige Brauenbögen und einen vorstehenden Unterkiefer. Und bei genauerem Hinsehen hätte man auch bemerkt, daß seine Backenzähne weitaus größer waren als alle, die ein Zahnarzt heute zu sehen bekommt.

Die letzte Phase der Humanevolution ist dadurch gekennzeichnet, daß der Schädel sich stärker wölbt, somit dem Gehirn mehr Raum läßt – das sich dann auch allmählich vergrößert –, daß die Backenzähne kleiner werden, und der Unterkiefer sich zurückbildet. Durch diesen Prozeß vollzieht sich der Übergang vom *Homo erectus* über *Homo sapiens* zu *Homo sapiens sapiens*. Das Gehirnvolumen der *erectus*-Menschen belief sich über die Zeitspanne ihrer Entwicklung hinweg auf etwa 775 bis zu 1300 Kubikzentimeter. Im Vergleich dazu beträgt das Gehirnvolumen des Neuzeitmenschen etwa 1000 bis 2000 Kubikzentimeter bei einem Durchschnittsvolumen von 1400 Kubikzentimeter. Das bedeutet, das einige Exemplare der Gattung *Homo erectus* ein größeres Gehirn hatten als moderne Menschen! Die Größe des Gehirns ist jedoch nicht ausschlaggebend für die Intelli-

genz eines Menschen: Leute mit großen Köpfen sind nicht notwendigerweise fähiger oder intelligenter als Menschen mit kleinen Köpfen. Es läßt sich zwar durch die ganze Entwicklungsgeschichte hindurch verfolgen, daß das Gehirnvolumen zunahm, daß dies also ein stetiges evolutionäres Charakteristikum war. Mindestens genauso wichtig war jedoch die innere Organisation, aufgrund derer sich ein besseres, effektiveres Nervensystem und differenziertere Gehirnzentren entwickeln konnten. Wir können das zwar aus unseren fossilen Befunden nicht ablesen, aber darin liegt mit Sicherheit der Schlüssel zur Endphase unserer Evolution.

Nach grober Schätzung muß der Übergang vom *erectus* zu *sapiens* vor etwa einer halben Million Jahren erfolgt sein und die Verfeinerung zum *Homo sapiens sapiens* vor ungefähr fünfzigtausend Jahren. Diese Übergänge haben nicht ad hoc stattgefunden, etwa aufgrund einer allgewaltigen Prädestination, sondern ganz allmählich und an den verschiedensten Orten, denn der evolutionäre Prozeß, der zur Entwicklung des *sapiens* führte, war bereits in *erectus* angelegt und durch nichts mehr aufzuhalten. Sicherlich gab es vereinzelte *erectus*-Gruppen, die von der Evolution sozusagen vergessen wurden und wohl auch *sapiens*-Stämme, die durch besondere Umstände gleichsam in evolutionäre Sackgassen gerieten – wofür der Neandertaler der beste Beweis ist.

Im allgemeinen verfügten jedoch unsere Vorfahren in Europa, Asien und Afrika bereits über einen genetischen Fundus, aus dem immer feinere und bessere Kombinationen entstanden, die im Laufe der Zeit die Menschheit so formten, wie wir sie heute kennen. Aber nicht nur Gene wurden zwischen benachbarten Völkern ausgetauscht, sondern auch Steinkulturen, die gleichsam in Wellen kamen und gingen – so wie heutzutage die Mode. Die Entwicklung des menschlichen Fortschritts verlief während dieser letzten evolutionären Phasen mit atemberaubender Geschwindigkeit, verglichen mit dem stetigen und langsamen Verlauf in den davorliegenden drei bis vier Millionen Jahren – und zwar sowohl in kultureller wie in biologischer Hinsicht. Kein Zweifel besteht jedoch darüber, daß die entscheidende und fast dramatisch zu nennende Veränderung im Verlauf der Evolutionsgeschichte der Übergang zum Ackerbau vor etwa zehntausend Jahren war. Dieser Wechsel von einer überwiegend nomadisierenden Lebensform als Sammler und Jäger zu einer wirklichen Seßhaftigkeit, brachte eine Existenzform ins Wanken, die letztlich für die Entstehung des Menschen verantwortlich war und den Grundstein zu dieser Entwicklung schon drei Millionen Jahre zuvor gelegt hatte. Man kann ohne jede Übertreibung sagen, daß der Übergang zum Ackerbau das bedeutendste Ereignis der Menschheitsgeschichte war.

Als sich *Homo erectus* anschickte, von Afrika aus den Weg anzutreten, der schließlich zu der revolutionären Erfindung des Ackerbaus führte, betrat er Gegenden, in denen keine anderen fortschrittlichen Hominiden lebten – so hat es zumindest aufgrund der vorhandenen Fossilfunde den Anschein. Aber warum? Wir haben auch darauf keine exakte Antwort. So wie wir uns auch die Entwicklung des *Ramapithecus* zu *Homo* und den Australopithecinen in Afrika nur so erklären können, daß durch Umweltbedingungen eine ökologische Nische entstand, in der Hominiden sich ansiedeln und weiterentwickeln konnten, so wissen wir auch nichts Genaues darüber, warum sich dieser Urstamm nicht auch in anderen Teilen der Welt hominiden-ähnlich fortgepflanzt und weiter verzweigt hat. Man kann allerdings vermuten, daß die ökologischen Bedingungen, die sich in Afrika boten, in anderen Teilen der Welt nicht vorhanden waren, was wiederum mit der Balance zwischen Wäldern und Savannen zusammenhängen könnte. Es ist durchaus denkbar, daß der Rückgang der Bewaldung in Afrika mehr Raum für Lichtun-

Rekonstruktionen eines Gigantopithecus (links) und eines Homo erectus (rechts). Aufgrund der Funde kann man bei ersterem vermuten, daß er einer großen Menschenaffenart zuzurechnen ist, die sich von Pflanzen ernährte und vorwiegend in Zentralasien und Nordindien lebte.

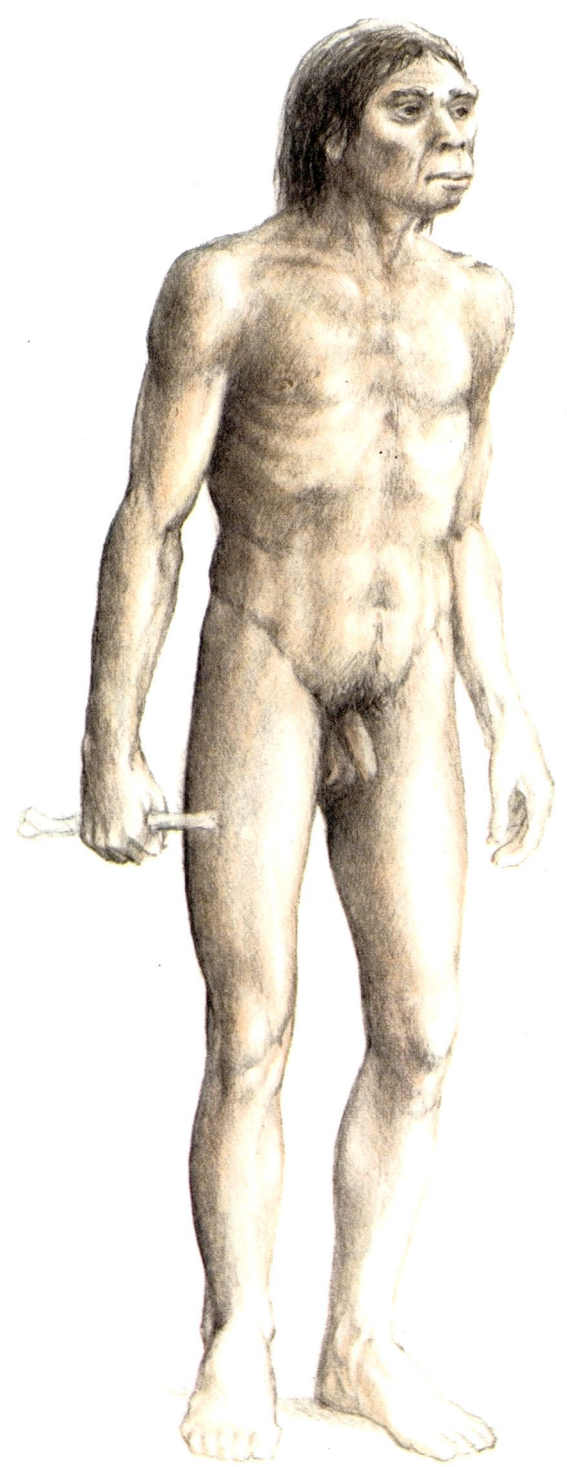

gen und Savannen ließ, die ihrerseits ideale Bedingungen für die Entstehung der Hominiden-Gattungen boten. Diese Veränderungen traten vermutlich in Europa und Asien nicht in gleichem Maße auf – denn in beiden Kontinenten existierte der Typus *Ramapithecus*.

Eine andere These besagt allerdings, daß in diesen Kontinenten durchaus vergleichbare ökologische Nischen vorhanden waren, in denen zwar keine Hominiden existierten, aber Wesen, die dazu angelegt waren, sich zu einem hominiden Typus weiterzuentwickeln. Das war möglicherweise *Gigantopithecus*, ein großer bodenbewohnender Menschenaffe, ungefähr so groß wie ein neuzeitlicher Gorilla, der vor neun bis etwa einer Million Jahren in Asien gelebt hat. Dieser *Gigantopithecus* war ein Allesfresser, dessen Gewohnheiten denen der Gelada-Paviane im äthiopischen Hochland vergleichbar sind. Es ist möglich, daß seine Existenz so dominant war, daß der wesentlich kleinere, frühe Hominide sich nicht weiterentwickeln konnte, da er auf den gleichen ökologischen Lebensraum angewiesen war. Aber dies ist nur eine Vermutung, für die nur sehr geringe Beweise vorliegen.

Wir wissen jedoch mit Sicherheit, daß die Entwicklung der Hominiden sich bereits zu beschleunigen begonnen hatte, bevor die Gattung *Homo* sich nach Asien und Europa auszudehnen begann. Dies läßt sich aus den neuesten Ausgrabungen aus den fossilreichen Ufergebieten im Osten des Rudolf-Sees ablesen, die Zeugnis früher, aber schon bemerkenswert weit entwickelter hominider Spezimen sind. Nur eine Million Jahre liegen zwischen 1470 und dem *Homo erectus*, der 1975 ausgegraben wurde. 1470 ist ohne Zweifel der Gattung *Homo* zuzurechnen, hatte jedoch noch nicht die ausgeprägten späthominiden Merkmale, wie etwa ein größeres Gehirn, einen abgerundeteren Schädel, ein flacheres Gesicht und vorragende Brauenbögen. Allerdings gibt es auch diverse regionale Unterschiede zwischen den einzelnen Vertretern des *Homo erectus*: das Wesen, das 1960 in Olduvai ausgegraben worden war, hatte außergewöhnlich große Brauenbögen. Doch sind dies genau die Varianten, die man von einer Spezies erwartet, wenn sie sich in unterschiedlichen geographischen Regionen mit großer Geschwindigkeit entwickelt. Dieses Phänomen läßt sich besonders deutlich und häufig in der letzten Jahrmillion feststellen, und zwar in Asien und Europa ebenso wie in Afrika. Dadurch entsteht so etwas wie ein Mosaik aus den unterschiedlichsten und auch verschieden weit entwickelten Hominiden-Formen. Aber dieses Mosaik wurde ständig bewegt, denn zwischen den verschiedenen Spezies fanden sowohl biologische als auch kulturelle Interaktionen statt.

Eine sehr einfache, aber grundlegende Tatsache hat die Entwicklung von *Ramapithecus* hin zum neuzeitlichen Menschen enorm beschleunigt: die Fähigkeit, etwas zu tragen.

Dies ist deshalb von so fundamentaler Bedeutung, weil damit ein hoher Grad von Unabhängigkeit von der Umwelt erreicht ist. In diesem Zusammenhang ist nicht nur von der Fähigkeit, Nahrung zu tragen, die Rede, sondern auch von drei weiteren Erleichterungen, die zu verschiedenen Zeitpunkten dazu beitrugen, die Entwicklung des Menschen zu seinem heutigen Standard hin zu beschleunigen.

Die Fähigkeit, Nahrung zu transportieren, war ein Teil der Verhaltensstrukturen, die den menschenaffenähnlichen Waldbewohner in die Lage versetzte, sich langsam zu einem aufrecht gehenden Hominiden zu entwickeln. Sie war darüber hinaus für die Mischökonomie des Jagens und Sammelns von einem Lagerplatz aus bedeutsam. Hinzu kommt das Wasser, von dessen Vorhandensein die Hominiden in noch größerem Maße abhängig sind. Durch die Fähigkeit nun, Wasser entweder in großen Eierschalen oder einfach in Kürbissen oder Melonen zu transportieren, konnten sie ihre Jagd- und Sammelgebiete enorm ausweiten. Wahrscheinlich war dies auch wichtig auf der langsamen Wanderung über den trockenen Landstreifen, der Asien mit Afrika verbindet. Der dritte Punkt ist das Feuer, ein Phänomen mit fast magischer Anziehungskraft. Die sinnliche Faszination dieses Elements zieht jeden Menschen in ihren Bann. Besonders wichtig war es jedoch für unsere Vorfahren, als sie sich auf den Weg in die kälteren Klimazonen des nördlichen Europas machten. Hinzu kommt schließlich die Fähigkeit, Erfahrungen von Individuum zu Individuum ebenso wie von Generation zu Generation weiterzugeben. Das Vehikel dafür ist die Sprache – eine Entwicklung, die bereits beim Typus *Homo* vor zwei Millionen Jahren sich von den Lauten der menschenaffenähnlichen Wesen weiterentwickelt hatte. Während des Übergangs von *Homo erectus* zu *Homo sapiens* spielte Sprache zweifellos eine zentrale Rolle hinsichtlich der Ausbildung enger sozialer und kultureller Strukturen.

Diese vier Fähigkeiten machten unsere Vorfahren in gewisser Weise unabhängig und versetzten sie in die Lage, sich vom tropischen Afrika auf die eisgesäumten Kontinente Europa und Asien auszudehnen.

Die Entdeckung der fossilen Reste des sogenannten Neandertalers ist schon in Kapitel 2 (siehe Seite 32) kurz beschrieben worden. Dieser Neandertaler spukt in den Köpfen der meisten Menschen als der Archetypus des heutigen Menschen herum, wahrscheinlich deshalb, weil er der erste Archetypus war, dessen Fossilien entdeckt wurden. Insgesamt wurden inzwischen die Reste von etwa hundert Individuen dieses Typus ausgegraben. Im allgemeinen stellt man ihn sich als ein Wesen mit gedrungenem Körper vor, der sich schlurfend vorwärtsbewegte.

Er soll tiefliegende Augen, buschige Augenbrauen und ein fliehendes Kinn gehabt haben: alles in allem ein Wesen mit widerlichem und bösartigem Charakter. Diese Fehlinterpretation ist darauf zurückzuführen, daß man als erstes ein fast vollständiges Skelett fand, das jedoch – wie spätere Untersuchungen bewiesen – von einem alten, arthritischen Neandertaler stammte und der im heutigen La Chapelle-aux-Saints in Südfrankreich gestorben war. Die Behauptung, dieses Wesen sei bösartig gewesen, entsprang nur einer bösartigen Phantasie. Heute wissen wir, daß die Neandertaler bereits ein sehr komplexes, bewußtes und »vernünftiges« Leben führten und auf diese Weise unter den außerordentlich harten Bedingungen des eiszeitlichen Europas überleben konnten. Wir wissen aber ebenso, daß diese Menschen nicht die direkten Vorfahren des neuzeitlichen Menschen waren. Die genetischen Anlagen des Neandertalers waren dieselben wie die der Wesen, aus denen schließlich der moderne Mensch entstand. Die Neandertaler wurden jedoch schließlich Opfer der klimatischen Veränderungen. Sie hatten sich zu sehr dem Eiszeitklima angepaßt und waren später, als das Eis zurückging, weder biologisch noch sonstwie in der Lage, sich den neuen Umweltbedingungen anzupassen. Dieses wärmere Klima wurde statt dessen zum Nährboden für den Typus, aus dem sich allmählich der *Homo sapiens sapiens* entwickelte. Die Entdeckung eines frühen Exemplars dieses sogenannten Cro-Magnon-Menschen, ist ebenfalls in Kapitel 2 (Seite 32) bereits beschrieben worden.

Als der Neandertaler vor zirka dreißigtausend Jahren langsam ausstarb, existierte schon seit zwanzigtausend Jahren der echte »moderne« Menschentypus. Es gibt jedoch keinerlei Beweis für die Behauptung, daß dieser neuzeitliche Typus in das Territorium der Neandertaler eingedrungen sei und alles niedergemetzelt und umgebracht hätte, was ihm in den Weg kam. Es ist viel eher anzunehmen, daß einzelne Neandertal-Gruppen sich immer weiter in eine biologische Sackgasse hineinmanövrierten, wo sie dann schließlich dem ökonomischen Wettstreit mit den Neuankömmlingen unterlagen und ausstarben. Andere, die dem sich entwickelnden Typus *sapiens* genetisch näher verwandt waren, haben sich vermutlich mit ihm gekreuzt und sind so von ihm absorbiert worden. Dabei mag es auch einiges Blutvergießen gegeben haben, aber es ist ganz sicherlich falsch, diesen Zeitraum als eine blutige Periode der menschlichen Frühgeschichte zu bezeichnen.

Neandertal-Völker lebten nicht nur in den nördlichen Regionen Europas. Man hat Zeugnisse ihrer Existenz auch in Frankreich, Spanien, Italien, Jugoslawien, dem Irak, China, Java, Zambia und Israel entdeckt – um nur einige Fundorte zu nennen. In vielen Gegenden fand man Werkzeuge, aus deren Vielfalt und Verfeinerung man darauf schließen kann, daß diese Menschen bereits fähig waren, Kleider herzustellen und schöne Schnitzereien zu machen. Aus den unterschiedli-

chen Mustern läßt sich ablesen, daß mindestens vier Zivilisationsformen gleichzeitig existiert haben mußten, möglicherweise Kulturen vier verschiedener Stämme. Ein einzelner Fund erfordert allerdings unsere besondere Aufmerksamkeit, und zwar stammt er aus Shanidar, einer Höhle im Zagrosmassiv im Irak, wo vor etwa sechzigtausend Jahren an einem Junitag ein Mann unter sehr ungewöhnlichen Umständen begraben wurde.

Die Höhle war viel zu feucht, um die Gebeine des Toten gut zu konservieren; dafür erhalten sich Pollenkörner recht gut unter diesen Bedingungen. Die Wissenschaftler im Pariser Musée de l'Homme, die das Erdreich in der Nähe des Skeletts untersuchten, fanden heraus, daß acht verschiedene Blumenarten diesem Mann mit ins Grab gegeben worden waren. Die Blumen waren nach einer bestimmten Ordnung um den Toten herumgruppiert. Daher besteht kein Zweifel darüber, daß dies in voller Absicht geschah. Aller Wahrscheinlichkeit nach sammelten die Familienmitglieder des Toten, seine Freunde und vielleicht noch andere Mitglieder seines Stammes Schafgarbensträuße, Kornblumen, Disteln, Spitzwegerich, Zwerghyazinthen, Waldfarn und Malven, um sie mit ihm zu bestatten. Die großen Blätter des Waldfarn eignen sich ja besonders gut für eine Art Bahre, die geflochten und auf die der Tote dann gelegt wurde. Die weißen, gelben, roten, blauen und purpurnen Blüten der anderen Pflanzen müssen dem Geschehen ein besonders würdiges Gepräge gegeben haben.

Schon die Tatsache, daß zur damaligen Zeit einem Menschen ein wirkliches Begräbnis gegeben wurde, ist aufschlußreich, denn sie verrät einen hohen Grad an Bewußtsein menschlicher Würde und menschlichen Geistes. Daß der Leichnam auch mit Blumen geschmückt worden ist, ist dabei besonders bedeutungsvoll. Das Interessanteste daran ist aber, daß von den acht Pflanzen aus dem Shanidar-Grab sieben Arten noch heute im Irak als Heilpflanzen verwendet werden. Es ist also sehr wahrscheinlich, daß die Menschen von Shanidar bereits die Heilkraft dieser Pflanzen kannten. Unsere frühen Vorfahren müssen sich demnach, je unabhängiger sie von den direkten Umwelteinflüssen wurden, eine desto intimere Kenntnis der Kräfte der Natur erworben haben – und dies ist wiederum von ausschlaggebender Wichtigkeit für die Evolution der Jäger- und Sammler-Gemeinschaften.

Das Grab von Shanidar vermittelt uns einen Eindruck vom Wesen des Neandertal-Menschen und legt Zeugnis davon ab, daß seine Kultur die Stufe der rohen, fast unbearbeiteten Steinwerkzeuge schon weit hinter sich gelassen hatte. Dar-

Folgende Seiten: Eine Impression der Beisetzung von Shanidar.

Die Funde der Beisetzung von Shanidar im Irak sind deshalb so aufschlußreich, weil wir von ihnen einiges über die Kultur des Neandertalers erfahren. Das Foto oben zeigt die Lage der Höhle, die von Ralph S. Solecki und seinen Mitarbeitern untersucht wurde. Links eine Ansicht des Blumengrabes in dem Zustand, in dem es entdeckt wurde. Unten ein Schädel, der im Laboratorium von Erdresten freigelegt wurde.

über hinaus hatte er bereits eine genaue Kenntnis der Natur und von daher auch ein rudimentäres medizinisches Wissen. Die Funde von Shanidar sind auch deshalb so wichtig, weil sie uns beweisen, daß unsere Vorfahren nicht die Bösewichte waren, als die die Neandertaler manchmal hingestellt werden. Ob sie jedoch schon solch subtile Kulturformen wie ein Begräbnisritual hatten, ist ungeklärt, aber wir können mit an Sicherheit grenzender Wahrscheinlichkeit sagen, daß ihre Kultur dennoch schon überaus differenziert war.

Diese Verfeinerungen in Ritual und Kultur werfen natürlich ein Schlaglicht auf die Entwicklung dessen, was wir in Abgrenzung zu unseren Vorfahren heute »Menschlichkeit« nennen. In diesem Zusammenhang ist auch eine Entdeckung sehr aufschlußreich, die in Terra Amata, einem Ort im Hinterland von Nizza in Südfrankreich gemacht wurde. Dort lagerten vor etwa vierhunderttausend Jahren Mitglieder einer Hominiden-»Familie«. Wie so häufig in der Archäologie stießen auch hier Bauarbeiter per Zufall auf einige Steinwerkzeuge. Bei der intensiven Erforschung der Gegend durch Henri de Lumley, der an den Universitäten von Aix und Marseille lehrt, wurden Reste einer Art von Wohnstätten gefunden. Bei näherer Betrachtung stellte sich heraus, daß

Rekonstruktion einer Schutzhütte in Terra Amata.

Weitere Hinweise auf die Lebensgewohnheiten des Neandertalers haben wir aus den Ausgrabungen von Terra Amata in der Nähe von Nizza in Südfrankreich. Entdeckt wurde Terra Amata bei Ausschachtungsarbeiten für den Bau eines Appartmenthotels. Die Ausgrabungen wurden von Henry de Lumley geleitet. Viele tausend verschiedene Gegenstände wurden dort gefunden. Besonders wichtig sind jedoch Hinweise auf Schutzhütten, die mit Hilfe der Stützsteine, die herumlagen (oben rechts) und der Markierungen in Pfählen rekonstruiert werden können.

diese Gegend immer wieder aufgesucht wurde und zwar vermutlich in etwa jährlichen Abständen und vermutlich auch von denselben Menschen.

Die Lagerbewohner hatten sich Schutzhütten aus Holzpfählen errichtet, die in den Boden getrieben und mit großen Steinen befestigt worden waren. Überdacht waren sie vermutlich mit Tierhäuten oder Zweigen oder mit beidem zugleich. Aus der Größe des Lagers läßt sich schließen, daß die Gruppe aus etwa fünfundzwanzig Mitgliedern bestand. Als sie weiterzogen, ließen sie Knochen von Rotwild, Elefanten, Bären und anderen Tieren zurück. Natürlich werden sie sich auch von Pflanzen ernährt haben, deren Reste sich aber nicht erhalten haben. Es muß sich fraglos um Jäger und Sammler gehandelt haben. Da man in der Nähe des Lagers keine menschlichen Gebeine gefunden hat, kann man nur vermuten, daß sie zum Typus *Homo erectus* gehörten, wahrscheinlich sogar zu einer Seitenlinie, die sich bereits zum *Homo sapiens* hin entwickelte.

Daß diese Menschen, wer auch immer sie waren, auf jeden Fall in diesen Hütten geschlafen und sich am Herdfeuer gewärmt haben, wissen wir deshalb ganz genau, weil rund um die Herdstelle keine Abfälle gefunden wurden, die beim Schlafen gestört hätten. Man fand auch eine Art hölzerner Schüssel, neben der ein paar zugespitzte Stückchen Ocker lagen, die zum Malen verwendet werden konnten. Wir werden nie wissen, was diese Lagerbewohner malten und warum. Vielleicht bemalten sie ihre Körper für ein Frühlingsritual (daß es ein Frühjahrslager war, wissen wir aus der Untersuchung der Pollen in fossilierten Exkrementen) oder, um die Mannbarkeit eines Jungen zu feiern, vielleicht auch die erste Mensis eines Mädchens. Vielleicht bemalten sie ihre Hütten, um böse Geister abzuwehren, oder vielleicht einfach aus Freude an Form und Farbe! Es gibt viele mögliche Erklärungen dafür. Wir dürfen nur nicht den Fehler machen, die Kultur dieser Menschen zu unterschätzen!

Was die physische Entwicklung angeht, so kann man beobachten, daß *Homo erectus* bereits kleinere Zähne,

In Europa und im Mittleren Osten wurden die Überreste von mehr als hundert Neandertalern gefunden. Wegen der Häufigkeit der Funde, vor allem in Europa, stellte man zahlreiche Vermutungen über ihn an, u. a. daß er brutal gewesen sei. Die Rekonstruktion zeigt, daß er schwerer und untersetzter war als der moderne Mensch, aber er konnte sich ebensogut auf zwei Beinen vorwärts bewegen wie wir heute. Gleichwohl haben ältere Forscher dies nicht wahrhaben wollen. Die Klassifizierung des Neandertalers innerhalb des Genus ist noch nicht ganz gesichert. Die meisten Wissenschaftler nehmen an, daß er einer menschlichen Subspezies zuzuordnen sei, und bezeichnen ihn deshalb als Homo sapiens neandertalensis.

folglich auch kleinere Kiefer und eine feinere Backenmusku-latur hatte. Man hat das dahingehend interpretiert, daß mit der Einführung des Kochens die Nahrung weicher wurde und daher weniger gekaut zu werden brauchte. Das hört sich zwar ganz plausibel an, wirft jedoch wiederum die Frage nach dem Warum auf.

Die erste Frage ist vermutlich leichter zu beantworten: Der Besitz von Feuer mußte einen sehr unmittelbaren und auch praktischen Nutzen haben. Diese frühen Menschen mußten irgendwann einmal Waldbrände gesehen haben. Eine glimmende Kohle, die von einem solchen Feuersturm übrigblieb, war vermutlich die erste Feuerquelle in einem Hominidenlager. Wärme und Licht waren also vermutlich die Gründe, warum unsere Vorfahren versuchten, Herr über das Feuer zu werden, denn auch im tropischen Afrika können die Nächte kalt sein – besonders in den Gebirgsgegenden. Außerdem verlängert das Feuer den Tag und wird dadurch zu einem einzigartigen Mittelpunkt, der die sozialen Beziehungen einer Gemeinschaft noch verstärkt. Noch wichtiger wurde das Feuer als Wärmequelle, als *Homo erectus* nach Norden in kältere Klimazonen zog.

Doch hat Feuer ganz sicher eine sensuelle, ja sogar magische Kraft. Wenige Menschen werden nicht schon die Erfahrung gemacht haben, wie faszinierend ein offenes Feuer sein kann. Das Licht, die Geräusche, der Geruch und die Wärme verbinden sich zu einem Kaleidoskop von Empfindungen, die alle zusammen eine große Anziehungskraft ausüben. Die Faszination, die vom Feuer ausgeht, steckt wohl ganz tief in unserem Inneren. Wahrscheinlich haben die Menschen, die damals an einem Frühlingstag in Terra Amata an den Ufern des Mittelmeers um die Feuerstelle saßen, ganz ähnlich empfunden wie wir. Und wir können ziemlich sicher sein, daß das Feuer eine elementare Rolle in ihren Ritualen gespielt hat.

Aber nicht nur das Feuer hat etwas Mystisches an sich, sondern auch das Kochen. Dabei ist es unwesentlich, ob der erste Kochvorgang dadurch ausgelöst wurde, daß ein Nahrungsstück per Zufall ins Feuer fiel und dort schmorte, oder ob einfach jemand ausprobiert hat, was passiert, wenn man ein Stück Fleisch ins Feuer hält – der einzige Vorteil dabei ist ja nur, daß das Essen einen »besseren« Geschmack bekommt. Auch wenn man gewohnt war, harte Nahrung zu zermalmen, müssen die Vorteile des Kochens doch erkannt worden sein. Vielleicht kam hinzu, daß sie damit ihre Eigenart betonten, da sie nicht mehr nur rohe Nahrung wie die Tiere zu sich nahmen. Die Überlegenheit des menschlichen Geistes wurde sozusagen mit kulinarischen Mitteln bewiesen.

Es ist unmöglich, genau zu bestimmen, wann diese Art der Nahrungszubereitung zur Gewohnheit wurde, und die Ur-

Dieser interessante Schädel wurde von Bauern gefunden, die eine Höhle in der Nähe ihres Dorfes Petralona auf der Halbinsel von Chalkidiki im nordöstlichen Griechenland entdeckt hatten. Er ist noch nicht vollständig untersucht worden. Vorläufige Untersuchungen lassen jedoch vermuten, daß er aufgrund seiner spezifischen Merkmale zwischen Homo erectus und Homo sapiens einzuordnen ist.

sprünge des ersten, von Menschen bewachten Herdfeuers liegen erst recht im dunklen Schatten der Frühgeschichte. Doch war vor einer halben Million Jahren das Herdfeuer bereits ein wichtiger Bestandteil des Lagerlebens unserer Vorfahren. Sogar in der Höhle von Escale, die im Tal der Durance in der Nähe von Marseille liegt, hat man sichere Zeichen für das Vorhandensein einer Herdstelle gefunden, deren Alter auf fast eine Million Jahre geschätzt wird. Auch am Ostufer des Rudolf-Sees hat man Anzeichen von gebrannten Steinen und von Erde gefunden, die etwa zweieinhalb Millionen Jahre zurückdatieren. Doch wissen wir in diesem Fall nicht mit Sicherheit, ob es sich hier um die Überreste eines bewußt entfachten Feuers oder um ein zufällig entstandenes gehandelt hat.

Das wahrscheinlich älteste Anzeichen eines Rituals und

somit einer neuen, bewußteren Ausdrucksmöglichkeit des Menschen, wurde in einer Kalksteinhöhle in Choukoutien gefunden, etwa dreißig Meilen vor Peking. Dort wurden vor mindestens einer halben Million Jahren fünfzehn Menschen begraben. Als man sie zwischen 1926 und 1941 ausgegraben hatte, stellte man fest, daß die Skelette nicht intakt und einige Knochen zerschmettert waren. Auch bei den Schädeln war das der Fall und bei einigen war die Öffnung, in der die Wirbelsäule sitzt, vergrößert worden, was sicherlich schwierig war und besonderer Geschicklichkeit bedurft hatte. Eine Reihe von Forschern hat diese Tatsache dahingehend interpretiert, daß hier eine kannibalische Orgie stattgefunden haben mußte, und darin einen Beweis für die Aggression des Menschen gesehen. Man muß zugeben, daß es immerhin wahrscheinlich ist, daß ein paar Menschen hier die Schädel ihrer Toten aufgebrochen und die Gehirne gegessen haben. Daß man aber einen solchen kannibalischen Akt in direkten Kausalzusammenhang mit Aggression bringt, ist eine grobe Vereinfachung, die wir im Detail widerlegen wollen.

Ganz sicher hat der Peking-Mensch die Gehirne seiner Mitmenschen aufgegessen. Aber unserer Ansicht nach handelt es sich hier nicht um reinen Kannibalismus, sondern um eine bewußt rituelle Handlung. Denn warum sollte sich

jemand die Mühe gemacht haben, die Schädelöffnung mühsam zu vergrößern, wenn es doch soviel einfacher gewesen wäre, den Schädel einfach zu zertrümmern und das Gehirn auszulösen? Dabei ist es für unsere Argumentation unwesentlich, ob dieses Ritual dazu diente, auf diese Weise Macht über besiegte Feinde zu gewinnen oder eine Art Verbindung zu ihren Toten zu halten.

Die Gebeine von Choukoutien wurden auf ein ungefähres Alter von etwa einer halben Million Jahre datiert. Vermutlich sind sie jedoch noch älter. Auf jeden Fall müssen wir uns mit den Spuren kultureller Frühformen beschäftigen, die sich durch die spärlichen Funde aus der Zeit des *Homo erectus* ziehen, die man bis jetzt in Europa, Asien und Afrika gefunden hat.

Bereits in Kapitel 2 erwähnten wir die Entdeckung von Eugene Dubois, der schon 1891 den sogenannten *Pithecanthropus erectus* ausgegraben hatte (siehe S. 32). Dieser junge Holländer war fest davon überzeugt, daß die Ursprünge des Menschengeschlechts in Ostasien zu suchen seien. Auf Java fand er dann in freigelegten Uferschichten des Solo-Flusses die Spezimen eines Wesens, das später *Homo erectus* genannt wurde. Der *Homo erectus* von Choukoutien ist im Vergleich zu dem javanischen erheblich gedrungener. Doch wo immer

man Spezimen dieses Typus fand, der über einen Zeitraum von etwa einer halben Million Jahren lebte – bis vor ungefähr 500 000 Jahren –, konnte man feststellen, daß alle die annähernd gleiche Lebensform hatten, d. h., daß sie alle typische Jäger und Sammler waren. Diese Menschen lebten in Einklang mit ihrer Umwelt und nutzten alles, was ihnen die Natur das Jahr über an Schätzen aus Fauna und Flora präsentierte. Einige alte Lagerstätten beweisen, daß sie nur zu bestimmten Jahreszeiten benutzt worden waren. Dies wird mit fortschreitender Entwicklung des Menschen immer häufiger und deutlicher. Das Leben unserer Vorfahren wurde von jahreszeitlichen Ereignissen bestimmt, so etwa vom saisonbedingten Durchzug großer Tierherden, von der frischen Kraft der jungen Pflanzen im Frühling, von den reifen Früchten im Sommer und von den Nüssen, die erst im Herbst geerntet werden konnten. Doch die Herausforderung, die die Natur das ganze Jahr über für diese Menschen darstellte, waren das eigentliche Salz ihrer Existenz.

Der amerikanische Forscher Richard MacNeish und seine Kollegen konnten die jahreszeitlich bedingten Aktivitäten der Sammler und Jäger von El Riego rekonstruieren, die vor etwa zehntausend Jahren im Tal des Tehuan in Mexiko gelebt hatten. Im Frühling teilten sie sich in kleine Familien auf, die

Die Ausgrabungen vom Drachenknochenhügel (links) in der Nähe von Choukoutien (etwa 50 km südwestlich von Peking) haben zahlreiche fossile Überreste des Peking-Menschen (Homo erectus) zutage gefördert. Oben ein Schädel, der gerade freigelegt wird. Neben den menschlichen Fossilfunden sind auch die Funde von Tierknochen interessant. Der Peking-Mensch war schon in der Lage, sie zu säubern, auszukochen und so zu härten, um sie zu Werkzeugen verarbeiten zu können. Folgende Seiten: Hier der Versuch einer künstlerischen Umsetzung.

die weite Gegend durchzogen, um Früchte vom Vorjahr zu sammeln und junge Triebe zu pflücken. Wenn der Sommer kam, versammelten sich die Familien am Fuß des Tales und trugen den reichen Ertrag der Früchte und Körner zusammen. Sobald der Herbst sich ankündigte, zogen sie alle weiter das Tal hinauf, lebten dort hauptsächlich von Früchten, jagten aber auch ein wenig und stellten ein paar Fallen auf. Während der Wintermonate zogen sie schließlich wieder ins Tal hinunter und lebten dort ausschließlich von der Jagd und vom Fallenstellen. Dieses saisonbedingte Verhalten läßt sich mehr oder weniger bei allen menschlichen Frühformen in allen Teilen der Erde nachweisen.

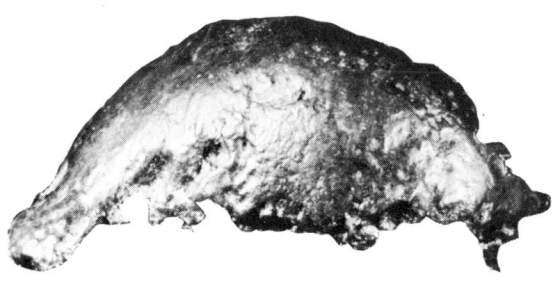

Der Holländer Eugène Dubois entdeckte am Ufer des Solo-Flusses bei Trinil auf Java die ersten Überreste eines Homo erectus. Die Schädeldecke und der Oberschenkelknochen des Javamenschen, wie er genannt wurde, sind hier abgebildet. Seit dem Jahre 1890, als Dubois dort tätig war, wurden noch zahlreiche andere Fossile gefunden.

Wir haben aber auch Beweise dafür, daß unsere Vorfahren gelegentlich zu gemeinsamen großen Jagden aufbrachen. In Torralba in Spanien fand zum Beispiel Clark Howell, ein Anthropologe der Berkeley-Universität von Kalifornien die Reste einer enormen Zahl von Elefanten, Pferden, Rindern, Rhinozerossen und Damwild. Howell vermutet, das eine Gruppe von Jägern vor etwa dreihunderttausend Jahren in einer Gemeinschaftsaktion diese Tiere alle in einen Sumpf trieb, wo sie sehr leicht getötet werden konnten. Es gibt Anzeichen dafür, daß diese Jäger Feuer legten, um damit die Tiere in Panik zu versetzen und in den Tod zu treiben. Das gleiche fand vermutlich auch in Ambrona, ein paar Meilen talaufwärts statt. Dort überwiegen allerdings Elefantenknochen. Außerdem fand man die Überreste von etwa fünfzig Menschen, die auf ziemlich kleinem Ort beieinanderlagen.

Vermutlich haben sich ziemlich viele Hominidengruppen zusammengetan, um diese Treibjagden durchzuführen, denn die ernormen Fleischmengen mußten ja auch von irgend jemandem verzehrt werden. Es ist jedoch ziemlich sicher, daß solche Hetzjagden nur gelegentlich und nur zu einer bestimmten Jahreszeit stattfanden und nicht etwa typisch für das tägliche Leben waren.

Ab dem Zeitpunkt etwa, wo die Jäger und Sammler von Terra Amata und Ambrona ihre Jagdzüge unternahmen, kann man die Alte Welt sozusagen in zwei Teile spalten, und zwar entsprechend dem dominierenden technologischen Standard. In Ambrona wurden zum Beispiel acheuléische Werkzeuge benutzt, um das Fleisch von den Knochen der erlegten Elefanten abzulösen. In Indien, China und Südostasien wurden jedoch Werkzeuge aus Kieselstein verwendet, die denen der späten Olduvai-Kultur sehr ähneln. Diese unterschiedliche Technologie geht wahrscheinlich auf die Zeit der ersten hominiden Völkerwanderung zurück. Logischerweise muß man davon ausgehen, daß die ersten Gruppen des *Homo erectus* auszogen, bevor die acheuléische Kultur etabliert war, also etwa vor anderthalb Millionen Jahren. Aller Wahrscheinlichkeit nach sind die Gruppen Richtung Osten gezogen. Spätere Völkerwanderungen verliefen vermutlich Richtung Westen und brachten die Errungenschaften der bereits vorhandenen acheuléischen Technologie mit. Allerdings kann man einwenden, daß diese Argumentation den Sachverhalt zu sehr vereinfacht, da es durchaus auch möglich ist, daß sich der Typus *Homo erectus* schon in Afrika in Stämme aufgeteilt hatte, und zwar entsprechend ihrem technologischen Standard.

Die Aufgliederung erfolgte auf jeden Fall – was auch immer der Grund dafür gewesen sein mag – vor mindestens einer halben Million Jahren. Einer kurzen Periode, in der die acheuléische Kultur dominierte, folgte eine verfeinerte Steinwerkzeugtechnologie, die ein Zeichen für die fortschreitende kulturelle Expansion ist. Vermutlich ist der Grund für diese erste kulturelle Veränderung in der ständigen westöstlichen Völkerwanderung zu suchen. Es ist aber auch möglich – was beispielsweise Olduvai zu belegen scheint –, daß die einzelnen Gruppen Kulturträger waren, die ihre Kenntnisse durch soziale und andere Kontakte weitergaben, während sie selbst mehr oder weniger in der gleichen Gegend blieben. Diese Theorie scheint uns letztlich zutreffender zu sein als jene, wonach der kulturelle Austausch im Rahmen einer riesigen Völkerwanderung stattgefunden habe. Kultur ist per definitionem transportabel – das heißt, daß zu ihrer Verbreitung nur nachbarschaftliche Kontakte vorhanden sein müssen, ohne daß eine Wanderung stattfinden muß.

Von der evolutionären Triebkraft, die die Entwicklung des *Homo erectus* zum *Homo sapiens* bewirkte, sind vermutlich einige *erectus*-Gruppen überrollt worden, aus denen sich dann *sapiens*-Völker entwickelten, die allerdings in einer evolutionären Sackgasse steckenblieben und schließlich ausstarben. Dazu gehört der Neandertaler ebenso wie der Solo- und der Rhodesien-Mensch, die alle das Opfer einer Überspezialisierung wurden. Für geraume Zeit muß *Homo sapiens* sich jedoch aus einem äußerst vielfältigen genetischen Fundus gespeist haben. Diese Annahme beruht auf der Tatsache, daß man in einem ehemaligen Überschwemmungsgebiet im südlichen Äthiopien, durch das heute der Omo-Fluß verläuft, die Reste zweier Hominiden gefunden hat, die dort vor rund hunderttausend Jahren gestorben sind. Der eine war ein fast neuzeitlicher Typus, während der Schädel des anderen noch viele Merkmale des *erectus* aufweist. Ähnliche Funde machte man in Israel in zwei Höhlen des Karmel-Gebirges. In der einen lagen die Gebeine eines etwa fünfzigtausend Jahre alten Individuums, das bereits die typischen Züge des neuzeitlichen Menschen hatte. In der anderen dagegen zeigen die Fossile eines Lebewesens, das nur zehntausend Jahre älter war als das andere, noch viele archaische Charakteristika. Dieses Wesen hatte nicht nur die schweren Jochbögen, sondern insgesamt die Statur des »klassischen« Neandertalers.

Ganz allmählich entwickelte sich die Variante des *Homo sapiens*, der jeder heute lebende Mensch zuzurechnen ist, der *Homo sapiens sapiens*. Es wäre sinnlos, zu fragen, wo und wann genau diese Spezifikation erfolgte, denn den »Geburtsort« des modernen Menschen gibt es nicht. Allerdings ist es einer genaueren Überlegung wert, warum in diesem Stadium – was man mit Sicherheit weiß – in Afrika fünfmal soviel Hominiden lebten wie in anderen Teilen der Welt. Die Tatsache, daß es in Europa so viele Fundstätten gibt, an denen man Zeugnisse jener Periode gefunden hat, ist nur auf bessere Konservierung, leichtere Zugänglichkeit und eine erhebliche größere Mitarbeiterzahl als in Afrika zurückzuführen. Europa ist zwar der Brennpunkt der neueren Humanarchäologie, aber niemals der Brennpunkt des jüngsten Evolutionsprozesses.

Doch ist es zweifellos irreführend, wenn wir hier von einem evolutionären Fokus sprechen. Wahrscheinlicher ist, daß sich *Homo sapiens* an verschiedenen Orten gleichzeitig entwickelte. Die einzelnen Gruppen breiteten sich dann allmählich über die nähere und weitere Umgebung aus, wobei sie auf andere Gruppen stießen, die ihnen genetisch und von der Entwicklungsstufe her verwandt waren. Um es mit einem Bild zu erklären: Wenn man eine Handvoll Kiesel in einen Teich wirft, hinterläßt jeder einzelne Kieselstein zentrische Kreise auf dem Wasserspiegel, die sich aber über kurz oder lang mit den anderen treffen. Auf ähnliche Weise haben sich die verschiedenen Gruppen vermischt, denn die These einer konzentrischen Ausdehnung ist falsch.

In diesem Zusammenhang muß auch betont werden, daß die äußerlichen Unterschiede in der heute lebenden Erdbevölkerung Variationen *innerhalb* der Spezies *Homo sapiens sapiens* sind. Jedes menschliche Wesen ist ein Mitglied derselben Unterfamilie. Die Variationen innerhalb der Spezies sind Folgen der geographischen Trennung oder Anpassungen an bestimmte regionale Gegebenheiten. Eskimos zum Beispiel sind von gedrungener Statur, da diese Körperform

bestens dazu geeignet ist, Wärme möglichst lange zu speichern. Im absoluten Kontrast dazu stehen die großen, eleganten Masai, deren Körperform wiederum wie die der meisten tropischen Völker besonders gut Hitze abgeben kann. Ein weiteres Beispiel ist die Pigmentierung der Haut. Der Grad der Pigmentierung nimmt proportional zur Äquatornähe zu. Da der Pigmentfaktor Melanin die Haut vor ultravioletten Strahlen schützt, ist diese Veränderung biologisch überaus sinnvoll.

Die Notwendigkeit eines Hautschutzes mit Hilfe der Pigmentierung entstand, als die frühen Hominiden ihren dicken Haarbewuchs verloren. Wir haben zwar noch genausoviel Haare wie unsere menschenaffenähnlichen Vorfahren, aber unsere Haare sind fein und kurz, so daß die Haut weitestgehend ungeschützt ist. Allerdings muß dieser »Haarausfall« unserer Vorfahren ja einen bestimmten Grund gehabt haben. Wahrscheinlich ist er darin zu sehen, daß der Mensch dadurch in der Lage war, ein sehr feines Kühlsystem zu entwickeln, und zwar durch die rund fünf Millionen winziger Poren – mithin die Zugänge zu den Schweißdrüsen –, die über den ganzen Körper verteilt sind. Dadurch kann die Körperfeuchtigkeit in einem Maße verdunsten wie bei keinem anderen Lebewesen. Diese Eigenschaft hat den Vorteil, daß man auch bei großer Hitze aktiv sein kann, hat allerdings den Nachteil, daß der Mensch dadurch wieder besonders vom Wasser abhängig wurde.

Der Rückgang der dichten Körperbehaarung setzte wahrscheinlich schon zu einem frühen Stadium der Evolution des *Homo erectus* ein, als unsere Vorfahren noch in Afrika waren – dies ist allerdings nur eine Vermutung, denn Beweise haben wir dafür nicht. Sollte dies jedoch zutreffen, so muß auch die Pigmentzunahme zu jener Zeit stattgefunden haben. Für die nach Norden ziehenden Völker war die starke Pigmentierung jedoch von großem Nachteil, da sie verhinderte, daß der Körper die geringere Sonnenstrahlung aufnehmen konnte. Das bedeutete, daß ein wesentlicher Katalysator ausgefallen wäre, der in der Haut das Vitamin D produziert. Die Pigmentierung hat also vermutlich abgenommen, je mehr unsere Vorfahren Richtung Norden wanderten, während die *Homo erectus*-Bevölkerung in Afrika, deren Abkömmlinge sich allmählich zum *Homo sapiens sapiens* entwickelten, ihre dunkle Hautfarbe beibehielten.

Es ist daher auch keineswegs erstaunlich, daß nicht nur die hellhäutigen Bewohner Europas Höhlenmalereien schufen, sondern auch ihre dunkelhäutigen Vettern in Afrika. Die Menschen, die vor etwa zwanzigtausend Jahren in Europa lebten, hatten sich zum Schutz vor dem eiszeitlichen Klima in Höhlen zurückgezogen, deren Wände sie mit Tiermotiven, häufig auch mit Jagdszenen bemalten. Vermutlich geschah dies aus Achtung vor ihren Beutetieren, da sie sich durchaus

Ozeanier – ein Wapenamanda aus dem Hochland von Neu-Guinea.

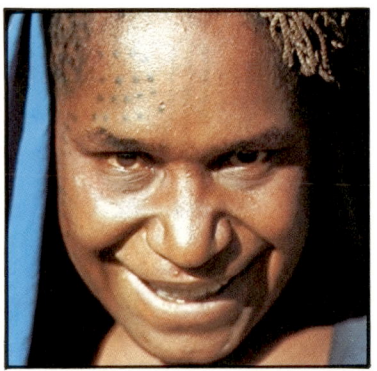

Asiaten – ein Chinese aus einer Kommune bei Peking.

Australier – ein Lirutji aus Nordaustralien.

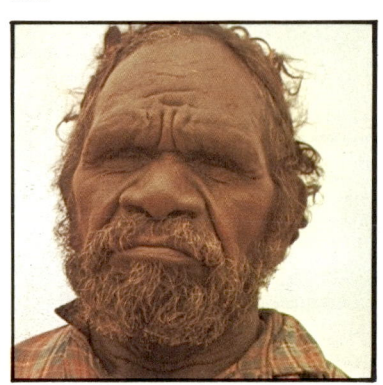

Afrikaner – ein Samburu aus Nord-Kenia.

Die physischen Verschiedenheiten zwischen Völkern aus unterschiedlichen Teilen der Erde kommen durch die geographische Trennung und Anpassungen an örtliche Gegebenheiten zustande. Die geographische Einteilung in Rassen beim Homo sapiens ist eine rein verbale Konvenienz, da es keine klar abgegrenzten körperlichen Unterschiede gibt. Kulturelle Verschiedenheiten erweisen sich als viel deutlicher.

Die Hautpigmentierung ist ein Beispiel für Anpassung an die Umgebung. Das Diagramm zeigt die Verteilung der Melaninkörner in den epidermalen Basalschichten. Der Dichtegrad dieser Melanozyten bestimmt die Hautfarbe einer Rasse.

Negroid

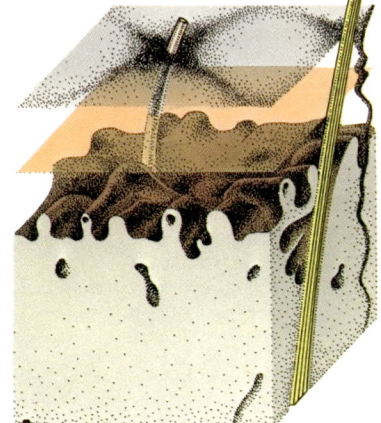

Kaukasisch

Mongoloid

Melanozyten
Basalschicht

Südamerikanische Indianer – ein Quechua-Indianer aus Peru.

Kaukasier – ein Nomadenhäuptling aus Afghanistan.

Aufgrund der klimatischen Verhältnisse in Afrika brauchten die Menschen nicht in Höhlen zu leben. Von den Malereien an freiliegenden Felswänden sind daher nur einige erhalten. Jüngere Felsmalereien gibt es allerdings recht viele, wie beispielsweise im Tassili-Gebirge in der Sahara, wo viele Beispiele neolithischer Felsmalerei gefunden wurden.

ihrer Lebensbedingungen bewußt waren. So kann es zwar sein, daß diese Zeichnungen den erfolgreichen Ausgang einer Jagd beschwören sollten. Vermutlich waren sie jedoch der tiefempfundene Ausdruck des Konflikts, der in der Vernichtung jedweden Lebens liegt. So ist es dann auch nicht ohne Bedeutung, daß pflanzliche Motive in der prähistorischen Kunst fast nie erscheinen. Denn obgleich Pflanzen im biologischen Sinne natürlich auch »Lebewesen« sind, verursachten sie vermutlich in den damaligen Menschen nicht das gleiche Gefühl der Zerstörung von Leben.

Wie auch immer die Motivation dieser prähistorischen Malerei beschaffen war – und vielschichtig war sie auf jeden Fall –, so muß doch auch die Freude an künstlerischer Betätigung immer größer geworden sein. Das vermutlich verläßlichste Zeichen dieses früh ausgeprägten ästhetischen Bewußtseins haben wir in einem Kieselstein, einer Art Werkzeug, das, »Lorbeerblatt« genannt wird. Das schönste Exemplar eines solchen Kunstwerks (denn in Wirklichkeit ist es eher das, als ein Werkzeug) wurde 1873 im Südosten Frankreichs gefunden. Es hat die Form eines zarten Blattes von etwa 35 cm Länge, 10 cm Breite und nur 0,8 cm Dicke, das bei der Benutzung als Werkzeug zweifellos zerbrochen wäre. Diese Blätter sind ein Zeichen von großem künstleri-

Das »Lorbeerblatt«-Steinwerkzeug gibt uns Aufschluß darüber – ebenso wie die Höhlenmalereien –, daß der Cro-Magnon-Mensch bereits über beträchtliche künstlerische Fähigkeiten verfügte. Da dieser Gegenstand so besonders schön geformt ist, war er möglicherweise kein Gebrauchsgegenstand, sondern war Ausdruck handwerklichen Könnens und eines bereits entwickelten Formgefühls.

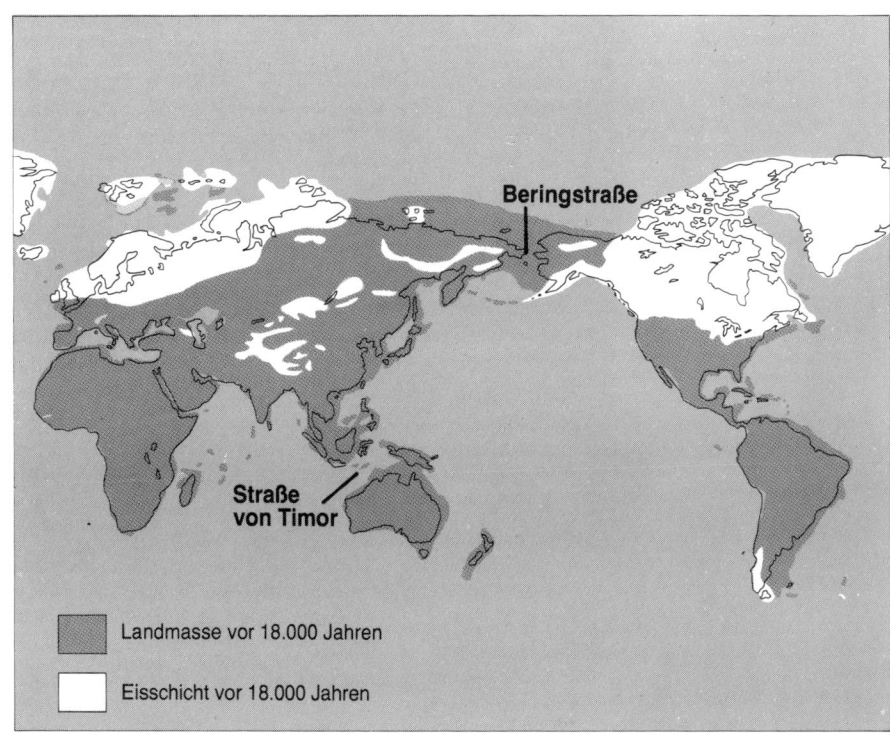

Landmasse vor 18.000 Jahren

Eisschicht vor 18.000 Jahren

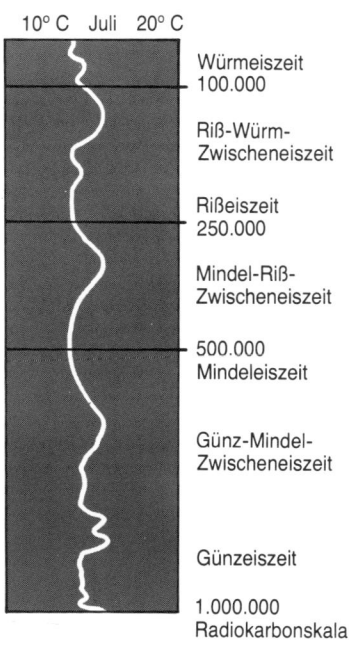

10° C   Juli   20° C

Würmeiszeit
100.000

Riß-Würm-
Zwischeneiszeit

Rißeiszeit
250.000

Mindel-Riß-
Zwischeneiszeit

500.000
Mindeleiszeit

Günz-Mindel-
Zwischeneiszeit

Günzeiszeit

1.000.000
Radiokarbonskala

Die Tabelle zeigt die Temperaturkurven während etwa einer Million Jahre.

Die Wanderung der Gletscher während der letzten Eiszeit spielte eine große Rolle in der Ausbreitung des Homo sapiens. Die Karte zeigt die größte Ausdehnung der Eiskappen vor etwa achtzehntausend Jahren. Zu diesem Zeitpunkt war der Meeresspiegel beträchtlich niedriger als heute. Daher wurden Landbrücken freigelegt, und zwar zwischen dem nordamerikanischen Kontinent und Asien. Auch die Meerengen zwischen Südostasien und Australien waren schmaler.

schem Geschick und einem ausgeprägten Formsinn. Denkbar wäre, daß diese »Lorbeerblätter« als eine Art Währung fungierten, vielleicht als Teil eines Brautschatzes, etwa so, wie in manchen unserer heutigen »Primitiv«-Gesellschaften besonders schöne Muscheln eine wertvolle Mitgift sind.

Da die Europäer aufgrund der klimatischen Bedingungen in Höhlen leben mußten, haben viele ihrer kunstvollen Malereien die Zeiten überdauert. Sie wurden bis heute in ungefähr 60 Höhlen in Frankreich und in 30 in Spanien entdeckt. Da das Klima in Afrika relativ mild ist, hatten die dortigen Bewohner keinen Anlaß, sich in Höhlen zurückzuziehen. Das bedeutet aber leider, daß die meisten prähistorischen Malereien auf freiliegenden Felsen aufgetragen und im Laufe der Zeit natürlich durch Witterungseinflüsse zerstört

wurden. Allerdings haben wir doch einen Beweis für diese Art von Malerei: Im Cheke-Distrikt in Tansania befinden sich einige Felsformationen, die von den prähistorischen Bewohnern dieser Gegend als Zufluchtsort benutzt wurden. Sie sind mit Tier- und Menschenmotiven bemalt, die in Stil und Komposition sehr den europäischen Höhlenmalereien ähneln. Giraffen und Elefanten sind die am häufigsten vorkommenden Tierarten, die auffallend detailliert gemalt sind. In merkwürdigem Gegensatz dazu stehen die menschlichen Gesichter, die meist nur aus einem Kreis oder einem Farbfleck bestehen. Vermutlich war das Zeichnen eines menschlichen Gesichtes tabuisiert, weil diese prähistorischen Künstler vielleicht glaubten, dadurch dem Menschen seine Seele zu rauben.

Zu der Zeit, als bereits sehr kunstvolle Malereien in Afrika und Europa entstanden, hatte die Menschheit noch zwei weitere Kontinente erobert, und zwar Australien und die beiden Amerikas. Die Frage ist nur, wie sie von der europäisch-asiatisch-afrikanischen Landmasse zu diesen beiden Kontinenten gelangen konnte, die jetzt ja Inseln sind. Wie überwanden sie das Meer? Vor etwa einhundertzehntausend Jahren vereisten die nördlichen Gletschermassen immer mehr, und riesige Eisschollen sogen sozusagen die Wasser der

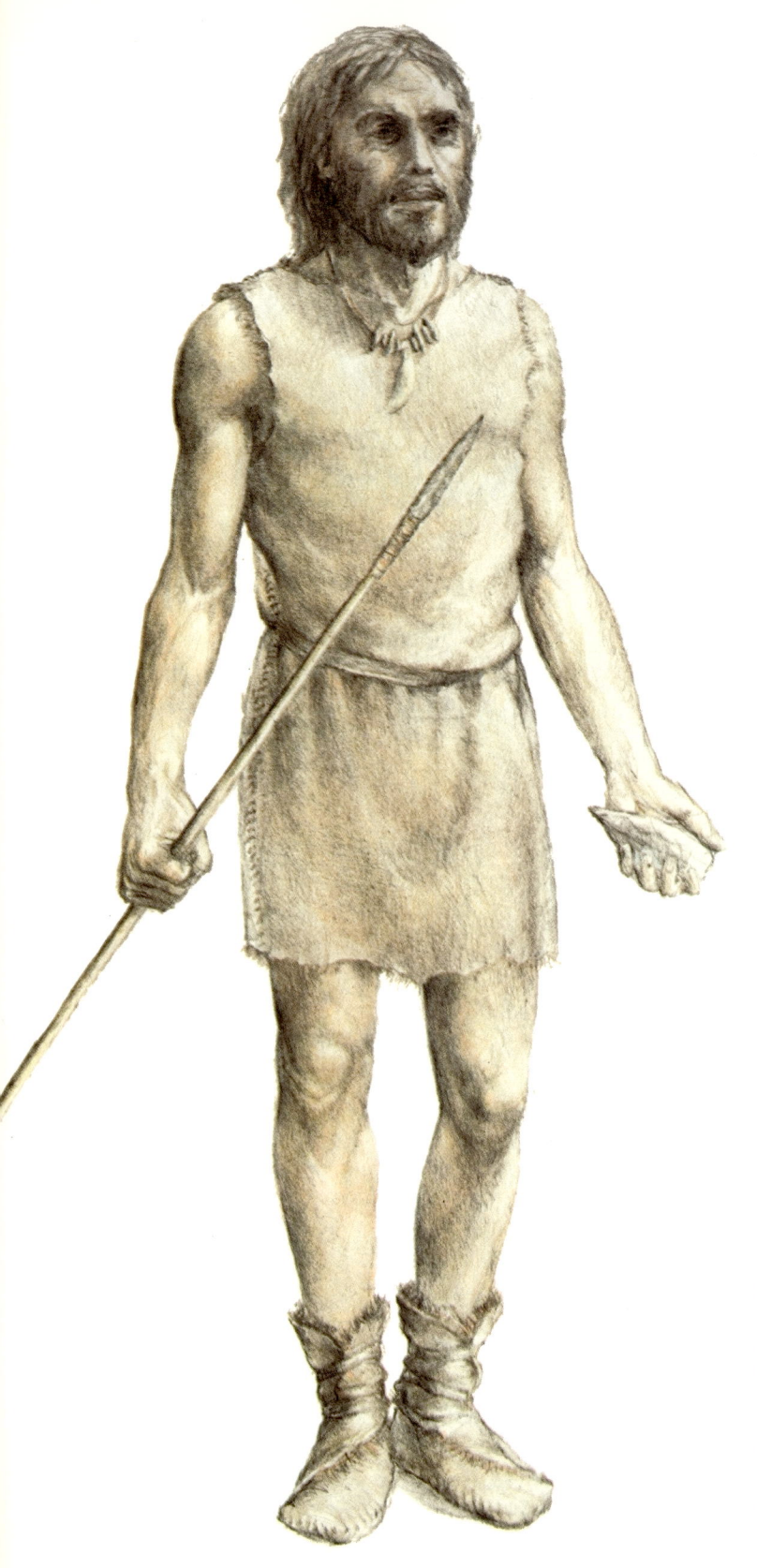

Ozeane auf, die dadurch runde 125 Meter flacher wurden. Dies war mehr als genug, um die Bering-Straße trockenzulegen, die Nordamerika mit der nördlichsten Spitze Asiens verbindet, so daß unsere Vorfahren zwar trockenen Fußes, aber bei sehr niedrigen Temperaturen ihre Wanderung in die Neue Welt antreten konnten.

Die Erklärung, wie unsere Vorfahren nach Australien kamen, ist erheblich komplizierter. Die Meerenge von Tibor, die Australien von Südostasien trennt, ist einfach viel zu tief, als daß sie während jener Eiszeitperiode hätte austrocknen können. Und zu eben dieser Zeit wurde sie allem Anschein nach von diesen Menschen überquert. Die einzig mögliche Schlußfolgerung ist also, daß diese »Einwanderer« nach Australien gesegelt sind. Obgleich die Meerenge zur damaligen Zeit erheblich schmaler war, mußten diese abenteuerlustigen Menschen vor etwa zwanzigtausend Jahren doch immerhin noch etwa sechzig Seemeilen überwinden. Wir können uns kaum vorstellen, was diese Menschen zu dieser Wanderung veranlaßt hat. Sie wußten ja überhaupt nicht, was sie jenseits des sichtbaren Horizonts erwartete. Natürlich konnten sie Zugvögel beobachtet und sich gefragt haben, woher sie wohl kamen oder wohin sie zogen. Aber ihre Transportmittel konnten doch bestenfalls Einbäume gewesen sein, die für eine Reise übers offene Meer kaum sonderlich geeignet sind.

Vielleicht hatte diese Reise einen ganz unfreiwilligen Anlaß, vielleicht ist einfach nur eines Tages ein Kanu aufs Meer abgetrieben worden? Wenn diese Fahrt über den offenen Ozean jedoch in voller Absicht begonnen worden ist, so ist sie ein triumphales Zeugnis menschlichen Geistes und Mutes. Was auch immer der Anlaß war – diese Reise mußte mehrmals stattgefunden haben. Wir haben zwar nicht sehr viele prähistorische Zeugnisse aus dieser Periode, aber doch immerhin genug, um daraus schließen zu können, daß mehr als nur ein einziges Kanu vor etwa achtzehntausend Jahren an den Ufern Australiens landete.

Obgleich die Völkerwanderung nach Amerika methodisch kaum ein Problem mehr stellt, ist dennoch die Frage der Datierung umstritten. Bei zu geringer Vereisung wäre die Beringstraße nämlich nicht trockengelegt worden, und bei zu starker wäre der Weg durch enorme Eisbrocken und Gletscher blockiert gewesen. Der Grad der Vereisung muß deshalb genauso gewesen sein, daß der Weg trocken und doch nicht von Eisbrocken versperrt war. Die Geologen streiten sich bis heute noch darüber, wann dieses Stadium zu datieren

Der Cro-Magnon-Mensch war, anatomisch gesehen, bereits ein echter Homo sapiens. Die fossilen Knochen sind generell leichter als die früherer Menschen. Die Schädel gleichen denen heutiger Menschen.

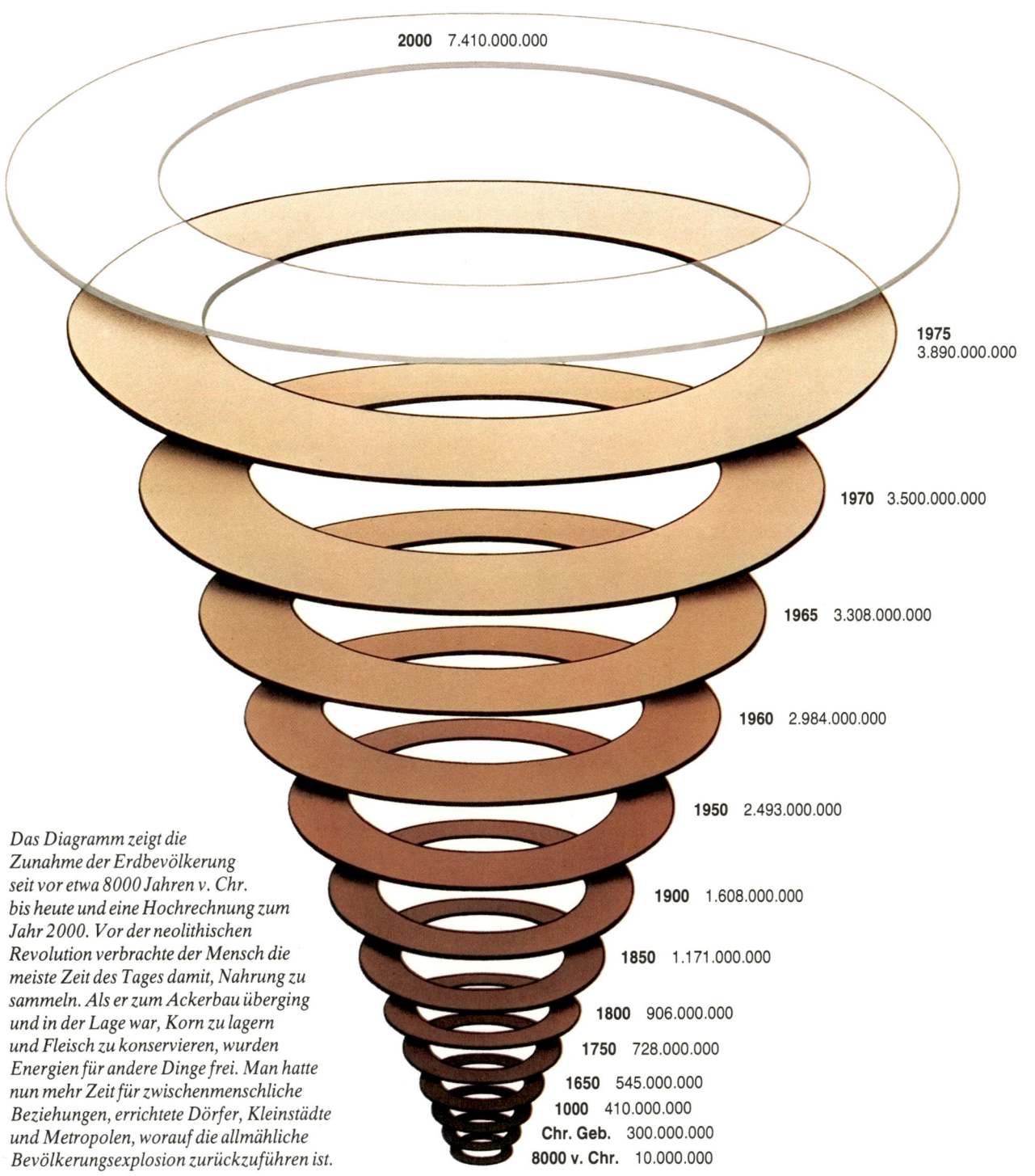

2000   7.410.000.000

1975
3.890.000.000

1970   3.500.000.000

1965   3.308.000.000

1960   2.984.000.000

1950   2.493.000.000

1900   1.608.000.000

1850   1.171.000.000

1800   906.000.000

1750   728.000.000

1650   545.000.000

1000   410.000.000

Chr. Geb.   300.000.000

8000 v. Chr.   10.000.000

Das Diagramm zeigt die Zunahme der Erdbevölkerung seit vor etwa 8000 Jahren v. Chr. bis heute und eine Hochrechnung zum Jahr 2000. Vor der neolithischen Revolution verbrachte der Mensch die meiste Zeit des Tages damit, Nahrung zu sammeln. Als er zum Ackerbau überging und in der Lage war, Korn zu lagern und Fleisch zu konservieren, wurden Energien für andere Dinge frei. Man hatte nun mehr Zeit für zwischenmenschliche Beziehungen, errichtete Dörfer, Kleinstädte und Metropolen, worauf die allmähliche Bevölkerungsexplosion zurückzuführen ist.

sei. Die Vermutungen differieren zwischen zwölftausend, fünfundzwanzigtausend und siebzigtausend Jahren. Inzwischen haben jedoch archäologische Funde sowohl in Nord- als auch in Südamerika ergeben, daß dieser Zeitpunkt eher früher als später angesetzt werden muß. Obgleich die meisten Fundorte jünger als zwanzigtausend Jahre sind, konnte der Schädel des sogenannten Los Angeles-Menschen auf ungefähr sechsundzwanzigtausend Jahre datiert werden. Da es keinen vernünftigen Grund für die Annahme gibt, daß die ersten Menschen, die in der Neuen Welt eintrafen, sich ausgerechnet auf direktem Weg nach Los Angeles begaben, läßt sich vermuten, daß die Vorfahren des Los Angeles-Menschen schon lange vor seiner Zeit die Ufer dieses Kontinents betreten haben.

Die Menschen, die über die Beringstraße nach Nordamerika zogen, waren Jäger und Sammler, die sich allerdings bereits soweit den arktischen Klimabedingungen angepaßt hatten wie heutzutage etwa die Eskimos. Man ist immer wieder versucht, zu spekulieren, ob nicht schon der Grundtypus *Homo sapiens* in der Lage gewesen sein könnte, vor etwa zweihunderttausend Jahren – also während der früheren Eiszeit – nach Amerika zu wandern. Da es keinen wirklich sinnvollen Grund gibt, diese Vermutung zu verwerfen, würde das bedeuten, daß die Ahnenreihe des heutigen amerikanischen Indianers weitaus länger und älter ist, als bislang angenommen wurde. Funde in Kanada und Mexiko beweisen in jüngster Zeit, daß dort schon vor fünfzigtausend Jahren Menschen gelebt haben! Vielleicht warten also prähistorische Wohnstätten, die viermal so alt sind, nur darauf, endlich ausgegraben zu werden!

Vor etwa zehntausend Jahren war jeder Teil der Welt bewohnt, wenngleich nur dünn besiedelt. Und zu diesem Zeitpunkt hatte die Menschheit einen Entwicklungsstand erreicht, der die Einführung des Ackerbaus begünstigte. Als noch Sammeln und Jagen die Grundpfeiler der menschlichen Ernährung bildeten, versorgte sich jede Hominidengruppe mit Pflanzen oder Tieren aus der Gegend, wo sie sich aufhielt. Später wurden jedoch Pfeil und Bogen erfunden, ebenso wie der Speer und die Technik des Speerwerfens, wodurch das Jagen erheblich erleichtert wurde. Zum Sammeln bedurfte es nur eines Behälters, in dem Früchte, Nüsse und nahrhaftes Wurzelwerk zum Lager getragen werden konnte. Die Lebensform war im Grunde nomadisch, gemächlich und geruhsam.

Die Jäger- und Sammler-Gemeinschaften waren im allgemeinen recht klein und umfaßten nur etwa fünf bis sechs Familien. Sie gehörten zwar einem großen und weitverbreiteten Stamm an, dem sie durch Sprache und Kultur verbunden waren, unterhielten jedoch selbst nur einen kleinen mobilen Gruppenverband. Einige Sammler und Jäger brauchten

jedoch nicht alle paar Wochen ihr Lager zu wechseln, um an neue Nahrungsmöglichkeiten zu kommen. Sie bauten kleine Dörfer, in dem hundert oder mehr Menschen lebten. Der Grund für diese ungewöhnliche Seßhaftigkeit war das Vorhandensein ausreichender Nahrung. Ein solches Dorf wurde in Lepenski Vir in Jugoslavien gefunden, das von einer Gruppe von Sammlern und Jägern sozusagen am Vorabend der Agrikultur oberhalb des Donauufers errichtet wurde. Sie sammelten zwar Pflanzen in ihrer unmittelbaren Umgebung, lebten aber in der Hauptsache von Fischen. Man hat in dem Dorf Steinschnitzereien gefunden, die überwiegend die Form von Fischköpfen haben.

Aus der gleichen Zeit stammt das Dorf von Ain Mallah im oberen Jordantal. Die Hauptnahrungsquelle waren hier Pflanzen: Pistazien, Eicheln, wilder Weizen und Gerste. Außerdem jagten sie Gazellen, die in dieser Gegend sehr häufig vorkamen. Der Nahrungsreichtum war dort so groß, das mindestens zweihundert, wahrscheinlich jedoch dreihundert Menschen in diesem Dorf davon leben konnten. Die glückliche Verbindung von ausreichend vorhandener pflanzlicher aber auch tierischer Nahrung muß der Anfang eines bewußt betriebenen Ackerbaus gewesen sein.

Der erste Schritt zu einer Kultivation ohnehin reichlich vorhandener Pflanzen besteht nur darin, ihr Wachstum etwas zu verbessern – beispielsweise durch Bewässerung. Die Paiute-Indianer aus dem Owens-Tal im Südwesten der Vereinigten Staaten betrieben bis vor kurzer Zeit ihren Ackerbau nur auf diese Weise. Sie pflanzten nicht, sondern zweigten nur Bewässerungskanäle von eingedämmten Flüssen ab, um die vorhandenen Pflanzen besser wachsen zu lassen. Sicherlich ist die Bewässerung bereits vorhandener Pflanzen auch ein Teil des Ackerbaus – das entscheidende Element ist jedoch die Aussaat, und zwar eines durch Selektion ausgesuchten und somit verbesserten Saatguts. Das Geheimnis eines ertragreichen Getreideanbaus liegt in der genetischen Selektion, durch die hohe Qualität und Widerstandsfähigkeit – etwa gegen Krankheitsbefall – erzielt werden kann. Der heutige Maiskolben beispielsweise ist zehnmal so groß wie der, aus dem er gezüchtet wurde. Außerdem ist der heutige Maiskolben in dichte Blätter eingehüllt, so daß kein Korn während des Erntens verloren gehen kann.

Mais war eine der ersten Getreidesorten, die kultiviert wurden. Seine Züchtung war von Beginn an bis zur Entwicklung des heutigen Super-Maises erfolgreich. Vermutlich begann man damit, daß man aus den geernteten kleinen wilden Kolben diejenigen auswählte, die am wenigsten dazu neigten, ihre Körner zu verlieren. Und als man einmal begonnen hatte, Samen bewußt auszusäen, um ein besseres Ernteergebnis zu erzielen, war es nur noch eine Frage der

Erfahrung, die Samen der besten Pflanzen zur nächsten Saat zu verwenden.

Ob allerdings die erste Aussaat das Ergebnis eines mit voller Absicht durchgeführten Experiments oder das Resultat zufälliger Beobachtungen war, ist eine Frage, die wir nie werden beantworten können. Fest steht nur, daß es nicht nur einen »Geburtsort« des Ackerbaus gibt, ebensowenig wie nur einen Geburtsort des *Homo sapiens sapiens.* Die Erfindung des Ackerbaus fand unabhängig voneinander an verschiedenen Orten und auf unterschiedliche Weise statt, manchmal unabsichtlich und manchmal als Ergebnis bewußter Planung. Allerdings hat die vorangegangene Lebensform des Sammelns und Jagens mit Sicherheit die Lebensweise der Ackerbauern beeinflußt.

Dabei müssen wir in Betracht ziehen, daß es zwei sehr unterschiedliche Formen des Sammelns und Jagens gibt, die ihrerseits zu zwei sehr unterschiedlichen Agrarformen führten. Für die Menschen von Ain Mallaha führte zum Beispiel der Weg von wilden Samen zur vorbedachten Getreideaussaat und -ernte. Andere Stämme, die vor allem von der Jagd lebten und den Herden von wild lebenden Tieren vermutlich auch über weite Entfernungen hinweg nachzogen, lernten wahrscheinlich im Laufe der Zeit, Tiere zu züchten. Eine Zwischenstufe bildete sicher die Lebensweise als nomadisierende Hirten, die ihre Herden noch nicht auf einem eingezäunten Areal hielten. Diese Hirten bauten jedoch wohl auch ein wenig Getreide an, weil ihre Wanderschaft ja jahreszeitlich bedingt war. Dieses Verhalten finden wir noch heute bei den schon erwähnten Dassanetch in Afrika.

Diese neu entstehenden Agrargemeinschaften betrieben natürlich den Ackerbau nicht nur mit einem einzigen Saatgut. Darüber hinaus wurden sie durch ihre unterschiedlichen Fähigkeiten ermutigt, untereinander Handel zu treiben und beispielsweise Getreide gegen Fleisch zu tauschen. Doch war in dieser Welt vor zehntausend Jahren der Gedanke des Handeltreibens keineswegs neu, denn Obsidian und andere Materialien, die zur Herstellung von Werkzeugen verwendet wurden, waren schon damals jahrtausendealte Handelsgüter. Aber dessenungeachtet brachte doch der Übergang zur Landwirtschaft zunehmend die Notwendigkeit mit sich, die jeweiligen Güter zu tauschen.

Warum der Übergang zum Ackerbau nun gerade zu einem bestimmten Zeitpunkt stattfand, ist schwer zu sagen. Vermutlich spielten dabei zwei Faktoren eine Rolle. Mit dem Rückgang des Eises wurden die klimatischen Bedingungen günstiger, und die wenigen, bereits seßhaften Jäger- und Sammler-Gruppen waren vermutlich schon so weit sozialisiert, daß eine Bereitschaft zu dieser neuen Lebensform vorhanden war. Ackerbau entwickelte sich in vielen Gegenden fast gleichzeitig, am ausgeprägtesten jedoch vermutlich in dem fruchtbaren Landstreifen im Südosten des Mittelmeerraums. Wir wissen von Ausgrabungen, daß diese neue Lebensform sich rasch verbreitete und sehr bald so weit entwickelt war, daß die Dorfbewohner mit allen notwendigen Nahrungsmitteln versehen waren.

Dies steht im Gegensatz zu Mittelamerika, einem zweiten Zentrum des Ackerbaus vor etwa zehntausend Jahren. Dort wurde Ackerbau und Jagd über Tausende von Jahren nebeneinander betrieben. Erst vor etwa dreitausend Jahren war der Maisanbau so weit entwickelt, daß sie zusammen mit dem Anbau von Bohnen und Kürbissen zur Ernährung einer festgefügten Dorfgemeinschaft ausreichte. Weitere frühe Zentren des Ackerbaus lagen in Peru und Thailand. Zweifellos harren noch eine ganze Reihe solcher frühen Anbauorte ihrer Entdeckung, wodurch natürlich die These erhärtet wird, daß Ackerbau gleichzeitig an vielen Orten entstand.

Nachdem diese Revolution einmal stattgefunden hatte, breitete sich die neue lebenswichtige Errungenschaft mit rapider Geschwindigkeit aus. Da nun Nahrung auf kleinem Raum gespeichert werden konnte, wurde die Entstehung von Dörfern, Gemeinden und Städten möglich. Die Weltbevölkerung wuchs von einer Zahl von etwa zwanzig Millionen zur Zeit der Entstehung des Ackerbaus auf über vier Milliarden. Nur ein winziger Bruchteil dieser immensen Zahl lebt noch heute als Sammler und Jäger, in einer Existenzform also, die vor über drei Millionen Jahren unsere Vorfahren nicht nur ernährte, sondern auch ihre soziale, psychische und physische Entwicklung bestimmte.

7
Die
Lebensweise
der Jäger
und Sammler

Während einer langen Periode im Verlauf der Evolution waren die Menschen Sammler und Jäger. Erst vor zehntausend Jahren begannen die ersten Menschen, mit den Möglichkeiten eines planvollen Ackerbaus zu experimentieren. Obgleich das Töten von Tieren unseren Vorfahren eine zusätzliche Nahrungsquelle verschaffte, verschwindet der utilitaristische Aspekt des Jagens gegenüber dem enormen Einfluß, den die ökonomische Mischform des Jagens und Sammelns auf die zunehmende Evolution des Menschen hatte. Sie erschütterte das soziale Grundprinzip, das die Menschheit bis zu diesem Zeitpunkt bestimmt hatte, sie verstärkte die Kräfte, die zur Fortentwicklung des menschlichen Gehirns beitrugen, und sie erforderten einen Grad sozialen Verhaltens, das bei keinem anderen Primaten vorkam. Daher ist Teilen das Grundprinzip der ersten ökonomischen Mischform.

Da die archäologischen Befunde so außerordentlich gering sind, können wir bis jetzt noch nicht genau bestimmen, wann tierische Nahrung für den Menschen wichtig wurde. Ganz plausibel scheint uns jedoch die Vermutung, daß dies bereits ein bedeutender Faktor war zu dem Zeitpunkt, als sich die Homo-Linie vom Grundtypus abspaltete. Vermutlich blieben damals nur die Australopithecinen als Nur-Vegetarier in einer ökologischen Sackgasse stecken. Es kann sogar sein, daß schon die ersten Hominiden vor zwölf Millionen Jahren tierische Nahrung zu sich nahmen. Wahrscheinlicher ist jedoch, daß es erst vor fünf Millionen Jahren zur Gewohnheit wurde, parallel mit der Entwicklung unseres direkten Vorfahrs. Und ebenso wahrscheinlich ist auch das gemeinsame Jagen, zu dem sich unsere Vorfahren gelegentlich in Gruppen zusammentaten, erst vor zwei Millionen Jahren aufgekommen.

Doch lassen wir den Aspekt der präzisen Datierung der Lebensform als Sammler und Jäger einmal beiseite. Wichtiger ist, daß wir in diesem Verhalten, mehr als in jedem anderen, nach dem Schlüssel zu den *Grundzügen* menschlicher Eigenschaften zu suchen haben. Der Mensch lebte schließlich über eine Million Jahre überwiegend von der Jagd und betrieb dann nur etwa zehntausend Jahre lang Ackerbau. Die intellektuellen Fähigkeiten und der soziale Zusammenhalt, die im Prinzip also schon bei den Jägern und Sammlern vorhanden waren und durch das soziale Verhaltensmuster des Teilens verstärkt wur-

Vorhergehende Seiten: Die G/wi sind Sammler und Jäger, die heute in der mittleren Kalahari leben. Gründliche anthropologische Studien dieses Stammes ebenso wie der !Kung haben manches Licht auf die Lebensweise unserer Vorfahren geworfen.

den, machten den Übergang zur Agrikultur möglich. Doch können in dem Zeitraum von zehntausend Jahren, in dem die Jagd allmählich hinter dem Ackerbau zurücktrat, keine bedeutenden biologischen Veränderungen des Menschen stattgefunden haben – dafür war einfach die Zeit zu kurz.

Die Theorien zur Humanevolution haben so manchen Mythos kreiert. Aber die, die sich mit dem Phänomen des Jagens beschäftigten, sind die versponnensten und auch gefährlichsten. Wir sollten nämlich nicht vergessen, daß zwischen Jagd und Aggression ein sehr großer und unüberbrückbarer Abgrund besteht. Wenn jemand von der »prähistorischen Lust am Töten« oder den »blutigen Verließen der Evolution« spricht, so ist dies biologisch totaler Unsinn: Unsinn, weil diese Aussagen viel zu emotional und vor allem viel zu unpräzise sind. Dieser Unsinn wird allerdings dann äußerst gefährlich, wenn er dazu dienen soll, den offensichtlichen Hang des heutigen Menschen, sich und seinesgleichen durch eine immer verfeinertere Kriegsmaschinerie auszulöschen, zu rechtfertigen. Wir wollen uns in diesem Kapitel jedoch damit befassen, welchen Einfluß die Lebensform des Sammelns und Jagens auf die soziale Struktur eines fleischessenden Lebewesens wie den Menschen hatte.

Die Primaten, die uns nahe verwandt sind, zählen fast ausnahmslos zu den Pflanzenfressern. Auch diejenigen, die gelegentlich Fleisch fressen – wie etwa Schimpansen und Paviane –, tun das nicht aus Gewohnheit. Primaten sind soziale Lebewesen, was eines der Grundelemente ihrer erfolgreichen Entwicklung ist. Eine Herde von Pflanzenfressern tendiert jedoch dazu, untereinander sehr egoistisch und unkooperativ zu sein. Trotz der intensiven sozialen Interaktionen, die wir vor allem bei den Schimpansen als den uns am nächsten verwandten Primaten beobachten können, und trotz der Tatsache, daß sie auch eine Art Gruppengeist in bezug auf Nahrungssuche aufweisen, ist der Pflanzenfresser seinem Wesen nach eher ein Einzelgänger. Jedes Tier reißt ja die Blätter von einem Zweig ab oder holt sich Früchte und ißt sie sofort auf.

Allerdings gibt es Ausnahmen, die sich als sehr bedeutungsvoll erweisen. Wenn zum Beispiel Schimpansen einen jungen Pavian oder einen anderen kleinen Affen gefangen haben, teilen sie ihre Beute untereinander auf. Aber dieses Teilen ist nicht im eigentlichen Sinn bewußt, denn sie kehren ja nicht zu ihrem Lager zurück, um dort die Beute mit allen anderen zu teilen. Ein Tier, das an der Jagd nicht teilgenommen hat, muß die anderen erst lange anbetteln, bevor sie ihm ein Stück abgeben. Paviane, die einzigen weiteren fleischfressenden höheren

Primaten, teilen ebenfalls ihre Nahrung gelegentlich, aber noch viel weniger als die Schimpansen.

Als unsere Vorfahren sich das Prinzip der Nahrungsteilung zu eigen machten, hatte das nicht nur Auswirkungen auf sie selbst, sondern führte auch dazu, daß sie sich in ihrem Verhalten immer mehr von den mit ihnen verwandten Primaten unterschieden. Diese neue und ungewöhnliche Form des Verhaltens von Primaten zueinander ist jedoch nur einer von vielen Wesenszügen, die der Mensch durch die Lebensform des Sammelns und Jagens annahm und die es ihm ermöglichten, immer anpassungsfähiger zu werden. Und nur dieser Anpassungsfähigkeit ist es zuzuschreiben, daß die menschliche Spezies in der Lage ist, in praktisch jedem Winkel der Erde zu existieren. Das Sozialverhalten von einem nur sammelnden und jagenden Lebewesen veränderte sich etwa folgendermaßen: Man schuf eine Art Hauptlager, in dem die Kinder versorgt wurden und das auch der Sammelplatz für die Nahrung war. Somit wurde es zum wichtigsten sozialen Kommunikationszentrum. Darüber hinaus bestand eine Arbeitsteilung: die Männer gingen zur Jagd, und die Frauen waren für die Kinder ebenso wie für das Sammeln verantwortlich. Dadurch wurde die Notwendigkeit der Zusammenarbeit und gegenseitigen Rücksichtnahme immer größer, denn der einzelne Mensch war so abhängig von den Aktivitäten und auch der Vertrauenswürdigkeit der anderen Gruppenmitglieder wie nie zuvor.

Aber auch in anderer Weise beeinflußte diese Existenzform das Leben unserer Vorfahren. So zum Beispiel regierten schon die jagenden Hominiden über ein ungleich größeres Gebiet als jeder andere Primat, denn schon auf einem einzigen Jagdzug durchstreifte er ein Territorium von einer Größe, das andere Primaten oft in ihrem ganzen Leben nicht kennenlernen. Die physischen Unterschiede zwischen den jagenden Männern und den sammelnden Frauen wurden deutlicher. Auch die sexuellen Aktivitäten wurden kontrollierbarer; vermutlich wurde ihnen nun auch mehr Bedeutung zugemessen. Insgesamt gesehen sind es jedoch drei Faktoren, die den größten Einfluß auf das Leben unserer jagenden Vorfahren hatten: erstens die Errichtung eines Lagers, zweitens Arbeitsteilung und drittens die daraus sich ergebende Notwendigkeit zur Zusammenarbeit. Alle drei zusammen schufen ein dichtes soziales Gruppengefüge, in dem es möglich wurde, die Kinder eine wesentlich längere Zeit als vorher zu erziehen und ihnen die Grundkenntnisse zu vermitteln, die sie für das Leben in dieser neuen komplexen sozialen Umwelt brauchten.

Schon das Verhalten des *Ramapithecus* zeigt Ansätze zu einer längeren Erziehung der Kinder. Als vor rund anderthalb Millionen Jahren *Homo erectus* auf der Bildfläche erschien, dauerte die Kindheitsperiode seiner Nachkommen bereits ungefähr so lange wie heute, nämlich sechs – vermutlich aber acht Jahre. Im Vergleich dazu dauert die Kindheit junger Affen etwa ein Jahr, die von Menschenaffen drei bis vier Jahre. Einer der Gründe für die längere Kindheit des Menschen dürfte das menschliche Gehirn sein. Hier mußte im Lauf der Evolution ein Kompromiß zwischen dem notwendigen Schutz des sich im Leib der Mutter langsam entwickelnden Gehirns und der Größe des Kopfes gefunden werden, damit bei der Geburt keine Schwierigkeiten auftauchten.

Einem Gehirn, das bei der Geburt schon voll entwickelt ist, kann von der Außenwelt keine Gefahr mehr drohen, aber es würde an den Geburtskanal der Mutter unmögliche Forderungen stellen und damit auch den aufrechten Gang erschweren. Wären die Hüften der Frauen nämlich

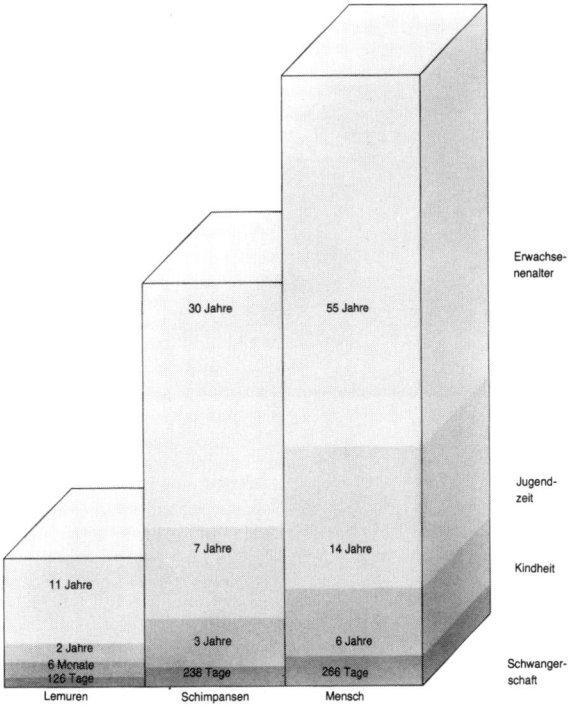

Obgleich die Dauer der Schwangerschaft bei den höheren Menschenaffen etwa der eines Menschen entspricht, dauert die Kindheit des Menschen länger an. Diese Periode dauert um so länger, je weiter man die Rangordnung der Primaten verfolgt. Die des Menschen ist doppelt so lang wie die der Menschenaffen.

Links: Die Grundnahrung der meisten Primaten sind Pflanzen, auch die des Schimpansen (oben). Er ernährt sich außerdem – ebenfalls wie die meisten Primaten – von Insekten, frißt jedoch auch Fleisch. Dies führte bezeichnenderweise zu Kooperation und Nahrungsteilung. Der Pavian (unten) frißt auch gelegentlich Fleisch und teilt es dann mit anderen, allerdings in begrenztem Maße.

Rechts: Feuer verstärkt den sozialen Zusammenhalt. Es wird zum Mittelpunkt einer Gruppe und ermöglicht auch während der Dunkelheit noch Kontakt und Geselligkeit. Diese Abbildung zeigt den Trancetanz der !Kung.

nicht so geschwungen, wie sie es jetzt sind, das Becken dafür jedoch größer, würde dies bewirken, daß die Frauen eine Art »Watschelgang« hätten. Andererseits wäre ein kleines unterentwickeltes Gehirn zu verletzlich. Die Evolution wählte daher einen Weg, der in der Mitte liegt. Das Neugeborene hat ein relativ weit entwickeltes Gehirn, während das Becken und der Geburtskanal sich nur etwas vergrößerten, ohne daß die aufrechte Gangart dadurch beeinträchtigt wurde.

Das Gehirn hat bei der Geburt nur etwa ein Drittel der Größe des Erwachsenengehirns. Die Nervenzellen sind jedoch schon vollständig vorhanden. In den ersten Lebensjahren eines Kindes entwickeln sich die wesentlichen Verbindungen innerhalb der Nervenzellen, ein Prozeß, für dessen Gelingen sowohl ausreichende Nahrung als auch Umwelteinflüsse verantwortlich sind. In diesem

Frühstadium entstehen auch die emotionalen Gruppen-bindungen. Wie wichtig diese emotionalen Beziehungen sind, zeigen die Hochzeitsbräuche der heutigen Jäger- und Sammler-Völker. Dort werden Hochzeiten überwiegend zwischen fremden Stämmen arrangiert, wobei im allgemeinen der Mann seinen Stamm verläßt und zu dem der Frau zieht. Dies dauert jedoch nur so lange, bis der Mann bewiesen hat, daß er seine Frau erhalten und Kinder zeugen kann. Danach kehrt das Paar zum Stamm des Mannes zurück. Dieser Brauch muß damit zusammenhängen, daß der Mann mit dem Terrain seines Stammes besser vertraut ist und die Beziehungen zwischen den Männern verschiedener Stämme aufgrund gemeinsamen Jagens enger sind.

Doch sind diese engen Verbindungen nur ein Aspekt der stabilen, kooperativen Gemeinschaft, die durch die Lebensform des Sammelns und Jagens entsteht. Es wird im Zuge der Evolution immer klarer, daß jeder Faktor, der dazu geeignet war, die Beziehungen untereinander zu intensivieren, zur erfolgreichen Entwicklung der menschlichen Spezies beitrug. In diesem Zusammenhang ist es nun besonders interessant, die Rolle des Feuers als einen Faktor des sozialen Zusammenhalts zu betrachten. Das Feuer brachte nicht nur Wärme, sondern es machte auch möglich, daß sich die Geselligkeit innerhalb der Gruppe bis in die Abendstunden hinein ausdehnen konnte. Die Flammen hielten Raubtiere fern und zogen die Menschen an, schufen Gelegenheit, Geschichten zu erzählen, Mythen und Rituale zu entwickeln oder auch sich ganz einfach darüber zu unterhalten, was am nächsten Tag getan werden mußte, sich zu überlegen, wer jagen und wer in einer Gruppe mitziehen sollte, die für einige Tage ausreichend Pflanzen und Früchte sammeln sollte, und auch, wer im Lager zurückbleiben sollte. Dabei wird natürlich sofort klar, welch immense Bedeutung das gesprochene Wort bekam.

Natürlich interessiert uns das Verhalten und das soziale Gefüge unserer jagenden Vorfahren am meisten, also die Frage, wie sie das Jagen und Sammeln organisierten und wie sich das auf ihre Lebensqualität auswirkte. Diese Gesellschaftsform, die auf der Jagd basiert, hat sich außerordentlich bewährt und war vermutlich die sinnvollste Struktur vor der Entwicklung des Ackerbaus. Sie ermöglichte unseren Vorfahren, ihre Erfahrungen überall anzuwenden und das oft unter widrigsten Umständen. Aber es wäre doch ebenso nützlich wie interessant, wenn wir eine tiefere Einsicht in das Wesen der Jagd bekämen. Wir können – bei aller gebotenen Vorsicht – auf zwei sehr verschiedenen Wegen dazu gelangen. Erstens durch die Betrachtung einer Tierart, speziell des afrikanischen Wildhundes, die ebenfalls zu mehreren auf Jagd geht. Diese Tiere ernähren sich allerdings – im Gegensatz zu unseren Ahnen – fast ausschließlich von Fleisch. Die zweite Möglichkeit ist, heute lebende Jäger- und Sammler-Gesellschaften zu untersuchen, wobei man jedoch nicht vergessen darf, daß diese das Leben unserer Vorfahren kaum exakt reproduzieren. Aber ihre soziale Organisation läßt ihnen beispielsweise genauso viel Freizeit wie die frühe Mischform des Sammelns und Jagens.

Da wir davon ausgehen können, daß unterschiedliche Spezies, die den gleichen ökologischen Lebensraum haben, auch ähnliche Verhaltensschemata aufweisen, können wir den Pavian als eine – wenn auch begrenzte – Analogie zu *Ramapithecus* betrachten, der ja unser erster Vorfahr war. Wir haben uns den Pavian und nicht den Schimpansen zum Vergleich ausgesucht, weil der Pavian unter ähnlichen Umweltbedingungen lebt wie die frühen Hominiden. Da aber innerhalb der Gattung der Primaten die Hominiden die einzigen waren, die töteten,

um zu überleben, sind wir gezwungen, außerhalb dieser Gattung nach Aufschlüssen über das Jagen als Verhaltensform zu suchen. Die Tiere, die uns am meisten über uns selbst »verraten« können, sind die in Gruppen lebenden Fleischfresser, das heißt: der Löwe, der Wolf, der afrikanische Wildhund und die Hyäne. Ebenso wie die Primaten leben diese Tiere in Gruppen und töten, um zu überleben. Wir wollen von ihnen erfahren, was der Vorteil einer gemeinsamen Jagd ist und welche sozialen Konsequenzen sich aus dieser biologischen Ökonomie ergeben. Wir versuchen also, die Grundprinzipien der Lebensform der in Gruppen lebenden Fleischfresser zu erkennen, um dadurch ein – wenngleich nur schemenhaftes – Bild über uns selbst zu gewinnen. Die meisten Fleischfresser sind natürlich nicht sozial: eine Maus zum Beispiel wird kaum dazu geeignet sein, unter mehreren aufgeteilt zu werden. Auch die Jagd auf Tiere, die im dichten Wald leben, dürfte kaum diesen Effekt haben. Deshalb findet man die einzigen sozialen Fleischfresser im offenen Gelände und nur unter solchen, die große Tiere jagen. Dies trifft natürlich nur bedingt zu. Die Vermutung, daß das Jagen in der Gruppe erfolgreicher ist als allein, wurde z. B. durch Studien an Schakalen bestätigt. Schakale machen oft Jagd auf junge Thompson-Gazellen. Ein Schakal allein würde allerdings kaum erfolgreich sein, weil das Muttertier ihr Junges mit dem Mute der Verzweiflung verteidigt: seine Chance wäre nur etwa eins zu sechs. Wenn jedoch zwei zusammen jagen, ist die Wahrscheinlichkeit, daß sie ihre Beute bekommen, wesentlich größer. Auch Löwen sind erfolgreicher, wenn sie nicht allein jagen. Bei einer Pavianherde in Zentralkenia, wo ein männliches Tier eine ausgesprochene Vorliebe für Fleisch hatte, war der Jagderfolg ebenfalls ungleich größer, wenn andere Männchen mit ihm jagten. Man hat beobachtet, daß nach und nach vier bis fünf Männchen zusammen auf Jagd gingen, und zwar meist auf junge Gazellen.

Gruppenkooperation ermöglicht den Wildhunden (rechts unten), die Beute zu fangen – wie hier ein Zebra, das ein Mehrfaches des Gewichtes eines einzelnen Wildhundes hat. Diese Art der Kooperation versetzt soziale Karnivoren, hier Hyänen (oben rechts), auch in die Lage, aus einer Herde von Gnus ein schwächeres abzusondern und zu erlegen.

Links: Die Beobachtung von Jagdgewohnheiten der sozialen Karnivoren, hier Wildhunde, kann uns Hinweise auf ein möglicherweise ähnliches Verhalten unserer Vorfahren geben.

Zusammenarbeit erweist sich demnach als sinnvoll und lohnend. Doch nur dann, wenn die erlegte Beute auch für alle ausreichend ist. Daher führt eine gemeinsame Aktion nicht nur quantitativ zu größerem Erfolg, sondern auch qualitativ, d. h. das Beutetier ist größer. So überlegt zum Beispiel ein einzelner Cheetah (ein zur Jagd abgerichteter indischer Leopard) zweimal, ob er es mit einem Beutetier aufnehmen soll, wenn es mehr als 120 Pfund wiegt. Eine Herde von Wildhunden jedoch, die viel kleiner sind als diese Raubkatze, kann ein Zebra erlegen, das schwerer ist als 500 Pfund. Das heißt mit anderen Worten, daß der Sinn eines Beutezugs darin liegt, möglichst viel Nahrung auf einmal zu bekommen. Die Gleichung heißt also praktisch: Größe gegen Aufwand, und wird kombiniert mit der Möglichkeit des Erfolgs und der Zahl der Tiere, die sich davon ernähren. Es ist nicht nur unökonomisch, eine Jagd zu organisieren, deren Ertrag klein ist, sondern auch Verschwendung (sowohl was den Aufwand als auch das Ergebnis angeht), wenn die Beute zu groß ist.

Das Leben in einer Gruppe kann also auch bedeuten, daß man von der Geschicklichkeit eines anderen Gruppenmitgliedes profitieren kann. Das heißt beispielsweise, daß eine einzelne Hyäne einem Löwen zwar nicht standhalten, eine ganze Hyänenhorde aber den Löwen doch so bedrohen kann, daß er seine potentielle Beute lieber verschont. Man hat lange Zeit geglaubt, nur Hyänen fressen Aas, aber es ist heute verbürgt, daß alle gruppenlebenden Karnivoren ebenfalls Aas fressen. Es sind alles in allem pragmatisch ausgerichtete Lebewesen, die den Aufwand in Relation zum Ergebnis setzen. Wenn sie Aas finden, fressen sie es auch. Wenn sie die Beute jedoch jagen müssen, überlegt sich jedes Raubtier, welches Tier am leichtesten zu fangen ist: also Jungtiere, alte und kranke und Einzelgänger. Selbst die schwächste und zarteste Antilope ist vor Karnivoren relativ sicher, solange sie in der Herde bleibt. Allein weiht sie sich ihrem eigenen Untergang und wird ein leichtes Opfer für jedes Raubtier. Deshalb versuchen Raubtiere, wenn sie kein vereinzeltes Beutetier finden, eines von der Herde abzutrennen. Es gibt eine ganze Reihe Beweise dafür, daß sowohl Wölfe als auch Wildhunde ein sehr scharfes Auge für dasjenige Tier haben, das am schwächsten ist, eine Eigenschaft, die sich natürlich als äußerst nützlich für sie erweist, wenn sie versuchen, eine ganze Herde aufzuscheuchen, um ein Tier zu erlegen.

Ein Fleischfresser, der besonders geschickt darin ist, ein Beutetier von der Herde zu trennen, hat dadurch eine enorme Effizienz entwickelt, denn seine Jagd wird nie umsonst gewesen sein. Diese Art von Geschicklichkeit war mit ziemlicher Sicherheit ein zentraler Faktor im Jagdgebaren unserer Vorfahren. Daher ist es von Bedeutung, daß auch heutige Jäger- und Sammler-Gesellschaften ihre Geschicklichkeit und ihr Wissen überwiegend darauf verwenden, Beutetiere abzusondern und eine Herde anzuschleichen – und nicht etwa auf heldenhafte Jagderlebnisse oder besonders ausgewählte Waffen.

Das Jagen in der Gruppe bringt wesentliche Vorteile, aber nur dann, wenn die Mitglieder der Gruppe ihr Vorgehen koordinieren. Wenn Wölfe zum Beispiel ein großes Tier, einen Elch, jagen, rennen sie gewöhnlich hinter oder neben ihm her, beißen ihn in Bauch und Beine, bis er geschwächt am Boden liegt, und beißen ihm dann die Gurgel durch. Während einer solchen oft Stunden dauernden Jagd, würde ein Einzeltier, das den Elch anspringt, kaum etwas erreichen. Wenn eine Horde von Wildhunden eine Gazelle jagt, ist nicht jedes Tier darauf aus, als erster zuzubeißen. Zwei oder drei Tiere führen die anderen an und rennen vor ihnen her, um der Gazelle rechtzeitig die Flucht vereiteln zu können. Sie wechseln sich untereinander ab – d. h. je nach der Fluchtrichtung des Beutetieres – übernimmt immer wieder ein anderes Tier die Führung. Auch hier versuchen die Verfolger, das Opfer in Beine und Flanken zu beißen, bis es schließlich erlegt werden kann.

Wenn die Wildhunde ihr Opfer so weit haben, daß es kein Entrinnen mehr gibt, zeigt einer der Hunde ein seltsam zurückhaltendes Wesen. Eine anscheinend sehr häufig angewandte Technik, wie man das Opfer schließlich erlegen kann, besteht darin, daß einer der Hunde das Opfer in die Schnauze beißt und es damit so bewegungsunfähig macht, als wäre es am Ende seiner Kraft. Dann beißen die anderen Tiere ihm die Kehle durch. Der Tod kommt so ganz schnell, obgleich es erschütternd ist, diesen Kampf mitanzusehen. Das Verhalten desjenigen Tieres, das der Beute die Schnauze zubeißt, ist um so interessanter, als die anderen ja schon begonnen haben, zu fressen. Doch dieses Tier kennt seine Aufgabe ganz genau und führt sie auch aus.

Die meisten Jagdunternehmen der sozialen Karnivoren beginnen mit der Hetze. Eine Ausnahme macht der Löwe, weil er zu groß ist, um so viel Energie aufbringen zu können, und daher andere, subtilere Techniken entfalten muß. Löwinnen pirschen sich im allgemeinen vorsichtig an ihre Beute heran, jagen sie dann kurz und treiben sie vor ein anderes Tier ihrer Gruppe oder Familie. Aufmerksamkeit und eine gewisse Zurückhaltung sind die Grundvoraussetzung, um diese Jagdtechnik erfolgreich anzuwenden, denn durch eine voreilige Bewegung könnte es passieren, daß das Beutetier entflieht. Jane Goodall konnte beobachten, wie Gombe-Schimpansen einem

Rechts: Die Buschleute haben ein ausgefeiltes System von Handsignalen. Dieser !Kung zeigt das Zeichen für einen Stelzgeier. Vermutlich ergänzte ein solches Signalsystem die relativ einfache Sprache der frühen Menschen.

Unten rechts: Eine Gruppe von G/wis jagt eine Giraffe in der mittleren Kalahari.

jungen Affen gemeinsam eine Falle stellten, indem sie sich unter dem einzigen Baum aufbauten, auf den das gehetzte Tier hätte fliehen können; diese Aktion verlangt viel Beherrschung, Zusammenarbeit und ein gut funktionierendes Kommunikationssystem.

Wie Kommunikation unter solchen Bedingungen funktioniert, ist noch immer ein großes Rätsel, aber man kann doch immerhin soviel sagen, daß die Informationsmenge, die zwischen den einzelnen Tieren transportiert wird – sei es durch Laute, durch Gesten oder durch eine Art Körpersprache –, bislang gröblich unterschätzt worden ist. Wenn man Paviane auf der Jagd beobachtet, wird man feststellen, daß sich die Mitglieder einer ganzen Herde von den Bewegungen ihres Leittiers lenken lassen. Die sozialen Karnivoren holen sich ihre Information, indem sie einander scharf beobachten, denn jeder Laut könnte verräterisch sein, solange das Beutetier noch nicht unwiderruflich eingekreist ist. Jede Jagdgesellschaft legt ja, wie man weiß, größten Wert darauf, daß die Jagd möglichst geräuschlos verläuft, selbst wenn das zu erlegende Wild noch nicht einmal ausgemacht ist. Mit einem bestens ausgearbeiteten Signalsystem können sie sich lautlos untereinander verständigen, und zwar nicht nur darüber, welches Tier ausgemacht worden ist, sondern sogar, wie alt es sein könnte und ob es gesund ist, ob es davonläuft oder einfach nur vorüberzieht.

Die sozialen Karnivoren teilen sich die Beute, was aber mit großem Tumult vonstatten geht. Wenn Löwen ein Beutetier getötet haben, wird der Fraß zu einer höchst geräuschvollen Angelegenheit, wobei die großen männlichen Tiere allen voraus sind. Jedes Mitglied der Gruppe versucht, soviel Fleisch wie möglich zu bekommen, wobei es jedoch immer auf der Hut sein muß, nicht von einem größeren Männchen vertrieben zu werden. Selbst die Jungtiere müssen kräftig zubeißen und nicht nachlassen, um genug zu fressen zu kriegen. Im Gegensatz dazu zeigen die Wildhunde ein Verhalten, das kein anderer sozialer Karnivore kennt, nämlich das aktive Teilen. Die »Jäger« reißen von ihrem erlegten Beutetier große Stücke ab und tragen sie zu ihrem Lager, wo sie freudig begrüßt werden von den Jungen und den Wachtieren (meist die Mutter und noch ein anderes, ausgewachsenes Tier).

In einer Löwenherde (oben) gibt es einige Streitereien während des Fressens. Jedes Tier reißt sich so viel Fleisch von der Beute ab, wie es zu fassen bekommt. Selbst die Löwenjungen müssen sich bemühen, um genug Futter zu bekommen. Der Wildhund teilt im Gegensatz dazu jedoch seine Nahrung (links). Eine Mutter zum Beispiel würgt Futter aus für ihre Jungen.

Junge und Wachtiere stecken ihre Schnauzen in die Maulecken des »Jägers«, der dann sofort das Beutestück herauswürgt. So werden in einer Herde von Wildhunden auch kranke Tiere, die nicht mehr selbst jagen können, lange Zeit unterhalten, was eine höchst seltene Art von Altruismus in der Tierwelt ist. Dieses Verhalten hat seinen Usprung sicherlich im Wesen des Wildhundes, der seiner Natur nach ein höchst kooperatives Tier ist.

Im großen und ganzen horten soziale Karnivoren kein Fleisch. Dies ist wahrscheinlich ein sehr weises Verhalten, denn es schützt die Jungen im Lager davor, von anderen Raubtieren angefallen zu werden, die vom Aas angelockt werden. In diesem Zusammenhang scheinen die Hominiden eine Ausnahme zu bilden. Funde legen zwar die Vermutung nahe, daß vor allem große Tiere gleich dort verzehrt wurden, wo die Hominiden sie erlegt hatten. Dennoch gibt es genügend Beweise – besonders aus dem Zeitraum vor drei Millionen Jahren und etwas früher – daß die Beute auch zum Lager geschleppt wurde. Es ist nicht ganz von der Hand zu weisen, daß dies nicht nur ein Beweis für das sich ständig verbessernde Jagdglück der Hominiden ist, sondern daß auch die fleischfressenden Tiere immer mehr Respekt vor ihnen bekamen. Es ist durchaus denkbar, daß es ihnen nach und nach gelang, Raubtiere von ihren Lagern fernzuhalten, ja sogar ihnen Angst einzujagen. Später dürfte vor allem das Feuer bewirkt haben, die Tiere zu verjagen.

Vermutlich führten die gemeinsamen bzw. die sich überschneidenden Jagdgebiete sowie die dauernden Rangeleien um Aas auch dazu, daß sie sich immer weniger tolerierten. Unverträglichkeit unter verschiedenen Arten von Raubtieren ist heute das übliche Verhalten. Dennoch wäre es unsinnig, ähnliches auch für das Verhalten der Hominiden untereinander anzunehmen. Allerdings ist es evident, daß jedes Lebewesen – also nicht nur ein Raubtier – aggressiv wird, wenn es unter einem großen ökologischen Zwang steht, etwa unter Verknappung der Nahrungsquellen. Doch daraus zu folgern, daß Fleischfresser auch immer aggressiv sind, wäre töricht.

Wie fügten sich nun unsere Vorfahren vor drei Millionen Jahren in die bereits etablierte Ordnung von Raubtieren und Beutetieren ein? Wir haben ja schon festgestellt, daß uns die Zugehörigkeit zur Gattung der Primaten zu Wesen macht, deren Aktivitäten tagsüber stattfinden. Zufälligerweise sind die einzigen Karnivoren, die tagsüber jagen, die Wildhunde. Sie machen ihre Streifzüge vornehmlich im Morgengrauen oder in der Dämmerung. Löwen, Hyänen und Schakale jagen überwiegend bei Dunkelheit. Wildhunde sind zwar in der Lage, Beutetiere zu erlegen, die mehr als 500 Pfund wiegen, bescheiden

sich jedoch in der Regel mit solchen, die nur etwa halb so schwer sind. Wollten wir die Verhaltensweise der Karnivoren auf die Zeit unserer Vorfahren anwenden, so würden vermutlich die tagsüber jagenden Tiere auf Beute gestoßen sein, die erheblich größer war als der normale Fang von Wildhunden. Natürlich muß es demzufolge Zusammenstöße zwischen Hominiden und Wildhunden gegeben haben, aber schließlich war doch wohl für jeden genug da.

Aus den Tierknochen, die man in zwei Millionen Jahre alten Hominiden-Lagern in der Schlucht von Olduvai fand, kann man ersehen, daß sich unsere Vorfahren zu jener Zeit mit kleineren Beutetieren begnügten oder aber mit Jungtieren großer Tierarten. Vor einer Million Jahren gingen sie jedoch dazu über, die Jagd sorgfältig zu planen. Seit wann genau sie so vorgingen und mit welcher Häufigkeit diese Jagden veranstaltet wurden, können wir heute nur noch erraten.

Was können wir nun aus dem Verhalten heutiger Raubtiere im Hinblick auf das der frühen Hominiden ablesen? Es sind im Grunde zwei Dinge: erstens besteht ein enormer Vorteil darin, in Gruppen zu jagen, sofern man es unter dem Gesichtspunkt der Ökonomie ebenso wie deren biologischer Folgen betrachtet. Zweitens erfordert das Jagen in einer Gruppe einen nicht zu unterschätzenden Grad an Kooperation, und das wiederum bedeutet, daß je feiner die Jagdtechnik, desto wichtiger die Kooperation. Dazu kommt noch die sozial geordnete Gemeinschaft, die eines der Hauptmerkmale der Gattung der Primaten ist. Das Phänomen des Jagens muß in der Hominidenevolution die Rolle eines Sozialisierungselements gespielt und die vitale Notwendigkeit der Zusammenarbeit in der Gemeinschaft gelehrt haben (die für nicht-menschliche Primaten ungleich weniger wichtig ist). Darüber hinaus waren unsere Vorfahren – wie wir uns ja bereits darzulegen bemühten – nicht einfach menschenähnliche Fleischfresser. Ihre Lebensform basierte auf der Mischung von Jagen und Sammeln, auf getrennten Fähigkeiten also, die im Verbundsystem zu einem sozialen Grundmuster werden, das auf dem Prinzip des Teilens basiert. Kooperation während der Jagd war also wohl nur ein Aspekt des organisierten Verhaltens innerhalb einer sozial strukturierten Gruppe, die daneben auch noch pflanzliche Nahrung sammelte. Um diese ökonomische Grundlage zu schaffen, waren Kooperation, Toleranz und Unabhängigkeit ganz wesentliche Faktoren, die bei zunehmender Entwicklung und Verfeinerung immer wichtiger wurden.

Abgesehen von der augenfälligen Notwendigkeit, daß Fleischfresser ein großes Gelände brauchen, um genü-

gend Beute zu finden, und der einer gewissen Unverträglichkeit mit Fleischfressern einer anderen Art, scheint kein anderes wesentliches Verhaltensmuster untrennbar mit dieser Ernährungsweise verbunden zu sein. Aggression und Besitzdenken sind Verhaltensweisen, die sehr fein auf bestimmte Umweltbedingungen abgestimmt sind. Heutige Jägerstämme sind nicht darauf angewiesen, sich ständig herauszufordern. Es genügt, daß sie sich abreagieren können, wenn sie ein Tier töten oder wohl auch mal mit einem anderen Mitglied der Gruppe Streit anfangen. Das heißt mit anderen Worten – und es liegt uns sehr daran, dies noch einmal zu betonen –, daß Jagen nicht mit Aggression verwechselt werden darf. Auch wenn man eine gewisse Neigung bei Raubtieren beobachten kann, ihr Territorium eifersüchtig zu bewachen, so ist dieses Verhalten dadurch motiviert, daß eine Gruppe zu groß ist oder daß es zu wenig Beutetiere gibt. Wildhundgruppen, die auf einer Fläche von vielen Hundert Quadratkilometern jagen, bewegen sich oft auch auf dem Territorium einer anderen Gruppe. Sie würden jedoch nie diese andere Gruppe oder deren Lager angreifen, und selbst in schlechten Zeiten kann man eigentlich nur eine erhöhte Spannung zwischen benachbarten Gruppen feststellen.

Besonders interessant im Verhalten der Raubtiere ist die Art und Weise, wie das hierarchische System innerhalb der einzelnen Gruppen funktioniert. Wildhunde und Wölfe zum Beispiel haben, wenn männliche und weibliche Tiere in der Gruppe zusammen sind, nur eine äußerst lose hierarchische Ordnung, die zudem auch nur innerhalb der Geschlechter funktioniert (obgleich jede Herde meist von einem männlichen Leittier angeführt wird). Aggressive Zusammenstöße, in denen Einzeltiere ihren Status demonstrieren oder sich selbst in der sozialen Hackordnung weiterzubringen versuchen, sind in diesen Tiergruppen höchst selten. Im Gegensatz dazu haben die meisten Löwenfamilien eine sehr strenge hierarchische Ordnung. Das männliche Leittier verweist ein anderes männliches Tier auf seinen Platz, wenn es die Frechheit haben sollte, in die Familie eindringen zu wollen. Außerdem kann man beobachten, daß der Leitlöwe äußerst großen Wert darauf legt, als erster zu fressen, selbst wenn das Beutetier – wie meist – von Löwinnen erlegt worden ist. Bei Hyänen allerdings dominieren die weiblichen Tiere über die männlichen.

Aggression, Territorialverhalten und Dominanz sind daher höchst unterschiedlich im Verhalten von Karnivoren ausgeprägt. Man kann deshalb auch nicht davon ausgehen, daß diese Verhaltensweisen unter den ersten Hominiden schon stark entwickelt waren. Wenngleich die Kräfte, die die Entwicklung zum Jäger bewirkten, mögli-

cherweise auch bei diesen Eigenschaften zu einer spezifisch menschlichen Prägung geführt haben, so muß man doch davon ausgehen, daß eine angeborene Anpassungsfähigkeit zu den verschiedensten sozialen Verhaltensmustern in verschiedenen Völkerstämmen geführt hat. Ein bestimmtes Verhaltensmerkmal ist allerdings heute überall anzutreffen: die Dominanz des Mannes über die Frau, die wahrscheinlich aus der Arbeitsteilung zwischen Jagen und Sammeln resultiert. Die Frauen, die heute für gleiches Recht kämpfen, tun ihrer Sachen keinen Gefallen, wenn Sie diese Tendenz leugnen. So unpopulär diese Aussage auch sein mag, so braucht das noch lange nicht zu heißen, daß soziale Gerechtigkeit überhaupt nicht möglich ist.

Angesichts der Betrachtung der sozialen Karnivoren darf uns die enge und schon seit langem bestehende Beziehung zwischen Menschen und Hunden nicht verwundern, die vor allem durch die Gemeinsamkeiten in der Lebensweise bedingt ist. Der entscheidende Unterschied zwischen den jagenden Hominiden (und natürlich auch ihren Abkömmlingen) einerseits und den sozialen Karnivoren andererseits liegt darin, daß letztere zu hundert Prozent auf fleischliche Nahrung angewiesen sind, wäh-

Dieses Skelett eines riesigen Elefanten wurde etwa dreihundert Kilometer von Nairobi entfernt ausgegraben. Er war größer als der heutige afrikanische Elefant. Seine Stoßzähne reichten bis auf den Boden. Im Vordergrund ist Richard Leakey zu erkennen.

rend der Mensch unserer Zeit – und vermutlich auch unsere Vorfahren – neben Fleisch auch pflanzliche Nahrung zu sich nimmt, d. h. daß der Mensch eher ein Allesfresser ist. Lohnt es sich dann aber, heutige Karnivoren zu betrachten, um aus deren Verhalten Analogieschlüsse über unsere Vorfahren ableiten zu können? Die Antwort kann nur »ja« lauten, denn ungleich den Nahrungsgewohnheiten der Allesfresser enthielt das Essen unserer Vorfahren fast nur Fleisch von Großwild. Allesfresser suchen sich im allgemeinen ihr Futter zusammen, indem sie über den Boden krabbeln und alles fressen – von Insekten über Eidechsen bis zu Nagetieren; sie machen jedoch keine organisierte Jagd auf größere Tiere. Demnach besteht also ein ganz wesentlicher *Verhaltensunterschied* zwischen der Ernährung der typischen Omnivoren (Allesfressern) und der omnivoren Hominiden, unseren Vorfahren. Überdies dürfen wir nie vergessen,

daß nicht nur die Jagd auf Großwild, sondern auch das Sammeln von pflanzlicher Nahrung ein Teil des sozialen Organisationsgefüges der Hominiden ausmachte. Deshalb können wir aus den Verhaltensweisen der Karnivoren nur *gewisse* Rückschlüsse ziehen, niemals aber eine perfekte Analogie.

Allerdings verändert sich unsere Perspektive in gewisser Weise dadurch, daß wir seit einiger Zeit wissen, daß wir Menschen nicht die einzigen jagdtreibenden Primaten sind, denn Schimpansen jagen ja gelegentlich junge Paviane oder andere Affen, und die Paviane jagen mitunter gemeinsam eine junge Gazelle (obgleich sie an junge Springhasen besser herankommen). Aber absolut gesehen ist doch der Anteil von Fleisch im Futter der Schimpansen und Paviane recht gering. Vermutlich beträgt er ungefähr ein bis fünf Prozent ihrer Gesamtnahrung im Vergleich zu vermutlich fünfzig Prozent bei den afrikanischen Hominiden vor zwei Millionen Jahren. Sie erlegten Rhinozerosse, Antilopen und Elefanten, nahmen aber auch mit kleineren Tieren oder Aas vorlieb, ganz wie es sich ergab.

Doch verlassen wir nun die Modelle, die uns die Tierwelt liefert, und kommen wir zu den wenigen Stämmen von Jägern und Sammlern, die noch heute in einigen Gegenden zwischen der glühenden Kalahari-Wüste und dem ewigen Eis der Arktis leben. Wir werden von diesen Stämmen zwar nicht erfahren, wie unsere Vorfahren den täglichen Lebenskampf bestanden oder womit sie sich in ihrer Freizeit beschäftigten, aber sie können uns Verhaltensmuster dieser Lebensform zeigen. Daher werden wir uns nun zuerst mit den Grundzügen von Jäger- und Sammler-Stämmen beschäftigen und erst später detailliert mit dem Alltagsleben dieser Menschen.

Eine der denkwürdigsten Entdeckungen, die man unlängst über Jäger und Sammler gemacht hat, betrifft die Struktur der einzelnen Stämme und ihre Beziehungen untereinander. Die Stämme sind meist sehr klein; in der Regel gehören ihnen nicht mehr als durchschnittlich 25 Personen an. Etwa 20 solcher Stämme, zusammen also etwa 500 Menschen, formieren einen sogenannten Dialektverband, also eine Gemeinschaft, innerhalb derer die gleiche Sprache gesprochen wird. In dieser Gruppe von ca. 25 Menschen sind vermutlich etwa sieben oder acht Männer. Diese Zahl dürfte für Jäger und Sammler optimal sein. Man denke nur an die endlos dauernden Sitzungen von Gremien, die diese Anzahl überschreiten.

Ein anderer wesentlicher Faktor hinsichtlich der Größe eines Stammes ist das quantitative Vorhandensein von Nahrung. Ihrer Natur nach bedürfen große Tiere, die ja als potentielle Nahrung in Frage kommen, eines großen

Eskimo
Kutchin
Nord-Athabaskan
Nootka
Aleuten
Ojibwa
Maidu
West-Shoshone
Nord-Algonkians
Eskimo
Micmac
Penobscot
Seri
Alakaluf
Yaghan

Eskimo
Koryaks
Birhors
Ainu
Chukchi
Chenchu
Kadar
Yümbri
Negritos
Mbuti
Pygmäen
Andamanese
Semang
Akoa
Kalahari
(!Kung, G/wi)
Austral.
Ureinwohner

Geländes, auf dem sie wiederum ihre Nahrung suchen. Dementsprechend sind auch Jägerstämme gezwungen, sich über ein großes Gebiet zu verteilen und müssen darüber hinaus ihr Lager im Laufe eines Jahres wenigstens sechsmal wechseln. Diese Verlegung ist nicht nur durch das Wild, sondern auch durch das Vorhandensein pflanzlicher Nahrung bedingt.

Die !Kung im Betschuana-Land z. B. leben in einer Bevölkerungsdichte von etwas mehr als drei Quadratkilometern pro Person. Dies bedeutet aber keineswegs, daß die !Kung ungesellig wären – ganz im Gegenteil. Ihre Lager sind sehr fest gebaut und bieten viele Möglichkeiten sozialer Beziehungen untereinander und für gemeinsame Aktionen. Sie sind anscheinend ganz versessen auf ein geselliges Gemeinschaftsleben, denn sie verbringen fast zwei Drittel ihres Tages damit, Besuche zu machen oder Besuch von Freunden und Verwandten zu empfangen.

Während der Regenzeit sind die !Kung-Lager ziemlich weit verstreut; während der Trockenzeit sammeln sie sich allerdings um die wenigen nicht austrocknenden Wasserstellen. Während der Regenzeit gehen die Männer in der

Die Zahl der heutigen Sammler und Jäger ist im Verhältnis zur Gesamtbevölkerung der Erde sehr gering. Diese Karte zeigt ihre derzeitige Verteilung.

Nähe auf die Jagd und überschreiten ihr Stammesgelände nie. Allerdings kann ein Klimawechsel oder Nahrungsknappheit dazu führen, daß kleinere Übertretungen stattfinden, aber immer nur auf der Basis der kleinen, etwa 25 Menschen umfassenden Stammeseinheit.

Die G/wi aus der inneren Kalahari leben in einem Gebiet, das noch kleiner ist als das ihrer Nachbarn, der !Kung. Da es in ihrer Gegend jährlich nur einen Gesamtniederschlag von wenigen Zentimetern gibt, müssen sie die meiste Zeit ohne Trinkwasser auskommen, denn ständige Wasserstellen gibt es in diesem Gebiet nicht. Nur sechs oder acht Wochen nach der kurzen Regenzeit steht das Wasser in trüben Lachen, um die sich dann die Stämme scharen. Während der schier endlosen Trockenzeit decken die G/wis ihren Flüssigkeitsbedarf nur aus dem Saft von Pflanzen und Früchten. Aber diese Pflanzen wachsen nicht dicht genug, als daß ein großer Stamm davon leben könnte. Deshalb teilen sich die G/wis in

Kleinfamilien von drei oder vier Personen auf, sowie das Wasser ausgetrocknet ist – wobei sie meist eine Familie im eigentlichen Sinn bilden –, und versuchen, soviel Tiere wie möglich zu jagen oder mit Fallen zu fangen. Hauptsächlich ernähren sie sich jedoch von Pflanzen, und ihren Flüssigkeitsbedarf stillen sie meist durch Melonen. Erst in der Regenzeit sammelt sich der Stamm wieder.

Soweit man den archäologischen Befunden entnehmen kann, kannten die nordeuropäischen Hominiden vor rund zwölftausend Jahren eine ähnliche Form der familiären Aufteilung und des Zusammenschlusses, die vermutlich durch die Wanderungen des Wildes bestimmt war. Diese Stämme, die gegen Ende der Eiszeit lebten, haben vermutlich in Gruppen aus ungefähr sechs Familien zusammengelebt, weil sie so als relativ kleiner Verband in der Sommerzeit den wandernden Tierherden folgen konnten. Fleisch war gerade so reichlich vorhanden, daß sich ein Stamm in dieser Größenordnung davon ernähren konnte. Während des Winters, der vermutlich viel länger dauerte als heutzutage, zogen sich diese Menschen jedoch in kleinen Gruppen in den Schutz der Wälder zurück und ernährten sich von kleinen Tieren.

Andererseits kommt es durchaus vor, daß sich verschiedene Gruppen kurzfristig zu einem größeren Stammesverband zusammenschließen, wenn es genug Wild gibt. Man weiß dies von den Bihors, die auf dem Plateau von Chota Nagpur in Zentralasien lebten und sich überwiegend von kleinen Affen ernährten. Wenn jedoch die Zeit herankam, wo sich die Sambur- und Axishirsche versammelten, schlossen auch sie sich zusammen und jagten diese Tiere gemeinsam. Ab Ende April oder Anfang Mai kamen verschiedene Gruppen (Tandas genannt) zusammen und jagten gemeinsam die Hirsche. Wenn diese sich wieder trennten, trennten sich auch die Tandas. Es ist anzunehmen, daß unsere Vorfahren sich ähnlich verhielten, wenn sich die Gelegenheit dazu bot. Einen recht überzeugenden Beweis haben wir aus den Ausgrabungen von Torralba in Spanien, wo unsere Vorfahren vor etwa dreihunderttausend Jahren gemeinsam Elefanten, Rinder, Rhinozerosse, Pferde und Damwild jagten (siehe Kapitel 6, S. 136)

Wir können also davon ausgehen, daß ein Stamm von 20 bis 30 Mitgliedern den Kern der Sozialstruktur einer menschlichen Jägergesellschaft bildete. Diese Gruppe hielt eng zusammen, auch wenn die einzelnen Mitglieder nur teilweise engere Beziehungen untereinander hatten, ähnlich wie dies auch heute noch bei Menschen in abgeschiedenen kleinen Dörfern der Fall ist. Eine solche soziale Formation ist immer gefährdet. Solange keine freundschaftlichen Kontakte zwischen benachbarten

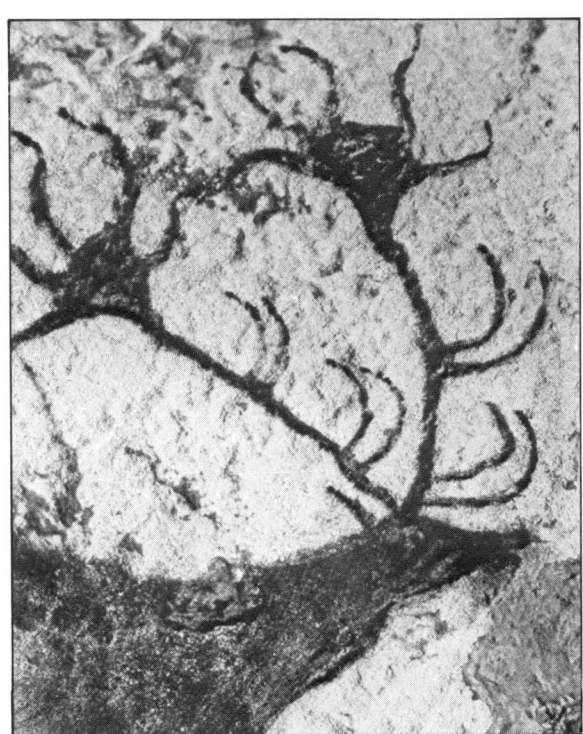

Die archäologischen Funde beweisen, daß der Mensch von Cro-Magnon bereits ein sehr geschickter Jäger war. Er kannte die Gewohnheiten großer Herdentiere – die Zeit sowie den Weg ihrer Wanderungen – und entwickelte wirksame Jagd- und Tötungsmethoden. Es ist denkbar, daß die Wanderung des Damwildes (diese Höhlenmalerei stammt aus Lascaux in der Dordogne/Frankreich) ein stetiges Auseinandergehen und Wiedersammeln eines Stammes erforderte.

Gruppen bestehen, besteht immer die Möglichkeit, daß plötzlich ein Konflikt entsteht. Außerdem ist ein Stamm von nur 25 Mitgliedern zu klein, um stabil zu sein – nicht zuletzt deshalb, weil dadurch die Balance zwischen männlichen und weiblichen Neugeborenen kaum eingehalten werden kann. Und in einer Jägergemeinschaft, wo die Männer auf die Jagd gehen, ist die Ausgewogenheit zwischen männlichen und weiblichen Nachkommen von lebensnotwendiger Bedeutung, so daß wir annehmen müssen, daß weibliche Kleinkinder dann und wann getötet worden sind. In einer bäuerlichen Gesellschaft ist dies natürlich nicht so wichtig. Das beste Mittel, dieses Verhältnis konstant zu halten, war daher die Zugehörigkeit zu einem größeren Verband, dem Dialektverband.

Wenn man von einer Gruppendichte von 25 Personen ausgeht und versucht, eine Zahl zu errechnen, in der das Verhältnis zwischen männlichen und weiblichen Neugeborenen ebenso konstant ist wie das zwischen der Geburtenrate und der Kindersterblichkeit, so kommt man auf eine Anzahl von etwa 500.

Jäger- und Sammler-Völker kennen ausnahmslos das Inzest-Verbot, was zur Folge hat, daß ein junger Mann im allgemeinen seine Braut außerhalb seines Stammes suchen muß, denn mit den Mädchen seiner eigenen Sippe ist er ja mehr oder weniger verwandt. Außerdem ist der Brauch, außerhalb der Sippe zu heiraten – also Exogamie – sehr geeignet, die Beziehungen und Verbindungen zwischen Nachbarstämmen zu festigen. Zusätzlich zum Inzest-Tabu kennen viele Jägervölker noch andere Heiratsverbote. Ein junger !Kung darf zum Beispiel kein Mädchen heiraten, das den gleichen Namen hat wie seine Mutter oder seine Schwester. Wenn ein Mann ein zweites Mal heiratet, muß er sich eine Frau suchen, die einen anderen Namen trägt als seine Tochter oder seine Schwiegermutter. Ähnliche Regeln gelten auch für die !Kungmädchen. All dies läuft darauf hinaus, daß manche Heiratswilligen dazu gezwungen sind, sich ihre Frau oder ihren Mann außerhalb der eigenen Gruppe zu suchen, wodurch die Beziehungen innerhalb des Dialektverbandes allmählich immer fester werden. In diesem Zusammenhang muß auch erwähnt werden, daß !Kungjäger zwar regelmäßige Streifzüge unternehmen, um ausreichend Nahrung zu besorgen, ihr längster Ausflug jedoch häufig die Reise zu ihrer zukünftigen Braut ist.

Dieses Netz von Blutsbanden bindet die verstreuten Sippen eng aneinander und hält sie so in einer unzertrennlichen Einheit zusammen, deren Einzelmitglieder alle durch eine gemeinsame Sprache, durch dieselbe Kultur und durch gegenseitige Sympathie miteinander verbunden sind. Ein zweiter Faktor, der vermutlich für die limitierte Größe einer Sippe verantwortlich ist, scheint uns in der Kommunikations- und Erinnerungsfähigkeit zu liegen. Solch ein Dialektverband kennt keine geschriebenen Normen. Seine Normen existieren nur durch Erinnerungen. Ein sehr volkreicher Stamm würde also möglicherweise seine Erinnerungsfähigkeit überstrapazieren, wenn jeder einzelne alle Details, all seine Kenntnis über die anderen Stammesmitglieder in seinem Kopf speichern müßte, und die sind ja wichtig, um den Gruppenzusammenhalt zu gewährleisten. Selbst wenn es noch Dinge gibt, die wir heute noch nicht wissen, die aber dieser »magischen« Zahl von fünfhundert zugrunde liegen, so

Morgendliche Atmosphäre in einem Lager der !Kung.

*Geselligkeit und Zusammenarbeit sind ein wichtiger Bestand-
teil des Alltagslebens der !Kung. Oben: Geschichten werden
erzählt. Rechts: Ein Tier wird abgehäutet. Unten: Frauen
spielen Melonenkullern, eine Kombination von Spiel und
Tanz.*

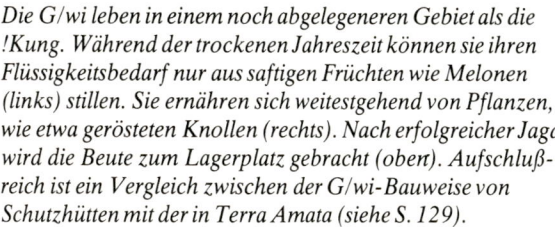

Die G/wi leben in einem noch abgelegeneren Gebiet als die !Kung. Während der trockenen Jahreszeit können sie ihren Flüssigkeitsbedarf nur aus saftigen Früchten wie Melonen (links) stillen. Sie ernähren sich weitestgehend von Pflanzen, wie etwa gerösteten Knollen (rechts). Nach erfolgreicher Jagd wird die Beute zum Lagerplatz gebracht (oben). Aufschluß-reich ist ein Vergleich zwischen der G/wi-Bauweise von Schutzhütten mit der in Terra Amata (siehe S. 129).

Das Leben der !Kung ist nicht besonders anstrengend. Sie haben ziemlich viel Freizeit und können sich mit anderen Dingen als Sammeln und Jagen beschäftigen. Links der Tanz eines !Kung-Medizinmannes. Rechts ein !Kung-Lagerplatz mit Schutzhütten. Fleischstücke von einem Beutetier hängen zum Trocknen zwischen den beiden Bäumen rechts im Bild.

läßt sich doch mit Sicherheit sagen, daß eben diese Zahl eine ausschließlich menschliche Erfindung ist, denn sie taucht nirgendwo in der Tierwelt auf.

Lange Zeit war man der Meinung, daß die Jäger- und Sammler-Völker ziemlich arm dran seien, und kaum jemand interessierte sich für diese vom Schicksal verlassenen Menschen, die ein erbärmliches Dasein in unwirtlichen Gegenden fristeten. Thomas Hobbes, ein Philosoph des siebzehnten Jahrhunderts sagte, ihr Leben sei »eklig, brutal und kurz«. In jüngster Zeit entstand nun ein ganz anderes Bild, als die Forschung endlich davon Abstand nahm, die Vorurteile unserer Zivilisation bei der Betrachtung dieser alten Kulturstufen miteinzubeziehen. Der amerikanische Anthropologe Marshall Sahlins nannte das Leben dieser Jäger »die erste Wohlstandsgesellschaft«. Wir werden gleich sehen, weshalb.

Ein Gutteil unserer heutigen Kenntnis der Jäger- und Sammler-Völker verdanken wir der akribischen Arbeit von Richard Lee und seinem Team, der in einer Langzeitstudie im Auftrag der Harvard Universität Gelegenheit hatte, das Leben der !Kung kennenzulernen. Zwei Erfahrungen, die er da machte, werfen auch ein deutliches Licht auf die Evolution unserer Vorfahren. Da ist zuerst die Tatsache, daß die Jagd zwar unstreitig ein Schlüssel-

faktor des Gemeinschaftslebens dieser Völker ist, keinesfalls jedoch die Hauptnahrungsquelle, und zum zweiten, daß das Leben der Jäger und Sammler weder eklig, noch brutal, noch kurz ist.

Heutzutage leben nur noch einige Hundert !Kung im Nordwesten der Kalahari-Wüste, einer halbtrockenen Region, die alle zwei bis drei Jahre von Dürre bedroht ist. Wir wissen heute, daß die !Kung hier seit mindestens zehntausend Jahren nahezu unverändert leben, wahrscheinlich sogar länger, was die Vermutung hinfällig macht, sie seien von der Zivilisation in dieses Randgebiet abgedrängt worden.

Der Sammelpunkt der !Kung sind acht Wasserlöcher, die fast alle Trockenzeiten überstehen. Dorthin ziehen etwa ein Dutzend Stämme während der Trockenzeit, die etwa von Mai bis Oktober anhält. Die Lager sind nur recht locker durchstrukturiert, der »Besuchsverkehr« untereinander ist äußerst intensiv. Während dieser Zeit verbringt ein !Kung gut ein Drittel seiner Zeit damit, Besuche zu machen, ein weiteres Drittel empfängt er Besuch, und den Rest der Zeit verbringt er gesellig mit seiner eigenen Familie. Gemeinschaft ist ein wichtiger Aspekt im Leben der !Kung. Doch wenn die Regenzeit kommt, teilen sich die Stämme wieder in Gruppen auf und

Sammeln und Fallenstellen sind ein wichtiger Bestandteil der Nahrungsversorgung der !Kung.
Rechts ein Behälter, um die Pflanzen zu transportieren, die an einem Tag gesammelt wurden. Links ein Truthahn mit Eiern.

ziehen zu anderen Wasserquellen. Niemals gibt es jedoch territoriale Streitigkeiten.

Die !Kungs leben zu rund einem Drittel von Fleisch und zu zwei Dritteln von pflanzlicher Nahrung. Sie haben das besondere Glück, in einer Gegend zu leben, wo die Mongongo-Nuß in großen Mengen wächst, die sehr proteinhaltig ist. Die !Kung essen pro Tag etwa dreihundert Nüsse und kommen damit auf 1 260 Kalorien und 56 Gramm Protein. Das entspricht dem Gegenwert von fast einem halben Kilo Steak! Diese Nüsse, die trotz der Trockenheit gedeihen, machen fast ein Drittel der Ernährung der !Kung aus und bilden somit eine ebenso sichere wie dauerhafte Nahrungsquelle. Deshalb hat ein !Kung auch einmal gefragt: »Warum sollen wir denn Getreide anbauen, wenn es doch so viele Mongongo-Nüsse auf der Welt gibt?« Der Rest ihrer pflanzlichen Nahrung setzt sich aus einer Mischung von Früchten, Beeren, Melonen, Wurzeln und Pflanzenknospen zusammen. Ihren Fleischbedarf decken sie meist durch Warzenschweine, Antilopen, Steinböcke, Gnus, Springhasen, Perlhühner und verschiedene andere Säugetier- und Vogelarten, fast immer jedoch kleine Tiere. Äußerst interessant ist die Art, wie die !Kungs ihre Nahrung sammeln. Wie in allen Jäger- und Sammler-Gesellschaften übernehmen auch hier die Männer die Aufgabe des Jagens. Gelegentlich sammeln sie zwar auch ein paar Pflanzen, aber nur, wenn sie gerade vorbeikommen. Sonst erzählen sie den Frauen, wo sie etwas Interessantes wachsen sahen, wie etwa Früchte oder Beeren. Ihre Jagdunternehmungen sprühen immer vor Unternehmungslust, sind jedoch selten erfolgreich. Meist gehen die Jäger paarweise. Wenn sie Fleisch mit ins Lager zurückbringen, bricht zwar nicht gerade ein Freudengeschrei aus, aber niemand scheint auch böse zu sein, wenn sie mit leeren Händen zurückkehren, was häufig der Fall ist. Es gibt ja immer genug Mongongo-Nüsse!

Es hat sich herausgestellt, daß die Jagd für die !Kung alles andere als eine Vollzeitbeschäftigung ist. Im Durchschnitt gehen die Männer nur an etwa zweieinhalb Tagen der Woche zur Jagd, und da jeder »Arbeitstag« nach sechs Stunden schon beendet ist, kommen sie auf eine Neunzehn-Stunden-Woche. Auch die Frauen machen es sich zwischenzeitlich eher gemütlich. Wenn sie zum Sammeln losgehen, bringen sie ausreichend Nahrung für etwa drei Tage mit und haben dadurch reichlich Zeit, sich zu besuchen, zu schwatzen und Handarbeiten zu machen. Selten wird mehr Essen als für drei Tage im Lager aufbewahrt, so daß ein steter Wechsel zwischen Arbeit und Mußestunden das ganze Jahr über stattfindet. Eine bedeutende Rolle nimmt in den Mußestunden der sogenannte »Trance-Tanz« ein, ein eindrucksvolles Ritual, das von Männern ausgeführt wird und meist die ganze Nacht über andauert. Die Männer, die an dem Tanz teilgenommen haben, gehen am nächsten Tag fast nie zur Jagd.

Die Nahrungsvorsorge der !Kung basiert vorwiegend auf Pflanzen und liegt somit fast ausschließlich in den Händen der Frauen. Wenn man die Nahrungsintensität auf der Basis von Kalorien vergleicht, so muß man sagen, daß das Sammeln zweieinhalb mal effizienter ist als das Jagen. Pflanzennahrung wird doppelt soviel verzehrt wie Fleisch, und doch spielt die Jagd eine größere Rolle – man ist geradezu fasziniert davon. Eigentlich sollten die Jäger und Sammler eher Sammler und Jäger heißen, obgleich die Jagd ohne Zweifel eine enorme soziale Relevanz in diesen Gesellschaften hat.

Trotz der landläufigen Ansicht, daß die !Kung aufgrund ihres harten Lebens in der glühenden Sonnenhitze kein hohes Alter erreichen, sind sie äußerst gesund, weil sie genug zu essen haben. Etwa zehn Prozent der !Kung sind älter als sechzig, und sie nähern sich somit der Altersquote in Industrieländern. Die alten Leute werden sehr respektiert; man schätzt ihr praktisches Wissen ebenso wie ihre Weisheit und ihre Kenntnis der rituellen Vergnügungen. Auch die jungen Leute werden vom »Lebenskampf« ziemlich verschont. Sie sind für die Nahrungsvorsorge erst mit dem Zeitpunkt ihrer Heirat verantwortlich, d. h. die jungen Männer etwa ab dreiundzwanzig Jahren und die Mädchen ab achtzehn. Demzufolge haben die Stammesmitglieder im Alter zwischen etwa zwanzig und sechzig Jahren für Nahrungsmittel zu sorgen, das entspricht einem Prozentsatz von etwa sechzig pro Stamm. Die Kindheit ist sorglos, das Leben der Erwachsenen einfach und das Alter ist gesichert. Daher müssen wir Sahlins Definition recht geben, daß die !Kung eine Wohlstandsgesellschaft sind, denn hier werden alle Bedürfnisse aller Stammesmitglieder erfüllt.

Man darf nun aber nicht in den Fehler verfallen, die !Kung als quasi atypisch für Jäger-Sammler-Gesellschaften zu sehen, da sie sich in so reichem Maße von den schier unerschöpflich vorhandenen Mongongo-Nüssen ernähren, worauf sich letztlich ja ihr »Wohlstand« gründet. Ihre sinnvolle Lebensweise ist nämlich der beste Beweis dafür, daß ohne die Errungenschaften der Jäger und Sammler der Übergang zur Agrargesellschaft unmöglich gewesen

Die Eskimos leben ausschließlich von Tieren aus dem Meer: die Meeressäugetiere dienen nicht nur der Nahrungsversorgung, sondern liefern auch Tran als Brennstoff, Häute für die Kleidung und Knochen für Werkzeuge.

wäre. Denn wäre das Jagen und Sammeln eine gefahrvolle und nicht lebensfähige Existenzform, so wäre die Evolution des Menschen kaum weitergegangen, und die neolithische Revolution vor zehntausend Jahren hätte vermutlich niemals stattgefunden!

Die Grundlagen der Ernährung waren jedoch zweifellos in den verschiedenen Gebieten unterschiedlich. Von den etwa fünfzig Jäger-Sammler-Völkern, die zumindest bis vor kurzem noch existierten, lebte etwa die Hälfte überwiegend vom Sammeln wie die !Kung, ein Drittel etwa vom Fischfang und der Rest von der Jagd. Die erste Hälfte lebt überwiegend in Äquatornähe, die Fischer in kühleren oder gemäßigten Klimazonen, die Jäger meist in der Arktis.

Da man mit an Sicherheit grenzender Wahrscheinlichkeit davon ausgehen kann, daß die Wiege der Humanevolution in der tropischen und subtropischen Region Afrikas stand, kann man auch analog dazu schließen, daß unsere Vorfahren Jäger und Sammler waren, mit der Betonung allerdings auf Sammler. Deshalb muß ein entscheidender Schritt in der Entwicklung zum *Homo sapiens* die Erfindung eines tragbaren Behälters gewesen sein. Denn ohne eine Art Tasche, in der die gesammelten Pflanzen zum Lager transportiert werden konnten, wäre eine geregelte Nahrungsvorsorge unmöglich gewesen. Zum Sammeln braucht man ja nur wenig: einen Stock, mit dem Wurzeln und Schößlinge ausgegraben werden können, und einen Behälter, in dem das alles zum Lager getragen werden kann, sind schon ausreichend. Das bedeutet im Endeffekt, daß eine komplexe und nur dem Menschen zuzuordnende Verhaltensweise wie das Sammeln (und das ist es hinsichtlich des Prinzips der Arbeitsteilung) auf einer wahrhaft simplen Technologie beruht. Die !Kung-Frauen benutzen einen Behälter, der halb aus Fell und halb aus Tuch besteht, meist aus der Haut von Antilopen. Ob unsere Vorfahren einen ähnlichen Behälter verwendeten, werden wir nie wissen. Denn welches Material auch immer zu seiner Herstellung benutzt worden sein mag – pflanzliches oder tierisches – es hätte sich niemals konserviert.

Dieser tragbare Behälter hat mithin große Relevanz hinsichtlich des Prinzips der Arbeitsteilung zwischen Männern und Frauen: die körperlich kräftigeren, größeren und schnelleren Männer gingen zur Jagd, und die Frauen sorgten für die lebenswichtige Stabilität der Gruppe, indem sie die Pflanzen sammelten, für die Kinder sorgten und sie erzogen. Bei den !Kung wie bei anderen heute lebenden Jäger- und Sammler-Völkern hat die Jagd irgendetwas Mythisches an sich. Die Männer setzen ihren ganzen Ehrgeiz und ihre ganze Geschicklichkeit darein,

ein Tier zu erlegen. Es ist sozusagen eine Herausforderung: die gespannte Stille beim Anschleichen, der Ausbruch von Energie, um das Wild zu erlegen und schließlich die Freude am Erfolg. Die Jagd ist so ein Erlebnis, das um so größeren Eindruck macht, je größer das Wild ist. Dagegen scheint das unbezweifelbare Wissen über die Pflanzen, das für ein gutes Sammelergebnis unbedingt notwendig ist, eine Selbstverständlichkeit zu sein.

Der durchgehende Faden im sozialen Gewebe, das die Mitglieder der frühen Hominidengruppen zusammenhielt, war das Teilen der Nahrung, das Prinzip also, daß jeder jedem gibt. Emotionale Beziehungen zwischen Verwandten – vor allem natürlich zwischen Mutter und Kind – existieren auch unter nicht-menschlichen Primaten, und zwar besonders stark bei Gorillas und Schimpansen. Das Prinzip des Sammelns und Jagens fügt dieser Grundstruktur noch ein additives, nämlich materielles Element hinzu und verstärkt dadurch die Beziehung zwischen Mann und Frau. Weitaus schwieriger läßt sich jedoch erklären, warum in der westlichen Industriegesellschaft durchgehend Monogamie vorherrscht, zumindest nominell. Vermutlich war diese gesellschaftliche Norm

Der Mongongonußbaum (rechts), unter dem die Kinder spielen, bietet Schutz für das Lager und liefert Nüsse. Links: Frauen, die Wasser am Fuße eines Baumes schöpfen.

quasi ein Langzeitergebnis der materiellen Abhängigkeit, die sich aus der Besitzansammlung als Folge der neolithischen und der industriellen Revolution ergab.

Die Entwicklung des Menschen zum Jäger ist lang und hat tiefe Spuren hinterlassen. Wir können sicher sein, daß, als vor etwa einer Million Jahren einige unserer Vorfahren Afrika verließen und allmählich weiter ins nördliche Europa zogen, Fleisch zum Hauptbestandteil ihrer Nahrung wurde. Doch während der überaus langen Übergangszeit, als *Homo erectus* sich zum *Homo sapiens* (vor ungefähr rund einer halben Million Jahren) und später dann zum *Homo sapiens sapiens* (vor rund zehntausend Jahren) entwickelte, wurde die Lebensform des Jagens und Sammelns bis zum Aufkommen des Ackerbaus vor rund zehntausend Jahren beibehalten. Ackerbau entstand an verschiedenen Stellen der Welt und verbreitete sich wie ein Buschfeuer. Innerhalb achttausend Jahren hatte sich mindestens die Hälfte der Erdbevölkerung dieser neuen Lebensform zugewandt. Vor zweihundert Jahren waren die Jäger und Sammler schon auf nur zehn Prozent der Gesamtbevölkerung geschrumpft. Doch während der ersten achttausend Jahre des Ackerbaus stieg die Erdbevölkerung sprunghaft um das Dreißigfache an, nämlich von zehn auf dreihundert Millionen. Und

Rechts: Die fruchtbare Region im Mittleren Orient, in der die neolithische Revolution ihren Ausgang nahm. Dies geschah natürlich nicht auf einen Schlag, sondern aufgrund verschiedener Faktoren: vermehrtes Wissen der dortigen Bewohner über Pflanzen und Tiere, deren Lebensgewohnheiten und ihre Umgebung, Kenntnis der klimatischen Bedingungen und der Beschaffenheit des Bodens. Die Entstehung eines seßhaften Gemeinwesens und die Lagerhaltung von Nahrung führten vermutlich dazu, daß die Gemeinden allmählich befestigt wurden – denn nun war es wichtig, das Gut zu schützen, was so mühsam errungen worden war. Beispiel: das alte Jericho (oben).

heute, wo etwa vier Milliarden Menschen auf der Erde leben, gibt es nur noch etwa dreihunderttausend Jäger.

Wir haben nachgewiesen, daß Jäger und Sammler in sehr hohem Maß ein Teil des Landes sind, in dem sie leben. Um zu überleben, müssen sie sich mit dem arrangieren, was ihnen der Boden zu bieten hat. Sie vertrauen auf das Vorhandensein ausreichender Nahrungsquellen und ihre eigenen Fähigkeiten, sie sinnvoll zu nutzen. Sie leben in kleinen intimen und kooperierenden Gruppen, die Teile eines zwar oft verstreuten, aber doch durch starke familiäre Bande zusammengehaltenen

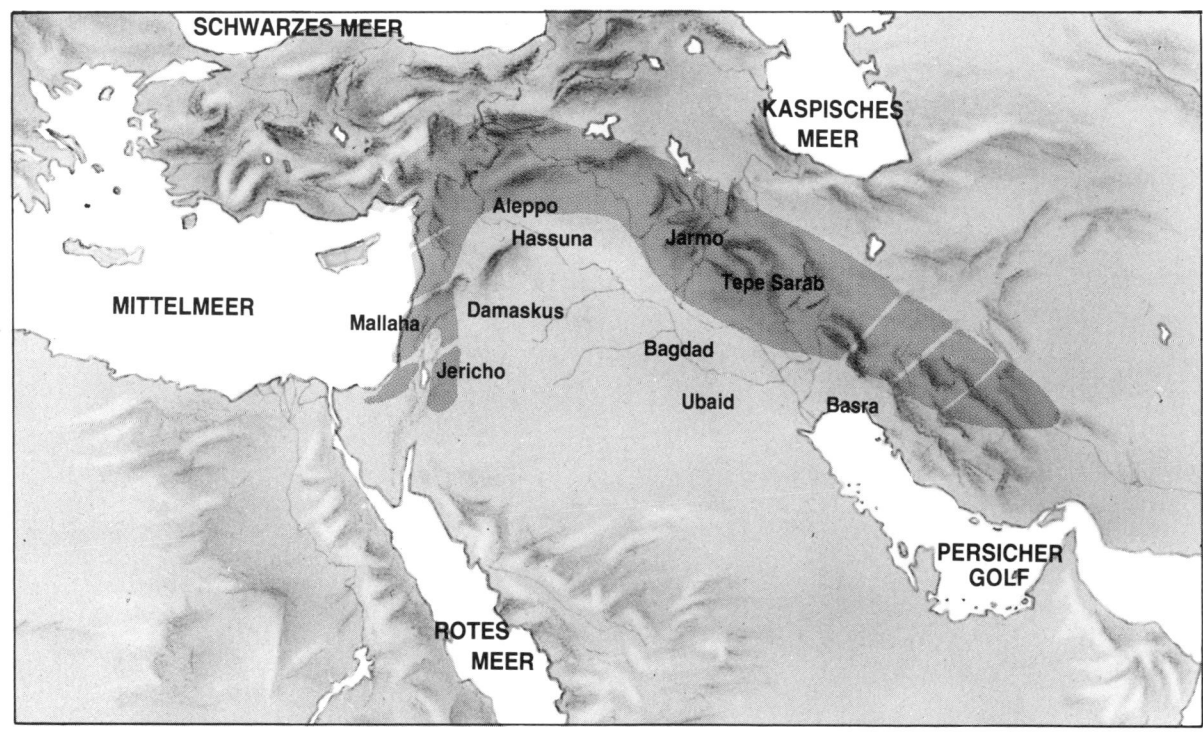

Stammes sind. Sie ziehen als Nomaden von Lager zu Lager, je nachdem, wieviel Nahrung vorhanden ist. Besitz ist ihnen fremd, was aber nicht heißt, daß sie keine Kultur haben. Diese Jägervölker ziehen im Land umher, das sie mit anderen Gruppen und Stämmen teilen. Dies geht zwar nicht immer ohne Auseinandersetzungen ab, aber sie weichen ihnen möglichst aus. Sie tragen ihre Lebensweise mit sich – nicht in Form von Besitz, sondern als das Wissen um die Welt, in der sie leben.

Eine bäuerliche Kultur ist nahezu in jeder Hinsicht das genaue Gegenteil. Bauern sind notwendigerweise seßhaft, weil die Ernte gesät und eingebracht werden muß. Und solch ein seßhaftes Leben gibt erstmals die Möglichkeit, materiellen Besitz anzuhäufen. Dies führt zu einem wesentlich neuen Aspekt des menschlichen Verhaltens, den wir »Psycho-Materialismus« nennen möchten. Das Land, auf dem die Ernte heranreift, muß ebenso verteidigt werden wie der erworbene Besitz. Die bäuerliche Lebensform bringt es mit sich, daß erheblich mehr Menschen auf engem Raum zusammenleben können, so daß nun auch Dörfer und Städte entstehen konnten, mithin also Gemeinschaften, in der die genaue Kenntnis und das Wissen um den Mitmenschen um so geringer wird, je mehr die Bevölkerung anwächst. Mit dem

Bevölkerungszuwachs und der gegenseitigen Abhängigkeit durch Handel entstand erstmals die Möglichkeit, Macht über andere Menschen auszuüben – und zwar in einem Maße, das Jäger und Sammler nie kannten. Mit dieser neuen Möglichkeit, Mittel und Macht zu akkumulieren, kam der Zwang zu immer größerer Besitzanhäufung und damit die Notwendigkeit, das einmal Erworbene zu verteidigen.

Unsere technisch so fortschrittliche Welt leidet unter blutigen Revolten in den Ghettos der großen Städte und einer dauernden Kriegsgefahr, die von allen Nationen droht. Aber warum? Schriftsteller wie die Verhaltensforscher Konrad Lorenz und Niko Tinbergen oder auch Robert Ardrey behaupten, dies sei die Folge eines genetisch vorprogrammierten Verhaltens, des angeborenen Aggressionstriebes. Diese Theorie ist unserer Ansicht nach falsch. Wir wollen im nächsten Kapitel detailliert darlegen, daß man – sofern man nur die Konflikte in unserer heutigen Gesellschaft untersucht – nicht nur die Kräfte ignoriert, die uns ganz langsam zu Menschen haben werden lassen, sondern auch die dramatischen sozialne wie psychologischen Veränderungen als Folge des Übergangs von der Jagd zum Ackerbau.

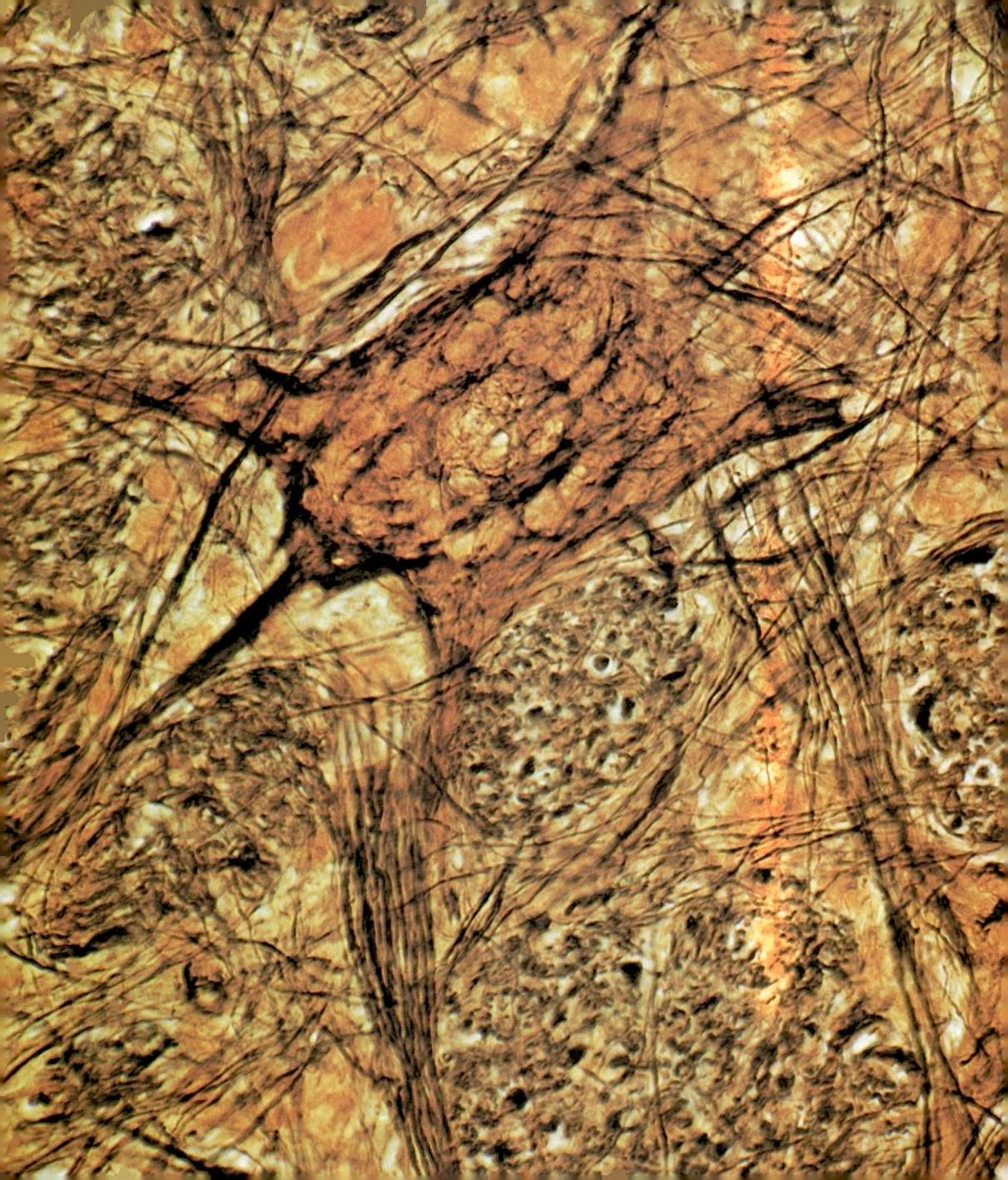

8
Intelligenz, Sprache und Bewußtsein

Wenn man einen noch sehr jungen Säugling anspricht, passiert etwas Merkwürdiges: das Baby wedelt nämlich nicht nur mit den Armen, gluckst und schaut einen mit einem Blick an, der auch das Herz des finstersten Menschen erwärmt, sondern die Muskeln des ganzen Körpers führen Bewegungen aus, die jedoch nur mit speziellen Meßgeräten feststellbar sind. Diese außerordentliche Reaktion, die man erst in jüngster Zeit entdeckt hat, ist ein Beweis dafür, wie sehr die Sprache im menschlichen Gehirn verwurzelt ist. Die winzigen, fast unmerklichen Bewegungen des Babys werden in seinem Gehirn ausgelöst als Reaktion auf die Laute, die der Erwachsene von sich gegeben hat. Noch erstaunlicher, wenngleich bei näherer Betrachtung verständlich, ist, daß dieses Phänomen auftritt, wie auch immer das Baby und der Erwachsene zueinander sprachlich orientiert sind – das heißt, ein amerikanisches Kleinkind reagiert auf Chinesen, Russen oder Franzosen genauso wie auf Amerikaner.

Die gesprochene Sprache ist vermutlich der letzte und wichtigste Schritt in der Entwicklung des menschlichen Gehirns. Die Fähigkeit, verbal miteinander zu kommunizieren, bringt die Erziehung eines Kindes auf ein neues und außerordentlich wirkungsvolles Niveau und ist ein unvergleichliches Vehikel für die Entwicklung und Verbreitung einer Kultur. Es ist zwar denkbar, daß auch Tiere eine reiche kulturelle Entwicklung und Tradition haben, die ein vielschichtiges Gewebe aus physischen oder umweltbedingten Modifikationen bilden, aufgrund dessen sie beispielsweise mit Gesten kommunizieren können. Aber die gesprochene Sprache steigert die Möglichkeiten einer Kultur fast ins Unermeßliche.

Man braucht nur einen Blick auf das enorme Spektrum zu werfen, das die vielfältigen Kulturformen heute bilden – und zwar nicht nur von Land zu Land, sondern auch von Dorf zu Dorf –, um zu erkennen, welche Möglichkeiten erst durch Sprache entstehen. Ironischerweise bestätigt gerade die Tatsache, daß die Welt heute im wesentlichen von einigen besonders ausgeprägten ökonomischen Systemen dominiert wird, welche Macht und welchen Einfluß Kultur hat, wie eine Kulturform eine weniger ausgeprägte in sich aufsaugen, ja sogar auslöschen kann. Das ist ein Phänomen, das zum Wesen des Fortschritts gehört.

Vorhergehende Seiten: Das menschliche Gehirn ist relativ groß und sehr kompliziert. Eine Ahnung von dieser Kompliziertheit kann diese Elektronenmikroskopaufnahme geben, das nur zwei Nervenzellen zeigt (etwa tausendfache Vergrößerung). Die Funktion der Nervenzellen besteht in der Speicherung und Übermittlung von Information. Die einzelnen Zellen sind miteinander verbunden und bilden so ein Informationsnetz.

Diese Tafel mit sumerischen Schriftzeichen stammt aus Jamdat Nasr in Westasien. Sie wird auf etwa 2800 vor Christus datiert.

Die menschliche Kultur entstand also durch Sprache, und dies ist auch der einzig wirkliche Unterschied zwischen Mensch und Tier. Doch obgleich die Sprache ein so wichtiger Schritt in der Evolutionsgeschichte des Menschen ist und jede andere Entwicklung unserer Vorfahren bei weitem übertrifft, hinterläßt sie natürlich keine Spuren. Der einzige Nachweis für Sprache ist Schrift, und die ersten schriftlichen Zeugnisse haben wir aus der Zeit der Sumerer, die vor etwa fünftausend Jahren ihren Besitz auf Tontäfelchen notierten. Wir können aber mit Sicherheit davon ausgehen, daß unsere Vorfahren lange vor dieser Zeit über ein ausgefeiltes Sprachsystem verfügten. Wir wissen nur nicht, wie lange sie dies schon hatten und werden es wohl auch nie wissen. Wir können nur versuchen, ein paar spärliche Hinweise zusammenzutragen, um eine einigermaßen einleuchtende Hypothese aufstellen zu können.

Darüber hinaus werden wir in diesem Kapitel den Versuch unternehmen, den Anfängen und auch der Bedeutung der menschlichen Intelligenz nachzugehen. Sprache, die Herstellung von Werkzeugen und die Lebensform verbanden sich zu einem evolutionären Komplex, der nicht nur für die Entwicklung der spezifischen Möglichkeiten des menschlichen Gehirns verantwortlich, sondern auch zugleich deren Folge war.

Die früheren Anthropologen waren arrogant und berufsblind genug, daß sie die Entwicklung eines großen Gehirns als

Eine ganze Reihe von For-schern hat sich mit der Be-stimmung des Intelligenz-quotienten und der manipu-lativen Geschicklichkeit von Schimpansen beschäftigt. Rechts spielt Fifi mit einem »Kartenhaus«.

Unten hält sie den Griff eines Automaten und steckt eine Münze hinein. Sobald die Münze hinuntergefallen ist, zieht sie am Griff und be-kommt so Schokolade.

ersten Schritt der Evolution ansahen – nur so erklärt sich, daß die Piltdown-Fälschung sich so lange halten konnte. Nach neuesten Forschungsergebnissen ist das menschliche Gehirn das Ergebnis einer erst jüngeren und sehr raschen Entwick-lung. Aber vermutlich stimmt auch das nicht ganz, wie wir gleich zeigen wollen.

Eine der Grundregeln der Evolution ist die Anpassung eines Organismus an seine Umgebung. Gäbe es nun so etwas wie eine absolut konstante Umgebung – die man, wenn überhaupt, nur in den unwirtlichen Tiefen ozeanischer Gräben findet –, so wäre ein Lebewesen durchaus fähig, mit Anlagen zu überleben, die bereits vorprogrammiert sind. Solche Anlagen und auch Reaktionen sind sehr nützliche Attribute, solange sie mit den biologischen Bedingungen absolut übereinstimmen. So ist zum Beispiel eine junge Heringsmöwe genetisch darauf programmiert, eine ausge-wachsene Heringsmöwe in den Hals zu zwicken, was diese unweigerlich dazu veranlaßt, Futter hervorzuwürgen. Wenn so eine junge Möwe erst lernen müßte, wie sie Futter von ihren Eltern bekommt, so würde sie vermutlich verenden, bevor sie noch einen Schnabel voll gefressen hätte.

Andererseits lernt eine ausgewachsene Heringsmöwe, ihre eigenen Küken zu erkennen und andere wegzujagen – ganz im Gegensatz zu der ihr verwandten Dreizehenmöwe, die ihr

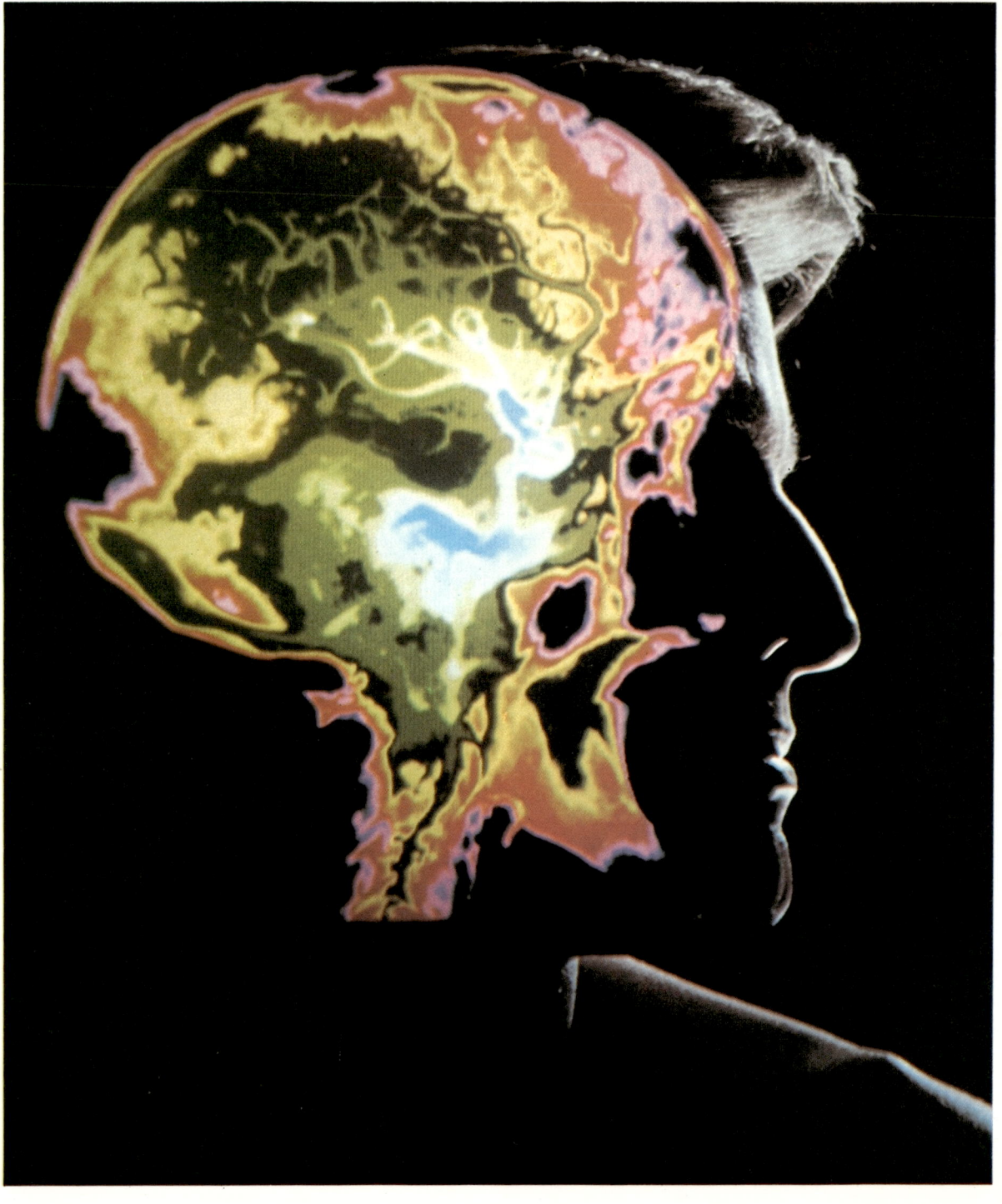

Die Untersuchungen von Wissenschaftlern verschiedenster Disziplinen haben im Laufe der Jahre ein Grundwissen über die Funktionsweise des Gehirns geschaffen. Es bleibt allerdings noch viel zu erforschen. Die verschiedenen Untersuchungsmethoden der medizinischen Diagnostik informieren uns vor allem über die spezialisierte Struktur des menschlichen Gehirns, das uns im Zuge der Evolution auf den obersten Rang in der Ordnung aller Lebewesen gehoben hat. Links eine Aufnahme mit einer Infrarotkamera, oben eine Radioisotopenaufnahme (der Patient leidet an einem Tumor).

Schimpansen können zwar nicht sprechen, aber sie kommunizieren verbal und nicht verbal. Nichtverbale Kommunikation findet durch bestimmte Körperhaltungen statt, durch Berührung und durch bestimmte Gesichtsausdrücke. Dazu einige Beispiele: Entspannt (oben links), lächelnd (oben rechts), schmollend (unten links) und zornig (unten rechts).

Nest in der Regel an unzugänglichen Stellen in den Steilhängen eines Kliffs baut, wo die Wahrscheinlichkeit nicht sehr groß ist, daß sich andere Küken dorthin verirren. Deshalb nimmt eine Dreizehenmöwe jedes Küken in ihrem Nest auf, auch wenn es nicht der eigenen Spezies angehört. Für die Heringsmöwe, die ihr Nest mit vielen anderen zusammen am Boden baut, ist es eine umweltbedingte Notwendigkeit, ihre Jungen zu erkennen, denn es gibt keine Möglichkeit, dieses Erkennen in den ausgewachsenen Tieren genetisch vorzuprogrammieren.

Diese Dinge, die in ihren Gehirnstrukturen nicht vorprogrammiert werden können, lernen Tiere also, und das ist ein großer Vorteil im Umgang mit den unterschiedlichen Umgebungen, in denen sie leben. Wie ökonomisch die Natur dabei vorgeht, sieht man daran, daß ein Tier nur mit soviel Lernvermögen ausgestattet ist, wie es unbedingt braucht. Vom biologischen Standpunkt aus betrachtet, ist das Gehirn ein sehr teurer Apparat. Das menschliche Gehirn macht nur zwei Prozent des gesamten Körpergewichts aus, braucht aber fünfzehn Prozent der Blutzufuhr, um funktionsfähig zu sein, und mehr als zwanzig Prozent des gesamten Sauerstoffbedarfs.

Selbst ein Tier, das ein gewisses Lernvermögen besitzt, kann dies nur zu bestimmten Zeiten anwenden. Junge Schneefinken können zum Beispiel durch Nachahmung ihren Gesang lernen, der im Gegensatz zu vielen anderen Vögeln total genetisch vorprogrammiert ist. Und doch ist ihre Fähigkeit, singen zu lernen, begrenzt: ein junger Schneefink wird zum Beispiel niemals lernen, so melodisch zu singen wie eine Nachtigall, selbst wenn er nur deren Gesang zu hören bekommt. Außerdem muß er seinen eigenen Gesang lernen, solang er noch klein ist, denn sonst lernt er ihn nie. Der Grund dafür liegt auf der Hand. Wären nämlich auch ausgewachsene Vögel noch in der Lage, den Gesang anderer zu erlernen, so würde ihr gesamtes Kommunikationssystem zusammenbrechen, das ja schließlich zu einem großen Teil auf ihrem spezifischen Gesang beruht. Im Vergleich dazu kann man sagen, daß auch für den Menschen der beste Zeitpunkt, eine Sprache zu erlernen, die Kindheit ist. Menschen, die als Erwachsene ihre Heimat verlassen und sich in einem anderen Land ansiedeln, behalten in der Regel einen sehr starken Akzent ihrer Muttersprache bei, und das während ihres ganzen Lebens.

Intelligenz als Begleiterscheinung des evolutionären Lernprozesses ist außerordentlich schwer zu definieren. Im Grunde kann jedes Lebewesen als intelligent bezeichnet werden, das die Fähigkeit hat, sein Verhalten aufgrund von Informationen zu modifizieren, die es seiner Umgebung entnimmt. Eine Fähigkeit, die jedoch in der Humanevolution eine überaus große Rolle spielt, ist die der kreativen Intelligenz, das heißt die Fähigkeit, als Folge einer Konfrontation mit neuen Informationselementen ein bisher unbekanntes Resultat vorauszusagen. Obgleich einige Tiere die Fähigkeit haben, mittels bereits gemachter Erfahrungen umzulernen, ist doch nur der Mensch in der Lage, Informationszusammenhänge auch mit unbekannten Implikationen herzustellen. Das heißt, daß der Mensch fähig ist, sich etwas auszudenken und danach zu handeln – mit anderen Worten: konstruktiv zu denken.

Wollten wir jedoch behaupten, daß nur der Mensch zu konstruktivem Denken fähig sei, so wäre das falsch. Wir müssen davon ausgehen, daß die großen Menschenaffen – vor allem die Schimpansen – wesentlich intelligenter sind, als sie eigentlich zu sein brauchten. Die diffizilen Experimente, die Psychologen erfunden haben und die sie so einfallsreich durchführen, sind ja weit entfernt von all dem, was in ihrem natürlichen Habitat auf sie zukommen kann. Und dieses Paradoxon stellt uns vor große Probleme, wenn wir versuchen, die Ursprünge der menschlichen Intelligenz zu erforschen und zu definieren. Andererseits liefert es uns auch einen gewissen Hinweis: so weit wir auch von Schimpansen und Gorillas entfernt sein mögen, so haben wir doch einen Wesenszug gemeinsam, denn wir sind wie sie äußerst soziale Lebewesen. Und es wäre durchaus denkbar, daß der menschliche Erfindungsgeist – und nur an ihm kann Intelligenz gemessen werden – ein Nebenprodukt der Notwendigkeit ist, in festgefügten sozialen Verbänden zu leben. Genauso denkbar wäre demnach, daß Sprache ein Nebenprodukt einer anderen mentalen Notwendigkeit ist, nämlich der Notwendigkeit zu denken. Aber wie immer in der Evolution ist es auch hier unmöglich, die Ursache von der Wirkung zu trennen, also die alte Frage zu lösen, wer zuerst da war: die Henne oder das Ei. Deshalb erscheint es uns angemessener, die Entwicklung der Intelligenz als Bestandteil des evolutionären Prozesses zu beleuchten.

Die erste Entwicklung des menschlichen Gehirns ist eine Folge arborealer Existenz. Die Fähigkeit, stereoskop zu sehen, öffnete zusammen mit der Entwicklung der Greifhand vor allem den höheren Primaten eine dreidimensionale Welt, wie sie für andere Säugetiere nicht existierte. Gegenstände aus der eigenen Umgebung bekamen so eine Bedeutung, weil sie nun aufgelesen und betrachtet werden konnten. Form und Farbe konnten mit Beschaffenheit und Gewicht verglichen werden und vor allem – eine der wichtigsten Eigenschaften der Säugetiere – sie konnten gerochen werden. Die Fähigkeit, sich in seiner Umgebung intelligent zu verhalten, hängt voll und ganz von der Wahrnehmungsfähigkeit eines Lebewesens ab. Dennoch ist das Bild, das es sich in seinem Kopf von der Außenwelt macht, durch und durch künstlich. Es ist durch die Mechanismen des Gehirns entstanden, durch die Informatio-

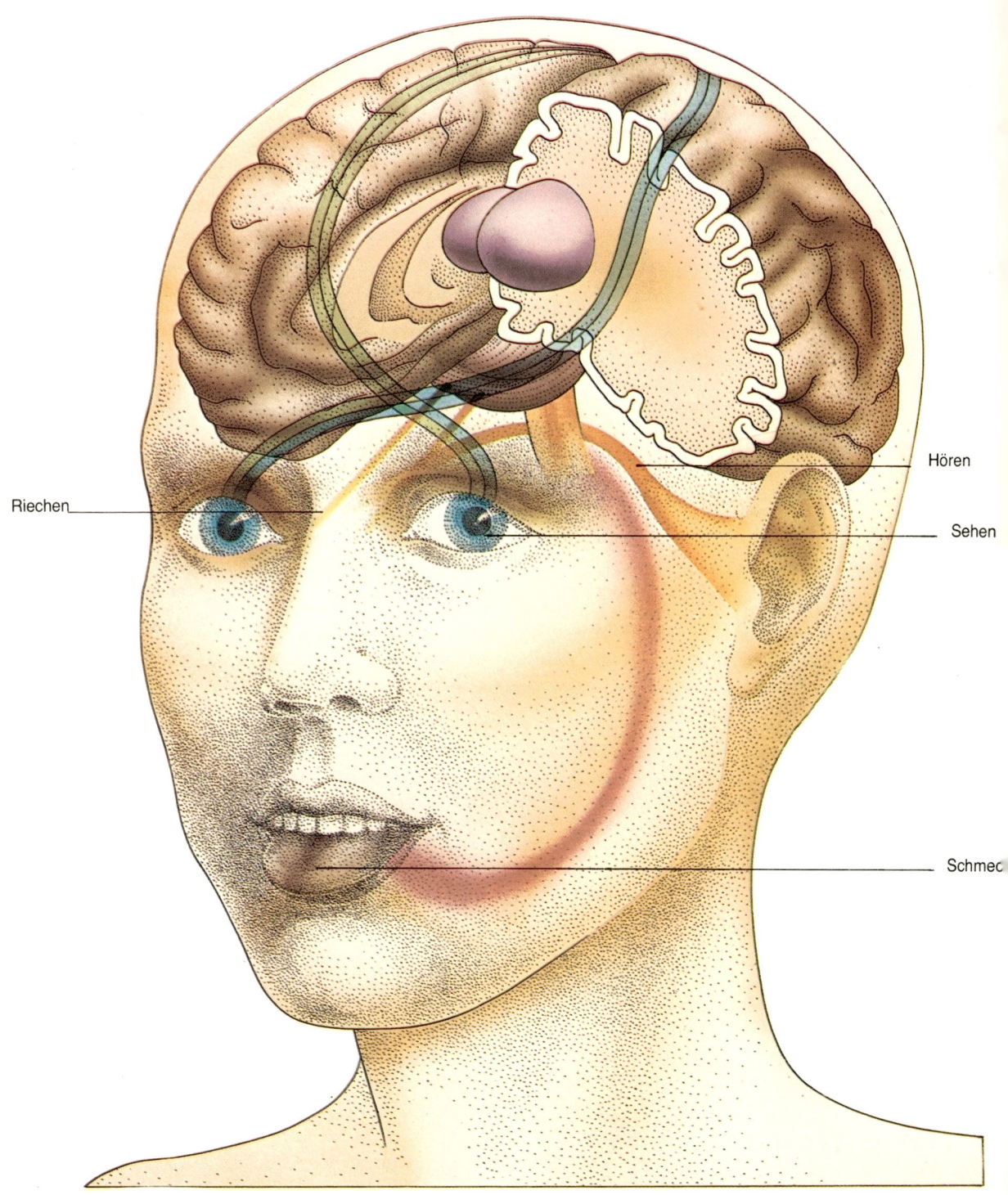

Riechen

Hören

Sehen

Schmec

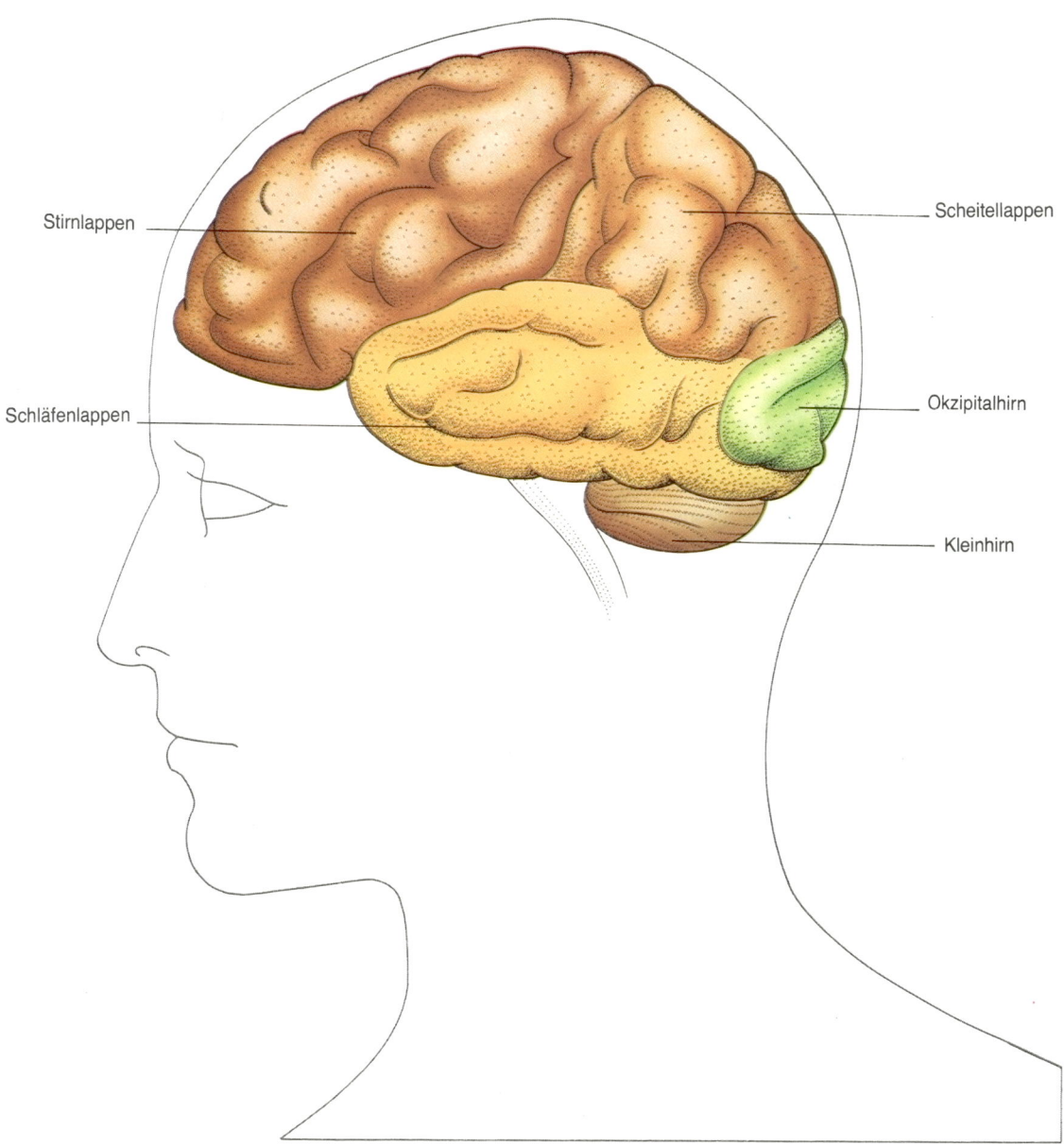

Stirnlappen

Scheitellappen

Schläfenlappen

Okzipitalhirn

Kleinhirn

Links: Die Abbildung zeigt den Verbindungsweg zwischen Sinneseindrücken und dem Gehirn. Die unterschiedlichen Eindrücke der Umwelt, die die Zunge, die Nase, die Ohren und die Augen vermitteln, werden im Großhirn zusammengefaßt. Dazu kommt die Information des Tastsinns, die alle zusammen ein komplettes Bild der Außenwelt vermitteln.

Oben: Das Großhirn, das aus vielen Windungen besteht und in vier Lappen aufgeteilt ist, sitzt über dem Kleinhirn, das die Bewegungsabläufe der Körperteile mit dem Gleichgewichtsorgan koordiniert. Die aktiven Nervenzellen des Großhirns (ungefähr acht Millionen) verarbeiten die Information, die das Gehirn von den verschiedenen Sinnesorganen erhält.

nen des kollektiven Wahrnehmungssystems – das heißt also: durch Gesicht, Gehör, Gespür, Geruch, Geschmack und durch das Gedächtnis.

Der »Wirklichkeitsgrad« der Welt, die man in seinem Kopf trägt, hängt sowohl von der Qualität der Informationen ab, als auch von der Art und Weise, wie sie zu einer kohärenten Form integriert sind. Bilder, die visuell oder auditiv in uns entstanden sind, sind die Folge früherer Erfahrungen und werden automatisch mit ihnen verglichen. Was sich hier und jetzt ereignet, wird in Vergleich gebracht zu früheren Geschehnissen, sodaß mithin das menschliche Bewußtsein nicht nur an die Gegenwart gebunden ist, sondern sich sowohl in die Vergangenheit als auch in die Zukunft erstrecken kann.

Die Bedeutung der »Vergangenheitserfahrung« wird sehr hübsch durch eine Anekdote erläutert, die der amerikanische Anthropologe Clin Turnbull erzählt, der Pygmäen im Gebiete des Kongo studiert hat. Die BaMbute (wie die Pygmäen aus dem Waldgebiet von Ituri zusammenfassend genannt werden) leben in einer so dichten Vegetationszone, daß die größte Entfernung, die sie in ihrem ganzen Leben durchwandern, im allgemeinen nicht mehr als einige hundert Meter beträgt. Ihre direkte Umwelt hat sich ihnen also ganz tief eingeprägt und nur im Vergleich dazu können sie die Größe und Entfernung von Gegenständen bestimmen. Eines Tages nahm Turnbull Kenge, einen dieser BaMbutis, auf eine lange Fahrt durch den Wald und auf einen Berg mit, von dem aus man den Albert-See überblicken kann. Kenge, der fast nicht glauben konnte, daß es auch eine Gegend ohne Bäume gibt, unterlief ein klassischer Fehler der Wahrnehmungsfähigkeit. Er zeigte nämlich auf eine Büffelherde, die einige Meilen entfernt graste, und fragte: »Was sind das für Insekten?« Turnbull brauchte eine ganze Weile, bis er begriffen hatte, was Kenge meinte. Kenge hatte geglaubt, die Büffel seien so klein, so klein wie eben Insekten sind, weil sie durch die Entfernung so wirkten. Und auch wir sehen, wie Kenge, Dinge aus Erfahrung so, wie wir gelernt haben, sie zu sehen, und zwar in viel größerem Maße als uns bewußt ist.

Im Verlauf der Entwicklung der Wahrnehmungsfähigkeit bestand immer die Neigung, die Außenwelt genauer und präziser aufzunehmen und das Wahrgenommene so zu einem realeren Bild zusammenzufügen, daß zwar künstlich, aber doch repräsentativ ist. Unsere Vorfahren lebten über ein Gelände verstreut, das weitaus größer war, als das der ihnen verwandten Menschenaffen. Dies bedeutete, daß sie eine Art geistiger Landkarte im Kopf haben mußten, nach der sie sich richten konnten, um zu ihren Nahrungsquellen zu kommen. Damit haben wir eine der Meisterleistungen der Evolution, die zeigt, wie groß die analytische Wahrnehmungsfähigkeit unserer Vorfahren bereits war.

Ein lebenswichtiger Schritt war auch die intellektuelle Fähigkeit, Zusammenhänge zu erkennen und verschiedene Objekte zu klassifizieren, um auf diese Weise Erfahrungsinhalte verbinden zu können. Zusammenhänge können auch künstlich hergestellt werden, und darin liegt der Ursprung des Abstraktionsvermögens und der Erfindungskraft. Überdies ist diese Fähigkeit – wenngleich in Verbindung mit anderen – für die Entstehung von Sprache notwendig.

Wir wissen, daß auch Schimpansen in der Lage sind, Zusammenhänge herzustellen und zu manipulieren. In der freien Natur ist ihre Fähigkeit zur Abstraktion und ihr Erfindungsgeist jedoch äußerst begrenzt. Sie verfügen über keine Sprache und haben – nach allem was man weiß – auch keine besonders gut ausgebildeten Kommunikationssysteme. Dennoch ist der intellektuelle Graben, der den Menschen vom Schimpansen trennt, nicht so breit, wie man zunächst denken könnte. So lernte beispielsweise Julia, eine Schimpansin, die von Bernard Rensch und J. Döhl aufgezogen wurde, eine Reihe von Aufgaben zu lösen, die nicht nur ein intellektuelles Denkvermögen, sondern auch beträchtliches körperliches Geschick verlangten. Eine dieser Aufgaben bestand darin, daß Julia sechs aufeinanderfolgende, verschlossene Behälter öffnen mußte, in denen jeweils der Schlüssel zum nächsten lag. Im letzten Kasten lag eine Banane. Um herauszufinden, welchen Kasten sie zuerst öffnen mußte, konnte Julia durch einen Schlitz schauen und sehen, welcher Schlüssel darin lag, um mit Hilfe ihres Erinnerungsvermögens schließlich den Schlüssel zum ersten Kasten zu finden. Julia entwickelte nicht nur eine erstaunliche Geschicklichkeit im Umgang mit winzigen Schlüsseln, Vorhängeschlössern, Schrauben und dergleichen, sondern es stellte sich auch heraus, daß sie metallene Gegenstände durch ein Labyrinth schleppen konnte, was der intellektuellen Fähigkeit eines Oberschülers etwa entspricht. Von hundert Aufgaben löste sie sechsundachtzig. Rensch und Döhl berichten, daß »sie sehen konnten, wie die Schimpansin ihren Kopf und ihre Augen bewegte und daß sie so meist zuerst den Ausgang des Labyrinths betrachtete, dann den Anfang und den ersten Verlauf der Wege. Offensichtlich brachte sie Anfang und Ende sowie den Verbindungsweg in einen intellektuellen Zusammenhang, was dem Verhalten eines Menschen angesichts einer vergleichbaren Situation durchaus entspricht.«

Die gleiche Aufgabe wurde auch Biologiestudenten gestellt und es ergab sich, daß Julia zwar in der Regel etwas langsamer war, aber keineswegs immer. Julia ist kein Einzelfall. Viele Psychologen haben Schimpansen vor eine Reihe von Aufgaben gestellt, bei der sie einen Grad von Geschicklichkeit bewiesen, den man vorher nur bei Menschen vermutete. Es ist faszinierend zu beobachten, bis zu welcher intellektuellen Leistung Schimpansen kommen können

– aber noch interessanter (allerdings auch schwieriger) ist der Versuch zu klären, warum die Schimpansen so klug sind. In ihrem natürlichen Habitat haben die großen Menschenaffen keine Gelegenheit, ihre intellektuelle Kapazität so zu demonstrieren, wie das bei Experimenten geschieht. Der Alltag der Menschenaffen, vor allem der friedlichen Gorillas, verläuft im Gegenteil in ruhigen Bahnen, zumindest hat es den Anschein, wenn man sich mit den Grundformen ihrer Existenz und Nahrungsvorsorge beschäftigt.

Schimpansen zum Beispiel verbringen nur überraschend wenig Zeit mit der Nahrungssuche; die meiste Zeit widmen sie den sozialen Beziehungen. Und obgleich die Gorillas den Anschein erwecken, wesentlich weniger gesellig zu sein als ihre kleineren Vettern, bilden sie doch eng zusammenhaltende Gruppen, in denen vor allem die Beziehungen zwischen den Individuen sehr ausgeprägt sind. Einer der Gründe, weswegen die Schimpansen und Gorillas so ein unkompliziertes Leben zu führen scheinen, liegt darin, daß sie als ausgewachsene Lebewesen sehr gut wissen, was ihre Lebensweise ihnen abverlangt. Sie kennen die Umgebung, in der sie leben, sehr genau, sie wissen wo es genug Futter gibt, und sie kennen die Gefahren, die ihnen drohen könnten. Dieses umfangreiche Wissen eignen sie sich während ihrer relativ langen Kindheit an, die ihnen genug Zeit bietet, von ihren Müttern und anderen ausgewachsenen Tieren zu lernen.

Der Schlüssel zum Verständnis der Intelligenz von Menschenaffen wie von Menschen liegt in dem Verhältnis zwischen der langen Lernzeit und dem Leben in einer stabilen sozialen Gruppe. Das Lernen an sich bedarf keines großen Intellekts, sondern der Fähigkeit, mit den vielfältigen sozialen Interaktionen umgehen zu können. Diese Kenntnis ist eine unabdingbare Voraussetzung für das Leben in der Gruppe und dazu bedarf es einer raschen Auffassungsgabe. Eine Schimpansenherde umfaßt mindesten drei Generationen und in der Regel zehn »Familien«, die jeweils von einem weiblichen erwachsenen Tier angeführt werden. Ein junger Schimpanse beschäftigt sich im allgemeinen mit seinen Geschwistern und statt »Familienstreitigkeiten« entstehen so dauerhafte Beziehungen. Durch die Sicherheit, die die eigene Familie ihm gibt, lernt ein junges Tier auch andere Tiere aus anderen Familien zu erkennen und anzuerkennen, wodurch letztlich sowas wie ein Statusgefüge entsteht. Ohne Zweifel sind Schimpansen und Gorillas ebenso wie der Mensch in der Lage, unterschiedliche Temperamente unterscheiden und einschätzen zu können. Und nicht nur wir Menschen wählen »den richtigen Moment«, zu handeln oder unsere Gefühle zu äußern, sondern auch die uns verwandten Menschenaffen. Die aufregendste Entdeckung, die man aufgrund jüngster Feldstudien mit Schimpansen machen konnte, ist die soziale Vielschichtigkeit ihrer Herden und darüber hinaus das

Geschick, mit dem sich einzelne Tiere daraus Vorteile verschaffen.

Diese Studien haben auch ergeben, daß die Schimpansen noch ein anderes Gebiet okkupieren, das man bislang für ein Reservat des menschlichen Geistes hielt, und zwar das Bewußtsein des eigenen Selbst. Man hat immer gerne gesagt, daß Tiere etwas *wissen*, aber daß nur Menschen *wissen*, daß sie etwas *wissen*. Für Schimpansen allerdings gilt diese Faustregel nicht. Denn Wissen im »menschlichen« Sinn heißt, sich seiner selbst bewußt sein. In der höchsten Stufe bedeutet dies, daß der Mensch sich auch seines Seelenlebens bewußt ist. Im allgemeinen heißt es jedoch nur, daß ein Wesen sich seiner selbst bewußt ist als Teil einer Gruppe, als ein Individuum neben anderen Individuen. Der amerikanische Psychologe Gordon Gallop hat diese Bewußtheit seiner selbst bei Schimpansen getestet, indem er ein Tier einfach vor einen Spiegel stellte. Mit Hilfe einiger Tests wurde sehr bald klar, daß dieses Tier sich selbst erkannte. Das wäre unmöglich gewesen, wenn dieser Schimpanse sich nicht bereits seiner selbst bewußt gewesen wäre. Wir werden natürlich niemals genau wissen, was im Kopf eines Schimpansen vorgeht, ebensowenig wie wir es letztlich von unseren Mitmenschen wissen. Aber ebenso wie Menschen mit Hilfe ihrer Bewußtheit fähig sind, sich in die Lage anderer Menschen zu versetzen, haben Schimpansen nach allem was wir bis jetzt wissen eine ähnliche Fähigkeit, die bei der Ausbildung sozialer Beziehungen äußerst nützlich und sinnvoll ist.

Intelligenz ist ohne Zweifel erforderlich, damit ein Lebewesen lernen kann, sich der Möglichkeiten seiner Umwelt zu bedienen. Aber dies ist nicht deckungsgleich mit der Fähigkeit, sich innerhalb des komplexen sozialen und ökonomischen Umfelds sicher bewegen zu können. Wenn ein Schimpanse beispielsweise weiß, wo ein guter Futterplatz ist, wird er dies sofort in seiner geistigen Landkarte vermerken. Aber der Umgang mit den Individuen derselben Gruppe, der durch eine Vielzahl von Umständen determiniert ist, stellt erheblich größere intellektuelle Anforderungen. Es erweist sich also, daß der Evolutionsprozeß zu ganz bestimmten Fähigkeiten führt: das Wissen über das eigene Umfeld (das nicht allzu großer Intelligenz bedarf) kann nur durch ein Leben in einem stabilen sozialen Milieu erlangt werden (wozu eine mindestens ebenso große, wenn nicht größere Intelligenz erforderlich ist); mit dem Zunehmen der sozialen Intelligenz wächst auch die Lernfähigkeit, und dies wiederum bringt eine erhöhte Lernbereitschaft innerhalb der Gruppe mit sich, die ihrerseits wieder zu einer Verstärkung der sozialen Intelligenz führt . . . Dies soll nun nicht heißen, daß das Leben in einer Gemeinschaft das Movens für die Entwicklung der menschlichen Intelligenz war, aber man kann wohl behaupten, daß es eine außerordentlich wichtige Rolle gespielt hat.

Der beträchtliche Verstand der Schimpansen wirkt sich allerdings in ihrem Alltagsleben nicht sehr aus, denn selbst die Fähigkeit, Blätter von einem Zweig abzustreifen und damit nach Termiten zu angeln oder einen Schwamm zum Wasserholen zu benutzen, wird von Generation zu Generation weitergegeben. Aber die kreative Intelligenz, die unsere Vorfahren vor einigen Millionen Jahren dazu befähigte, aus Steinen Werkzeuge zu formen, und die uns heute die Möglichkeiten der Weltraumforschung eröffnet, wurzelt in eben jener sozialen Intelligenz, deren Aufgabe es ist, die potentiellen Spannungen eines Gruppenlebens zu mindern. Wir *brauchen* unsere Intelligenz, um als Gruppenwesen überhaupt existieren zu können, und wir *benutzen* sie, um kreativ sein zu können.

Zu der Zeit, als unser Vorfahr *Ramapithecus* aus dem Schutz der Wälder in die offene Savanne zog, verdichtete sich bereits sein soziales Umfeld, denn schon die frühesten Fossile liefern uns einen Beweis dafür, daß die Dauer der Kindheit zunahm. Jagen und Sammeln und das damit verbundene Teilen der Nahrung brachten zunehmende Anforderungen an die Gruppenorganisation mit sich. Deshalb hatten sich

Die beiden Gehirnhälften sind keineswegs – wie man aus der Illustration (oben) vermuten könnte – identisch. Die linke Hälfte kann als das »logische« Gehirn bezeichnet werden (dort sind die Zentren für Sprache und Rechnen – siehe Diagramm). Die rechte Hälfte ist das »intuitive« Gehirn, in dem die Zentren für visuelle Wahrnehmung sind.

diejenigen Hominiden am besten entwickelt, die fähig waren ihre plötzlichen Eingebungen zu unterdrücken und sie mit den Eingebungen anderer zu einem gemeinsamen Zweck zu koordinieren. Dadurch wurden sie zur »Avantgarde« der menschlichen Rasse. Und als dann die Steinwerkzeug-Technologie ein wichtiger Bestandteil der Hominidenexistenz geworden war, trug sie mit dazu bei, bestimmte intellektuelle Fähigkeiten per Selektion auszuformen.

Die Untersuchung dieser Steinwerkzeuge liefert uns allerdings nur ein sehr unvollkommenes Bild davon, wie sich eine Gemeinschaft zu jener Zeit zusammensetzte. Aber das gleiche Werkzeug, das dazu benutzt wurde, zähe Wurzeln zu zerkleinern, konnte auch dafür verwendet worden sein, ein erlegtes Tier zu häuten – und daraus können wir immerhin

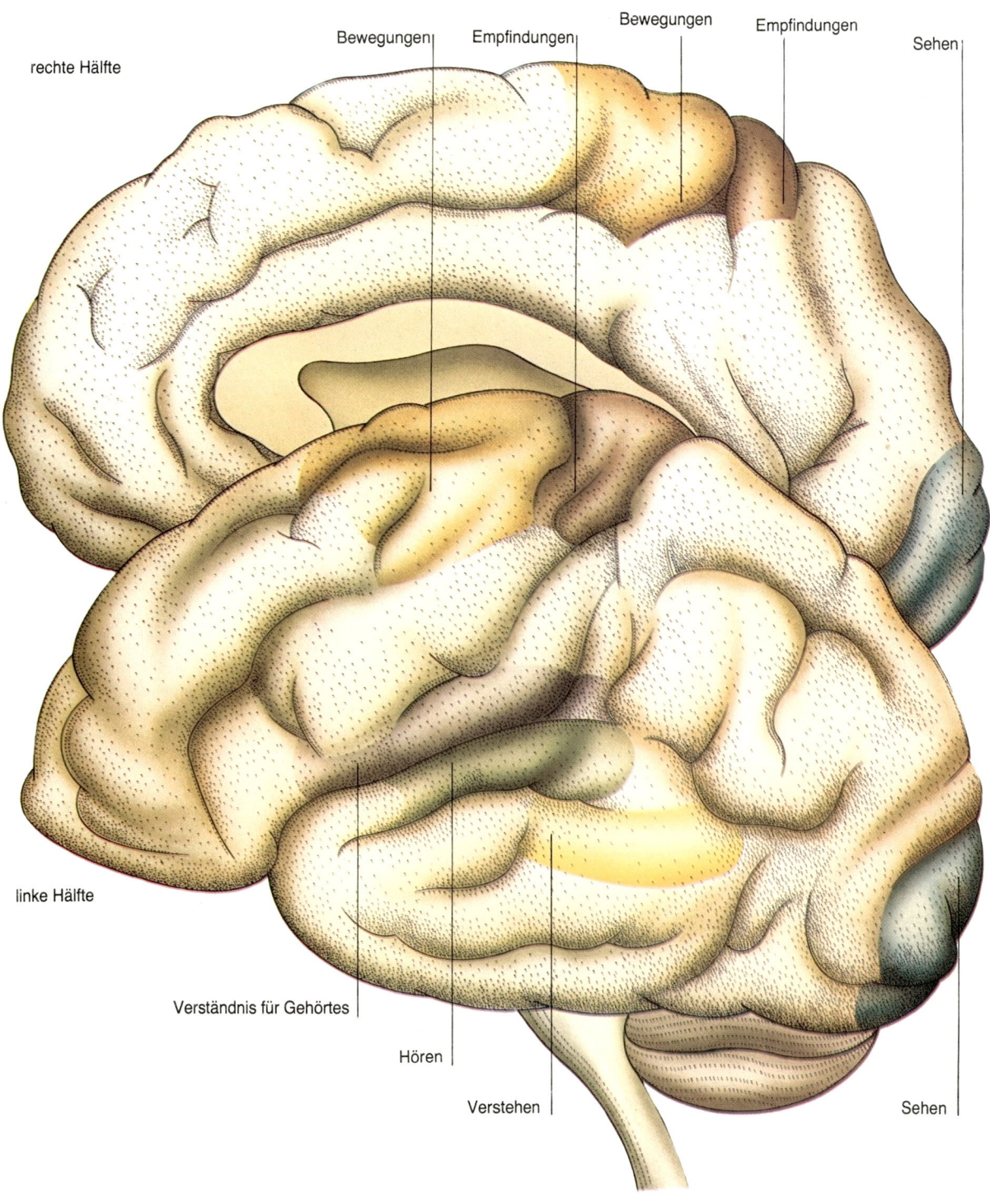

rechte Hälfte

Bewegungen Empfindungen Bewegungen Empfindungen Sehen

linke Hälfte

Verständnis für Gehörtes

Hören

Verstehen

Sehen

Vermutungen ableiten, wie sich die Lebensform veränderte (durch den Übergang von pflanzlicher zu tierischer Nahrung), ohne daß dadurch die Notwendigkeit entstanden wäre, neue Werkzeuge zu erfinden.

Der evolutionäre Prozeß, der in der Entstehung des menschlichen Bewußtseins kulminiert, war einfach nur gut organisiert und biologisch vernünftig. Denn nicht nur der menschliche Körper blieb unbeschadet von allzu großer und damit unheilvoller Spezialisierung, sondern auch das menschliche Gehirn konnte sich nur aufgrund seiner Anpassungsfähigkeit entwickeln. Das Geheimnis des menschlichen Gehirns liegt gar nicht so sehr darin, daß es die Fähigkeit besitzt, eine Vielfalt sehr *spezifischer* Aufgaben zu lösen oder Verhaltensmuster zu lernen, sondern daß es ganz einfach die *Fähigkeit* besitzt zu lernen, sich praktisch allen Umweltbedingungen anzupassen.

Tiere brauchen Informationen über Vorgänge in der Außenwelt, um sich so eine gewisse Vorstellung von ihr machen zu können. Die Welt eines Tieres ist daher immer nur so real wie die Information, die es in seinem Gehirn gespeichert hat. Je mehr Informationen das Gehirn bekommt, desto realer wird die Vorstellung von dieser Umwelt. Dabei werden die Signale durch Gesichts-, Geruchs-, Tastsinn und Gehör aber keineswegs getrennt voneinander gespeichert, sondern als komplexes Abbild. Diese Integration geschieht in der äußersten Großhirnrinde. Dieser Teil des Gehirns weist enorme strukturelle Verbesserungen im Zuge der Evolution auf und bedeutet als Teil des menschlichen Gehirns die höchste biologische Entwicklungsstufe.

Während die Großhirnrinde immer mehr die Fähigkeit entwickelte, integrative Funktionen auszuüben, um immer komplexere Verhaltensschemata speichern zu können, überzog sie auch immer weitere Teile des sogenannten »primitiven« Gehirns. Schließlich mußte sich die Großhirnrinde sogar falten, um ihr Volumen noch ausdehnen zu können. So erklärt es sich, daß das Gehirn des Schimpansen dem des Menschen nur bei oberflächlicher Betrachtung gleicht. Seines ist nämlich nur zu 25 Prozent mit der Großhirnrinde überzogen, das des Menschen jedoch zu immerhin 65 Prozent.

Das Gehirn ist in zwei anscheinend gleiche Hälften geteilt. Das menschliche Gehirn weist auf jeden Fall nur dem Anschein nach zwei gleiche Hälften auf, denn jede Gehirnhälfte bekam im Laufe der Zeit unterschiedliche Funktionen zugeordnet. Die linke Gehirnhälfte nimmt bei den meisten Menschen mehr die »logischen« Funktionen wahr, das heißt, sie enthält die Zentren für Sprache, verbales Erinnerungsvermögen und analytische Fähigkeiten; die rechte Gehirnhälfte dagegen ist die intuitivere, »künstlerische«; hier sind die räumlichen Wahrnehmungsfähigkeiten und die Eigenschaf-

ten lokalisiert, die nötig sind, um sich in einer dreidimensionalen Umwelt zurechtzufinden. Diese »Arbeitsteilung« im Gehirn ist vermutlich die Folge eines evolutionären Zwangs, die Mechanismen des Gehirns vermehrt und verbessert zu nutzen, denn dadurch nahm die Effizienz dieses Organs bei gleichbleibender Größe zu. Bis vor kurzem war man noch allgemein der Ansicht, diese Arbeitsteilung fände nur im menschlichen Gehirn statt. Man hat neuerdings jedoch starken Grund zu der Annahme, daß zumindest im Gehirn der Altweltaffen eine vergleichbare Spezifizierung erfolgt ist, deren Grad jedoch kaum so hoch sein dürfte wie beim Menschen.

Einige Psychologen sind der Ansicht, daß die räumliche Wahrnehmungsfähigkeit bei Männern wesentlich besser ausgeprägt sei als bei Frauen, bei denen dafür die verbalen Fähigkeiten besonders ausgebildet seien. Das deckt sich mit der Arbeitsteilung, die bereits die Jäger und Sammler aller Wahrscheinlichkeit nach kannten: die Männer, die während der Jagd große Gebiete durchwandern mußten, um an ihre Beute zu kommen, waren zweifellos im Vorteil durch die größere Ausformung ihrer räumlichen Wahrnehmungsfähigkeiten. Im Gegensatz dazu brauchten die Frauen, die die meiste Zeit im Lager zurückblieben und sich der Erziehung des Nachwuchses widmeten, größere verbale Fähigkeiten.

Die Großhirnrinde teilt sich in vier Abteilungen oder »Lappen«. Die Funktionen der Stirnlappen, deren Form der Grund für die charakteristische Wölbung der menschlichen Stirn ist, sind noch nicht durchweg geklärt. Wir wissen lediglich, daß sie irgendwie etwas mit Initiative, Motivation und Zurückhaltung zu tun haben müssen. Nicht-humane Primaten haben nur in sehr geringem Maße die Fähigkeit, sich über längere Zeit mit einer bestimmten Aufgabe zu beschäftigen. Es fehlt ihnen an Ausdauer, die jedoch eine Grunderfordernis für eine erfolgreiche Jagd ist. Die Ausformung der Stirnlappen könnte also sehr wohl im Zusammenhang mit unserer frühen Vergangenheit als Jäger zu sehen sein.

Im linken Stirnlappen sitzt das Broca-Zentrum, also das motorische Sprachzentrum, in dem die Sprachstrukturen (Grammatik) angesiedelt sind, und die Mechanik der Muskelbewegungen in Gesicht, Lippen, Zunge und Kehlkopf koordiniert werden. Der einfache Grund, weswegen Menschenaffen auch nach ausdauernder Beschäftigung und intensivem Training nicht sprechen lernen können, liegt darin, daß sie dieses Broca-Zentrum nicht haben.

Das Broca-Zentrum ist durch ein Bündel von Nervenfasern mit dem Wernicke-Zentrum verbunden, das im Schläfenlappen sitzt und das visuelle, auditive und verbale Gedächtnis beherbergt. Von ihm gehen die Sprechimpulse aus, die dann im Broca-Zentrum zu strukturierter Sprache koordiniert werden. Es ist kein Zufall, daß dieses zweite Sprach-

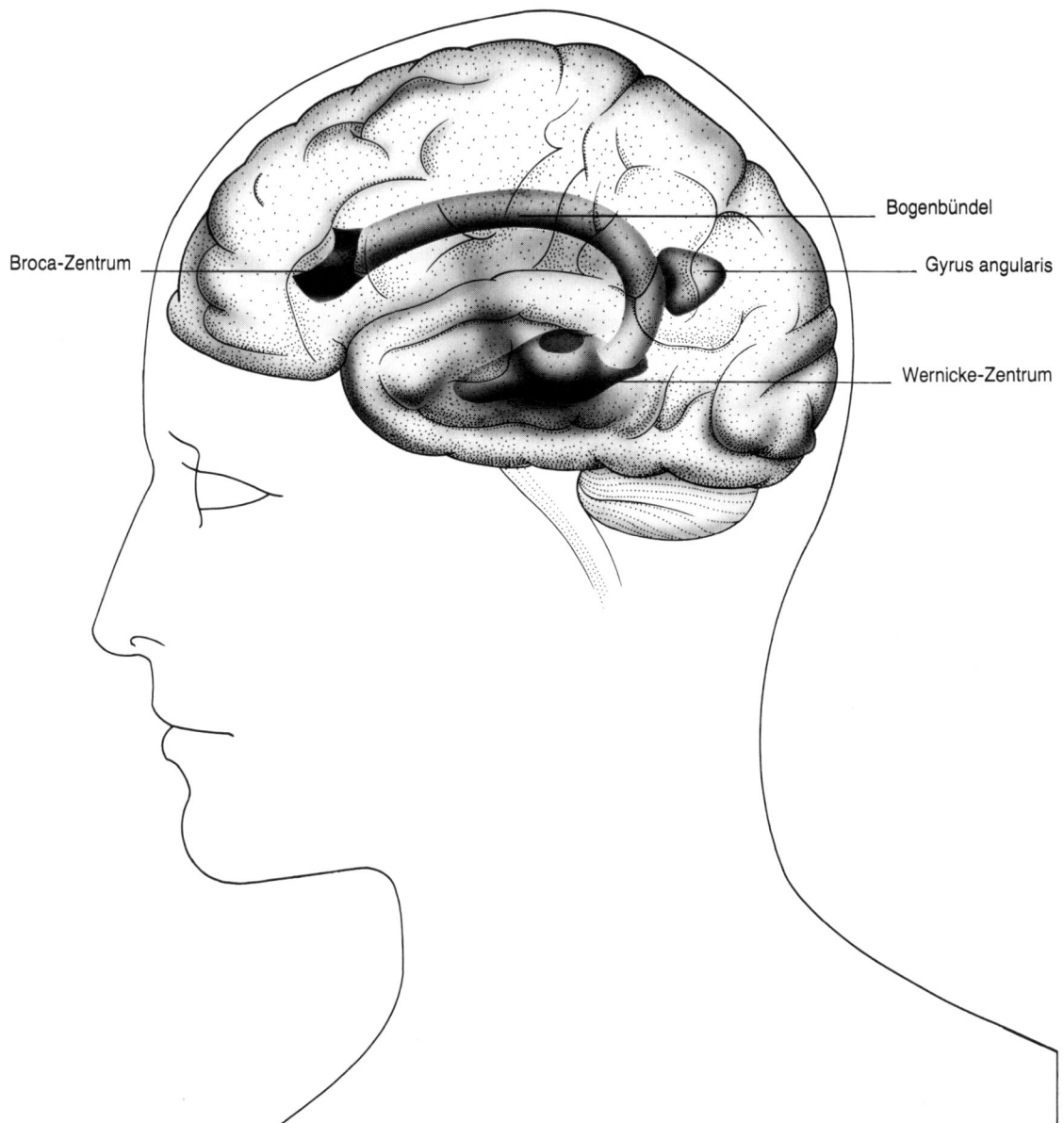

Broca-Zentrum

Bogenbündel

Gyrus angularis

Wernicke-Zentrum

zentrum ganz nahe bei einem der wichtigsten Zentren des menschlichen Gehirns liegt, nämlich dem sogenannten Gyrus angularis. Ein Wesensmerkmal eines gut entwickelten Gehirns besteht ja darin, das es in der Lage ist, auch noch die kleinste Informationseinheit aus Signalen zu entnehmen und sie in den sogenannten Assoziationszentren vergleichend zusammenzusetzen.

In der linken Gehirnhälfte befinden sich drei wichtige Zentren: der Gyrus angularis, der Informationen des Gesichts-, Hör- und Tastsinnes zusammenfaßt; das Broca-Zentrum oder auch motorisches Sprachzentrum und das Wernicke-Zentrum oder auch sensorisches Sprachzentrum, in dem das Begriffsvermögen angesiedelt ist.

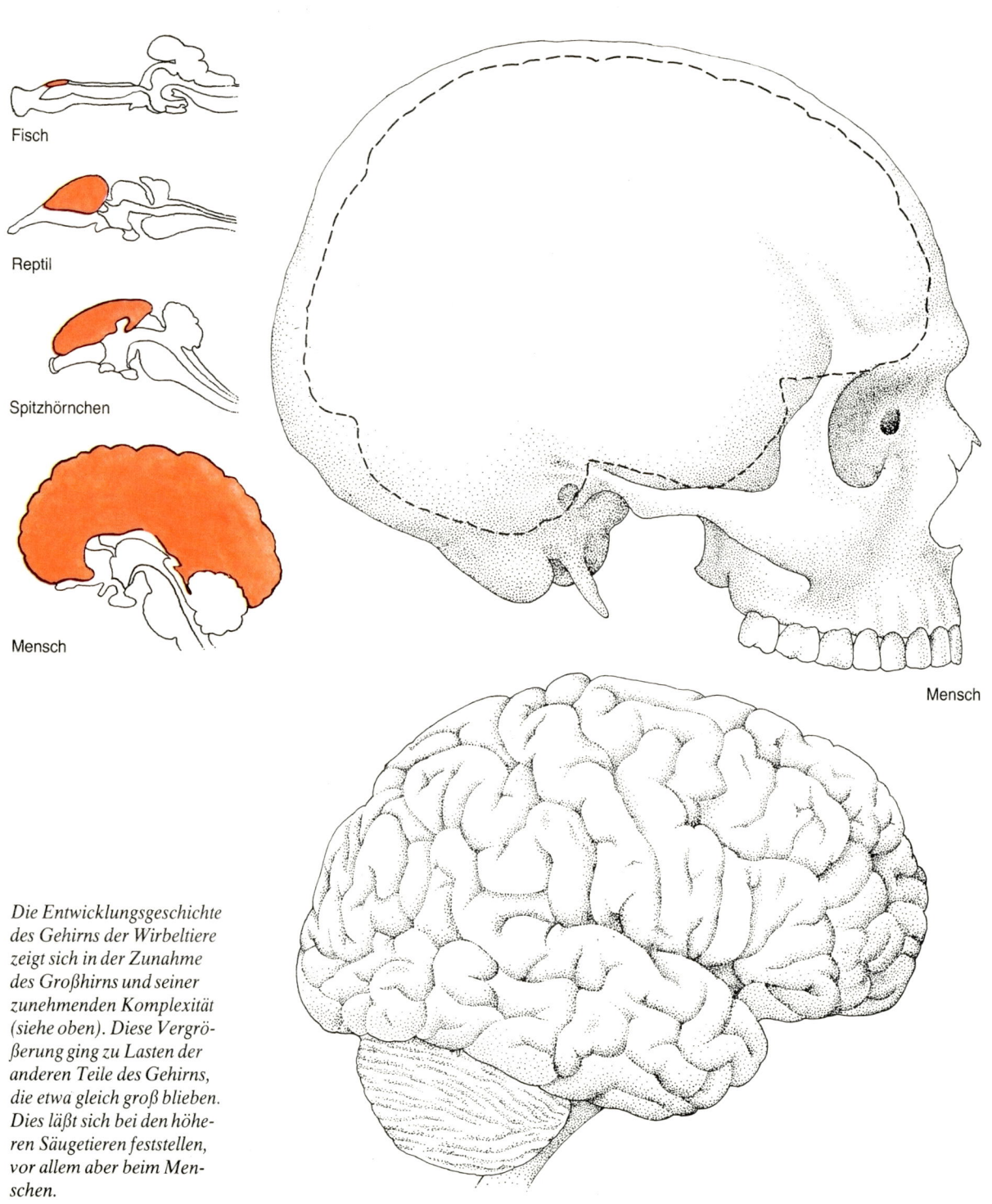

Fisch

Reptil

Spitzhörnchen

Mensch

Mensch

Die Entwicklungsgeschichte des Gehirns der Wirbeltiere zeigt sich in der Zunahme des Großhirns und seiner zunehmenden Komplexität (siehe oben). Diese Vergrößerung ging zu Lasten der anderen Teile des Gehirns, die etwa gleich groß blieben. Dies läßt sich bei den höheren Säugetieren feststellen, vor allem aber beim Menschen.

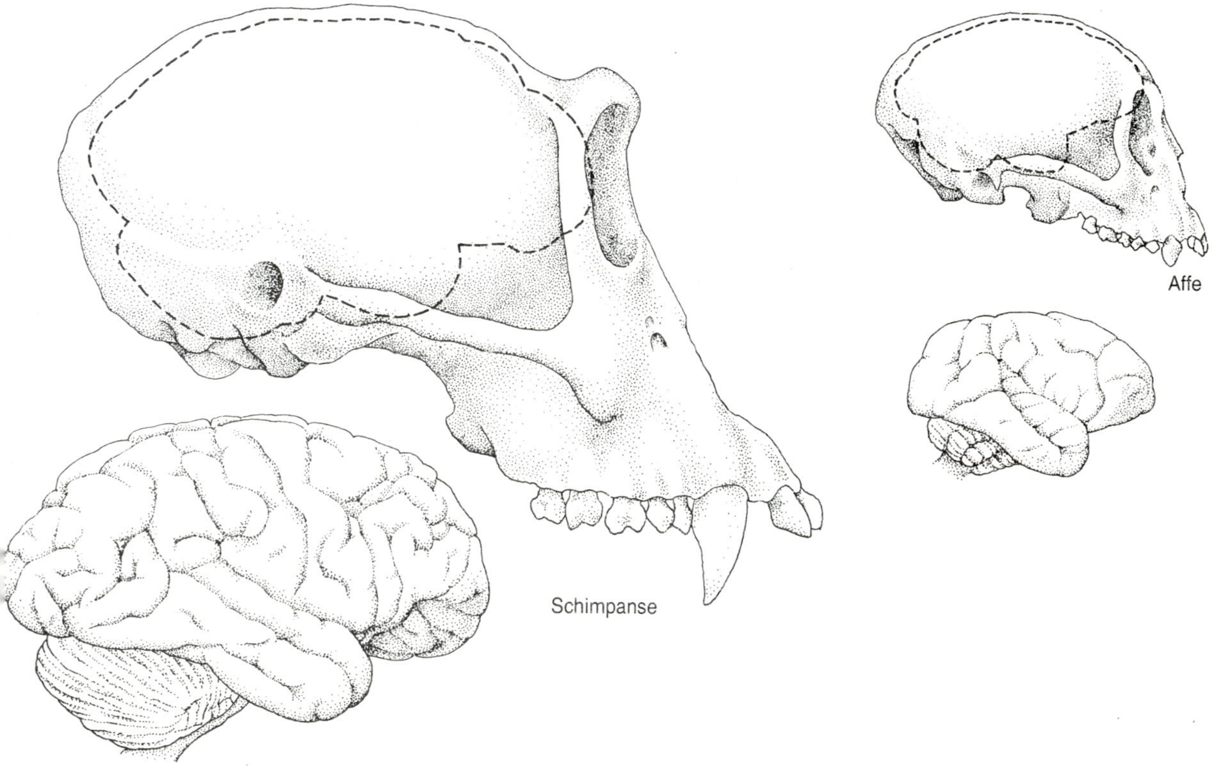

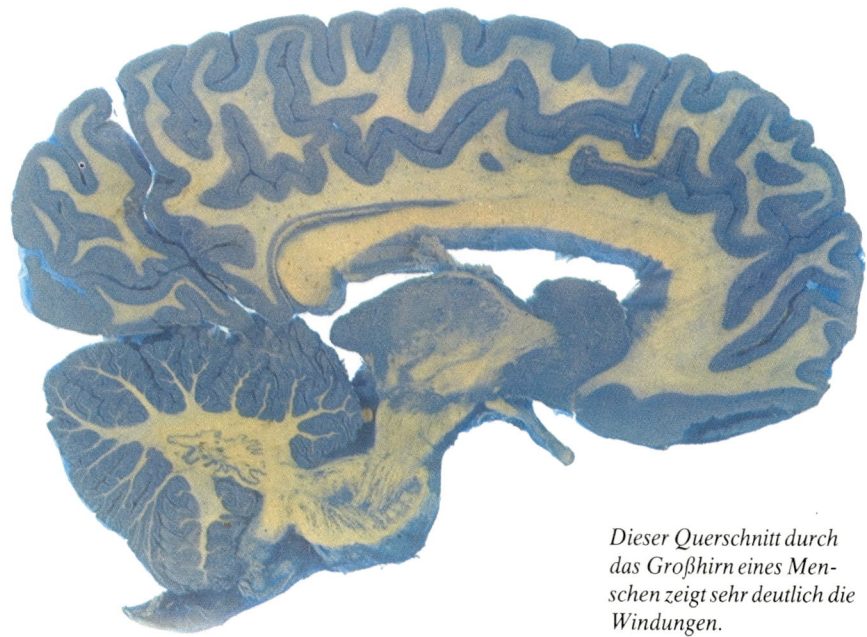

Affe

Schimpanse

Das menschliche Gehirn ist nicht nur viel größer als das eines Affen oder eines Schimpansen. Auch die Großhirnrinde nimmt weitaus mehr Raum ein, wie die gestrichelten Linien auf den Schädeln zeigen. Die Zeichnungen der Großhirnrinde (nicht maßstabsgerecht) geben einen Eindruck davon, wie die Gehirnwindungen im Laufe der Entwicklung immer mehr zunahmen.

Dieser Querschnitt durch das Großhirn eines Menschen zeigt sehr deutlich die Windungen.

Diese Technik des Zusammensetzens und Vergleichens erreicht ihren Höhepunkt in dem immensen Informationsfluß, der im Gyrus angularis mündet. Hier kommen die Informationen des Gesichts-, Gehörs-, Geruchs- und Tastsinns zusammen und machen es möglich, daß man – wenn man zum Beispiel eines Tasse in die Hand nimmt – das Gefühl der Form mit dem Aussehen kombinieren kann. Ohne die Möglichkeiten, die uns dieses Zentrum gibt, wären wir wohl kaum dazu imstande, eine vielschichtige Sprache zu beherrschen. Die Tatsache, daß Affen und Menschenaffen ein ungleich kleineres Assoziationszentrum haben als Menschen, bedeutet demzufolge, daß ihre geistige Welt der unseren unterlegen ist. Schimpansen und Gorillas beherrschen daher auch nur bis zu einem gewissen Grad eine Zeichensprache.

Der Scheitellappen, der Teile des Gyrus angularis beherbergt, erhält vor allem die Informationen aus den sensorischen Bahnen und setzt sie in organisierte Reaktionen um. Dadurch daß Scheitel- und Schläfenlappen im Zuge der Evolution des menschlichen Gehirns sich immer mehr zum Hinterkopf ausdehnen, in dem das Sehzentrum liegt, erscheint diese Zone relativ klein.

Wenn man einmal den Größenunterschied zwischen dem Gehirn eines Schimpansen und dem eines Menschen außer acht läßt, kann man auch anhand der Zusammensetzung der verschiedenen Zentren Vergleiche anstellen. Das Gehirn eines Menschenaffen hat vor allem kleine Schläfen- und Scheitellappen, aber ein relativ großes Okzipitalhirn (d. h. Hinterhauptlappen). Das menschliche Gehirn jedoch hat große Schläfen- und Scheitellappen, aber ein relativ kleines Okzipitalhirn. Wichtig ist daher nicht der Größenunterschied der beiden Gehirne an sich, sondern vielmehr ihr Aufbau, weil sich nur dadurch das spezifisch »menschliche« erweist. Es gibt zum Beispiel Zwerge, deren Gehirn kaum größer ist als das eines Schimpansen und die daher in mancher Hinsicht geistig behindert, aber fast durchweg in der Lage sind, fließend zu sprechen, was eine ausschließlich menschliche Eigenschaft ist.

Absolut gesehen ist jedoch die Größe des Gehirns enorm wichtig, da auch die Ausmaße bestimmter Teile des Gehirns begrenzt sind und somit ihre Fähigkeit, Erinnerung zu speichern. Dennoch ist viel zu viel über die Größe des Gehirns geredet und geschrieben worden und über dessen Einfluß auf die Humanevolution, während die Erforschung der weitaus wichtigeren Gehirnstrukturen vernachlässigt

Ralph Holloway entwickelte eine Technik, mit deren Hilfe die Größe des Gehirns der frühen Hominiden gemessen werden kann. In den Schädel wird flüssiger Schaumstoff eingespritzt. Auf diese Weise ist es möglich, die Ausmaße des Inneren eines Schädels mit denen eines modernen Menschen zu vergleichen.

worden ist. Der Grund dafür ist offensichtlich: bis vor kurzem war man nicht in der Lage, die Struktur früher Gehirne zu erkennen, da die Hirnlappen kaum Eindrücke auf der Innenseite des Schädels hinterlassen. Aber dieses Schädelinnere war durchaus schon strukturiert, und man kann heute einen – wenn auch nur schemenhaften – Eindruck seiner Beschaffenheit mit Hilfe einer Technik bekommen, die der amerikanische Biologe Ralph Holloway entwickelt hat. Er spritzt nämlich Schaumstoff in das Schädelinnere und bekommt so einen Innenabdruck (Endocranium). Wenn man einen einigermaßen gut konservierten fossilen Schädel hat, ist es mit Hilfe dieser Technik möglich, eine gewisse Vorstellung von den Proportionen eines solchen prähistorischen Schädels zu bekommen und mit Sicherheit zu bestimmen, ob es sich um den eines Menschenaffen oder eines Hominiden handelt.

Überraschenderweise entdeckte Holloway bei allen hominiden Schädeln, die er untersuchte – einschließlich der vom Typus *Homo* und *Australopithecus*, die ja immerhin drei Millionen Jahre alt sind – daß die Strukturen dieser Gehirne mehr denen von Menschen als denen von Menschenaffen glichen. Das heißt, daß welche Kräfte auch immer das menschliche Gehirn zu dem machten, was es heute ist, sie doch schon seit mindestens drei Millionen Jahren am Werk sind. Vor zwei Millionen setzte dann beim Typus *Homo* eine Weiterentwicklung ein, d. h. seine Scheitel- und Schläfenlappen wurden größer und markierten damit den Beginn der Entwicklung des Gehirns zu seiner heutigen Vollkommenheit und »Menschlichkeit«.

Vermutlich ist also die Ansicht, die Ausbildung des menschlichen Gehirns in seiner heutigen Form sei das Resultat einer nur sehr jungen und sehr schnellen Entwicklung, nicht mehr zu halten. Außerdem wird sie noch zusätzlich durch die Tatsache infrage gestellt, daß unsere Vorfahren und deren Verwandte kleiner waren als wir heute sind. Obgleich das heutige menschliche Gehirn sehr groß ist, bleibt dennoch eine vernünftige Relation zur Körpergröße. Innerhalb der Gattung der Säugetiere haben das Totenkopfäffchen, das Meerschweinchen, die Hausmaus und die Spitzmaus ein wesentlich größeres Gehirn im Verhältnis zu ihrer Körpergröße. Unter den Hominiden (das heißt also Menschenaffen und den hominiden Typen der Menschenfamilie) ist das Gehirn des *Homo sapiens* das größte. Am meisten interessiert uns jedoch ein Meßvergleich der Gehirne innerhalb der Spezies Mensch, der lebenden wie der ausgestorbenen. Denn da stellt sich die Frage, ob die nicht zu übersehende evolutionäre Beschleunigung innerhalb der letzten vier und vor allem der letzten Million Jahre von einer enormen Ausweitung der Potenz des Gehirns in Relation zur Körpergröße begleitet wurde?

Diese Frage ist insofern wichtig, weil ein Gehirnvolumen

von annähernd 700 cm³ sehr oft als die Größe angesehen wurde, die die Schwelle zum Menschsein bedeutet. Ein Hominide, dessen Gehirn größer war als 700 cm³ wurde als Typus *Homo* klassifiziert. Natürlich ist dies eine etwas willkürliche *Maßeinheit*, aber leider ist sie die einzige, die wir mit einiger Verläßlichkeit anwenden können. Denn wir müssen zugeben, daß zwar die Kapazität eines fossilen Gehirns leicht zu messen ist, nicht aber die genaue Gehirngröße, von der ab ein Lebewesen als Mensch im heutigen Sinne zu kategorisieren ist.

Heinz Stephan und seine Mitarbeiter im Max-Planck-Institut für Gehirnforschung in Frankfurt/Main haben versucht, bessere analytische Methoden zu entwickeln. Ihre Technik basiert im wesentlichen darauf, daß eine Relation hergestellt wird zwischen der Größe eines Tiergehirns und einem »Standard-Tier« wie des Spitzhörnchens, von dem vermutlich die ganze Gattung der Primaten abstammt. Je größer das Gehirn eines Tieres im Vergleich zur Standardgröße ist, desto höher sein Score (oder sein Progressionsindex). Die Durchschnittscore eines heutigen Menschen wird bei etwas unter 29 angesetzt, kann jedoch von minimal 19 bis maximal 53 reichen.

Unser nächster lebender »Verwandter«, der Schimpanse, hat ein Gehirn, das etwa ein Drittel des menschlichen Gehirns beträgt und rangiert damit auf dem Progressionsindex mit 12. Im Gegensatz dazu kommt der kleine *Australopithecus*, dessen Gehirn ungefähr so groß war wie das des Schimpansen, der vermutlich jedoch etwa 40 Pfund wog, auf eine Score von etwas über 21. Das ist innerhalb der Spezies Mensch beträchtlich. Wir möchten noch einmal betonen, daß die Fossilfunde aus der Zeit der frühen Hominiden nicht gerade reichlich sind, vor allem unzureichend für solch verfeinerte Untersuchungsmethoden. Dennoch weisen alle Hominidenschädel, die Stephan mit seinem Progressionsindex gemessen hat, Scores auf, die man auch bei heutigen Menschen findet.

Allerdings gibt es Anzeichen dafür, daß eine »Verbesserung« der relativen Gehirngröße im Laufe der Jahrmillionen zur Zeit des *Homo erectus* stattfand, wie Holloway nachzuweisen versuchte. Sein Score beläuft sich auf etwas unter 27. Solange wir jedoch nicht die Möglichkeit haben, sehr viele Schädel zu vermessen, bleibt die Suche nach verläßlichen Durchschnittswerten illusorisch. Außerdem wissen wir noch weniger Bescheid über die Körpergröße, denn die Fossilfunde sind so spärlich, daß wir uns kaum ein wirklich klares Bild davon machen können.

Wir können davon ausgehen, daß die Gehirne unserer Vorfahren und der ihnen verwandten Primaten schon vor drei Millionen Jahren hominide Grundstrukturen aufwiesen, die bezeugen, daß die »Menschlichkeit« des menschlichen Gehirns vermutlich bis tief in die Anfänge der Evolution zurückreicht, wahrscheinlich viel weiter als zu der Zeit, in die Hominiden zu jagen und Werkzeuge zu fertigen begannen. Daher scheint uns der Unterschied zwischen dem menschlichen Gehirn und seinen menschenaffenähnlichen Ursprüngen in der Reaktion unserer Vorfahren auf die neue ökologische Nische, in der sie sich einrichteten, begründet zu sein. Das dichter gewordene und komplexere soziale Gruppenleben, das eine bessere Handhabung der weitverzweigten verwandschaftlichen Beziehungen erforderlich machte, die Notwendigkeit zur Kooperation und besserer Umweltorientierung übten mit Sicherheit auch einen scharfen selektiven Zwang aus. Diese Pressionen wurden zu einem späteren Zeitpunkt offensichtlich noch mehr verschärft und zwar durch die sozialen ebenso wie die intellektuellen Anforderungen, die das ausgefeilte Jagdsystem und – allerdings in geringerem Maße – die Werkzeugtechnologie stellten.

Werkzeuge sind jedoch unzuverlässige Zeugen. Die zögernden Errungenschaften der Technik in den letzten tau-

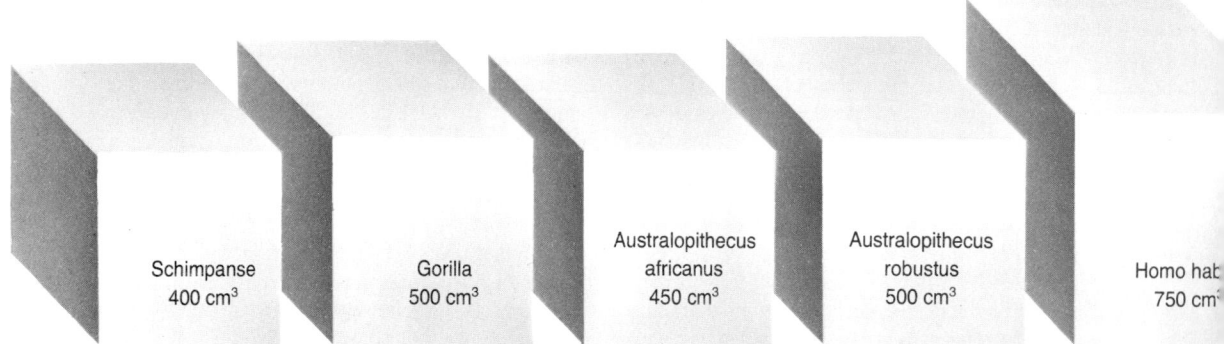

Schimpanse
400 cm³

Gorilla
500 cm³

Australopithecus
africanus
450 cm³

Australopithecus
robustus
500 cm³

Homo hab
750 cm³

send, vielmehr eigentlich nur zweihundert Jahren, sind keineswegs in sich das Resultat einer immer effizienter werdenen Gehirntätigkeit. Vielmehr haben Wissen und Kultur als Produkte des menschlichen Gehirns Fortschritte gemacht. Diese Errungenschaften scheinen immer schneller aufeinanderzufolgen, je mehr Wissen akkumuliert und je mehr Geschicklichkeit entwickelt wird. Deshalb ist es denkbar, daß die Errungenschaften einer sozialen Organisation und Verfeinerung zu diesem früheren Zeitpunkt der Evolution aufgrund der nur in bescheidenem Maße vorhandenen Kenntnisse von einer augenscheinlich statischen Werkzeugtechnologie verdeckt wurden.

Als dann die Hominiden zunehmend größer wurden, entstand auch eine gleichsam natürliche Notwendigkeit eines größeren Gehirns mit größerer Kapazität, denn die verstärkte Muskulatur mußte beherrscht und der komplizierter gewordene Stoffwechsel kontrolliert werden. Dies bedeutete aber auch, daß die Erfahrung und Rekonstruktion der realen Welt immer komplexer wurden, und wie wir wissen, hängt unser Intelligenzverhalten ganz davon ab, wie vollständig die Welt in unserem Gehirn reproduziert wird. Mit der Ausweitung der mentalen Mechanismen muß auch eine Verfeinerung der Innenorganisation des Gehirns erfolgt sein.

Eine dieser ganz wesentlichen Verfeinerungen des Cerebralsystems war die Entwicklung der Sprache. Unglücklicherweise haben wir nur sehr wenige Hinweise auf die Anfänge von Sprache: ein winziges Häufchen Fossile, ein paar symboltragende Artefakte – aber einen Berg von Vermutungen. Wahrscheinlich hat sich die gesprochene Sprache ganz langsam entwickelt und zwar aus Anfängen, die vermutlich mehr als drei Millionen Jahre zurückliegen. Man hat öfter das plötzliche Aufkommen neuer Kulturen und die beschleunigte technische Entwicklung während der vergangenen fünfzig-

Die Zunahme des Gehirnvolumens von dem Menschenaffen über die frühen Menschen bis zu Homo sapiens ist unten dargestellt. Oben: Zwei interessante Vergleiche. Links: Teil eines Kinderschädels des Typus Homo habilis, der in die Schädelhöhle eines zur gleichen Zeit lebenden Australopithecus boisei eingepaßt ist. Wenn man die Schädelnähte in Übereinstimmung bringt, so entsprechen sich zwar die mittleren Schädelpartien, aber der Schädel des Kindes war viel größer, wie an dem überstehenden Knochen unten links zu erkennen ist. Obgleich der Schädel einem Kind gehörte, hatte er bereits ein größeres Volumen als der eines erwachsenen Australopithecus. Daneben zum Vergleich der Schädel einer jungen Frau des Typus Homo habilis und der eines heutigen Afrikaners. Obgleich Homo habilis kleiner war als ein Pygmäe, ist die Gehirnschale doch im wesentlichen so geformt wie die eines heutigen Menschen.

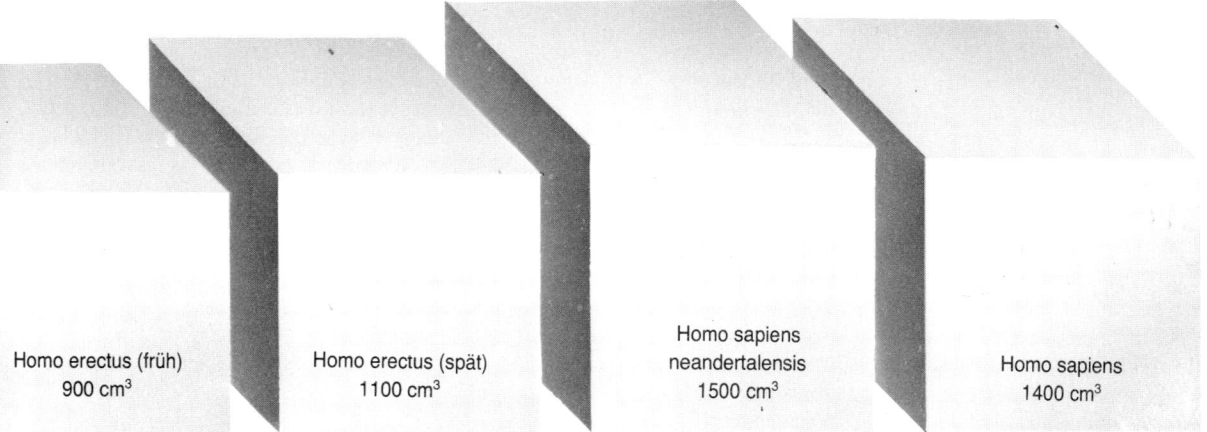

Homo erectus (früh)
900 cm³

Homo erectus (spät)
1100 cm³

Homo sapiens
neandertalensis
1500 cm³

Homo sapiens
1400 cm³

tausend Jahre als Beweis dafür zitiert, daß Sprache jungen Ursprungs sei. Wir sind jedoch der Meinung, daß diese evolutionären Errungenschaften das Resultat einer bereits vorhandenen cerebralen Fähigkeit waren und nicht erst eine Verbesserung dieser Kapazität ermöglichten. Die biologischen Mechanismen, die diesen Fortschritt erst möglich machten, waren vor fünfzigtausend Jahren bereits voll ausgebildet. Die Geschwindigkeit, mit der sich diese Entwicklung vorwärtsbewegte, wurde durch die stetige Anhäufung von Wissen bestimmt, die schließlich allerdings einen kritischen Punkt erreichte.

Wir wissen mit Bestimmtheit, daß die Fähigkeit zu Sprache unauslöschlich in unseren Genen programmiert ist. Unter normalen Umständen ist es daher unmöglich, ein Kind vom Sprechenlernen abzuhalten. Viel wichtiger in diesem Zusammenhang ist noch, daß Kinder ohne jede geschulte Unterrichtung etwas erlernen, was wir gerne als die größte intellektuelle Tugend des Menschen bezeichnen. Aus Geräuschen, die ein Kleinkind aufnimmt, kann es schließlich die Grundelemente seiner Muttersprache heraushören, sodaß es mit etwa vier Jahren bereits ein aktives Vokabular von etwa zweitausend und ein passives von weiteren viertausend Worten hat. Diese Worte bilden ein Geflecht aus mindestens tausend grammatikalischen Regeln und stellen damit eine bemerkenswerte intellektuelle Vervollkommnung dar. Vermutlich kann man sagen, daß solch eine Vervollkommnung unmöglich wäre, wenn uns die Struktur von Sprache nicht bereits angeboren wäre. Die Ergebnisse aus psycho-linguistischen Studien belegen dies auch. Sie haben ergeben, daß die Struktur einer jeden Sprache denselben fundamentalen Regeln folgt und daß ein Mensch ausgehend von den etwa vierzig Grundlauten (Phonemen) im Durchschnitt etwa hunderttausend Wörter formen kann. Es gibt so viele tausend verschiedene Sprachen auf der Welt, aber wir sollten nie vergessen, daß – so flexibel und unterschiedlich sie auch sein mögen – ihnen immer ein einheitliches Prinzip zugrunde liegt.

Eines der vielen Probleme hinsichtlich des Phänomens Sprache ist ihre Entstehung. Ist sie entstanden, als die nicht-verbale Kommunikation (also die Zeichensprache) nicht mehr ausreichte oder unverständlich geworden war? Oder ist Sprache die höchste Ausformung der Laute von niedrigen Primaten, die sich zusammen mit Gesten entwickelten? Sicherlich hat jeder Mensch schon einmal erlebt, daß jemand mit einer Geste etwas auszudrücken versucht, wofür ihm die Worte fehlen. Aber es ist doch sehr unwahrscheinlich, daß man aus diesem Verhalten Rückschlüsse auf eine Urform der Kommunikation ziehen könnte.

Da wir niemals mit Sicherheit wissen werden, wie sich unsere Vorfahren verständigten, studiert man heute die Verständigungsweisen an lebenden Primaten, besonders bei Schimpansen. Bisher ist das Maß an vokaler Kommunikation, zu dem Affen und Menschenaffen fähig sind, fast immer unterschätzt worden. Das Interesse richtete sich mehr auf die sozialen Interaktionen, die offenkundiger sind und daher besser studiert werden können. Der Großteil der Kommunikation von Schimpansen besteht natürlich in einer einfachen Körpersprache und in Handberührungen, die alle dazu dienen, soziale und sexuelle Hierarchien zu errichten und zu erhalten. Wenn man einem ängstlichen Schimpansen die Hand auf die Schulter legt, beruhigt ihn das genauso wie einen Menschen. Ein Schimpanse kann zwar keine tröstenden Worte artikulieren, aber doch tröstende Laute.

Afrikanische Vervetaffen haben zum Beispiel ein Alarmsystem mit klar zu unterscheidenden Lauten. Drei deutlich verschiedene Laute – nämlich eine Art Gurgeln, ein Zwitschern und ein RRRR-Laut bedeuten: Paß auf, da liegt eine Schlange/ein Raubtier/ein Raubvogel auf der Lauer! Oberflächlich betrachtet, könnte dies der erste Schritt zu einer Benennung von Dingen sein: heißt r-roop vielleicht »gefährlicher Vogel« in der »Sprache« der Vervet? Darüber kann man sich zwar stundenlang den Kopf zerbrechen. Wir wissen jedoch inzwischen, daß dieses Verhalten vorprogrammiert ist; Sprache äußert sich dagegen aus dem unmittelbaren emotionalen Kontext heraus.

Man kann auch nur mit Gesten kommunizieren, wie die Zeichensprache der Taubstummen beweist. Schimpansen beispielsweise zeigen eine beachtliche Meisterschaft in der Handhabung ihrer Zeichensprache. Die beiden Schimpansen Washoe und Sarah waren in der Lage, aus mehr als hundertfünfzig Worten Zeichen zu bilden mit denen sie sogar »Sätze« formen konnten. Washoe lernte die amerikanische Zeichensprache, Sarah konnte sich mit Hilfe von Plastiksymbolen mitteilen, die ihr »Lehrer« David Premack für sie entwickelt hatte. Im Gegensatz dazu steht ein vergebliches Experiment von Keith und Cathy Hayes, die während sechs langer Jahre versuchten, die Schimpansin Viki sprechen zu lehren. Alles was Viki nach diesen vielen Jahren sagen konnte, war »Mama«, »Papa«, »Auf« und »Tasse«. Das erfolgreiche Experiment mit Sarah und Washoe beweist zwei sehr wichtige Dinge: erstens sind Schimpansen in der Lage, Gegenstände zu »benennen« (das heißt, bestimmte Symbole den entsprechenden Gegenständen zuzuordnen) und zweitens sind sie fähig, sinnvolle »Sätze« (allerdings nur kurze) zu bilden. Darüber hinaus beweist die Fähigkeit von Washoe, mit ihren Lehrern Allen und Beatrice Gardner zu kommunizieren, wie bewußt sich dieser Schimpanse seiner selbst war. Sie hielten Washoe vor einen Spiegel und fragten sie (in der Zeichensprache), wer das Spiegelbild sei. Sie antwortete: »Ich, Washoe.« Diese Experimente belegen, welche kognitiven Fähigkeiten diese Schimpansen haben. Das versetzt sie in

*Der Schimpansin Lucy
wurde von dem Psychologen
Roger Fouts »sprechen« beigebracht. Lucy ist sechs
Jahre alt und in der Lage,
etwa ein Dutzend »Wörter«
innerhalb eines Monats zu
lernen. Links: Lucy lernt das
Wort für »Buch«. Unten das
Zeichen für »wer bist du?«.*

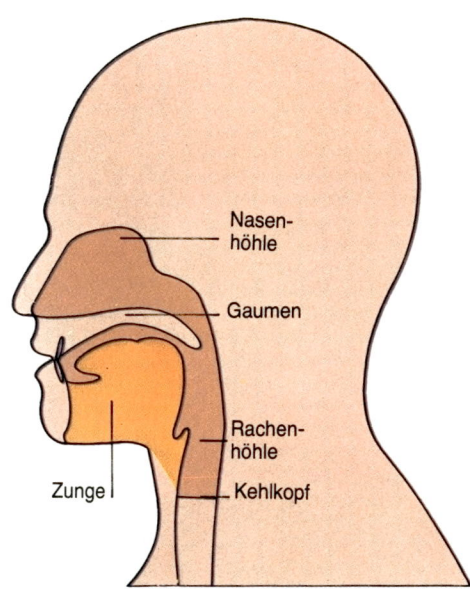

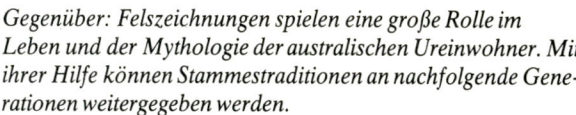

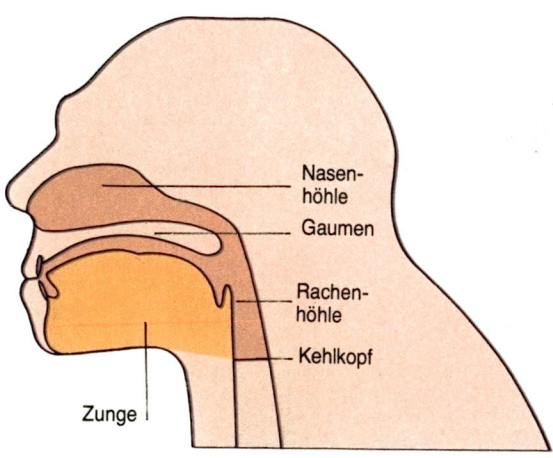

Gegenüber: Felszeichnungen spielen eine große Rolle im Leben und der Mythologie der australischen Ureinwohner. Mit ihrer Hilfe können Stammestraditionen an nachfolgende Generationen weitergegeben werden.

Unten links und rechts: Zwei Ansichten des Schädelinnenabdrucks, den Ralph Holloway von 1470 abgenommen hat. Damit konnte der wissenschaftliche Beweis dafür erbracht werden, daß dieser Hominide ein größeres Gehirn hatte als sowohl der grazile wie der robuste Australopithecus.

Oben: Die Fähigkeit des Menschen, zu sprechen, ist natürlich sowohl eine Funktion des Gehirns als auch der Sprechapparate. Das Diagramm zeigt Größe, Form und Lage der Zentren, in denen die Sprache des heutigen Menschen entsteht, im Vergleich zu denen eines Homo erectus. Die Rekonstruktion der Zentren des Homo erectus basieren auf der Untersuchung fossiler Funde und der vergleichenden Anatomie. Man nimmt an, daß der Sprechapparat des Homo erectus eine langsame und recht »schwerfällige« Sprache ermöglichte.

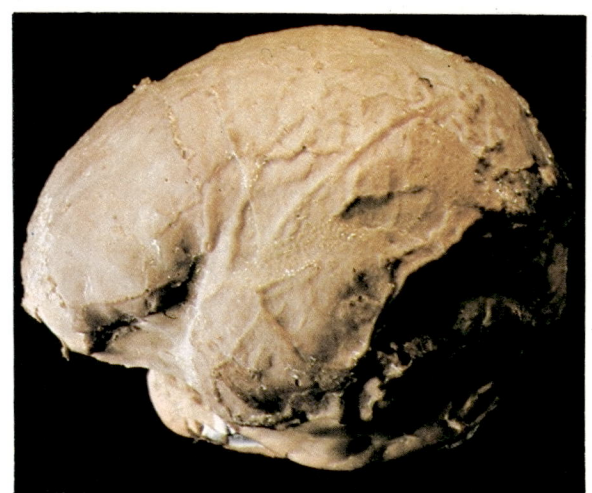

die Lage, ihre Umgebung zu analysieren und Gegenstände geistig wahrzunehmen. Von daher können wir mit einiger Sicherheit vermuten, daß unsere Vorfahren auf der Entwicklungsstufe des *Ramapithecus* mit durchaus vergleichbaren Fähigkeiten ausgestattet waren.

Wir wollen einen Augenblick die Frage außer acht lassen, *wie* Sprache entstand, sondern uns damit beschäftigen, *warum* sie entstand. Sprache ist zwar ohne Zweifel ein äußerst wichtiges Kommunikationsmittel, aber es scheint uns biologisch vertretbar zu sein, sie als Nebenprodukt eines immer stärker werdenden Zwangs zu sehen, die Umwelt zu verstehen und sich in ihr zurechtzufinden. Mit anderen Worten: Sprache ist ein Nebenprodukt des Zwangs, konstruktiv zu denken. Die elementaren Bestandteile dieser Fähigkeit sind Namensgebung und Begriffsfindung, außerdem die Fähigkeit, die Außenwelt immer präziser aufzuzeichnen und sich dadurch eine Vorstellung von der Vergangenheit ebenso wie von der Zukunft machen zu können. Die Äußerung von Namen und Begriffen – sei es in kodifizierten Lauten oder in spezifizierten Gesten – wird natürlich im Lauf der Zeit zu Sprache. Deshalb unterscheidet nach biologischer Terminologie nicht der Gedanke selbst, sondern die Fähigkeit, Gedanken mitzuteilen, den Menschen vom Tier.

Eine sensible Vorstellungskraft ist der Kern der Wahrnehmung der Außenwelt und der Kommunikation. Man stelle sich zum Beispiel eine grüne Wiese vor, die zu einem Fluß führt, an dessen anderem Ufer ein dichter Wald liegt. Zwei Leute rudern gemächlich auf den Fluß, lachen plötzlich auf und verscheuchen damit ein paar Vögel, die sofort aufsteigen und aufgeregt zwitschern. Wenn man sich nicht bewußt dagegen wehrt, wird dieses Bild sofort vor dem geistigen Auge erstehen; man hört das Lachen und das Kreischen der aufgeschreckten Vögel, man fühlt die warme Sonne und den frischen Geruch von grünem Gras. All dies sind ausdrucksvolle Vorstellungen, die nur dadurch möglich sind, daß Worte Bilder, Geräusche und Gerüche hervorrufen können.

Wenn die geistigen Konturen der Außenwelt deutlicher werden, verstärkt das nicht nur das Bewußtsein eines Individuums, sondern ermöglicht auch durch das Mittel der Sprache, dieses Bewußtsein mitzuteilen. Die Fähigkeit, so erworbene Erfahrungen auszutauschen, verbindet die Menschen auf einzigartige Weise untereinander. Diese fundamentale soziale Funktion von Sprache wird so oft vernachlässigt, weil man ihre Evolution fast immer im prosaischen Licht des Pragmatismus betrachtet. So wie Tiere in der Lage sind, ihr Sozialisierungslevel anzuheben, waren auch die frühen Hominiden zu ähnlichem Verhalten gezwungen, da das dichter gewordene Gruppengefüge natürlich auch größere soziale Belastungen mit sich brachte. Auch eine primitive Sprache, die vielleicht nur dazu ausreichte, die Nahrungsbeschaffung

zu organisieren, konnte für die Intensivierung des Gruppenbewußtseins durchaus dienlich sein, denn mit ihrer Hilfe konnten die einzelnen Mitglieder ihre Erfahrungen austauschen. Dies stärkt den Gruppenzusammenhalt, die Gruppenidentität und die Bereitschaft zur Kooperation.

Als die frühen Gemeinschaften eine immer reichere Kultur entwickelten, die in immer verfeinerten Ritualen ihren Ausdruck fand, wurde Sprache immer unverzichtbarer. Beobachtungen bei heutigen »Primitivgesellschaften« lehren, daß der größte Teil des Gemeinschaftslebens auf Traditionen basiert, die die Beziehungen zwischen dem einzelnen und seiner Familie beispielsweise festlegen und mit deren Hilfe die jungen Leute lernen, alle Stadien des Erwachsenwerdens zu durchlaufen. Dabei erweist sich natürlich auch, daß Sprache für das kulturelle Leben mindestens ebenso wichtig ist wie für den praktischen Alltag, womöglich sogar noch wichtiger. Wir können natürlich nicht davon ausgehen, daß das Leben der Hominiden vor drei Millionen Jahren bereits in einem so dicht gefügten sozialen Kontext ablief wie das der heutigen »Primitivgesellschaften«, aber vor rund einer halben Million Jahren, als ganz allmählich der Übergang zum modernen Menschen einsetzte, muß Tradition und Kultur bereits ein wichtiger Bestandteil des Lebens gewesen sein.

Sicherlich ist es nicht übertrieben, die Anfänge des Rituals in einem Verhalten zu sehen, das Jane Goodall bei ihren Schimpansen in Tansania beobachten konnte. Dort rannte eine Gruppe männlicher Tiere zu Beginn eines heftigen Regengusses immer wieder einen Hügel hinauf und hinunter, riß Zweige von den Bäumen ab und schrie pausenlos. Dieser »Regentanz« ist der Prototyp einer symbolischen Reaktion auf die »Kraft der Elemente«, die den Ausgangspunkt für die Entstehung der Mythen und Rituale »primitiver« (und auch weniger »primitiver«) Völker bilden.

Ausgehend davon, daß die Entstehung von Sprache ein langanhaltender Prozeß war, dürfte ihre Entwicklung parallel zu der der Steinwerkzeug-Technologie gelaufen sein, von denen wir ja erste Zeugnisse am Rudolf-See in Ostafrika gefunden haben. Zwischen beiden besteht zweifellos eine entwicklungsgeschichtliche Beziehung, denn beide basieren auf demselben kognitiven Prozeß: für beides ist Vorstellungskraft und Planungsvermögen unabdingbar. Einige Forscher behaupteten, es bestünde eine Verbindung zwischen dem handwerklichen Geschick, das zur Herstellung von Steinwerkzeugen erforderlich war, und der Kommunikation mittels einer verfeinerten Gestik. Als dieses »Vokabular«, so argumentierten sie weiter, allmählich unbrauchbar geworden war, seien die Menschen gezwungen gewesen, ein neues Kommunikationssystem zu erfinden: die Sprache. Wir halten diese Argumentation allerdings nicht für besonders stichhaltig und sind der Meinung, daß man die Anfänge von Sprache nicht mit den Anfängen der Technologie gleichsetzen sollte. Das Sprachvermögen muß der Entwicklung der Technologie vorausgegangen sein, denn erst die Sprache schuf die Grundlagen für die Anwendung erworbener Erfahrungen.

Aber dies alles ist schiere Spekulation. Beweismaterial haben wir so gut wie keines. Die australischen Ureinwohner haben zum Beispiel eine reiche soziale Tradition, deren Symbole durch Materialien wie Federn, Holz, gefärbten Puder und Blut visualisiert sind – aber keines dieser Materialien eignet sich dazu, über einen solch langen Zeitraum konserviert zu werden, mit dem wir uns zu befassen haben. Und die Gesänge, Tänze, Mythen, Sandzeichnungen, Schnitzereien und Beschneidungsrituale, die eine so wichtige Rolle in der Kultur der Ureinwohner spielen, sind natürlich noch weniger bleibende Zeugen als selbst der vergänglichste Gegenstand.

Es überrascht daher nicht, daß klar zu erkennende Symbole, die etwas über Sprache aussagen könnten, an prähistorischen Funden kaum abzulesen sind. Natürlich sind die Höhlenzeichnungen in Tansania und Frankreich ausgezeichnete Beispiele einer »zu Stein gewordenen Sprache«, aber sie sind weniger als zwanzigtausend Jahre alt. Der älteste, nicht zum reinen Gebrauch bestimmte Gegenstand, den wir bis heute kennen, wurde in Pech de L'Azé in Frankreich gefunden und ist vermutlich dreihunderttausend Jahre alt. Dieser Artefakt, den François Bordes entdeckte, ist die Rippe eines Ochsen, in den eine Reihe bogenförmiger Rillen geschnitzt sind. Dieses Muster taucht zweihundertfünfzigtausend Jahre später wieder als Symbol auf.

Selbstverständlich geben auch die menschlichen Fossilien einen gewissen Aufschluß über Sprache. Einige interessante Funde sind bereits gemacht worden, die etwas über den Kehlkopf und zum anderen über das Hominidengehirn aussagen.

Der Mensch ist in der Lage, viele verschiedene Laute zu produzieren, weil er einen weiten Rachen respektive Kehlkopf hat, an dessen Ende eine relativ kleine Zunge sitzt. Menschenaffen haben einen kleinen Kehlkopf und eine lange Zunge, was dazu führt, daß sie nur eine begrenzte Anzahl von Lauten hervorbringen können. Wir haben jedoch Beweise dafür, daß die Hominiden vor zwei oder drei Millionen Jahren bereits entwicklungsgeschichtlich auf dem Weg zum Menschen waren als nahezu unausweichliche Folge des aufgerichteten Ganges. Wir können also annehmen, daß diese Hominiden zwar noch keine Sprache im eigentlichen Sinn hatten, aber doch ungleich mehr Laute als die ihnen verwandten Menschenaffen hervorbringen konnten.

Die bemerkenswerteste Entdeckung wurde am Gehirn selbst gemacht, genauer gesagt an den Innenabdrücken von Schädeln. Ralph Holloway untersuchte an einer Reihe von Innenabdrücken hominider Schädel die Mulden und Falten auf der linken Innenseite. Er versuchte auf diese Weise das Broca-Zentrum lokalisieren zu können, also jenes Zentrum des Gehirns, in dem Sprache organisiert und die Sprechmuskulatur in Bewegung gesetzt wird. Während einer Reise nach Nairobi untersuchte Holloway auch den Schädel von 1470 und fand schließlich in diesem mehr als zwei Millionen Jahre alten Relikt das Broca-Zentrum, das sich als kleine Mulde auf der linken Vorderseite des Abdrucks erwies.

Trotzdem können wir nicht mit Bestimmtheit davon ausgehen, daß 1470 sprechen konnte. Aber Holloways Entdeckung beweist doch immerhin, daß das motorische Sprachzentrum bereits in einem evolutionären Stadium vorhanden war, das lange vor dem Aufkommen der Steinwerkzeug-Technologie lag (soweit wir bis heute wissen). Auch ein Spezimen des *Australopithecus robustus* (gefunden in Südafrika) weist ein Broca-Zentrum auf. Es ist zwar im Vergleich zu dem eines Gorillas bereits außerordentlich ausgeprägt, aber dennoch recht klein in Relation zu dem des 1470. Aus diesen Entdeckungen können wir folgern, daß die Notwendigkeit der Artikulation dringlicher wurde, je mehr sich *Ramapithecus* in offenes Gelände wagte, und daß *Homo* bereits mehr auf eine rudimentäre Sprache angewiesen war als die Australopithecinen. Alle Abkömmlinge des *Ramapithecus* waren also zumindest mit ersten vokalen Attributen ausgestattet, die sich vor allem bei jenen Hominiden entwickelten, die sich mehr und mehr von Fleisch ernährten, besonders also bei den bereits in gewisser Weise »organisierten« Jäger- und Sammler-Völkern. Man kann mit an Sicherheit grenzender Wahrscheinlichkeit annehmen, daß die Jäger und Sammler bereits beträchtlich größere verbale Fähigkeiten als die zur gleichen Zeit lebenden Australopithecinen besaßen. Ihre Notwendigkeit für Sprache war größer, weil sie auch mehr Erfahrungen gemacht hatten, über die gesprochen werden mußte.

Man kann also sagen, daß gesprochene Sprache sich unter ökologischen Bedingungen entwickelte, die bereits eine Reihe komplexer sozialer Verhaltensmuster geprägt hatten. Unser Sprechvermögen ist nur ein Teil des evolutionären Zwangs, die Welt in unserem Gehirn so genau wie möglich abzubilden. Nicht nur die Herstellung und der Gebrauch von Werkzeugen gibt uns die Möglichkeit, unser Leben zu meistern, sondern auch die Fähigkeit kreativen Denkens und die Vermittlung dieser Gedanken. Dies ist der Ursprung des kognitiven Fortschritts, aus dem sich das menschliche Bewußtsein entwickelte.

9
Aggression, Rollenverteilung und menschliche Natur

Die von Blutvergießen und Schlachten zeugenden Archive der Menschheitsgeschichte von den Zeiten der alten Ägypter und Sumerer bis zu den Auswüchsen und Gräßlichkeiten des Zweiten Weltkrieges scheinen mit den Anfängen der weltweiten Blutrünstigkeit in Einklang zu stehen, mit Tier- und Menschenopfern oder deren Ersatz in formalisierten Religionen, mit dem Skalpieren, dem Kopfjägertum, der Körperverstümmelung und der Nekrophilie, mit der die Menschen zu allen Zeiten ihren Blutdurst stillten. Diese tödliche Lust, dieses Kainsmal trennt den Menschen von seinen anthropoiden Verwandten und stellt ihn auf eine Stufe mit dem gefährlichsten Raubtier. Was Raymond Dart damit sagen wollte, liegt auf der Hand: Die Menschen sind unabänderlich grausam, besessen von einem angeborenen Tötungstrieb.

Zum gleichen Thema schrieb Konrad Lorenz: »Wir haben allen Grund zu der Annahme, daß der erste Erfinder der Steinwerkzeuge, der afrikanische *Australopithecus*, diese neuentdeckte Waffe keineswegs nur dazu nutzte, Tiere zu töten, sondern auch seine Brüder. Der Peking-Mensch, Prometheus, der lernte, das Feuer zu bewahren, nutzte es, um seinen Bruder darauf zu rösten: Neben den Spuren des Herdfeuers finden wir auch Spuren abgeschlagener und gerösteter Knochen des Typus *Sinanthropus pekinensis*.«

Lorenz schrieb diese Sätze vor etwa zehn Jahren in seinem aufsehenerregenden Buch ›Das sogenannte Böse‹, dessen zentrale These besagt, daß der Mensch vom Territorialismus und von Aggression beherrscht sei, Trieben, die kanalisiert werden müssen, damit sie nicht erschreckende Ausmaße annehmen. Hinweise auf frühen Kannibalismus, Anzeichen von Territorialismus und Aggression und die Evolution mordlüsterner Menschenaffen – all dies wurde zu einem der gefährlichsten, weil eingängigsten Mythos unserer Zeit verwoben, dem Mythos, daß der Mensch von Natur aus böse ist, daß Krieg und Gewalt genetisch programmiert sei.

Diese ihrem Wesen nach abgrundtief pessimistische Interpretation der menschlichen Natur wurde in Windeseile zu einer weitverbreiteten Volksweisheit, die noch durch die Schriften solcher Autoren wie Desmond Morris (›Der nackte Affe‹) und Robert Ardrey (›Adam kam aus Afrika‹; ›Adam und sein Revier‹; ›Der Gesellschaftsvertrag‹ und neuerdings mit ›Der Wolf in uns‹) unterstützt wurde. Wir lehnen diese Volksmeinung aus dreierlei Gründen ganz entschieden ab:

Vorhergehende Seiten: Die Asaro- »Schlamm-Menschen« aus dem östlichen Hochland von Neu-Guinea. Sie führen einen Tanz auf, in dem an eine große Schlacht in der Stammesgeschichte erinnert wird. Der Tanz erzählt, daß Stammesangehörige von räuberischen Stämmen in einen Fluß getrieben wurden und schlammbedeckt wieder auftauchten. So trieben sie ihre Feinde in die Flucht, die glaubten, sie wären böse Geister.

erstens aufgrund dessen, daß keine Theorie über die Natur des Menschen so unumstößlich ist, wie deren Vertreter uns glauben machen wollen; zweitens, daß sich das Beweismaterial, auf das sich die Aggressionstheorie stützt, häufig nicht auf den Menschen übertragen läßt; drittens, daß der Mensch im Grunde seines Wesens viel eher zur Kooperation als zur Aggression neigt. Wenn wir ehrlich sind, können wir der These: »Das Verhältnis der Menschen untereinander ist mit Sicherheit durch Aggression bestimmt«, nur die Behauptung entgegenstellen: »vermutlich sind wir kooperative Lebewesen.« Es ist einfach sinnlos zu behaupten, man habe der Wahrheit letzten Schluß gefunden, wenn man lediglich eine einigermaßen stichhaltige Hypothese aufstellen kann.

Aus vielerlei Gründen taucht die These vom Aggressionstrieb immer dann auf, wenn man nach Begründungen für das menschliche Verhalten sucht. Wir wollen versuchen, in diesem Kapitel so umfangreich wie möglich darzulegen, worin beispielsweise die Gründe für das Inzesttabu liegen und welche Rolle das Verhalten der Geschlechter zueinander spielt. Seit Darwin den Menschen in Beziehung zum übrigen Tierreich gesetzt hat, ist immer wieder auf das Heftigste versucht worden, diese Beziehung zu leugnen. Man hat behauptet, selbst wenn gemeinsame Wurzeln vorhanden seien, habe sich der Mensch doch so weit vom Tier wegentwickelt, daß jede Vergleichsmöglichkeit nunmehr fehle. Bis zu einem gewissen Grad ist dies durchaus richtig, denn eine Möglichkeit, die nur der Mensch allein hat, ist seine enorme Lernfähigkeit.

Wie die vielfältigen Kulturen auf unserer Erde beweisen, kann ein Mensch tatsächlich alles lernen. Deshalb ist es müßig, nach einem spezifischen stereotypen Verhalten zu suchen, das allen Gesellschaftsformen gemein ist. Selbst wenn es ein Grundmuster menschlichen Verhaltens gibt – und wir sind dessen ganz sicher – wurden sie durch die jeweiligen kulturellen Schemata doch weitgehend spezifiziert und ausgeformt. Dies ist unwiderlegbar und macht uns erst eigentlich zu menschlichen Wesen.

Eines der wichtigsten Elemente des biologischen Mechanismus ist der Instinkt, eine angeborene und programmierte Reaktion auf spezifische Stimuli: Das Küken der Heringsmöwe kann nur überleben, weil es seine Eltern auf eine bestimmte rote Stelle an ihrem Schnabel pickt, wodurch die ausgewachsene Möwe dazu gebracht wird, die Nahrung herauszuwürgen; männliche Stichlinge vertreiben ein anderes männliches Tier durch die rote Farbe, die sie während der Laichzeit annehmen, und genauso reagieren sie auf einen roten Bleistift, den sie für einen Rivalen halten. Diese angeborenen Verhaltensweisen sind biologisch sinnvoll und physiologisch wichtig. Der Einfluß, den Instinkte auf das Verhalten eines jeden Lebewesens ausüben, ist bislang

Zwei Beispiele für angeborene Reflexe bei Tieren. Oben: Stichlinge, die sich um die Grenzen ihres Reviers streiten. Links Möwenküken, das auf die roten Punkte am Schnabel seiner Mutter oder seines Vaters pickt, um sie dazu zu bringen, daß sie Futter auswürgen.

unterschätzt worden und von der außerordentlichen Anpassungsfähigkeit der Reaktionen an die verschiedensten Umweltbedingungen wußte man bis vor kurzem so gut wie gar nichts.

Je weiter wir uns auf dem Wege der Evolution vorwärtsbewegen, desto vorsichtiger sollten wir sein, von angeborenen Verhaltensweisen zu sprechen. Man hat bisher immer angenommen, daß die Sorge um ein Kind auf einem starken Instinkt beruhe. Aber der amerikanische Psychologe Harry Harlow konnte nachweisen, daß ein weiblicher Rhesusaffe,

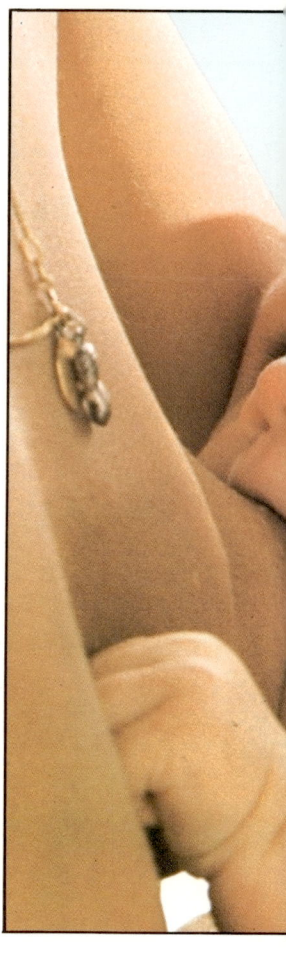

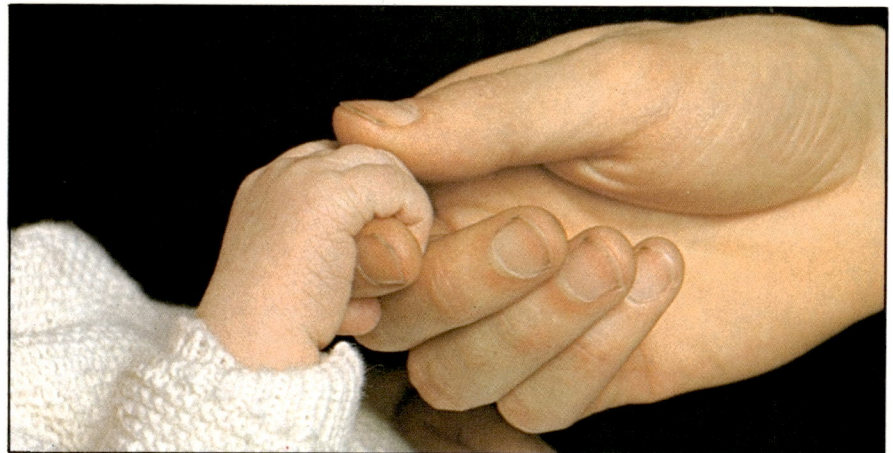

Oben links: ein junger Olivenpavian hält sich mit Händen und Füßen auf dem Rücken seiner Mutter fest. Links: Greifreflex eines Säuglings.

Oben und rechts: der funktionell sinnvolle Sauginstinkt. Man beachte auf beiden Abbildungen die zugreifenden Finger.

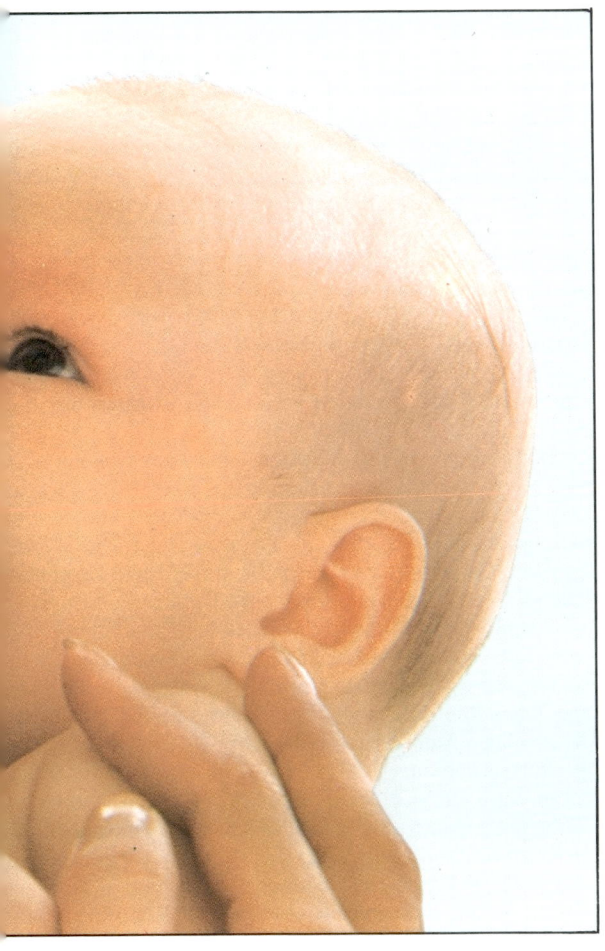

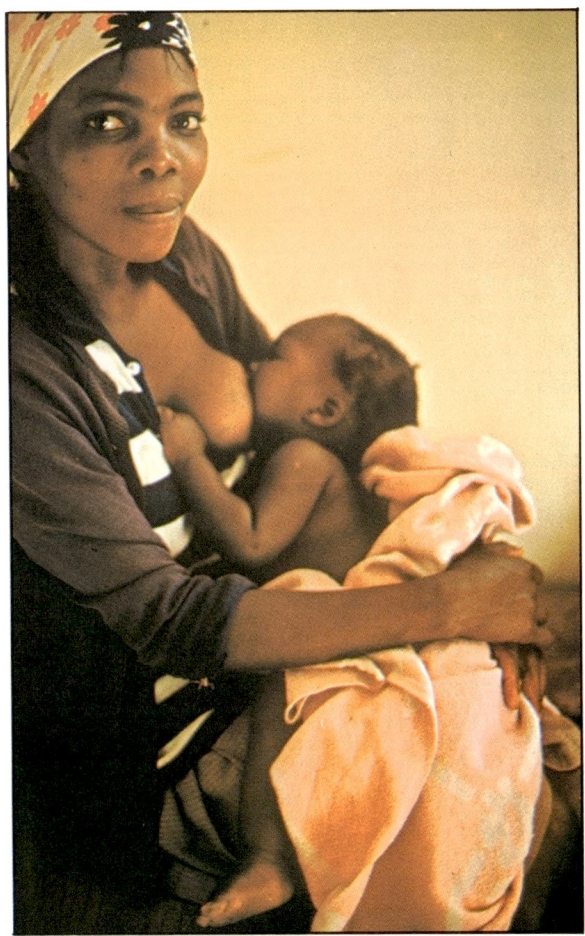

der in der Isolation aufgezogen wurde und keine »Familie« kannte, eine sehr schlechte Mutter war. Sie wußte einfach nicht, was sie mit ihrem Kind anfangen sollte. Jane Goodall beobachtete, daß sozial benachteiligte – z. B. Waisen – sehr wenig mütterliche Talente haben, zumindest ihrem ersten Jungen gegenüber. Andererseits braucht ein neugeborenes Schimpansenbaby nicht erst zu lernen, sich am Fell seiner Mutter festzuhalten, denn es hat einen angeborenen Greifreflex in Händen und Füßen. Und der Greifreflex bei menschlichen Neugeborenen ist ein ganz klares, wenngleich eher zufälliges Relikt aus jenem Zeitraum in unserer Entwicklungsgeschichte, wo der Körper noch von langen Haaren bedeckt war und der Anthropoide sich noch auf vier Beinen bewegte.

Menschenbabys kommen nahezu ohne jeden funktional sinnvollen Instinkt auf die Welt, außer dem sogenannten »Futterinstinkt« und der Saugreaktion: Das Neugeborene dreht seinen Kopf zur Brustwarze hin und saugt. Schon in diesem frühen Stadium kann die vorgeburtliche Erfahrung, die der Embryo im Mutterleib gemacht hat, seine spätere Saugfähigkeit beeinflussen, was beweist, daß diese Reaktion mehr ist als nur ein fundamentaler unveränderbarer Mechanismus. Ein oder zwei Tage nach der Geburt kann ein Neugeborenes bereits die Milch seiner Mutter am Geruch erkennen. Nach der ersten Woche kann es eine vertraute Stimme mit einem vertrauten Gesicht zusammenbringen, was der beste Beweis dafür ist, wie früh der menschliche Lernprozeß einsetzt. Die Grundregeln des menschlichen Verhaltens sind also ganz einfach: Jeder Mensch ist ein äußerst verfeinerter und intelligenter Bestandteil des biologischen Gesamtmechanismus, deshalb sind seine Reaktionen bestimmt durch die Umweltbedingungen, denen ein Mensch ausgesetzt ist; Erfahrung und Lernen tragen dazu bei, diese Reaktionen zu modifizieren, doch können extreme Erfahrungen der Grund für übertriebene Verhaltensweisen sein. Ein Kind zum Beispiel, das viel geschlagen wird, wird mit allergrößter Wahrscheinlichkeit zu einem aggressiven Erwachsenen werden.

Wir glauben also, daß die Grundregeln des menschlichen Verhaltens sehr einfach sind und zwar deshalb, weil sie einen Spielraum für die unterschiedlichsten Ausdrucksmöglichkeiten lassen. Im Gegensatz dazu versuchen die Vertreter der Aggressionstheorie uns als streng determinierte, leicht zu definierende Verhaltensträger festzulegen. Sie sind der Ansicht, daß der Mensch aggressiv sein müsse, weil Territorialismus dem Menschen angeboren sei, weil dieser sein Territorium verteidigen müsse, also Aggression hervorrufe, und weil schon unsere frühen Vorfahren ihre Waffen dazu benutzt hätten, blutige Rituale auszuüben. Außerdem zeichne sich der Mensch im Laufe seiner Entwicklung durch immer größere Mordlust aus. Die Anhänger der Lorenzschen Theorie behaupten, daß Aggression ein fundamentaler Wesenszug des Menschen sei, der mehr und mehr unter dem Zwang stehe, diese Aggression freizusetzen. Aggression kann durch einen bestimmten Auslöser ausbrechen, etwa durch die Bedrohung durch ein anderes Lebewesen. Wenn jedoch ein solcher Auslöser nicht vorhanden ist, wird der Zwang so stark, daß die Aggression spontan und unkontrolliert ausbricht. Der Unterschied zwischen einer Verhaltensweise, die als Reaktion auf einen bestimmten Stimulus, und einer, die unabhängig davon erfolgt, ist enorm und letztlich von zentraler Bedeutung für das Wesen der Aggression.

Aggression und Territorialismus spielen ohne Zweifel eine Rolle im heutigen Leben: Vandalismus ist betrüblicherweise aus dem Großstadtleben nicht mehr wegzudenken; wir verschließen die Türen unserer Häuser und Wohnungen vor Fremden, die eindringen könnten. Außerdem ist immer irgendwo Krieg, die schrecklichste Zurschaustellung von Aggression und Territorialismus. Sind diese schrecklichen Aspekte unseres modernen Lebens wirklich nichts anderes als Teil eines Erbes unserer animalischen Frühzeit, dem wir nicht entfliehen können? Oder sind es Phänomene mit ganz anderen Ursachen? Diese Fragen müssen beantwortet werden, weil sie so wichtig sind für die Zukunft unserer eigenen Spezies.

Zunächst ist es unerläßlich, sich gründlich mit dem Territorialismus und der Aggression in der Tierwelt zu befassen. Warum verteidigen einige Tiere ihr Territorium? Einfach nur, um ihre Nahrungsquellen und ihre Jungen zu schützen. Viele Vögel verteidigen ein bestimmtes Gebiet, in dem das Männchen um das Weibchen balzt, und suchen dann ein anderes, das sie ebenso verteidigen und wo sie ihr Nest

bauen und ihre Jungen großziehen. Die »Würgelaute« der männlichen Dreizehenmöwe, das pfeilschnelle Vorwärtsschießen des Stichlings und das gemeinsame morgendliche Geschrei der Paviane sind alles Verhaltensweisen, die der Verteidigung des Territoriums dienen. Eindringlinge werden sofort mit diesen Zurschaustellungen gewarnt, deren Absicht offenkundig ist. Das Geheimnis des Erfolges dieser sogenannten aggressiven Verhaltensweisen im Reich der Natur liegt darin, daß sowohl die Absicht des Verteidigers als auch des Eindringlings ganz klar demonstriert werden.

Diese Auseinandersetzungen sind so streng ritualisiert, daß fast ausnahmslos der biologisch besser Ausgestattete den Sieg davonträgt, ohne daß der eine oder der andere einen ernsthaften Schaden erlitten hätte. Diese »Aggression« ist faktisch eher eine Kampfübung als ein Ausdruck physischer Gewalt. Die einzelnen Tiere zeigen ein stereotypes Verhalten, sei es durch Zischen, Vorwärtsstürzen oder andere Drohhaltungen, die aber nicht unbedingt den Reaktionen entsprechen müssen, die die Tiere zeigen, wenn ihnen wirkliche Gefahr – etwa von Raubtieren – droht. In jedem Fall führt die Verteidigung des eigenen Terrains nie dazu, daß einer von beiden ernstlich zu Schaden kommt. Der biologische Nutzen dieser Scheinkämpfe ist offenkundig: Eine Spezies, die sich auf ernsthafte Kämpfe einließe, würde ihre physischen Reserven zu sehr strapazieren, die ohnehin durch die ständigen Anforderungen der Umwelt stark in Anspruch genommen werden.

Die Vernunft der Natur, die sich in diesem einfachen Verhalten äußert, läßt sich wieder und wieder im gesamten Tierreich beobachten, sogar bei den Ameisen. Dieses Gesetz ruht so tief im Prinzip des Überlebens und ist so grundlegend wichtig für den Erfolg der Evolution, daß es nur unter den extremsten Bedingungen übertreten wird. Wir können natürlich nicht leugnen, daß die Herstellung der ersten Werkzeuge aus Holz, später dann aus Stein, gelegentlich auch dazu verführte, sie als Waffen zu benutzen und damit einem Gegner schweren Schaden zuzufügen, da es ja keine stereotypen Verhaltensschemata gibt, die ihre potentielle Gefährlichkeit verringern könnten. Außerdem ist es durchaus möglich, daß unsere Vorfahren mit zunehmender Intelligenz ein Gefühl für die Macht bekamen, die sie durch einen schnellen Schlag mit dem Steinwerkzeug ausüben konnten. Aber wir müssen uns fragen, ob das auch wahrscheinlich ist!

Die Antwort kann nur heißen: nein. Ein Lebewesen, das die Neigung entwickelt, seine Artgenossen umzubringen, katapultiert sich selbst in eine evolutionär nachteilige Situation. Unsere Vorfahren lebten ja in kleinen Gruppenverbänden, deren einzelne Mitglieder eng miteinander verwandt waren. In der unmittelbaren Nachbarschaft lebten ähnliche Gruppen, mit denen sie ebenfalls blutsverwandt waren.

Wenn deshalb jemand einen anderen ermordet hätte, wäre er in den allermeisten Fällen mit ihm verwandt gewesen. Da nun das Ziel jeder Evolution die Erzeugung möglichst vieler Nachkommen ist, hätte ein angeborener Tötungstrieb die eigene Spezies sehr bald ausgelöscht. Menschen haben sich, wie wir sehr wohl wissen, nicht in einer evolutionären Sackgasse entwickelt. Dieses Schicksal wäre ihnen jedoch beschieden gewesen, wären sie von einem unkontrollierbaren Aggressionstrieb beherrscht gewesen.

Trotz unserer These, daß der Aggressionstrieb dem Menschen nicht angeboren sei, sind wir nicht der Meinung, daß dadurch notwendig der Mensch gut zu seinen Mitmenschen sei. Die niedrigeren tierischen Gattungen tragen ihre Konflikte im wesentlichen durch ritualisierte Scheinkämpfe aus. Die weiter entwickelten Spezies kennen jedoch bereits das Verhalten, eine Auseinandersetzung gegebenenfalls auch zu vermeiden. Diese Gattungen sind lernfähig, und soziale Lebewesen lernen auf der Ebene der Gemeinschaftserziehung. Die Fähigkeit, dieses Verhalten auszuüben, wurzelt in den Genen. Um es jedoch tatsächlich ausüben zu können, bedarf es der Lernfähigkeit. Da wir nachweisen konnten, daß der Mensch ein Lebewesen mit einer Lernfähigkeit par excellence ist, müssen wir wohl erwarten, daß auch die Fähigkeit, Konflikte zu bewältigen, für den Menschen erlernbar ist.

Die polynesischen Ifaluk im westlichen Pazifik verdammen die Anwendung von Gewalt so sehr, daß die »rituelle« Bewältigung von Konflikten bereits Kindern beigebracht wird. Die Kinder spielen natürlich genauso ungestüm wie alle anderen Kinder auch. Wenn ein Kind jedoch das Gefühl hat, daß es von einem anderen nicht nett behandelt wird, rennt es dem »bösen« Kind nach, aber bewußt so langsam, daß es dieses nicht einfängt. Die anderen Kinder stehen mit mißbilligenden Gesichtern dabei und werfen schließlich Kokosnußschalen auf den Bösewicht, aber wieder so vorsichtig, daß er nicht getroffen wird! Dies ist ein Beispiel für die Ritualisierung eines Konflikts, aber nicht für ein stereotypes menschliches Verhalten. Dieses Verhalten basiert auf kulturellen Errungenschaften, nicht auf genetischen. Die Gesellschaft, die zu solcher Ritualisierung fähig ist, erweist sich als ausgesprochen friedfertig.

Ein weiteres Beispiel für die Ritualisierung eines Konflikts zwischen Erwachsenen liefern uns die Kurelu, die im Inneren Neu-Guineas leben. Auf den ersten Blick hat es den Anschein, als trügen sie Konflikte in ihrer tödlichsten Konsequenz aus, denn sie schießen mit spitzen Pfeilen aufeinander. Allerdings stellen sie sich so weit voneinander entfernt auf, daß der Pfeil in der Regel den anderen gar nicht treffen kann.

Der erste wesentliche Faktor im Hinblick auf die Aggression ist also die Feststellung, daß Tiere Konflikte territorialer Art ritualisiert austragen. Daß auch Menschen fähig sind, einen solchen Konflikt zu ritualisieren, zeigt, wie biologisch sinnvoll dieses Verhalten ist, beweist aber nicht eine diesbezügliche genetische Programmierung. Menschen sind von Natur aus weder ganz auf Aggression noch ganz auf Friedfertigkeit programmiert. Erst durch Kultur entstehen gesellschaftlich relevante Verhaltensmuster.

Ein weiterer wichtiger Punkt in der Betrachtung von Konflikten unter Tieren ist ihre Vielfältigkeit, das heißt, daß sie sowohl innerhalb einer Spezies als auch zwischen Angehörigen unterschiedlicher Gattungen und außerdem aufgrund unterschiedlicher Umweltbedingungen auftreten können. Wenn man die These vertritt, daß *Homo sapiens* von Natur aus aggressiv sei, muß man zwangsläufig dies auch von den Tieren annehmen. Das ist jedoch falsch. Die Forscher, die das Auftreten von Aggression und Territorialverhalten untersuchen, haben meist Vögel beobachtet. Da Vögel in der Regel gezwungen sind, Nester zu bauen, um ihre Eier auszubrüten und dann die geschlüpften Jungen großziehen zu können, ist der Schutz ihres Nestraumes eine biologische Notwendigkeit. Würden sie ihre Nester nicht verteidigen, so würden ihre Jungen eingehen und damit über kurz oder lang die gesamte Spezies. Deshalb ist es keineswegs erstaunlich, daß die meisten Vögel ein ausgeprägtes Territorialverhalten zeigen. Aber nur weil Graugänse und Drosseln diese Veranlagung haben, kann man noch lange nicht davon ausgehen, daß dies auf alle Tiere zuträfe. Und so ist es ebenfalls nicht verwunderlich, daß Singvögel erheblich mehr dazu neigen als Löwen, die ja echte Raubtiere sind. Bei unseren nächsten Verwandten jedoch, den Schimpansen und Gorillas, ist dieses Verhalten kaum ausgeprägt. Beide Gattungen sind sehr beweglich, selbst die jungen Tiere, und haben so die Möglichkeit, innerhalb eines großen Gebiets ihre Nahrung zu suchen. Gibbons dagegen sind zwar große Akrobaten, aber keine großen »Wanderer«. Daher zeichnen sie sich durchweg durch ein ausgeprägtes Territorialverhalten aus, um ihre Nahrungsversorgung nicht zu gefährden.

Demzufolge tritt das Territorialverhalten in den verschiedensten Abstufungen auf, die im wesentlichen durch die Art der Fortpflanzung und die Lebensweise bestimmt sind. Es gibt sogar Tiere, die dieses Verhalten nur in einer bestimmten Umgebung entwickeln. Der Ayu, ein lachsartiger Fisch, zeigt dieses Verhalten nur im flachen Wasser, an tiefen Stellen weist er ein durchaus harmonisches und friedliches Verhalten gegenüber seinen Artgenossen auf. Die Vervetaffen, die auf der dichtbevölkerten Lolui-Insel in Uganda leben, sind äußerst aggressiv in der Verteidigung ihres Territoriums; ein paar Kilometer weiter jedoch, in Chobe, leben sie friedlich miteinander, weil sie dort einfach mehr Platz haben.

Oben: der Streit über das jeweilige »Revier« – hier zwischen Moorhühnern – ist nur eines der zahlreichen Beispiele für dieses Verhalten, das fast in der ganzen Tierwelt zu finden ist.

Rechts: Die Unwirtlichkeit unserer Großstädte kommt verschiedenerlei zum Ausdruck, wie hier die mit einer Sprühdose aufgespritzten »Gemälde« auf der New Yorker Untergrundbahn.

Daß sich dieses Territorialverhalten auf unterschiedlichste Weise äußern kann, sollte nicht verwundern. Schließlich ist es genau genommen der Ausdruck der Anpassung an bestimmte Umweltbedingungen, je nachdem, ob eine Spezies genügend Nahrung findet und sich unangefochten fortpflanzen kann oder nicht. Natürlich ist es auch unvermeidlich, daß einzelne Lebewesen unfähig sind, sich genügend Nahrung zu beschaffen oder ihre Nachkommenschaft richtig großzuziehen. Dies sind natürlich die schwächsten Wesen – und nichts anderes bedeutet Überleben einer Spezies durch Selektrion des Stärkeren. Der Zwang zur Selektion entsteht nur dann, wenn die Ressourcen knapper werden, mit anderen Worten, wenn ein triftiger biologischer Grund dafür vorhanden ist. Territorialverhalten bildet sich also nur aus, wenn es erforderlich ist, und nur dann. Die Lorenzianer stehen allerdings auf einem anderen Standpunkt: Sie sagen, Aggression sei unvermeidlich, sie werde manifest, wenn ein triftiger Grund dazu bestehe oder, wenn nicht, dann grundlos und spontan. Das Lorenzsche Sicherheitsventil sozusagen ist der Leistungssport. Damit vernachlässigt er jedoch den Zusammenhang zwischen sportlichen Wettkämpfen und dem damit verbundenen Vandalismus oder physischer Gewalt, was jeder Sportler und jedes Publikum in Europa ebenso wie in Nord- und Südamerika aus eigener Erfahrung weiß. In diesem Kontext muß auch festgehalten werden, daß die neueste Forschung eine Verbindung zwischen dem Kampfgeist eines Volkes und seiner Sportbesessenheit nachgewiesen hat. Gut organisierte und emotionsträchtige Sportveranstaltungen sind weit davon entfernt, Aggressionen abzubauen, sondern tragen vielmehr zu ihrer Verstärkung bei und zeigen außerdem, bis zu welchem Ausmaß die Neigung der Menschen zur Gruppenidentität und -zugehörigkeit manipulierbar ist.

Wir folgern daher, daß Territorialismus und Aggression als solche keine allgemeinen Instinkte sind. Sie sind eher Bestandteile eines Verhaltens, das sich an bestimmten Lebensformen oder an umweltbedingten Veränderungen wichtiger Nahrungsquellen orientiert. Daraus ergibt sich natürlich folgerichtig, daß unsere Vorfahren in Zeiten, in denen sie besonders drückenden Umweltzwängen ausgesetzt waren, auch eine Art von Territorialverhalten entwickelten. Vermutlich kam es dadurch auch zu Kämpfen zwischen zwei Gruppen, egal, welche Art der Versorgung jeweils unzureichend war. Lorenz schreibt, daß diese Zwänge zum Teil durch »die Pressionen feindnachbarlicher Horden bedingt gewesen seien«.

Solche Szenen wie hier bei einem Fußballspiel in Spanien sind leider allzu häufig. Man nimmt heute an, daß Sportveranstaltungen keineswegs zum Abbau von Aggressionen führen, sondern sie im Gegenteil verstärken.

Es gibt überhaupt keinen Grund zu der Annahme, benachbarte Gruppen (»Horden« ist ein entschieden zu emotionaler Terminus, wie wir meinen) seien immer und unter allen Umständen feindlich gewesen. Im Gegenteil, vermutlich waren ihre Beziehungen freundschaftlicher Natur, denn die Gruppen waren ja untereinander verwandt und standen daher aller Wahrscheinlichkeit nach immer in engem Kontakt miteinander.

Unsere Vorfahren, die vor zwei bis fünf Millionen Jahren lebten, kannten natürlich noch nicht so ausgefeilte verwandtschaftliche Beziehungen wie heutige »Primitivgesellschaften«, die – wie wir gesehen haben (siehe Kapitel 7, S. 162) – dazu führen können, daß ein Ehepartner nicht den Namen eines Verwandten tragen darf oder daß Heiraten nur zwischen Verwandten zweiten Grades erlaubt sind. Wir wissen mit Sicherheit, daß Schimpansen ihre Geschwister kennen und wir wissen auch, daß Schimpansen ebenso wie Paviane innerhalb der verschiedenen Herden hin und herwandern. Der biologische Vorteil, daß Spannungen und Konflikte durch Exogamie gemildert werden, scheint also bereits in der Sozialstruktur dieser unserer biologischen und ökologischen Verwandten festgelegt zu sein; das heißt, daß mit an Sicherheit grenzender Wahrscheinlichkeit die Vorzüge eines solchen Verhaltens bereits zu einem frühen evolutionären Stadium bekannt waren.

Nahrungsknappheit war jedoch mit Sicherheit ein Anlaß, daß Konflikte zwischen Gruppen entstanden, die in enger Nachbarschaft miteinander lebten. Eine wirkliche Hungersnot kann die Hominiden durchaus zum tödlichen Kampf getrieben haben, denn Überleben ist eine Frage ausreichender Nahrung. Es mag auch sein, daß die Unterlegenen von den Siegern verzehrt wurden. Aber wir haben nicht den geringsten Grund zu der Annahme, daß die Hominiden sich gegenseitig aufgefressen haben, wenn nicht ganz schwerwiegende Gründe sie dazu zwangen. Vermutlich wurden die meisten Konflikte so beendet – wie das Verhalten sowohl heutiger tierischer als auch menschlicher Jäger zeigt –, daß die einzelnen Gruppen in eine andere Gegend zogen oder sich auch in kleinere Untergruppen aufteilten. Mit dieser Praxis ist eine möglichst ausreichende Nahrungsversorgung gewährleistet, selbst wenn die Ressourcen knapper werden.

Für die meisten »zivilisierten« Völker ist Kannibalismus etwas Abstoßendes. Wenn ein Mensch vor die Entscheidung gestellt wird, entweder das Fleisch eines anderen Menschen zu essen oder selbst zu verhungern – Beispiele dafür sind Flugzeugunglücke an entlegenen Orten, von denen man in jüngster Zeit einige Male gehört hat – reagiert die Umwelt

Folgende Seiten: Chimbu-Männer in Mindima, Neu-Guinea, beim Kampfritual.

mit Entsetzen (und wohl auch mit einer gehörigen Portion Sensationsgier). Von alters her hält man Kannibalismus für eines der barbarischsten Verhalten »primitiver« Stämme und sieht die Motivation dafür in ihrer »wilden Aggressivität«. Daher kommt es auch, daß der Gedanke, wir stammten von blutrünstigen, wilden Wesen ab, mit Wollust aufgenommen wurde, als man in den fossilen Überresten unserer Vorfahren klare Anzeichen für Kannibalismus fand. In diesem Zusammenhang stellt die These von Raymond Dart, daß das Leben unserer Vorfahren von Raubüberfällen und Kannibalismus beherrscht gewesen sei, den Höhepunkt dieser Definition des Menschen als das eines blutrünstigen Tieres dar. Aber wenn man dieser Argumentation Glauben schenken wollte, würde man die wahre Bedeutung des Kannibalismus verkennen.

Abgesehen von Löwen sind Menschen die einzigen Säugetiere, die sich gelegentlich mit voller Absicht auffressen. Wenn ein männlicher Löwe eine Löwin erobert hat, kann es vorkommen, daß er deren Junge auffrißt und eigene Nachkommen mit ihr zeugt. Dabei ist er peinlichst darauf bedacht, daß kein anderes männliches Tier »seine« Löwin begattet. So schrecklich und unnötig dies zunächst erscheinen mag, so ist letztlich doch der biologische Grund für dieses überaus dominante Verhalten des männlichen Tieres offenkundig: Die Nachkommen stammen von einem starken Erzeuger ab und sind damit Produkte eines zwar sehr brutalen, aber auch sehr wirksamen natürlichen Selektionsprozesses. Menschlicher Kannibalismus hat jedoch ganz andere Gründe.

Wir können ganz grob zwischen zwei verschiedenen Arten von Kannibalismus unterscheiden: erstens Kannibalismus an Mitgliedern eines anderen Stammes, meist als Folge oder sogar als Motiv für einen Raubzug. Dies ist die konventionelle Version von Kannibalismus. Der wissenschaftliche Terminus dafür ist »Exokannibalismus«. Als zweite Version, die man »Endokannibalismus« nennt, ist das Verzehren der Menschen des eigenen Stammes bekannt. Die Motive für diese beiden Formen des Kannibalismus unterscheiden sich stark voneinander. Außerdem ist bedeutungsvoll, daß ihr Vorkommen an zwei verschiedene Lebensformen, nämlich einmal das Sammeln und Jagen und zum zweiten an den Ackerbau gebunden ist.

Beide Formen des Kannibalismus wurden überall auf der Welt praktiziert, wo »primitive« Völker unberührt von der modernen Zivilisation existierten. Aber bei keinem Stamm ist dieses Verhalten eine Gewohnheit, sei es Exokannibalismus oder Endokannibalismus. Menschenfleisch dient nicht einfach als Nahrung, sondern ist Teil eines Rituals. Und Rituale sind fast nie der Ausdruck roher, zügelloser Aggression. Selbst die Stämme im Inneren Neu-Guineas, die so unrühmlich dafür bekannt geworden sind, Kannibalismus aus reinem Spaß an der Sache zu betreiben, tun dies nur als Folge eines ausgeprägten Stammesrituals. Monatelange Vorbereitungen, die Herstellung symbolisch verzierter Gewebe oder feiner Holzmalereien, gehen solch einem Raubzug voran. Es ist absolut klar, daß dieses ganze Unterfangen einen enorm stammesbindenden Effekt hat. Man kann es zwar bedauern, daß ein Ritual, das dem engeren sozialen Zusammenhalt dienen soll, durch Menschenopfer ausgetragen wird, aber für die an diesem Ritual teilnehmenden Menschen haben die Toten kaum Bedeutung, gemessen an dem gemeinsamen Ziel. Diese Praktiken der neuguineischen Stämme sind äußerst selten und bilden eine ganz extreme Form des Kannibalismus. Im Vergleich dazu sollte man ein anderes Extrem sehen, wo Menschen ein Stück eines verstorbenen Verwandten essen als Zeichen ihrer Liebe und Verehrung.

Exokannibalismus ist fast immer eine Begleiterscheinung von Feindseligkeiten und nicht ihre Ursache. Die Theddora und die Ngarigo in Südostaustralien z. B. schnitten früher Muskeln aus Armen und Beinen ab und aßen sie auf, ebenso wie die Haut und das Fleisch aus den Körperseiten. Die ganze Zeit über stießen sie Laute der Verachtung und des Hasses auf den Getöteten aus. Die Sumo, ein südamerikanischer Indianerstamm, zerstückelten und aßen die Leichen ihrer im Kampf gefallenen Gegner, und zwar mit allen Anzeichen der Verachtung gegenüber dem Opfer. Man konnte den Eindruck bekommen, daß sie damit vermeiden wollten, daß der Zorn des Getöteten über den Mörder käme.

Im Gegensatz dazu ist der Endokannibalismus in seiner einfachsten Form eine Bestattungsart. Die Kallatian, ein indischer Stamm, verzehrten die Leichen ihrer Stammesangehörigen, während sie die Feuerbestattung für ausgesprochen barbarisch hielten. Die Dieri, ein Stamm der australischen Ureinwohner, hatten den Brauch, das Fett von Armen, Beinen, Gesicht und Bauch eines Verstorbenen herauszulösen – in der Regel wurde dies von einem alten Mann vorgenommen, der mit dem Toten verwandt sein mußte – und dann zu essen. Diese Menschen glaubten, daß in diesem Fett eine Kraft stecke, die man sich auf diese Weise »einverleiben« konnte. Aber sie hatten auch das Bedürfnis, dadurch die Persönlichkeit und die Seele des Verstorbenen aufzunehmen.

Der Wunsch nach Weiterleben ist das bekannteste Motiv für Endokannibalismus. Allerdings gab es unterschiedliche Vorstellungen hinsichtlich des Körperteils, in dem die Seele eines Verstorbenen vermutet wurde. Eine ganze Anzahl südamerikanischer Stämme – wie etwa die Amahuaca, die Jumano und die Pakidai – glaubten, daß die Seele eines Verstorbenen in seinen Knochen säße. Wenn einer der ihren verstorben war, wurde der Leichnam verbrannt und die Asche mit Getränken vermischt. Diese Stämme waren davon überzeugt, daß das Leben des Verstorbenen nun in diejenigen eingegangen sei, die von dem Getränk gekostet hatten.

die Chiribichi rösteten ihre Toten und fingen das austropfende Fett auf. Dies wurde getrunken, um das Weiterleben der Toten zu garantieren.

Anzeichen von Kannibalismus können daher Hinweise auf einen Kampf sein (wie zum Beispiel bei Exokannibalismus), aber auch ein Zeichen der Liebe und des Respekts. Wie sollen wir wissen, was der Anlaß war? Wir werden dies nie beantworten können, aber einen interessanten Hinweis auf die Unterschiedlichkeit beider Kannibalismusformen haben wir doch bei südamerikanischen Stämmen. Aufgrund einer Untersuchung an vierundfünfzig südamerikanischen Stämmen ergab sich, daß sechzehn davon Endokannibalen und der Rest Exokannibalen waren. Von den sechzehn waren wiederum vierzehn Sammler- und Jäger-Völker. Von den achtunddreißig Exokannibalen waren nur sechs keine Ackerbau-Stämme. Das heißt mit anderen Worten, daß siebzig Prozent der Sammler und Jäger Endokannibalen waren und nur dreißig Prozent Exokannibalen. Feindseligkeiten und die damit verbundene Form des Exokannibalismus sind somit eher an die seßhafte Lebensweise der Ackerbauern gebunden als an die nomadisierende Lebensweise der Jäger und Sammler.

Ackerbauern haben nun natürlich viel mehr Gründe als Nomaden, einen Krieg zu beginnen: Ihre Gemeinschaften umfassen meist viel mehr Menschen als die der Nomaden; sie müssen ihr Land und ihre Ernte verteidigen und überdies haben sie dann, wenn die Ernte einmal eingebracht ist, sehr viel Zeit, sich mit dem Kriegführen zu beschäftigen. Selbst wenn man nur kurz die Geschichte der Kriege aller Zeiten überfliegt, wird man feststellen können, daß die Angreifer fast immer gewartet haben, bis die Ernte eingebracht war, denn nicht nur die Zeit, sondern vor allem ausreichend gelagerte Nahrung waren wichtig für die Strategie der Kriege. Im Gegensatz dazu ist zwar das Alltagsleben der Jäger und Sammler keineswegs hart, aber es verlangt doch einen stetigen Wechsel von Arbeit und Freizeit, dessen Intervalle nicht lang genug sind, als daß ihnen die Zeit nicht schnell verstriche.

Es ist durchaus denkbar, daß die dreißig Prozent der südamerikanischen Jäger und Sammler, die laut dieser Untersuchung gelegentlich Exokannibalismus betreiben, diese Praxis von ihren ackerbauenden Nachbarn übernommen haben. Die Tatsache, daß die überwiegende Mehrheit der Jäger in einer Gegend keinen Exokannibalismus betreiben, wo dieser geläufig ist, bezeugt zwingend, wie wenig diese Gebräuche und die damit verbundenen Feindseligkeiten zu der Lebensform der Sammler und Jäger passen. Man kann mit einigem Grund die These aufstellen, daß Exokannibalismus bei ihnen sehr selten ist.

Aus dem gleichen Blickwinkel sollten auch die aufgebro-

chenen Schädel betrachtet werden, die in der Höhle von Choukoutien bei Peking gefunden wurden (siehe Kapitel 6, S. 132). Vor fast einer halben Million Jahren hielt also eine Gruppe unserer Vorfahren die Schädel ihrer Toten vorsichtig in den Händen und vergrößerte behutsam die Öffnung, durch die die Wirbelsäule eintritt. Dann lösten sie das Gehirn aus und aßen es vermutlich auf. Geschah das nun aus Verachtung oder aus Achtung?

Diese Höhle wird ihr Geheimnis für immer bewahren. Wir werden nie wissen, was sich hier wirklich abspielte. Aber wir sind der festen Überzeugung, daß die Schädel von Choukoutien ein Zeichen der Achtung und der Würde sind, die diese Menschen füreinander empfanden, genauso wie es bei den Sammlern und Jägern der Fall ist, die noch heute Endokannibalismus betreiben. Im Gegensatz dazu brechen Schimpansen, die einen jungen Pavian aufgefressen haben, dessen Schädel auf, um möglichst schnell an das Gehirn zu kommen, das für sie ganz offensichtlich eine Köstlichkeit ist. Es ist auch denkbar, daß es sich in Choukoutien um einen rituellen Akt handelte, nachdem ein Kampf zwischen zwei Gruppen des Typus *Homo erectus* beendet war. Danach wurden die Gehirne gegessen, um durch sie die Kraft des Feindes in sich aufzunehmen und die Schädel wurden zum Zeichen der Verachtung für den geschlagenen Gegner aufbewahrt. Bei genauer Betrachtung des uns zur Verfügung stehenden Anschauungsmaterials ist diese Interpretation jedoch weitaus weniger wahrscheinlich als die des Endokannibalismus, der quasi als Ausdruck von Gruppenbewußtsein und -identität und dem Wunsch nach einem Weiterleben nach dem Tod gelten kann.

Deshalb sind auch die Relikte solcher Rituale, seien sie nun endo- oder exokannibalischer Natur – immer ein Hinweis auf ein bereits ausgeprägtes Bewußtsein seiner selbst, die Bewußtheit von Leben und Tod, die an der eigenen Person oder an anderen erfahren wird.

Alles in allem bedeutet das, daß die These von der angeborenen Aggression des Menschen einfach nicht haltbar ist. Wir können zwar nicht leugnen, daß die Menschen des 20. Jahrhunderts überaus aggressiv sind, aber wir werden in unserer Vergangenheit keinen Hinweis auf die Ursprünge dieses Verhaltens finden, noch darauf, es zu entschuldigen. Denn auf eine Entschuldigung läuft es oft genug hinaus, wenn man die Kriegslust des Menschen mit dem aggressiven Territorialverhalten der Tiere zu erklären versucht. Daß dies ein Trugschluß ist, sollte inzwischen deutlich geworden sein. Kriege werden von Führern geplant und durchgeführt, die damit ihre eigene Macht zu vergrößern suchen. In der Regel werden sie von Menschen ausgefochten, die keineswegs von einer angeborenen Aggression gegenüber einem Feind geleitet werden, den sie manchmal noch nicht einmal kennen.

Menschen, die Krieg führen, kann man eher als Schafe denn als Wölfe bezeichnen: Sie lassen sich dazu verführen, Munition herzustellen, Bomben abzuwerfen, Kanonen und Schnellfeuergewehre zu betätigen – Tätigkeiten, die alle einer riesigen gemeinsamen Anstrengung dienen. In diesem Zusammenhang muß festgestellt werden, daß Soldaten, die einen Mann-zu-Mann-Kampf austragen müssen, dazu im allgemeinen erst nach einem langen Prozeß der Abstumpfung in der Lage sind. Der Krieg ist ein Kampf um Macht über Menschen und für Besitz, sei es Land oder Rohstoffe, was für Jäger- und Sammler-Gesellschaften nicht relevant ist. Je mehr sich der Ackerbau verbreitete und damit materiell ausgerichtete Sozietäten, desto häufiger und härter wurden die Kriege und führten dazu, daß wir heute in der Lage sind, unseren gesamten Planeten zu zerstören: Große Mächte entdecken immer mehr, um was es sich angeblich zu kämpfen lohnt und finden überdies immer wirksamere Möglichkeiten, ihr Ziel zu erreichen. Wir sollten nicht in unseren Erbanlagen nach der Saat des Krieges suchen; sie wurde erst vor zehntausend Jahren gelegt, als unsere Vorfahren das erste Getreide anbauten und zu Ackerbauern wurden. Erst der Übergang von einem nomadisierenden Jägerleben zu der seßhaften Lebensweise der Ackerbauern und Handwerker machte Kriege möglich und potentiell gewinnbringend.

Der Krieg wurde möglich, aber nicht unvermeidlich. Denn derselbe Faktor, der die Menschen innerhalb des Tierreiches auszeichnet, hat auch die Möglichkeit eines Krieges zur Realität werden lassen, nämlich die Kultur. Die anscheinend unbegrenzte Erfindungsgabe und die enorme Lernfähigkeit des Menschen schufen ein unerschöpfliches Potential für die Entstehung der unterschiedlichsten Kulturen, wofür man auf der ganzen Welt zahllose Beweise finden kann. Ein wesentliches Element einer Kultur setzt sich jedoch aus jenen Werten zusammen, aus denen auch Ideologien gemacht werden. Nur die sozialen und politischen Ideologien mit ihrem Mangel an Toleranz gegenüber anderen verursachen blutige Konflikte zwischen Nationen. Wer also behauptet, wir seien genetisch zur Kriegführung programmiert, behauptet nicht nur etwas Falsches, sondern begeht auch das Verbrechen, die Aufmerksamkeit von den wahren Ursachen der Kriege abzulenken.

Diese Kritik richtet sich vor allem gegen jene, die von angeborener Aggression sprechen, um damit die Gewalttätigkeit der Völker, vor allem in den übervölkerten Großstädten zu erklären. Es gibt eine ganze Reihe von Gründen, weshalb

Die Porgaigas in Neu-Guinea praktizieren noch Kannibalismus. Sie leben nicht in Dörfern zusammen, sondern nach Familien getrennt in weit auseinanderliegenden Hütten. Wenige Monate, bevor diese Aufnahme entstand, herrschte Hungersnot im Stamm. Zwei Menschen wurden gegessen.

ein Halbwüchsiger ein Fenster einschmeißt oder eine alte Dame überfällt, aber keiner davon ist das angeborene Erbe unserer animalischen Vorzeit. Das menschliche Verhalten reagiert seismographisch auf die Umwelt, und von daher sollte es nicht allzusehr überraschen, wenn ein Mensch, der in einer schrecklichen Umgebung aufgewachsen ist, sich später so verhält, daß andere Menschen, die in einer besseren Umgebung großgeworden sind, dieses Verhalten ablehnen. Die Probleme einer Großstadt werden nicht dadurch gelöst, daß man sie genetischen Defekten zuschreibt und dabei die Möglichkeiten sozialer Gerechtigkeit ignoriert.

Eine bittere Ironie durchzieht allerdings das ganze System der organisierten Kriegführung in der heutigen Welt – die kooperative Natur des Menschen.

Während unserer jüngsten Evolutionsphase, vor allem seit des Beginns der Sammler- und Jäger-Periode, müssen starke Selektionszwänge am Werk gewesen sein, die all die Kräfte begünstigten, die dazu führten, in einer Gruppe zusammenzuarbeiten: Sinnvolles Sammeln und Jagen konnte nur durch gemeinsame Anstrengung gelingen, in der jeder seine Aufgabe beherrschen und sich der Gruppe einordnen können mußte. Diese selektiven Pressionen waren so stark und dauerten eine so lange Zeit (mindestens drei Millionen Jahre, wenn nicht noch länger), daß sie aller Wahrscheinlichkeit nach doch in irgendeiner Weise in unseren Genen verankert sein müssen.

Wir wollen natürlich keineswegs die These aufstellen, der Mensch sei ein kooperativer, gruppenorientierter Automat, denn damit würden wir das wichtigste evolutionäre Erbteil des Menschen negieren: seine Fähigkeit zur Kultur aufgrund von Erziehung und Lernen. Wir sind unserer Natur nach kulturtragende Lebewesen mit der Fähigkeit, zahlreiche Sozialstrukturen zu bilden. Ein tiefverwurzelter biologischer Zwang treibt uns jedoch dazu, kooperativ und gruppenorientiert zu sein, woraus sich wiederum zwingend ein sozialer Rahmen ergibt. Aus unserem Erbe der Jäger und Sammler ist uns die Notwendigkeit überkommen, kooperativ zu sein. Dieses Verhalten verleiht uns in Verbindung mit der Fähigkeit aller Primaten, kleine soziale Einheiten zu einer Gruppe zu verschmelzen, die Gabe, umweltbedingte Herausforderungen anzunehmen und ihnen begegnen zu können. Darin liegt natürlich der Grund für die erfolgreiche Fortentwicklung unserer Spezies. Heute wissen wir jedoch, daß dieses evolutionsbedingte Gemeinschaftsgefühl und -verhalten, das zuerst in den kleinen, eng zusammenhaltenden Gruppen der afrikanischen Savannen entstand, von mächtigen Führern dazu mißbraucht werden kann, die Menschen zu verführen, zu Tausenden auf den Schlachtfeldern der Welt ihr Leben zu lassen.

Unglücklicherweise liegt gerade in diesem tief verwurzelten Hang zur Gemeinsamkeit die Ursache nicht nur für den Krieg an sich, sondern auch für dessen Destruktivität. Lebewesen, die in der Hauptsache ichbezogen und im Gemeinschaftsverhalten ungeübt sind, sind weder dazu fähig, große Beute zu machen, noch Kriege zu führen. Gleichzeitig wäre auch eine Kriegführung in den uns heute bekannten Ausmaßen unmöglich ohne die erfinderische Intelligenz. Es hilft uns jedoch nicht weiter, wenn man den Gemeinschaftsgeist oder die Intelligenz der Menschen für die Geißel des Krieges verantwortlich macht. Beides würde den Blick auf die wahren Ursachen verstellen – jene ideologischen Kräfte, von denen die heutigen Nationen beherrscht werden und mit deren Hilfe die Regierungen ihre Völker manipulieren.

Sexualität ist ein Aspekt, der im Zusammenhang mit ideologischen Manipulationen und Konflikten eine nicht zu unterschätzende Rolle spielt, vor allem was das Phänomen des Inzesttabus und die Frage des sexuellen Rollenverhaltens betrifft. Das Inzesttabu hat Soziologen, Anthropologen und Genetiker jahrelang beschäftigt, weil nicht zu beantworten war, ob dieses Tabu ein soziales Instrument oder ein tief in uns verwurzeltes biologisches Gesetz ist. Die Frage nach den Geschlechtsrollen kann kaum gestellt werden, ohne daß man sich massiven Attacken aussetzt oder aber eine Diskussion wieder aufleben läßt, die inzwischen zum irrationalen Geschwätz degeneriert ist. Auch hier stellt sich die Frage, ob diese Rollenverteilung biologische oder gesellschaftliche Ursachen hat.

Es ist eine Binsenweisheit, daß genetisch determiniertes Verhalten allen Menschen und allen Völkern gemein ist und unter ganz bestimmten Umweltbedingungen von allen Menschen angenommen wird. Im Gegensatz dazu ist das Sozialverhalten kulturbedingt, daher nicht universal und in der Regel auch von kulturellen Regeln bestimmt. Bedauerlicherweise paßt das Inzesttabu beim Menschen in keine der beiden Kategorien, beziehungsweise eigentlich in beide: Das Inzestverbot besteht in der Tat auf der ganzen Welt und wird durch soziale Spielregeln respektive Gesetz auch eingehalten.

Der Anthropologe Claude Lévi-Strauss äußerte sich zu diesem Paradoxon folgendermaßen: »Wir werden mit einer Reihe von Fakten konfrontiert, die im Grunde skandalös sind . . . Wir haben es hier mit einem Phänomen zu tun, das sehr genau zu unterscheidende Merkmale hat, die zum einen von der Natur und zum anderen von ihrem theoretischen Gegenteil, der Kultur, bestimmt sind . . . für soziologische Überlegungen stellt dies also ein fantastisches Rätsel dar.« Lévi-Strauss ist sich natürlich über die Tragweite des Phänomens völlig im klaren und versucht, das Dilemma folgendermaßen zu lösen: »Das Inzestverbot setzt da ein, wo die Natur sich selbst transzendiert.« Er hat vermutlich recht, wenn er damit zum Ausdruck bringen will, daß das Inzesttabu

ursprünglich aus einer biologischen Funktion entstand, später Bestandteil des Sozialverhaltens wurde und jetzt fest verankert ist im Kontext sozialer Überlieferungen.

Ein unveränderliches Charakteristikum kennzeichnet das Inzesttabu jedoch als solches: Sowohl seine Funktionen als auch seine Mechanismen, die Art, in der es sich auswirkt also, sind äußerst verworren. Wenn man versucht, hier Klarheit zu schaffen, ist es am besten, die Auswirkungen des Inzesttabus einzeln zu betrachten. Man kann beispielsweise einmal annehmen, das Inzestverbot müsse zumindest in der jüngsten Menschheitsgeschichte von Vorteil gewesen sein. Meist betrachtet man die sozialen Implikationen des Inzestverbots unter dem Gesichtspunkt der Ehe bzw. des Eheverbots zwischen Verwandten, obgleich natürlich klar ist, daß sexuelle Aktivitäten und Heiraten nicht gleichzusetzen sind. Sexuelle Beziehungen zwischen Verwandten mögen zwar dann und wann toleriert werden, nicht jedoch eine Heirat zwischen den beiden Partnern. Damit wird natürlich die soziale Funktion dieses Tabus betont, das ganz offensichtlich dem Erhalt der bestehenden sozialen Struktur einer Gesellschaft dienen soll. Das bedeutet jedoch nicht, daß die Einschätzung sexueller Beziehungen zwischen Verwandten und die Erfordernisse einer Heirat außerhalb der direkten Familienzugehörigkeit nichts miteinander zu tun hätten.

Worin liegen also dann die Vorteile, die die Menschen dazu bewegen, keine langfristigen Beziehungen sexueller Art zwischen Verwandten ersten Grades einzugehen? Wir wollen zuerst ein biologisches Argument vorbringen: Das besagt ganz einfach, daß Inzucht eine genetische Schädigung des Nachwuchses verursachen kann. Negativ rezessive Gene könnten sich mehr und mehr in einer inzestuösen Gruppe und deren Nachwuchs verbreiten, während sie in einer nicht-inzestuösen Gemeinschaft nur ganz gelegentlich auftauchen und dann Schäden verursachen, die sich beim inzestuös gezeugten Nachwuchs auch physisch manifestieren könnten. Inzest-Experimente bei Tieren haben ergeben, daß diese Befürchtungen durchaus zu Recht bestehen: Es hat sich nämlich herausgestellt, daß die Fruchtbarkeit abnimmt, die Lebenserwartung reduziert wird, die Krankheitsanfälligkeit dagegen zunimmt und alle durch Inzucht entstandenen Tiere ausgesprochen klein und schwächlich von Statur sind. Die wenigen systematischen Untersuchungen, die über Inzucht bei Menschen vorliegen, legen den Schluß nahe, daß dieselben Effekte auch bei Menschen auftreten.

Allerdings gibt es zumindest zwei Gründe für die Annahme, daß das Inzesttabu *nicht* das Resultat einer biologischen Notwendigkeit ist. Der erste Grund ist der, daß Experimente sowohl bei Tieren als auch am Menschen ergeben haben, daß Inzucht nur während eines kurzen Zeitraums stattfindet. Wenn nämlich eine gemischte Gemeinschaft gefährliche rezessive genetische Strukturen aufweist, *wird* Inzucht sie unter allen Umständen sozusagen ans Licht bringen, indem defekte Individuen produziert werden. Wenn diese Gemeinschaft ihre inzestuösen Gewohnheiten jedoch über einen langen Zeitraum ausübt, werden die gefährlichen Gene mit aller Sicherheit ausgesiebt, denn die affizierten Individuen sind weniger lebensfähig als die anderen und sterben daher.

Eine inzestuöse Gemeinschaft entwickelt in der Tat ein ausgezeichnetes System, durch das die positiven genetischen Strukturen gefördert werden. Es gibt einige Genetiker, die behaupten, unsere Vorfahren hätten sich gerade deshalb so rapide entwickelt, eben weil sie inzestuöse Gemeinschaften waren. In einer nicht-inzestuösen Gemeinschaft, so argumentieren diese Wissenschaftler, hätte sich eine positive Veränderung in ihrem Chromosomensystem nur sehr langsam vollziehen können; sie hätte sogar immer schwächer werden und schließlich völlig verlorengehen müssen. Die positiven Veränderungen in inzestuösen Gemeinschaften hätten sich jedoch sehr bald zu Veranlagungen ausbilden können, die diese Menschen bevorzugt dafür ausgerüstet hätte, den Lebenskampf zu bestehen. Dadurch wäre der Evolutionsprozeß ganz entschieden beschleunigt worden.

Die Gefahren der Inzucht wirken daher als Argument für das Inzesttabu nicht besonders überzeugend. Die gegenteilige Ansicht – das heißt die Betonung der Vorteile nicht-inzestuösen Verhaltens – scheint uns jedoch überzeugender zu sein. Reproduktion durch Sexualität ist zwar nicht die einzige Reproduktionsmöglichkeit, aber im allgemeinen doch die erfolgreichste. Die Forderung nach sexueller Bereitschaft zwischen zwei Individuen zur selben Zeit und am selben Ort hat zwar evidente Nachteile, die jedoch weit übertroffen werden durch die Vorteile der genetischen Variabilität, die nur die sexuelle Reproduktion zu leisten imstande ist. Jeder Pflanzenzüchter weiß, daß er zwei verschiedene Pflanzen kreuzen muß, um eine neue Art zu erhalten, denn es ist schlichtweg unmöglich, den gleichen Effekt durch genetische Manipulation einer einzigen Zuchtpflanze zu erlangen. Diese genetische Vielfalt, die durch Chromosomenmanipulation entsteht, ist die Basis des evolutionären Erfolgs ebenso wie die des kommerziellen eines Pflanzenzüchters. In der Natur erreicht man eine ungleich größere Vielfalt genetischer Variationsformen dadurch, daß man Chromosomen nichtverwandter Individuen mischt, als durch die Kreuzung miteinander nahe verwandter Individuen.

Deshalb müssen die Vorteile der Fortpflanzung nicht verwandter Individuen ein biologisch weitaus mehr überzeugender Grund für die Erhaltung des Inzesttabus bei Menschen sein als die Zufälligkeiten der Inzucht. Damit soll jedoch keineswegs behauptet werden, daß die Vielfalt der Manifestationen von Inzesttabus, die man heutzutage in allen Teilen der Welt vorfindet, eine gesellschaftliche Ritualisierung dieser biologischen Funktion sei. Allerdings ist es denkbar, daß diese Funktion die Wurzel des Verbots menschlicher Inzucht bildete und daß diese sich im Verlauf der biologischen und sozialen Evolution unserer Vorfahren weit und vielfältig verzweigte.

Wenn es zuträfe, was noch vor kurzer Zeit von vielen Wissenschaftlern behauptet wurde, daß die Fauna kaum oder nur ganz selten ein Inzesttabu kenne, wäre unsere Argumentation hinfällig. Diese Behauptung stimmt jedoch nicht. Bei gruppenlebenden Tieren, wo diese Möglichkeit ja in der Tat besteht, entwickelten sich eine Reihe sozialer Mechanismen, die alle dazu beitragen, inzestuöse Interaktionen zumindest auf ein Minimum zu reduzieren. Beim Rotwild zum Beispiel ist die Möglichkeit inzestuöser Begegnungen drastisch reduziert, weil die Tiere fast das ganze Jahr über nach Geschlechtern getrennt leben. Nur während der Brunft kommen die männlichen mit den weiblichen Tieren zusammen. Während dieses Zeitpunkts zeigen die männlichen Tiere untereinander eine äußerst aggressive Haltung. Die Jungtiere schließen sich nach der Reifezeit der jeweiligen Gruppe ihres Geschlechts an, wodurch inzestuöse Interaktionen noch seltener werden.

Schwieriger wird das Problem bei heterosexuellen Gruppen. Sehr verbreitet ist die Form des »Harems«, in der ein männliches Tier einige weibliche dominiert, die ihrerseits mit ihren Jungen zusammenleben. Weniger dominante oder noch sehr junge männliche Tiere schließen sich zu »Junggesellengruppen« zusammen und warten im allgemeinen eigentlich nur auf die Gelegenheit, selbst einen »Harem« zu gründen. In diesen Gruppen – die man zum Beispiel bei Zebras, Patasaffen und Hamadrya-Pavianen findet – paßt das männliche Tier sehr genau auf »seine« Frauen auf und vermeidet somit sämtliche Formen inzestuöser Begegnungen, mit einer einzigen Ausnahme allerdings, nämlich der zwischen Vater und Tochter. Allerdings kommt es selten dazu, weil sich in der Regel ein männliches Jungtier an das ausgewachsene Weibchen heranmacht und mit ihm seinen eigenen »Harem« zu gründen beginnt. Bei Zebras passiert das in dem Moment, wo das weibliche Jungtier erste Anzeichen sexueller Reife erkennen läßt. Junge männliche Mantelpaviane kapern sich allerdings ein Weibchen, lange bevor sexuelle Interaktionen möglich sind. Das Männchen fungiert also einige Zeit als »Pflegevater«, bis sein Weibchen die sexuelle Reife erreicht hat.

Solche und vergleichbare soziale Systeme verhindern Inzest einfach dadurch, daß der potentielle inzestuöse Partner abgesondert wird. Die Form, in der Inzucht am ehesten vorkommt, ist jene, wo männliche und weibliche Tiere mit ihrem ausgewachsenen Nachwuchs über einen langen Zeitraum zusammenleben. Beispiele dafür haben wir bei den

Rhesusaffen und den Schimpansen. Beide Arten praktizieren Promiskuität frei von Eifersucht oder einer sozialen Hackordnung. Die Jungen kennen ihre Mutter, nicht jedoch – der häufigen Promiskuität wegen – ihre Väter. Deshalb kommt ein Vater-Tochter-Inzest sehr häufig vor; ein biologisch motiviertes Tabu ist hier kaum zu erkennen, wäre vermutlich auch gar nicht möglich.

Sicher ist jedenfalls, daß die Rhesusaffen Inzucht zwischen Mutter und Sohn und unter Geschwistern dadurch vermeiden, daß die männlichen Jungtiere ab dem Zeitpunkt der geschlechtlichen Reife fast immer zu einer anderen Herde umwechseln. Untersuchungen haben zusätzlich ergeben, daß selbst solche Tiere, die in ihrer ursprünglichen Herde verbleiben, fast nie mit ihrer Mutter kopulieren. Auch

Geschwisterinzest kommt weitaus weniger häufig vor, als Geschlechtsverkehr zwischen nicht miteinander verwandten Tieren. Vergleichbares läßt sich über die Schimpansen sagen. Jane Goodall hatte Gelegenheit, den ersten Ausbruch sexueller Reife bei einer jungen Schimpansin namens Fifi zu beobachten. Als sie zum erstenmal hitzig wurde, war die junge Schimpansin ganz begeistert von ihren neuen Möglichkeiten und versuchte, alle jungen männlichen Schimpansen für sich zu interessieren – mit Ausnahme ihrer Brüder. Die versuchten, sie zu begatten, aber nur unter lautem Protestgeschrei von Fifi. Danach unterließen die beiden Brüder Faben und Figan weitere diesbezügliche Versuche.

Warum begatten sich also Brüder und Schwestern beziehungsweise Mutter und Söhne nicht, wenn sie doch Gelegen-

heit dazu hätten? Vielleicht liegt die Erklärung darin, daß zwischen männlichen und weiblichen Tieren eine Art Dominanzbeziehung bestehen muß, denn die männlichen Tiere sind in der Regel nur dann sexuell erfolgreich, wenn sie das weibliche dominieren. Da nun aber das Muttertier eine Art Dominanz über den Sohn beibehält, mag darin der Grund liegen, weswegen männliche Jungtiere kaum jemals versuchen, ihre Mütter zu begatten. Die Frage ist jedoch, ob dies auch für Geschwister gilt. Worin sollte denn hier die sexuelle Barriere liegen? Es ist denkbar, daß ihre langjährige Familienzugehörigkeit kein sexuelles Interesse aufkommen läßt, einfach deshalb, weil die Tiere zu sehr miteinander vertraut sind. Primaten sind ihrem Wesen nach äußerst neugierige Kreaturen, immer auf der Suche nach neuen Stimulationen.

Das hat zur Folge, daß das Zusammenleben während der Kindheit zwar die familiären Bindungen stärkt, sexuelle Bedürfnisse jedoch obsolet macht.

Die Frage nach den Mechanismen, mit denen die Verführung zu Inzest ausgeschaltet werden soll, ist natürlich wesentlich für das Verständnis des ganzen Fragenkomplexes, sowohl was das Verhalten der Tiere als auch das unserer frühen Vorfahren angeht. Es ist in diesem Zusammenhang interessant, auf eine Reihe zeitgenössischer Gesellschaftssysteme hinzuweisen, in denen Ehen schon im Kindesalter geschlossen werden; wir haben damit einen Beweis für die

Eine Art der Inzestvermeidung ist der Harem – hier ein männlicher Mantelpavian, der »seine« Frauen bewacht.

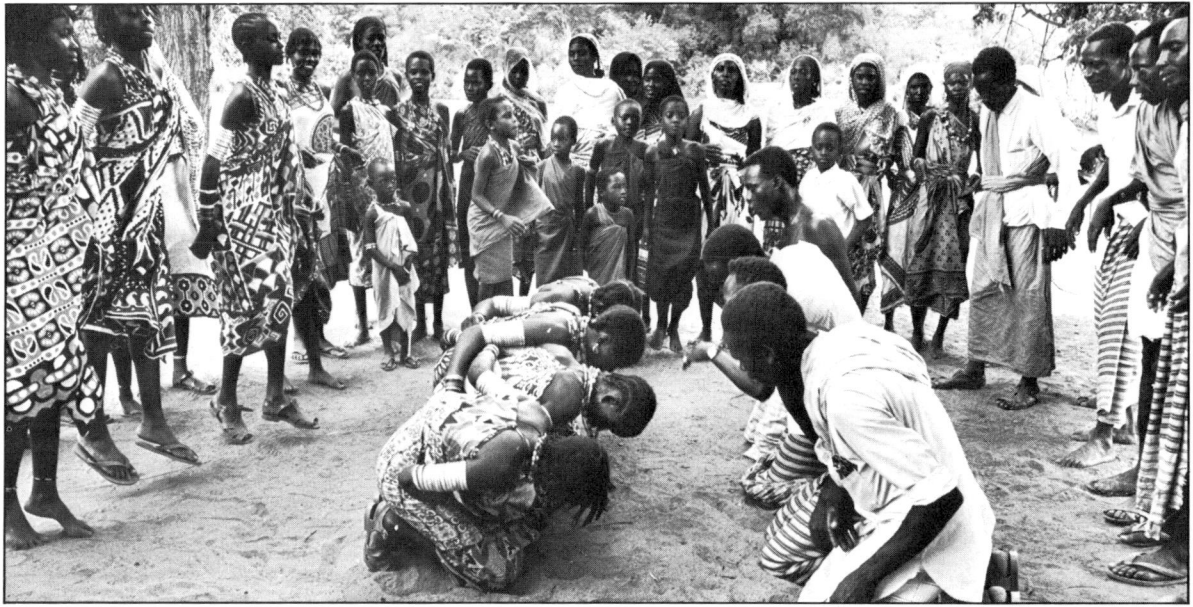

Behauptung, daß »familiäre Beziehungen sexuelle verhindern«. Die zukünftigen Gatten werden schon als Kinder zusammengebracht und wie Bruder und Schwester aufgezogen, bis sie die geschlechtliche Reife erlangt haben. Solche Ehen gelten im allgemeinen als peinlich oder langweilig; die sexuellen Aktivitäten der Ehepartner sind durch ein sehr geringes Maß an Begeisterung gekennzeichnet.

Wir sind also zumindest mit der Möglichkeit konfrontiert, daß das Inzesttabu angeboren sein kann und sich im Laufe der Zeit so ausgewirkt hat, daß sexuelle Neigungen nicht gegenüber einem Partner auftauchen, mit dem man zusammen die Kindheit verbracht hat. Bei genauer Betrachtung des biologischen Ursprungs des Inzesttabus scheint dieses Argument weitaus einleuchtender zu sein als jenes, das Freud einst so betonte: daß sich Blutsverwandte instinktiv erkennen.

Wenden wir uns nun dem Menschen zu. Hier können wir sehen, wie die biologische Neigung zur Ablehnung inzestuöser Beziehungen modifiziert und ihr neue Funktionen zugewiesen wurden. Diese Tradition reicht mit Sicherheit sehr weit in die menschliche Geschichte zurück. Wenn man »primitive« Stämme fragt, warum sie das Inzestverbot einhalten, so antworten sie im allgemeinen, daß dies den Zorn der Götter heraufbeschwören und dieser Fluch über einen einzelnen vielleicht sogar den ganzen Stamm treffen könnte. Intensivierung der genetischen Variabilität oder Herstellung neuer Verbindungen zwischen verschiedenen Stämmen würden sie kaum als Grund angeben. Das liegt daran, daß dieses Tabu strikt ritualisiert wurde. Andererseits erhielt Margaret

Umfangreiche Hochzeitsrituale, wie hier bei den Korokoro aus Nordost-Kenia, beinhalten meist auch präzise Vorschriften zur Einhaltung des Inzesttabus.

Mead eine ungewöhnlich einleuchtende Antwort, als sie ein Stammesmitglied der Bergarapesch in Neu-Guinea danach fragte: »Wenn man seine Schwester heiratet, hat man keinen Schwager. Mit wem soll man also arbeiten? Mit wem soll man zur Jagd gehen? Wer soll einem helfen?«

Eine solche Einstellung ist ein Zeichen für die gesellschaftliche Relevanz des Inzesttabus, demzufolge es immer mehr in die verschiedenen menschlichen Verhaltensnormen integriert wurde, und zwar weitaus mehr als in der Tierwelt. Wie auch immer dieses Tabu entstanden sein mag – im Laufe der Zeit wurde es soweit formalisiert, daß es zum gesetzlich verankerten Verbot wurde. Sicher könnte es einen gelüsten, über die Bedeutung von Gesetzen zu meditieren, die eine angeblich ganz »natürliche« Sache reglementieren. Manche Kollegen gehen in der Tat so weit, zu behaupten, daß schon das schlichte Vorhandensein von Inzestverboten eine Art natürlichen Impuls auslöse, die Tat lieber einzugestehen, als sie zu vermeiden! Wenn man sich jedoch das Anschauungsmaterial von tierischen Gruppenformen und den tatsächlichen gesellschaftlichen Vorteilen betrachtet, die wohl bereits vor einigen Millionen Jahren bekannt waren, so erscheint uns diese Behauptung nahezu pervers. Das Verbot erstarrte nämlich einfach deshalb zum Ritual, weil es die Menschen betrifft, also Lebewesen, die Kulturträger sind.

Heutige Sammler- und Jäger-Gesellschaften haben Heiratsvorschriften, in denen das Inzestverbot ganz in den Vordergrund tritt. Wir haben ja bereits festgestellt (siehe Kapitel 7, S. 162), daß die längste Reise eines jungen !Kung seine Brautschau ist. Die !Kung-Stämme leben weitverstreut. Deshalb ist eine weite Wanderschaft unerläßlich, wenn eine Frau gefunden werden soll, die nicht dem eigenen Stamm angehört – und das untersagen die Hochzeitsregeln.

Wenden wir uns nun also unseren Vorfahren zu, die vor etwa drei Millionen Jahren lebten. Damals waren sie gerade dabei, sich erstmals zu Gruppen von etwa 25 Lebewesen zusammenzuschließen, gerade soviel wie heutzutage noch bei Sammlern und Jägern. Vermutlich waren die Gruppen, ehe Fleisch zum festen Bestandteil der Nahrung wurde, größer und umfaßten etwa fünfzig Individuen, wie jetzt etwa bei Pavianherden. Diese Gruppen waren auch nicht so weit verstreut wie später die Jäger, als die Jagd zu einer außerordentlich wichtigen Tätigkeit wurde – sowohl in sozialer als auch in ökonomischer Hinsicht. Man kann also annehmen, daß der Wechsel der jungen Männer von einer Gruppe zu einer anderen nicht problematisch war; selbst die, die bei ihrer heimatlichen Gruppe verblieben, hatten gute Aussichten, eine Partnerin zu finden, mit der sie weder verwandt noch verschwägert waren.

Als nun das Sammeln und Jagen immer mehr zur festen Gewohnheit vorgeschichtlicher Gesellschaften wurde, muß auch das Inzestverbot immer problematischer geworden sein, weil die Gruppen sich mehr und mehr voneinander entfernten und daher das Übersiedeln erschwert wurde. Zur gleichen Zeit wurde jedoch die Notwendigkeit zu migrieren aller Wahrscheinlichkeit nach immer größer, und zwar einfach deshalb, weil in einer Gruppe von 25 Individuen circa 14 Kinder lebten, von denen ein Viertel ungefähr gleichzeitig die sexuelle Reife erlangte. Das Problem lag somit ganz einfach in einem Mangel an Gelegenheiten. Jede Unausgewogenheit innerhalb des sexuellen Gefüges des Nachwuchses muß die Schwierigkeit noch verschärft haben. Daher lag die einzige Möglichkeit vermutlich in der Migration, und diejenigen, die dazu bereit waren, hatten eben auch die größere Überlebenschance und die Möglichkeit, sich fortzupflanzen. Es ist also durchaus denkbar, daß Exogamie als biologische Notwendigkeit unerläßlich war und außerdem die biologische Basis für größtmögliche genetische Variabilität bildete. Beides führte vermutlich dazu, dieses Verhaltensschema allmählich im genetischen System der Spezies tief zu verankern.

Aus der Kenntnis heutiger Gesellschaftsformen wissen wir, daß Exogamie eine wichtige Rolle im sozialen und ökonomischen Kontext spielt. Verwandtschaftliche Bande dienen zwar der Förderung friedlicher Kontakte zwischen benachbarten Völkern oder Stämmen und werden auch oft dazu benutzt, kurzfristige Übereinkünfte zu treffen – wie beispielsweise eine gemeinsame große Jagd. Mit zunehmender geistiger Bewußtheit müssen unsere Vorfahren dieser Vorteile gewahr geworden sein. Diesem Bewußtsein können wohl auch die Anfänge einer Formalisierung des Tabus entsprungen sein, die sich allmählich zu einem gesellschaftlichen Ritual entwickelten. Die Notwendigkeit des Inzesttabus verschärfte sich vermutlich immer dann, wenn ein junger Mensch die sexuelle Reife erlangt hatte, bevor er einen Partner finden konnte (sei es durch Übersiedlung in eine andere Gruppe von Jägern und Sammlern oder später, zur Zeit des beginnenden Ackerbaus, in ein nahegelegenes Dorf).

Außer den bereits erwähnten gesellschaftlichen Vorteilen des Inzestverbots wären noch eine Reihe anderer zu nennen. Mit der Partnersuche außerhalb des eigenen Gruppenverbandes kann beispielsweise eine Kampfsituation zwischen miteinander verwandten Männern vermieden werden. Wenn ein Vater mit seiner Tochter Kinder hat, muß er zwei Frauen in seinem Haushalt ernähren. Dies mag zwar in bezug auf die Gegebenheiten der Jäger- und Sammler-Gesellschaften vorteilhaft erscheinen, weil dort schließlich die Frauen überwiegend die Verantwortung für die Nahrungsvorsorge trugen. In der Praxis ist ein Mann jedoch nur für mehrere Partnerinnen attraktiv, wenn er besonders viel Fleisch anschafft, d. h. daß Polygamie in direktem Zusammenhang mit dem sozialen Status wie der ökonomischen Situation eines Mannes steht.

Das Inzesttabu läßt sich somit als ein Verhaltensgebot mit fundamentalen biologischen Vorteilen definieren, das außerdem so wesentliche soziale Vorteile mit sich brachte, daß es schließlich ganz in formalisierten kulturellen Normen aufging. Es hat also mit Sicherheit eine tiefverwurzelte, seit langem etablierte Tradition. Nicht uninteressant wäre die Überlegung, was geschehen würde, wenn plötzlich ein allmächtiges Komitee alle existierenden Traditionen und Normen auslöschte und durch völlig neue ersetzte, zufällig jedoch vergäße, das Inzestverbot ebenfalls aufzuheben. Mit Sicherheit würde diese Unterlassung in den Industriestädten, die in keiner Beziehung mehr zu den kleinen Jäger- und Sammler-Gemeinschaften stehen, nicht bemerkt werden. Ein aufmerksamer Soziologe könnte allenfalls registrieren, daß sexuelle Beziehungen außerhalb des familiären Verbandes häufiger sind als innerhalb der Familie und damit den handfesten Beweis für die Verhaltensmechanismen (basierend auf familiärer Vertrautheit) haben, die dazu führten, daß Inzest bei gruppengebundenen Lebewesen abnahm. Zusammenfassend läßt sich also sagen, daß ohne soziale und ökonomische Beziehungen, so wie sie für Primitivgesellschaften typisch sind, ein Gesetz der Exogamie in keiner Weise erforderlich wäre.

Wenden wir uns nun einem anderen Aspekt menschlichen Sexualverhaltens zu, das ebenfalls eine außergewöhnliche Mischung aus biologischen und sozialen Faktoren darstellt. Es ist die Rede von der nahezu universalen sozialen und politischen Herrschaft des Mannes über die Frau. Diese Dominanz manifestiert sich sowohl in den streng formalisierten Gebräuchen fernöstlicher Länder als auch in den weitverbreiteten Normen westlicher Industrienationen. Die Ursprünge dieses unterschiedlichen Status werden gegenwärtig bekanntlich heiß diskutiert. Der Disput bewegt sich zwischen der Anschauung der Nativisten einerseits, die nur biologische Gründe für die männliche »Superiorität« gelten lassen wollen, wobei bestimmte Geschlechtshormone und die psychologisch motivierten verschiedenartigen Neigungen den Unterschied zwischen Mann und Frau noch verstärken. Die Gegenposition vertreten die Milieutheoretiker, nach deren Überzeugung Frauen aufgrund einer Verschwörung der Männer unterdrückt und ausgebeutet werden und daß in dieser sozialen Konditionierung der Mechanismus liege, mit dessen Hilfe ein ungerechter Status quo aufrechterhalten werde.

Vorausgesetzt, daß ein Faktor des Verhaltens tatsächlich überall oder zumindest fast überall in der Gesellschaft anzutreffen ist, so ist es nicht unbillig, einen genetischen Grund dafür suchen zu wollen. Andererseits wissen wir, daß die Beziehungen zwischen Mann und Frau in unterschiedlichen Gesellschaftsformen sehr flexibel sind, wodurch eigentlich nur betont wird, daß auch andere Faktoren in der Beziehung der Geschlechter eine wichtige Rolle spielen. Wir versuchen hier diese Beziehung dahingehend zu untersuchen, ob sich generelle Prinzipien des Rollenverhaltens unter evolutionären Gesichtspunkten herausdestillieren lassen. Zuvor möchten wir jedoch betonen, daß selbst dann, wenn sich herausstellen sollte, daß tatsächlich Unterschiede in den genetischen Anlagen von Mann und Frau festzustellen sind, dies kein Grund dafür sein kann, die Fortsetzung sozialer und ökonomischer Ungerechtigkeit zu entschuldigen, die noch heute in so vielen gesellschaftlichen Normen und Traditionen verankert ist. Was nämlich vor hunderttausend oder zwei Millionen Jahren biologisch sinnvoll war, muß nicht notwendigerweise auch heute noch als sozial gerecht und sinnvoll gelten.

Der augenscheinlichste Unterschied zwischen Mann und Frau – abgesehen einmal von den verschiedenen primären Geschlechtsmerkmalen – liegt in der Größe: Männer sind größer und muskulöser; außerdem haben sie schmalere Hüften. Das bedeutet, daß Männer im allgemeinen stärker sind und schneller laufen können als Frauen. Dieser Unterschied in seiner simpelsten Form ist auch bei unseren nächsten biologischen wie ökologischen Verwandten, den

Außer sexuellen Unterschieden bestehen zwischen Mann und Frau auch anatomische Unterschiede: Männer sind in der Regel kräftiger gebaut als Frauen; außerdem können sie schneller laufen. Hier ein Pygmäenpaar aus den Wäldern am Äquator in Zaïre.

Schimpansen und Pavianen, feststellbar, d. h., daß Umwelt-zwänge auf das Verhalten der Geschlechter einen entschei-denden Einfluß ausgeübt haben.

Wir verweisen wieder einmal auf heutige Sammler- und Jäger-Gesellschaften – denn es gibt keinen einsehbaren Grund dafür, warum wir hier keine Analogieschlüsse ziehen sollten – und erinnern daran, daß die Jagd ausschließlich Männersache ist, während die Frauen im allgemeinen nur mit Pflanzensammeln beschäftigt sind. Diese Arbeitsteilung könnte dazu geführt haben, daß auch die intellektuellen Funktionen sehr früh durch sie geprägt wurden, das heißt, daß die sogenannten visuospatialen Fähigkeiten (das räum-liche Sehen) sehr viel früher bei Jungen als bei Mädchen, während die verbalen Fähigkeiten früher bei Mädchen als bei Jungen ausgeprägt waren. Dies kann natürlich genausogut das Ergebnis der unterschiedlichen Erziehung von Mädchen und Jungen sein. Der Zusammenhang zwischen diesen physiologischen Unterschieden mit den unterschiedlichen sozialen Rollen von Mann und Frau bei Jäger- und Sammler-Gesellschaften ist allerdings nicht so recht befriedigend. Jäger sind von einem ausgeprägten räumlichen Sehvermögen abhängig; Sammler, die gleichzeitig auch als Betreuer der Kinder fungieren, dagegen offensichtlich mehr vom Sprech-vermögen, wobei beides auf die Erziehung sowohl als auch auf das Verhalten untereinander einen großen Einfluß hat. Sollten sich also diese physiologischen Unterschiede tatsäch-lich verifizieren lassen, so könnte man sie getrost als handfesten Beweis für ein Erbteil aus der Frühzeit unserer

Eskimos leben überwiegend von Fleisch, das meist von den Männern herbeigeschafft wird. Da dies nur auf der Jagd geschehen kann, sind die Männer sozial dominant. Dieser Eskimo ißt Muktak, das heißt die Haut und den Speck eines Wals.

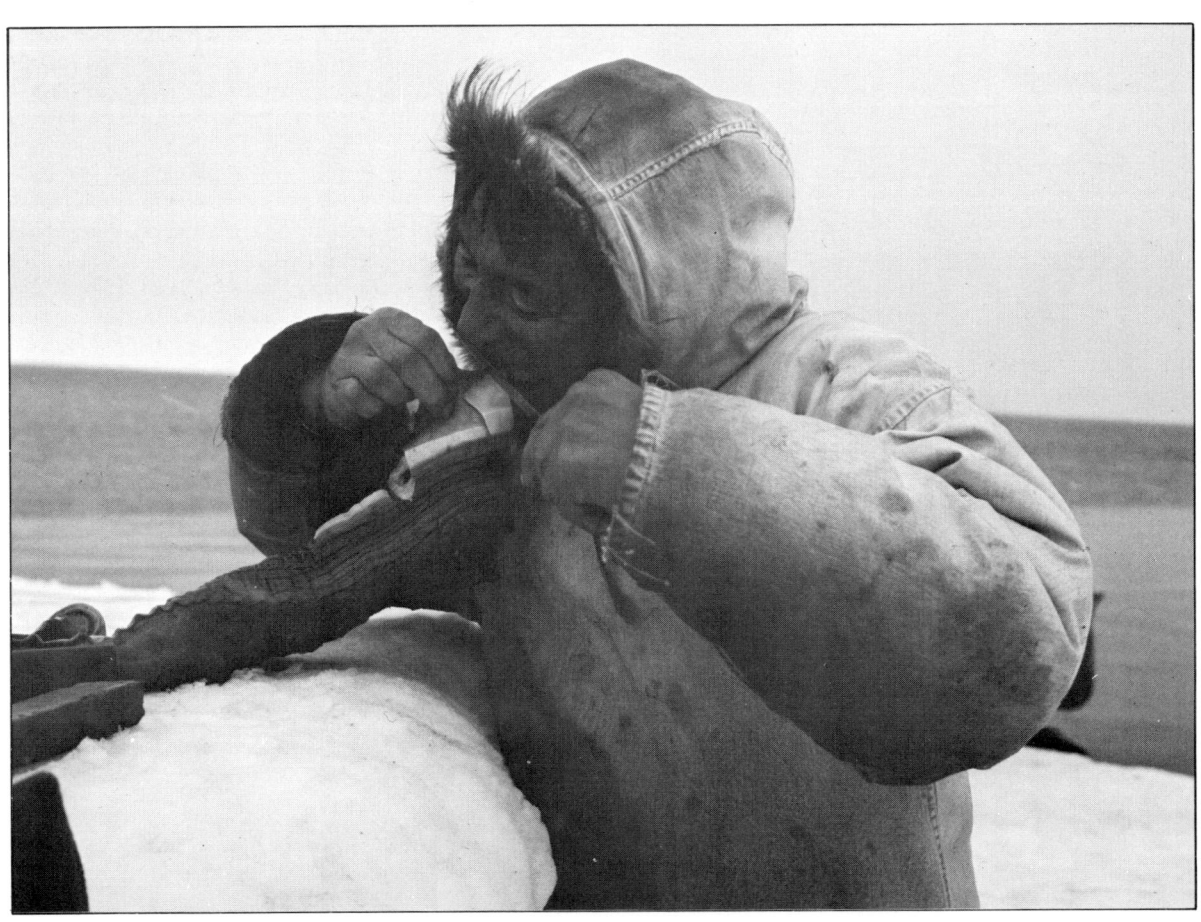

Evolution halten. Allerdings ist es unwahrscheinlich, daß diese Verschiedenheit so bedeutend ist, daß sie sich störend auf die Zielsetzung einer Gesellschaft auswirkt, die nach sexueller Gleichheit strebt.

Arbeitsteilung ist – wie wir schon mehrmals belegen konnten – der Schlüssel zur Organisation menschlicher Gesellschaften. Das heißt aber nicht *zwingend*, daß Arbeitsteilung auch unbedingt zu unterschiedlichen Geschlechtsrollen führen muß. Studien an verschiedenen heutigen »einfachen« Gesellschaften haben ergeben, daß sogenannte »männliche« Funktionen von einer anderen Gruppe als »weiblich« erachtet werden können. Andererseits ist auffallend, daß die Jagd überall das Vorrecht des Mannes ist. Dieser Faktor allein scheint die Ursache für die Dominanz des Mannes zu sein, was sich besonders auch darin manifestiert, in welcher Weise die Beute verteilt wird.

Nun stellt sich jedoch die Frage, warum Frauen nicht an einer Jagd teilnehmen? Selbst wenn es stimmt, daß das räumliche Sehen bei einer Frau weniger ausgeprägt ist als beim Mann, könnte sie dennoch bei der Jagd erfolgreich sein. Wichtig dabei ist ja, die Beute unbemerkt anzuschleichen und nicht so sehr, sie lange und ausdauernd zu hetzen. Die Antwort, warum auch bei zeitgenössischen Jäger- und Sammler-Gesellschaften Frauen niemals an einer Jagd teilnehmen, liegt einzig und allein in ihrer Mutterrolle. Das gilt nicht nur für die Zeit der Schwangerschaft, sondern auch für die Periode, während der eine Frau stillt. Die !Kung aus der Gegend von Dobe stillen ihre Kinder z. B. bis zum Alter von vier Jahren. Eine Frau, die entweder schwanger ist oder noch stillt, ist also kaum in der Lage, mit auf die Jagd zu gehen. Ebenso schwerwiegend ist, daß die Frauen gezwungen sind, während ihres ganzen Lebens – das heißt, solange die biologische Möglichkeit dazu besteht – Kinder auszutragen und aufzuziehen. Bei den !Kung haben wir ja bereits festgestellt, daß die Geburtenhäufigkeit reziprok zur Stillzeit verläuft. Frauen aus diesem Volk sind gezwungen, Kinder mit dieser Häufigkeit zu gebären, weil erstens die Sterblichkeitsrate enorm hoch und zweitens die Zahl der Frauen innerhalb eines Stammesverbandes sehr klein ist. Das bedeutet, daß der Stamm aussterben müßte, wenn die Frauen sich nicht an diese Geburtenrate hielten.

Die Bedeutung der Jagd für die Festigung einer Sozialstruktur ist nicht auf die Tätigkeit schlechthin zurückzuführen, obgleich natürlich ein erfolgreicher Jäger auf große Bewunderung stößt. Von Bedeutung ist vielmehr der Erfolg, also die erlegte Beute. Dabei muß noch einmal betont werden, daß fleischliche Kost nicht vor allem deshalb wichtig ist, weil sie nahrhaft ist und schmeckt, sondern weil es den kulturellen Austausch zwischen einzelnen Gruppenverbänden und auch innerhalb der Gruppe fördert. Der Kernpunkt

der Sozialstruktur bei Jäger- und Sammler-Gesellschaften liegt darin, daß die Nahrung geteilt wird, wobei allerdings zwischen der Verteilung von Fleisch und Pflanzen ein wesentlicher Unterschied festzustellen ist: Pflanzliche Nahrung verbleibt in der Regel innerhalb der Familie, deren Frauen sie gesammelt haben, während das Fleisch in der ganzen Gruppe aufgeteilt wird.

Die Möglichkeit, etwas so Bedeutendes und Wertvolles wie Fleisch verteilen zu können, verleiht demjenigen, der es verteilt, beträchtliches soziales und »politisches« Ansehen. Im allgemeinen findet die Verteilung unter Verwandten statt mit der Erwartung, daß die Geschenke erwidert werden. Jemand, der in der Lage ist, Fleisch zu verteilen, befindet sich somit am Angelpunkt eines sozialen Gefüges reziproker Beziehungen, die zur Stärkung der Verbindung untereinander beitragen. Die Verteiler sind identisch mit den Jägern – mithin Männer. Daher sind Frauen aus Sammler- und Jäger-Gesellschaften in dieser Hinsicht sozial benachteiligt.

Fleisch dient also als harte Währung innerhalb der soziopolitischen Beziehungen einer entstehenden Gesellschaftsform. Wie wir bereits dargelegt haben, ist der Unterschied hinsichtlich der Menge von Fleisch, die von den einzelnen Stämmen verzehrt werden, beträchtlich und im wesentlichen von der ökologischen Lage abhängig: In tropischen Regionen sind Pflanzen und Früchte Hauptbestandteil der Nahrung, während die Eskimos der arktischen Tundra nahezu nichts außer Fisch und Fleisch zu sich nehmen. Was die Sozialstruktur von Jäger- und Sammler-Gesellschaften angeht, so läßt sich beobachten, daß die Dominanz des Mannes über die Frau parallel zum Fleischkonsum zunimmt.

Wir können im großen und ganzen vier Arten von Sammler- und Jäger-Gesellschaften unterscheiden. Erstens die Völker, die sich überwiegend von Pflanzen ernähren, wie etwa die tansanischen Hadza oder die Paliyani im Südwesten Indiens. Diese sammeln und essen ihre Nahrung im allgemeinen einzeln auf und teilen kaum. Selbst ehe sie durch die Zivilisation in andere Gegenden verdrängt wurden, waren die Männer der Hadza keine besonders begeisterten Jäger. So war auch kaum etwas von »politischem« Belang vorhanden, das zur Festigung der Sozialstruktur hätte führen können.

Auf der zweiten Stufe siedeln wir die Stämme an, für die die Jagd eine der wichtigsten Aktivitäten ist und beträchtlich zum sozialen Ansehen beiträgt, bei denen Fleisch jedoch weniger als fünfzig Prozent ihrer Nahrung ausmacht. Die !Kung zum Beispiel sind zwar ohne Zweifel ein Jägervolk, ihre Nahrung besteht jedoch nur zu dreißig oder vierzig Prozent aus Fleisch. Zwischen diesen beiden Stufen ließe sich eine dritte ansiedeln. Hier jagen die Männer und Frauen in gewisser Weise gemeinsam, wobei die Frauen hauptsächlich damit beschäftigt sind, die Beute in die Netze zu treiben. Auf dieser Stufe

Oben: Eine Pygmäenfamilie aus der Zentralafrikanischen Republik.

Arbeitsteilung beim Menschen: ganz links ein Turkana-Fischer am Seeufer. Links eine Frau bei der Zubereitung eines Maisgerichts.

leben etwa die BaMbuti, deren Männer gelegentlich auch ganz allein auf Elefantenjagd gehen.

Die vierte Stufe vertreten die Eskimos. Sie leben ausschließlich von Fleisch, das nur von den Männern herangeschafft wird. Die Frauen haben lediglich die Aufgabe, das Fleisch und die Häute zu verarbeiten und sind damit voll und ganz von den Männern abhängig.

Der Status der Frauen bei diesen Jägervölkern ist umgekehrt proportional zur Menge des erjagten Fleisches und ihrer Teilnahme an der Jagd. Die Hadza und die BaMbuti kennen eine Art Gleichberechtigung von Mann und Frau, ohne dabei jedoch Statusfragen im allgemeinen sehr ernst zu nehmen. Männer und Frauen haben das gleiche Recht, sich ihre Partner zu suchen, Liebhaber zu haben oder sich zu trennen, wann immer sie wollen. Die Jäger auf der Stufe der !Kung haben weitaus mehr Macht als die Frauen, weil sie die Möglichkeit haben, Fleisch zu verteilen und haben daher auch ein weitaus größeres Statusbewußtsein. Die größte Anerkennung genießt derjenige, der sich als geschickter und erfolgreicher Jäger ausgezeichnet hat. Bei den Eskimos sind

Die !Kung sind ein Jägervolk, wenngleich der Anteil von Fleisch bei ihrer Nahrung nur etwa dreißig bis vierzig Prozent ausmacht. Der Stolz der Männer, daß sie für diesen Teil der Nahrung sorgen, führt zu einer Überlegenheit gegenüber den Frauen. Dieser Jäger ist gerade dabei, seine Pfeilspitzen zu vergiften.

die Frauen hinsichtlich ihres sozialen Status sehr benachteiligt; sie werden meist nur als Sexualobjekte behandelt und haben kaum Rechte.

Wir können uns aus diesen Angaben also ein recht klares Bild machen, wobei die Details natürlich je nach Region und Kultur verschieden sind. Erinnern wir uns daran, daß vor einer Million Jahren etwa, als unsere Vorfahren aus Afrika nach Europa zu ziehen begannen, aller Wahrscheinlichkeit nach ihre Nahrung immer weniger aus Pflanzen und zunehmend aus Fleisch bestand. Die »Schlachtfelder« von Terra Amata und Torralba, wo zahlreiche große Tiere erlegt worden sind, können bezeugen, daß *Homo erectus* bereits vor etwa einer halben Million Jahren gelegentlich ein recht erfolgreicher Großwildjäger war. Wenn diese Jagden vor allem von Männern ausgeführt wurden – und das scheint uns doch wahrscheinlich – so läßt sich daraus schließen, daß hier die Männer *zumindest* ebenso dominiert haben wie bei den !Kung, womöglich sogar noch mehr.

Der endgültige Übergang zu *Homo sapiens* beruht mit Sicherheit auf der Notwendigkeit, Großwild zu erlegen und sich an wenig freundliche Klimaverhältnisse anzupassen. Wir müssen uns von daher fragen, inwieweit sich diese offensichtlich seit langem praktizierte soziale Dominanz des Mannes in unserem genetischen System niedergeschlagen hat. Die Unterschiede der Rollenverteilung in heutigen Sammler- und Jäger-Gesellschaften erinnern uns an die unterschiedlichen Verhaltensweisen, die sich aufgrund ökologischer Bedingungen kulturell niedergeschlagen haben. Gleichzeitig sollten wir uns daran erinnern, daß die Frauen in keiner dieser Gesellschaften mehr als eine nur sehr oberflächliche Gleichberechtigung haben. Auch in anderen Gesellschaftsformen erreichen Frauen nur selten das gleiche soziale Niveau oder haben eine vergleichbare politische Macht inne wie die Männer. Ackerbauende Völker weisen eine ungleich größere Vielfalt sozialer Organisationsformen auf als jagende, aber hier wie dort kontrollieren im allgemeinen die Männer die Mittel, die Prestige verleihen und verfügen so über ein soziales Renommee, das ihnen Macht über ihre Frauen verleiht.

Wenn die kulturellen Ausdrucksformen von sexuellen Rollenunterschieden absolut unbeeinflußt wären von biologischen Grundstrukturen und Einflüssen, so müßte man eine größere Ausgewogenheit zwischen den Männern bzw. von Frauen dominierten Gesellschaftsformen erwarten können.

Es wäre daher auch ungewöhnlich, wenn die gesellschaftliche Überlegenheit des Mannes in allen uns bekannten sozialen und ökonomischen Systemen nur das Resultat kultureller Konditionierung wäre, wie extreme Milieutheoretiker behaupten. Man sollte jedoch keinesfalls die Formbarkeit selbst tiefst verwurzelter Traditionen unterschätzen. Diese Flexibilität ist vermutlich der Grund dafür, daß bei aller oberflächlicher und scheinbarer Konstanz der Übergang von einer Jäger-Sammler-Gemeinschaft zum Ackerbau und weiter zur Industriegesellschaft möglich wurde. Es ist also denkbar, daß die Überlegenheit des Mannes so tief in unserer Kultur verwurzelt ist, daß es den Anschein erweckt, biologischen Ursprungs zu sein. Wahrscheinlich ist jedoch – ähnlich wie beim Inzesttabu –, daß ganz subtile biologische Mechanismen die Dominanz des Mannes in der Sozialstruktur begünstigt haben und durch starke Umwelteinflüsse noch verstärkt wurden.

Zugegebenermaßen existieren heutzutage enorme, fast unüberwindliche Barrieren für die Frauen, die für die Gleichberechtigung auch im politischen und wirtschaftlichen Bereich unserer Gesellschaft eintreten. Diese Barrieren basieren auf Vorurteilen, die durch unsere Gesellschaftsform bedingt sind. Sie scheinen unüberwindlich, weil in unserer Evolution die Tendenz zur Überlegenheit des Mannes verankert ist. Wir wollen jedoch nicht versäumen, entschieden darauf hinzuweisen, daß das Kinderkriegen heutzutage kein Hindernis mehr für Frauen ist, die im Beruf ihren Mann stehen wollen. Der Umstrukturierung unserer Gesellschaft dürfte daher nichts mehr im Wege stehen, da Männer wie Frauen gleichermaßen für die materiellen Bedürfnisse sorgen können. Eine größere Beteiligung der Frau im politischen Bereich könnte sich als durchaus vorteilhaft erweisen, ebenso wie übrigens die Freiheit, sich ihren Partner selbst zu suchen.

Das bedeutet unserer Meinung nach, daß die Kultur einen weitaus größeren Einfluß auf die Gesellschaft ausübt als genetisch verankerte biologische Mechanismen. Wenn wir wirklich den Wunsch haben, unsere Gesellschaftsstruktur zu verändern, können wir das tun, ohne die geringste Angst haben zu müssen, daß irgendwelche Urinstinkte ausbrechen und uns in Gefahr bringen, in unserer Entwicklung einen großen Rückschlag zu erleiden. Sicherlich würden sich konservative Kreise lautstark zur Wehr setzen, nicht aber unser biologisches System, denn immerhin stellen wir die höchste Form eines kulturfähigen Lebewesens dar. Wir haben uns zwar von unseren biologischen Ursprüngen nicht ganz gelöst, aber wir werden auch nicht von ihnen beherrscht.

10
Die Zukunft
der
Menschheit

Am 10. Juli 1976 um 6:53 nordostamerikanischer Ortszeit
landete ein kleines, dreifüßiges Raumschiff weich auf der
Oberfläche des Planeten Mars. Nachdem der Staub sich
wieder gesetzt hatte und das glatte Metall des Raumschiffes in
der Sonne zu glänzen begann, nahmen die wissenschaftlichen
Instrumente ihre Aufgabe in Angriff, das Geheimnis des
roten Planeten zu erforschen, der so lange Gegenstand
menschlicher Neugier gewesen war. Wenn man so will, hatte
damit der menschliche Geist das erste Mal seinen Heimatpla-
neten verlassen und sich auf die Reise zu einem anderen Teil
des Sonnensystems aufgemacht.

Das Viking-Projekt, in dessen Verlauf zwei Sonden auf
dem Mars landeten, war ein Triumph menschlicher Erfindungskraft und Entschlossenheit. Dieses Unternehmen war
der unwiderlegbare Beweis für die unerschütterliche Kraft
des menschlichen Intellekts, ein Produkt von Millionen
Jahren menschlicher Evolution. Und doch hat uns gerade der
Erfolg dieser Weltraumfahrt das gefährliche Paradoxon vor
Augen geführt, dem die heutige Menschheit ausgesetzt ist.
Intellektuell scheint der Mensch jedwedes Problem mit guter
Aussicht auf Erfolg anpacken zu können, gleichzeitig ist er
jedoch in erschreckendem Maße unfähig, die einfachsten
menschlichen Probleme zu meistern. Es ist geradezu pervers,
daß Haß, Vorurteile und Konflikte noch immer in einer Welt
existieren, die ihre höchste materielle Vollendung dank der
fast unbegrenzten menschlichen Erfindungskraft erreicht zu
haben scheint.

Als die Sonde Viking I mit der atemberaubenden Erforschung des Mars begann, waren die Zeitungen der Welt voll
von Nachrichten über einen weltweiten Konflikt. Der Anlaß
dieser Unruhen schien eher geringfügig zu sein: es waren die
Olympischen Spiele von Montreal. Sie waren bedroht durch
die fortgesetzte und unverzeihliche Nichtanerkennung eines
menschlichen Grundrechts, der Gleichheit aller Menschen.
Dieses Grundrecht wurde dadurch verletzt, daß Menschen
mit hellerer Haut angeblich solchen mit dunkler Haut
überlegen sein sollen. Und nur wenige Wochen nach den
Olympischen Spielen brachen blutige Unruhen in jenem
Land aus, wo dieses Grundrecht am unverblümtesten miß-
achtet wird: in Südafrika. Dieser Ausbruch von Gewalt und
Blutvergießen im Sommer 1976 in der südafrikanischen Stadt
Soweto ist nur ein milder Vorgeschmack auf das, was die
Menschheit zu gewärtigen hat, wenn diese künstliche Tren-
nung zwischen den Menschen aufrechterhalten bleibt.

Es besteht kein Zweifel darüber, daß die Unterscheidung
zwischen sogenannten Weißen und sogenannten Schwarzen

*Vorhergehende Seiten: Ein Triumph menschlichen Erfin-
dungsgeistes – eine Ansicht der Marsoberfläche, die durch
Viking I auf die Erde gefunkt wurde.*

eine der größten Bedrohungen für den Frieden in unserer Welt darstellt. Ganz abgesehen von den sterilen und hohlen Argumenten, mit denen der Nachweis für Unterschiede der Intelligenz bei Schwarzen und Weißen erbracht werden soll, ist eine Einteilung der Menschheit in zwei solch starre Kategorien barer Unsinn. Es gibt keine wirklich schwarzen oder weißen Menschen. Natürlich variiert der Grad der Pigmentierung innerhalb der verschiedenen Völker, und das muß auch so sein, weil das Pigment die Funktion hat, die Haut vor ultravioletten Strahlen zu schützen. Denn je mehr man sich dem Äquator nähert, um so unfiltrierter erreichen diese Strahlen den Körper und erhöhen damit die Notwendigkeit eines Schutzfaktors. Deshalb ist es ganz klar, daß Völker, die seit langen Zeiten in der Nähe des Äquators leben, eine stärker pigmentierte Haut haben als weiter entfernt lebende. Deshalb kann man nur von unterschiedlichen Brauntönen sprechen und nicht von einer Schwarz-Weiß-Trennung.

Starke Pigmentierung ist in einer Umgebung, die intensiver ultravioletter Bestrahlung ausgesetzt ist, ein Ausdruck biologischer Harmonie mit eben dieser Umgebung, aber nie und nimmer ein Ausdruck unterschiedlicher intellektueller oder sozialer Fähigkeiten. Als frühe Volksstämme Richtung Norden in kältere Klimazonen zogen, war eine starke Pigmentierung nicht mehr erforderlich, und so wurde die Hautfarbe ganz allmählich heller. Als dann später Völker durch Nordamerika und bis nach Südamerika wanderten, wurde die Notwendigkeit eines Hautschutzes wieder stärker, und so nahm die Pigmentierung erneut zu. Die Tatsache, daß die Haut von Äquatorialamerikanern im allgemeinen etwas heller ist als die von Afrikanern auf dem gleichen Breitengrad ist vermutlich nur eine Folge des vergleichsweise kurzen Zeitraums, in dem sich die stärkere Pigmentierung auf dieser Seite der Erdkugel neuerlich entwickeln konnte. Die unterschiedliche Graduierung des Pigments reflektiert also den Grad der Anpassung der einzelnen Völker an ihre Umgebung. Die allgemeine Mobilität des zwanzigsten Jahrhunderts hat diese Anpassungsfähigkeit natürlich durchbrochen und einige Probleme aufgeworfen. Wenn hellhäutige Menschen sich in heißen Ländern aufhalten, verlangt die brennende Sonne ihren Tribut: ihre Haut ist im wesentlichen – trotz teuerster Cremes – ungeschützt. Leben dagegen dunkelhäutige Menschen in sonnenarmen Klimazonen, so müssen sie im allgemeinen ihrer Nahrung Vitamin D zusetzen, weil dieses durch ihre pigmentgeschützte Haut nicht genügend produziert wird.

Aufständische brennen ein Bierlokal und einen Bus in Soweto nieder, einer »schwarzen« Stadt bei Johannesburg – kurz danach eröffnete die Polizei das Feuer und tötete Demonstranten.

Daher ist es überaus unkorrekt, einen Teil der Menschheit als weiß und den anderen als schwarz zu klassifizieren. Hier geht es keineswegs um eine terminologische Spitzfindigkeit, denn diese Trennung hat inzwischen zu einem Abgrund geführt, auf dessen »richtiger« Seite die Weißen und auf dessen »falscher« Seite die Schwarzen stehen. Dieser Abgrund entstand durch soziale und ökonomische Ungerechtigkeiten nur aufgrund dieser völlig unbegründeten Trennung. Das Etikett »schwarz« hat ein Weißer leicht zur Hand, wenn er damit bestimmte Völker abklassifizieren und sich selbst hinter sein bequemes Etikett »weiß« zurückziehen kann. Das führt jedoch letztlich dazu, die Realitäten zu verkennen und unüberwindliche Vorurteile zu schaffen. Es gibt keine allgemeinen Merkmale für »Schwarze« oder »Weiße«, weil es nun einmal keine »Schwarzen« oder »Weißen« gibt. Es gibt nur ein Merkmal, das allen gemeinsam ist – die Zugehörigkeit zur Spezies Mensch aufgrund einer gemeinsamen Entwicklung, die vor etwa fünf Millionen Jahren einsetzte.

Wir müssen zuallererst die unsinnigen Bezeichnungen »schwarz« und »weiß« vergessen, um uns allmählich auch von dem dahinterstehenden entzweienden Denken zu lösen. Der gegenwärtige soziale und ökonomische Status, nach dem eine hellhäutige Minderheit über den größten Teil der Ressourcen unserer Erde verfügt, ist das Ergebnis einer historischen Entwicklung, der es größtenteils an menschlicher Würde und Gerechtigkeit gefehlt hat. Der politische und ökonomische Imperialismus der Vergangenheit darf nicht dazu herhalten, diesen Status festzuschreiben. Diese Überlegenheit hat keine Zukunft mehr, denn wenn dieser Status quo anhalten sollte, wird er die Menschheit in ihrem Kern treffen und sie schließlich vernichten. Die Wahl ist einfach, aber unumgänglich; entweder begreifen sich die Menschen als

Mitglieder einer einzigen Familie – egal welche Hautfarbe sie haben – oder es ist traurig bestellt um unsere Zukunft.

Dieser Konfliktstoff ist zwar von fundamentaler Bedeutung, leider jedoch nicht der einzige in einer Welt, die unter der dauernden Bedrohung der totalen Vernichtung als angeblichen Garanten des Weltfriedens leben muß. Kriege haben sich tief in die Annalen der menschlichen Geschichte eingetragen. Einige Wissenschaftler behaupten, sie seien aufgrund unseres biologischen Erbguts unvermeidlich. Diese unbegründete Behauptung stützt sich auf die allerdings mißverstandene Natur aller Lebewesen, die auch von Aggression und Territorialismus geleitet werden, zeigt jedoch gleichzeitig die Ignoranz dieser Leute hinsichtlich der Kräfte, die die menschliche Evolution bewirkten.

Wenn es wirklich zuträfe, daß der Mensch unausweichlich auf Konflikt mit seinesgleichen programmiert ist, dann wären

Hautfarbe bei Äquatorvölkern: Rechts: Masai-Hirten aus Kenia. Oben rechts: Xingú-Indianer am Mato Grosso/Brasilien, der etwas hellhäutiger ist.

Links: Zwei junge Xingú-Frauen, die aus einer Hütte herausgeführt werden, wo man sie zwei Jahre lang eingesperrt hatte (als Teil der Zeremonie, die das Einsetzen der Menstruation begleitet). Während dieser Zeit ließ die Pigmentierung der Frauen etwas nach. Daher ist ihre Haut um einige Schattierungen heller als die des Mannes.

Die südafrikanische Apartheidspolitik führt z. B. auch dazu, daß es getrennte Zugänge zu den Bahnsteigen gibt.

die Aussichten auf eine über einen langen Zeitraum erfolgreiche technologische Gesellschaftsform tatsächlich äußerst dürftig. Mit den Massenvernichtungsmitteln, die wir heute haben, wäre es dann nur eine Frage der Zeit, bis die Menschheit sich selbst ausrottet. Wer also behauptet, daß der Mensch unausweichlich aggressiv sei, wird demnach ebenso auf die Unausweichlichkeit unserer Selbstvernichtung hinweisen müssen. Leider kann man jedoch auch nicht sagen, daß die Menschheit auch ohne einen angeborenen Aggressionstrieb vor einem solchen Schicksal gefeit ist – unsere jüngste Geschichte und die augenblickliche politische Situation sollte uns ein warnendes Beispiel dafür sein. Die Möglichkeit einer massiven internationalen Konfrontation ist durchaus denkbar. Wie erklären wir uns aber die weltweite Spannung zwischen den Völkern und die reale Drohung eines Weltkrieges, wenn wir doch behaupten, daß Aggression nicht als immanenter menschlicher Wesenszug zu definieren sei, der jederzeit ausbrechen könne?

Die Suche nach den Anfängen der Menschheit in den versteinerten Ablagerungen ehemaliger Seen und Flüsse ist ein Versuch, diese Frage zu beantworten. Aber die volle Wahrheit werden wir nie erfahren können. Man wird überhaupt keine eindeutige Antwort erhalten; denn die Evolution des Menschen hat uns gelehrt, daß er selbst ein äußerst komplexes Lebewesen ist. Dennoch glauben wir, daß diese Forschung uns einige wichtige Hinweise zur Beantwortung unserer Fragen liefern kann. Die vielen hundert Forscher, die sich gegenwärtig damit beschäftigen, fossilierte Knochen auszugraben und sie mit neuzeitlichen Skeletten zu vergleichen, die Steinwerkzeug-Technologien untersuchen und das soziale wie ökonomische Leben zeitgenössischer »primitiver« Völker studieren – dies alles trägt dazu bei, ein immer deutlicheres Bild jener Kräfte nachzuzeichnen, die für das Entstehen der Menschheit ausschlaggebend waren. Und dieses umfassende Bild, nicht die Steine oder Fossilien an sich, werden uns die Erkenntnisse vermitteln, die wir zum Verständnis unserer selbst brauchen.

Die Evolution hat den Menschen mit zwei äußerst wichtigen Fähigkeiten ausgestattet, von denen jede allein uns zu ganz besonderen Lebewesen macht. Da ist einmal die enorme Fähigkeit, unsere Umwelt zu erfahren und zu interpretieren, und zum zweiten die Fähigkeit, unsere Umwelt auf so verschiedene Weise zu formen und zu beherrschen, daß daraus Kultur entstehen kann. Diese beiden Eigenschaften zusammen und verbunden mit einem Maß an sozialer Kooperation, das wir sonst nur von einigen Insektenarten kennen, ergeben ein absolut außergewöhnliches Produkt: ein Lebewesen mit einem Schaffenspotential, dem keine Grenzen gesetzt sind.

Ein Menschenkind kommt schlechter ausgerüstet auf die Welt als jedes andere kleine Lebewesen und muß zuschauen, wie es mit der Welt fertig wird, in die es geboren wurde. Wir bringen nur ein paar spärliche Instinkte mit auf die Welt, aber wir haben einen unstillbaren Lernhunger, den man schon unmittelbar nach der Geburt zu befriedigen versucht. Als Individuen sind wir zu einem Gutteil ein Abbild unserer Familie und unseres unmittelbaren sozialen Milieus, in dem wir aufgewachsen sind. Diese direkte soziale Gemeinschaft wird von materiellen, ideologischen und sozialen Grundzügen bestimmt, die ihrerseits wiederum Teil einer »regionalen« Kultur sind. Aber gibt es nun, so müssen wir uns fragen, auch Verhaltensweisen, die allen Menschen auf der ganzen Welt gemeinsam sind? Vermutlich gibt es im menschlichen Gehirn nur sehr wenig angeborene Verhaltensnormen, und zwar einfach deshalb, weil im Zuge der Evolution ein Lebewesen entstanden ist, das die Fähigkeit hat, jedwede Herausforderung seiner Umwelt anzunehmen und ihr zu begegnen. Unser Gehirn ist ganz offensichtlich kein durcheinandergewürfeltes Geflecht von Nervenzellen ohne erkennbare Struktur. Es hat eine hervorragend organisierte *Anatomie,* die uns die höchste Anpassungsfähigkeit hinsichtlich unseres *Verhaltens* ermöglicht. Innerhalb bestimmter biologischer Grenzen ist der Mensch in der Lage, sich nahezu unbegrenzt den verschiedensten Lebenslagen anzupassen. Diese Flexibilität manifestiert sich in den vielfältigsten Kulturformen, die die Menschheit kennt.

Während der letzten evolutionären Phase, also etwa während der letzten drei Millionen Jahre, hat sich jedoch ein außerordentlich bedeutsames Verhaltensmuster herausgebildet, das sich im Zuge natürlicher Selektion zweifellos tief im menschlichen Gehirn verankerte: die Bereitschaft zur Kooperation.

Primaten, vor allem aber die höheren Primaten, sind ausnahmslos soziale Lebewesen. Sie leben in Gruppen zusammen und kennen komplexe soziale Interaktionen. Deshalb kann es nicht überraschen, daß Menschen – die ja ihrerseits auch Primaten sind – ebenfalls als soziale Lebewe-

Ein Säugling ist recht hilflos im Vergleich zu den meisten Jungtieren – dieses junge Kongoni (eine Gnu-Art) aus der Serengeti ist für den Kampf mit seiner Umwelt weitaus besser ausgerüstet.

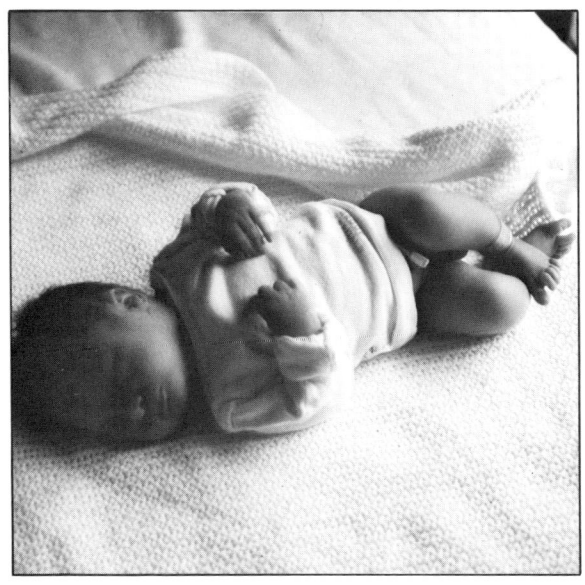

1

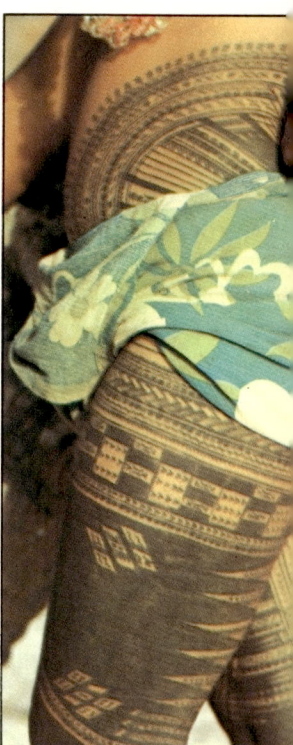

2

3

5

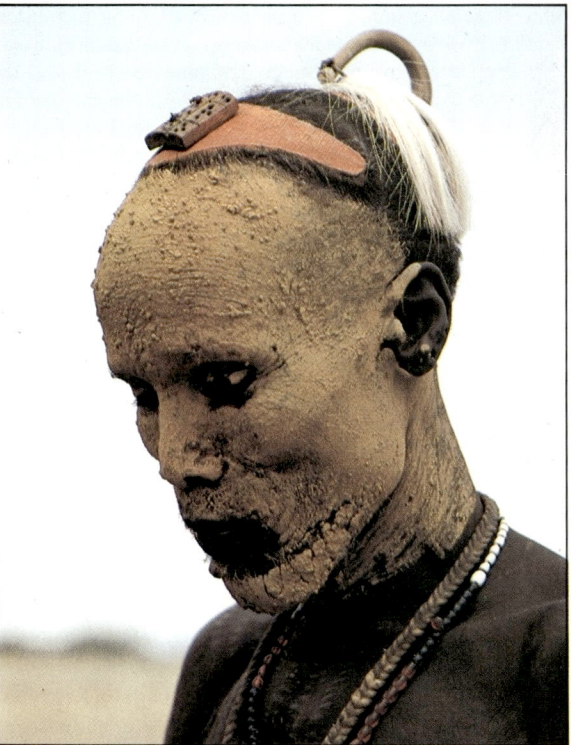

4

6

*Körperbemalung ist bei vielen Völkern ein Ausdrucksmittel
ihrer Gruppenidentität. Diese spezifische Form der Sichtbar-
machung ethnischer Zugehörigkeit kann sich nicht nur durch
Körperbemalung, sondern auch durch die Art der Kleidung
ausdrücken: 1 ein Mekeo-Krieger aus dem südöstlichen
Neu-Guinea, 2 Peulh-Männer aus Mali, 3 Tätowierungen auf
dem Körper eines Salamunu von der Upolu-Insel im westlichen
Samoa, 4 ein Wapenamanda-Krieger aus dem zentralen
Hochland Neu-Guineas, 5 ein Omo-Mann aus Äthiopien,
6 Trachten aus Südtirol in Italien.*

sen angesehen werden müssen. Im Gegensatz zu anderen Primaten hat der Mensch jedoch sein soziales Verhalten auch auf die Beschaffung seines Lebensunterhalts ausgedehnt. Der Kern der Humanevolution war eine soziale Einheit, die Nahrungsteilung als ökonomische Lebensform entwickelte.

Da das Sammeln und Jagen eine wirksamere Ausnützung aller Ressourcen ermöglicht und die Notwendigkeit sozialer Interaktionen verstärkt, wobei beides die Anpassungsfähigkeit des Menschen erhöht, wurde seine Entwicklung von der Evolution begünstigt. Diese Anpassungsfähigkeit ist vermutlich der wichtigste Faktor in der Entwicklungsgeschichte der Menschheit und die Arbeitsteilung war das wesentliche Element für ihren Erfolg. Die Motivation zur Zusammenarbeit ist mehr als jedes andere soziale Verhaltensmuster ein unmittelbares Erbe der Humanevolution.

Wenn man allerdings behaupten würde, daß Kooperation ohne Ziel und Zweck ein allgemeiner Aspekt menschlichen Verhaltens sei, würde man die Flexibilität und Unabhängigkeit des menschlichen Geistes negieren. Was wir alle haben, ist ein sehr stark ausgeprägter Hang zu Gruppenidentität und Gruppenleistung. Fast alle Gesellschaftsformen kennen soziale Spielregeln und Bräuche (also kulturbildende Grundelemente), die den Rahmen für »Gruppengemeinsamkeit« bilden. Diese Regeln und Bräuche können von Gemeinschaft zu Gemeinschaft variieren. Alle haben jedoch das gleiche Ziel: sie wollen ihre Zugehörigkeit und daher ihre Verpflichtung gegenüber der Gruppe, der sie angehören, manifestieren. Jeder Mensch kennt dieses Bedürfnis; es kann schon bei einer kleinen Gruppe von drei oder vier Menschen beispielsweise in der Schule, auf der Universität oder innerhalb einer dörflichen Gemeinschaft entstehen bis hin zu Tausenden von »Fans«, die ihren Sportclub hochleben lassen.

Allerdings kann man auch die Behauptung aufstellen, daß dieser Gruppengeist sehr häufig die Wurzel eines – sogar weltweiten – Konflikts sein kann. Kriege wären nicht denkbar, wenn die Menschen nicht die fatale Neigung hätten, sich um ihre Fahne zu scharen und für das Wohl ihres Landes zu kämpfen, was auch immer das sein mag. Die Behauptung aber, daß das biologische Erbteil der Gruppenidentität und Kooperation die *Ursache* von Kriegen sei, wäre genauso unsinnig, wie wenn man Gewehren die Schuld an Kriegen gäbe. Beides sind nur *Mittel* für den Krieg, denn Krieg ist nur möglich, wenn es etwas gibt, wofür man glaubt, kämpfen zu müssen. Das bedeutet, daß wir uns noch einmal der neolithischen Revolution zuwenden müssen, mit anderen Worten – der Zeit des Übergangs von der Lebensform des Sammelns und Jagens zum Ackerbau.

Es lag in der Natur dieser Jäger- und Sammler-Gemeinschaften, daß sie aus kleinen Gruppen von etwa fünfundzwanzig Personen bestand. Um überleben zu können, muß-

ten diese Menschen ihrer Umgebung gut angepaßt sein, mußten wissen, wann und wo Pflanzen wuchsen und eine präzise Kenntnis der Lebensgewohnheiten ihrer Beutetiere haben. Sie waren gezwungen, in Einklang mit ihrer Umwelt zu leben, die sie ernährte, denn sonst wären sie im darauffolgenden Jahr verhungert. Wir wissen von heutigen Jägern und Sammlern, daß diese ökonomische Lebensform nicht nur äußerst effizient, sondern auch sehr sicher ist und diese Menschen bei minimalem Aufwand mit ausreichender Nahrung versorgt. Die !Kung arbeiten zum Beispiel nur an drei Tagen der Woche und das auf engstem Raum, so daß ihnen sehr viel Zeit verbleibt, während der sie sich um andere Dinge zu ihrem Zeitvertreib kümmern können. Aber sie müssen – wie alle Sammler und Jäger – äußerst beweglich bleiben und haben daher so gut wie keine Möglichkeit, materiellen Besitz anzusammeln. Diese Gesellschaftsform impliziert also ein Zusammenleben in kleinen Gruppen. Besitzansprüche auf das Territorium benachbarter Gruppen brächten keinerlei Vorteile mit sich, denn es wäre schwierig und mühsam, sich dessen Möglichkeiten nutzbar zu machen, und das Ergebnis wäre äußerst bescheiden. Sicherlich gab es Zeiten, in denen die Nahrung an einem bestimmten Ort so knapp geworden war, daß doch ein Konflikt mit Nachbargruppen entbrannte; im allgmeinen versuchten sie jedoch, einer Konfrontation aus dem Wege zu gehen. Erst nach der Entstehung von festen Siedlungen begann es benachbarte Völker nach dem Hab und Gut des Nachbarn oder Nachbarstammes zu gelüsten. Im Gegensatz zu den Sammler- und Jäger-Völkern, die am besten in kleinen Gruppen ihre Nahrungsvorsorge treffen, ermöglicht das Aufbewahren und Lagern von Nahrung in ackerbauenden Gemeinschaften ein Anwachsen der Bevölkerung. Dörfer können zu Städten werden. Wenn sich die Bewohner eines Dorfes entschließen, sich der Ernte des Nachbardorfes zu bemächtigen, ist dies durchaus für erstere von Vorteil, weil deren Bevölkerung dank der vermehrten Nahrung nun wieder expandieren kann. Zunächst gab es zwar wenig Anlaß, deswegen einen Kampf zu riskieren, aber so lang die eigenen Verluste minimal blieben, konnte sich das erste Dorf auf Kosten des Nachbarn vergrößern.

Die Geburtsstunde fester Siedlungen ist auch gleichzeitig der Beginn des Materialismus. Seßhaftigkeit in kleineren oder größeren Siedlungen erlaubt nun die Anhäufung auch nicht-lebenswichtiger Güter, die häufig als Statussymbole und Zeichen des Reichtums gewertet werden. Die Erfahrung hat uns gelehrt, daß die Ansammlung von Reichtum sehr oft dazu führt, immer mehr zu begehren und daß mit der Erreichung eines gewissen Wohlstandes der Hunger nach Reichtum keineswegs immer gestillt ist. Dieses Phänomen zeichnet sich nicht nur durch eine Anhäufung von Reichtum als Selbstzweck aus; es ist eine Art Psychomaterialismus, der dem Hunger nach Macht nahe verwandt ist. Um es noch einmal zu betonen: Macht ist nur dann möglich, wenn es Menschen gibt, die sich beherrschen lassen. Die Möglichkeit, sich Macht anzueignen, zu bewahren und auszuüben war mit Sicherheit nach der neolithischen Revolution größer geworden. Macht erreicht man auf zwei Wegen: mit einer geschickten Politik oder mit erfolgreichen militärischen Operationen.

Die Agrikultur ist nicht älter als zehntausend Jahre, und erst von diesem Wandel an konnten sich die von Industrie und Technik beherrschten Gesellschaften entwickeln, in denen wir heute leben. Dieser Zeitabschnitt ist nach evolutionären Maßstäben gemessen so kurz, daß wir sicher sein können, daß die Gehirne der Jäger und Sammler vor zehntausend Jahren genauso beschaffen waren wie die unseren. Ihr Erfahrungshorizont unterschied sich zwar von unserem, aber ihre mentalen Möglichkeiten entsprachen genau denen eines Menschen des zwanzigsten Jahrhunderts. Drei Millionen Jahre lang war der Mensch Sammler und Jäger und nur die evolutionären Zwänge dieser Epoche brachten das menschliche Gehirn mit seiner Flexibilität und Kreativität hervor. So stehen wir heute da mit dem Gehirn eines Sammlers und Jägers und sind einer Welt ausgesetzt, die dank menschlicher Erfindungskraft einigen so viele Annehmlichkeiten beschert hat, während andere inmitten dieser Überflußgesellschaft elend dahinvegetieren.

Einer Welt, in der zwei Drittel der Menschheit noch von Hungersnöten bedroht sind, während die anderen im materiellen Überfluß leben, fehlt der Sinn für Mitleid und Gerechtigkeit in erschreckend hohem Maße. Arme Länder leiden oft doppelt unter ihren reichen Nachbarn: sie werden kommerziell ausgebeutet, weil sie als Produzenten von Grundnahrungsmitteln mit ihren Kunden ökonomisch letztlich nicht konkurrieren können, wobei diese Kunden alles daran setzten, daß es dazu erst gar nicht kommt. Nahrungsmittelproduzierende Länder verkaufen ihre Produkte oft lieber nach Europa oder den Vereinigten Staaten, wo sie nur zur Aufstockung der Vorratslager dienen, als es dem ärmeren Teil der eigenen Bevölkerung zukommen zu lassen. Es kann nicht schaden, wenn man sich darüber klar ist, daß ein saftiges Steak häufig das Ergebnis eines absolut ineffizienten Nahrungsmittelaustausches ist und aus Profitgründen ohnehin unterernährten Menschen vorenthalten wird. Wie wollen wir, wenn uns dies klar ist, solche Vorgänge rechtfertigen?

Reiche Länder bringen oft Leid über ärmere Länder, teils aus Unfähigkeit, teils durch bewußte Absicht. Die Gedankenlosigkeit, aus der heraus der Westen Entwicklungsländer mit Medikamenten überschwemmt, die für diese Menschen absolut unbrauchbar sind, weil ihr »Erfolg« nur darin besteht, die Bevölkerung anwachsen zu lassen, ist auf lange Sicht gesehen mindestens ebenso gefährlich wie die ökonomische

Ausbeutung. Technologisch hoch entwickelte Länder müssen davon Abstand nehmen, sich selbst als im Besitz der ultima ratio anzusehen und nicht glauben, daß allen nützt, was ihnen nützt, denn das ist nicht notwendigerweise richtig. Es kann zwar sein, daß die ökonomische und soziale Strategie, die einem Großteil der westlichen Länder zu Wohlstand verholfen hat, auf lange Sicht Mittel zur Vermeidung einer globalen Katastrophe entwickelt. Aber es kann auch sein, daß der Standard des Wohlstands, den die meisten Länder Europas und die Vereinigten Staaten aufweisen, zu hochgeschraubt ist, um weltweit wirklich erreicht werden zu können. Die Ausbeutung der Rohstoffe unserer Erde und die damit verbundene Umweltverschmutzung bergen immerhin die Gefahr, daß eine Weltbevölkerung von derzeit etwa vier Milliarden Menschen nicht mehr als hundert Jahre lang noch genug zu leben haben wird. Es ist unbegreiflich, wie man das augenblickliche Gefälle zwischen reichen und armen Ländern zu einer Langzeitstrategie einer Ökonomie des Überlebens machen konnte. Sollte dieses Gefälle weiterhin bestehen bleiben, so werden die globalen Spannungen über kurz oder lang zur Explosion kommen.

Weltweite Energieplanung ist einer der Punkte, wo Fragen der materiellen Versorgung und des Lebensstandards zusammenkommen. Wir wissen heute mit Sicherheit, daß bei gleichbleibendem Verbrauch von Erdöl und Gas innerhalb der nächsten hundert Jahre das Potential der Erde ausgeschöpft sein wird. Und wir wissen auch, daß auf unserem Planeten ausreichende Kohlevorkommen für viele hundert Jahre vorhanden sind. Aber es kann soweit kommen, daß wir diese Kohle nicht fördern und nicht verbrennen, um überleben zu können. Das Problem liegt darin, daß Kohle – ebenso wie vergleichbare Brennstoffe (also Erdöl und Gas) – beim Verbrennen Kohlendioxid freisetzt. Über einen längeren Zeitraum hinweg könnte sich nun so viel Kohlendioxid in der Atmosphäre ansammeln, daß dadurch das Weltklima verändert würde. Dies könnte das auf der Welt vorhandene Gleichgewicht der Nahrungsmittelproduktion empfindlich stören. Die Agrarproduktion sowohl der Sowjetunion als auch Chinas und der Vereinigten Staaten ist so auf das Verhältnis zwischen Angebot und Nachfrage abgestimmt – vor allem was den Weizenanbau betrifft – daß schon eine *normale* Veränderung der Witterungsverhältnisse verheerend sein kann. Es wäre kaum ausdenkbar, was geschähe, wenn sich das Erdklima um 2,5 Grad Celsius erwärmte, denn das ist das geschätzte Resultat einer Verdoppelung des Kohlendioxidgehalts in der Atmosphäre innerhalb von sechzig Jahren.

Demzufolge ist es unerläßlich, daß innerhalb der nächsten dreißig Jahre politische Entscheidungen auf breitester Ebene getroffen werden, um diese katastrophalen Aussichten abzu-

4

5

Die Art der Behausung hängt einerseits vom vorhandenen Material ab, ist aber ebenfalls ein Ausdruck der Gruppenidentität. Beispiele: 1 Zelte marokkanischer Nomaden, 2 ein Eskimo stellt gerade seinen Iglu in den North-West-Territories (Kanada) fertig, 3 eine Schilfhütte in Mali, 4 ein Haus in der Sologne/Frankreich, 5 ein Pfahlhaus in der Lagune von Lau auf den Salomon-Inseln.

wenden. Diese Entscheidungen sind jedoch nur dann sinnvoll, wenn sie global getroffen werden. Es hat wenig Sinn, wenn sich die Sowjetunion beispielsweise entschließt, keine Kohle mehr abzubauen, während die USA dies täte oder umgekehrt. Die Frage nach anderen Energiequellen wird den weltweiten Entscheidungsprozeß in einer Weise beanspruchen wie nie zuvor. Werden jedoch in den kommenden dreißig Jahren die falschen Entschlüsse gefaßt, so wird die Menschheit ihrer Vernichtung ins Auge sehen müssen.

Das Bevölkerungsproblem steht mit diesem Energieproblem in engstem Zusammenhang. Eine ganz einfache Gleichung besagt, daß bei begrenztem Reservoir die Lebenserwartung der modernen Menschheit proportional zur Anzahl der Menschen ist. Kurz: je mehr Menschen, desto schnellerer Raubbau. Mit Ausnahme der Sonne gibt es kein Energiepotential, das nicht über kurz oder lang ausgeschöpft wäre. Sicher werden neue Technologien Materialien nutzen und nutzbar machen, von denen wir heute nur träumen können. Es kann durchaus auch sein, daß diese neuen Technologien die Möglichkeit schaffen werden, die Menschheit noch weitere Tausende von Jahren auf neuen Wegen zu leiten. Das wird jedoch nur gelingen, wenn man sich wirklich darüber im klaren ist, daß auch die Nutzung neuer und neuester Materialien nur behutsam vorgenommen werden darf, so daß sie ohne Probleme angewendet werden können. Allerdings scheint dieses behutsame Vorgehen nicht möglich zu sein, denn die Menschheit wird sich in den nächsten dreißig Jahren verdoppeln und erst dann eine Tendenz zur Verringerung aufweisen.

Die enorme Bevölkerungsexpansion wird ohne Zweifel zu einigen Innovationen zwingen, um Milliarden Menschen ernähren zu können. Solche Neuerungen würden vermutlich niemals erfunden werden, wenn kein Zwang dazu bestünde. Aber wer kann schon behaupten, daß diese Neuerungen auch den Verhältnissen gerecht werden. Dies ist schon heute oft genug nicht der Fall und wird in Zukunft wohl kaum besser werden.

Eine naheliegende Lösung des Bevölkerungsexpansionsproblems wäre es, sie zu verringern. Man sollte meinen, daß statt der derzeit vier Milliarden Erdbewohner die Hälfte gerade genug wäre, um lange Zeit und ohne Nahrungssorgen überleben zu können. Die Verwirklichung eines solchen Gedankens ist jedoch noch meilenweit von uns entfernt,

Extreme Unterschiede zwischen arm und reich existierten nicht nur zwischen verschiedenen Ländern, sondern auch innerhalb eines Landes. Einen Eindruck davon vermittelt der krasse Unterschied zwischen den Behausungen der Slumbewohner (Vordergrund) und den luxuriösen Appartments der reichen Leute entlang der Skyline von São Paolo in Brasilien.

selbst wenn jedes Land ihm noch so viel Wohlwollen entgegenbringt. Die Weltbevölkerungs-Konferenz von 1974 hat überdeutlich ergeben, daß eine weltweite Bevölkerungskontrolle weitaus schwieriger und von viel mehr Imponderabilien abhängig ist als die Energieversorgung. Abgesehen von sozialen und kulturellen Schranken, die den derzeitigen Plänen zur nationalen Geburtenkontrolle gesetzt sind, gibt es noch andere Probleme, diese Politik international durchzusetzen. 1974 bezeichneten einige Vertreter ärmerer Länder den Vorschlag, den reichere Nationen in Bukarest machten, das Bevölkerungswachstum drastisch zu begrenzen, als eine neue Form des Imperialismus, als »Bevölkerungsimperialismus«. Wer wollte ihnen das verdenken? Erfahrung hat diese Völker gelehrt, vor den reichen Ländern auf der Hut zu sein. Daher wird der Weg zu internationalen Vereinbarungen so lange blockiert sein, wie der massive Argwohn auf seiten der Völker mit geringerem ökonomischen Status und unterschiedlichen politischen Systemen nicht entkräftet sein wird. Solange dieser Weg jedoch nicht gangbar ist, schwebt die Bedrohung des Untergangs der Menschheit über uns.

Oberflächlich betrachtet, mag die Welt recht ordentlich aussehen – vorausgesetzt man gehört zu der Minderheit der Wohlhabenden – aber in biologischen Zeitrelationen betrachtet, sind wir mit der Tatsache konfrontiert, daß eines Tages die Menschheit ausgestorben sein *wird*. Die Frage ist einzig und allein, wann das sein wird.

Das zweifellos dramatischste Ende wäre ein kosmischer Unfall, der alle Erdbewohner mit einem Schlag ausradieren würde. Wenn ein solches Ereignis einträte, könnte man es nur als immenses Pech bezeichnen. Wichtiger ist jedoch die Frage, ob die Menschheit noch längere Zeit weiterbestehen kann, ohne sich selbst auszurotten? Unsere Spezies, der *Homo sapiens sapiens,* ist höchstens fünfzigtausend Jahre alt und unter biologischen Perspektiven betrachtet ein reines Kind. Es ist durchaus möglich, daß der Weg der Evolution, der uns zu unserem jetzigen Status als erfindungsreiche und kulturtragende Lebewesen führte, eines Tages in eine Sackgasse mündet. Ist es aber denkbar, daß dieser evolutionäre Sprung, durch den wir als einzige Lebewesen befähigt wurden, so unglaubliche Macht und Kontrolle über unsere Umwelt auszuüben, sich irgendwann als der größte biologische Bluff aller Zeiten erweist. Kann es sein, daß mit der Entstehung der Spezies Mensch schon der Keim für unsere Selbstzerstörung gelegt wurde?

Die Zukunft des Menschen hängt entscheidend von zwei Faktoren ab, nämlich von unserer Beziehung zu unseren Mitmenschen und zu unserer Umwelt. Das Studium der Ursprünge der Menschheit kann uns entscheidende Hinweise geben, wie wir uns in diesen beiden Fällen zu verhalten haben.

Wir sind vor allem eine einzige Spezies, ein einziges Volk.

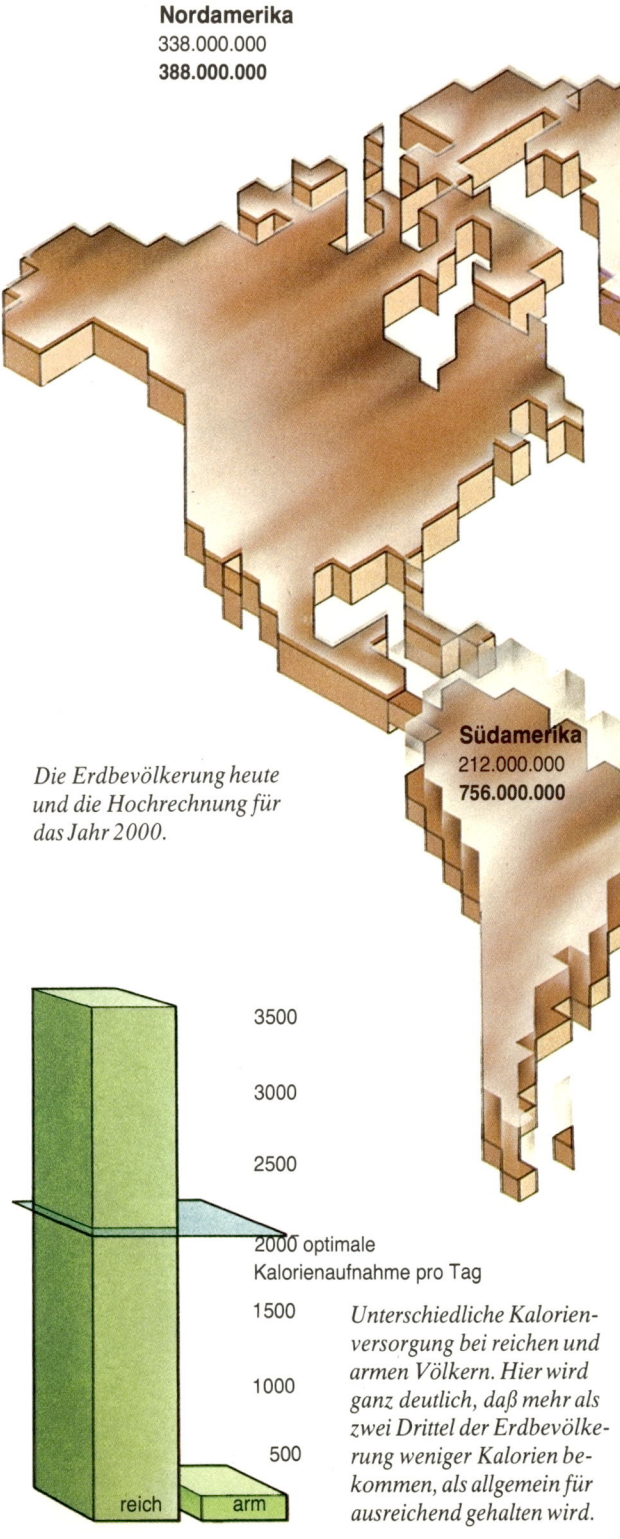

Nordamerika
338.000.000
388.000.000

Südamerika
212.000.000
756.000.000

Die Erdbevölkerung heute und die Hochrechnung für das Jahr 2000.

3500

3000

2500

2000 optimale
Kalorienaufnahme pro Tag

1500

1000

500

reich   arm

Unterschiedliche Kalorienversorgung bei reichen und armen Völkern. Hier wird ganz deutlich, daß mehr als zwei Drittel der Erdbevölkerung weniger Kalorien bekommen, als allgemein für ausreichend gehalten wird.

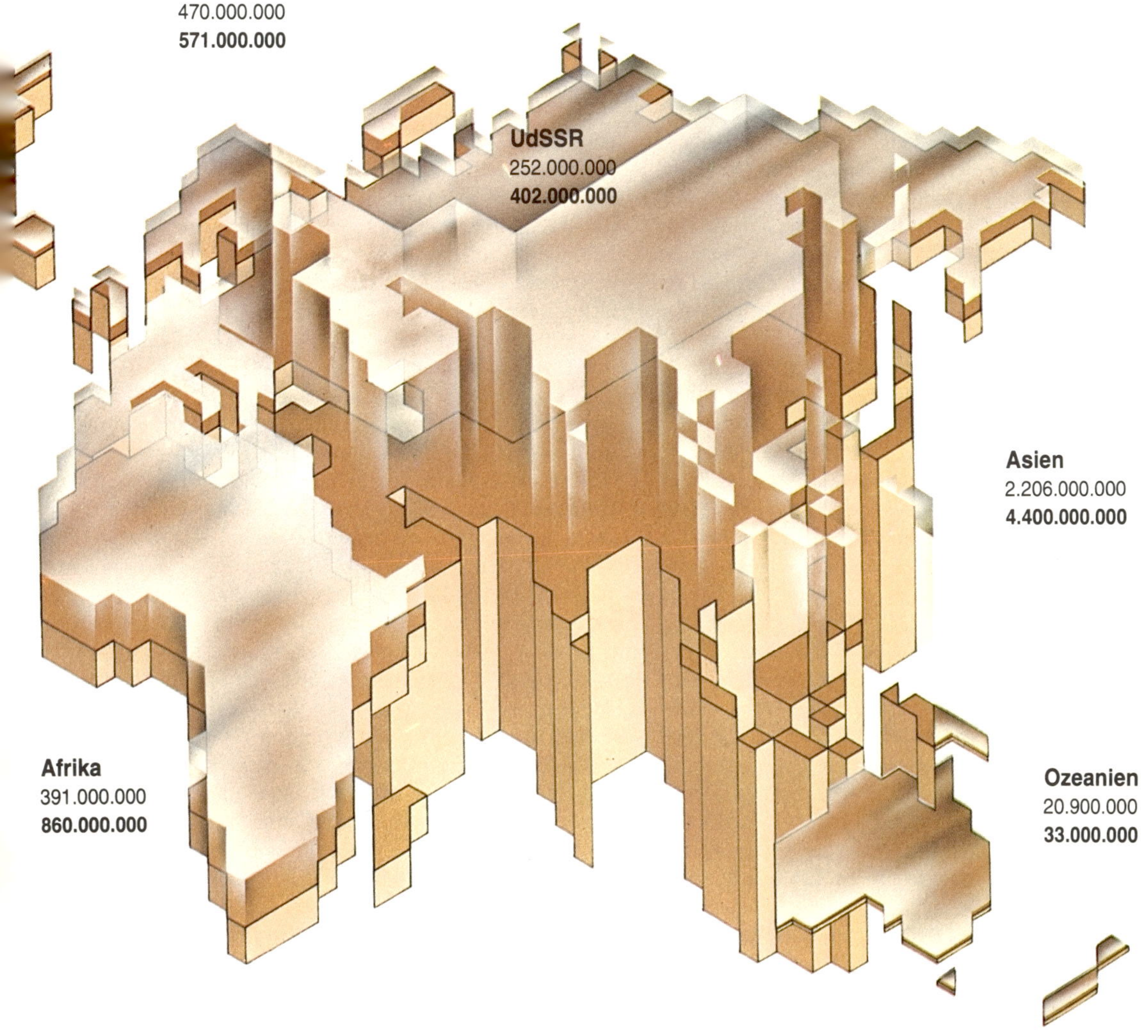

Europa
470.000.000
571.000.000

UdSSR
252.000.000
402.000.000

Asien
2.206.000.000
4.400.000.000

Afrika
391.000.000
860.000.000

Ozeanien
20.900.000
33.000.000

Die Rohstoffvorräte der Erde sind natürlich begrenzt. Eine Möglichkeit, um aus diesem Dilemma herauszukommen, ist die Geburtenkontrolle. Es hat zwar den Anschein, daß die Geburtenrate mit steigenden Wohlstand abnimmt, die weniger begüterten Nationen versuchen jedoch, den Geburtenzuwachs durch Aufklärung zu reduzieren. Die Zeichnung »Familienplanung ist eine gute Sache« (links) von Sung Hou-cheng, einem Kommunemitglied aus Hu in der chinesischen Provinz Shensi, stellt einen Arzt dar, der den Leuten auf dem Weg zur Arbeit Möglichkeiten der Familienplanung erläutert.

Jedes Individuum auf dieser Erde ist ein Mitglied der Gattung *Homo sapiens sapiens*. Geographisch bedingte Nuancen innerhalb der Spezies sind nur biologische Variationen ein und derselben Art. Die kulturschaffende Fähigkeit des Menschen erlaubt es ihm, Kultur sehr differenziert und vielfältig auszuformen. Selbst beträchtlich erscheinende Unterschiede zwischen den einzelnen Kulturformen sollten nicht als trennend empfunden werden, sondern als das, was sie ihrem Wesen nach wirklich sind: der tiefste Ausdruck der Zugehörigkeit zu einer gemeinsamen Gattung.

Es ist eine Binsenweisheit, daß Politik international ist. Daraus muß jedoch folgen, daß der Versuch, die Menschheit noch lange zu erhalten, nur dann gelingen wird, wenn dieser Wille allen gemeinsam ist. Wir wollen hier keine Patentrezepte für eine globale Politik geben, weder ein Weltparlament oder sonst ein möglicherweise geeignetes politisches Instrument vorschlagen. Aber wir möchten mit aller Entschiedenheit darauf hinweisen, daß sich jede noch so verfeinerte politische Maschinerie totlaufen wird, solange nicht die Einheit der menschlichen Gattung akzeptiert wird und ein wirklicher Geist der Brüderlichkeit existiert. Der tief im Menschen verwurzelte Trieb zur Kooperation kann dazu beitragen, daß wir dieses Ziel erreichen. Die Neigung zur Gruppenbildung hat zwar in der Vergangenheit häufig dazu geführt, daß gerade deswegen Kriege ausgebrochen sind. Heute muß eben dieser grundlegende Wesenszug des Menschen für die gemeinsame Anstrengung genutzt werden, die Menschheit vor ihrem eigenen Untergang zu bewahren.

Wenn wir uns unseren Platz in der Erdgeschichte unter evolutionären Perspektiven betrachten, müssen wir zugeben, daß *Homo sapiens sapiens* die Erde erst während des kürzesten Zeitraums ihrer viereinhalb Milliarden Jahre langen Existenz bewohnt. In gewisser Weise sind wir nichts weiter als ein biologisches Zufallsergebnis, ein Produkt zahlloser günstiger Umstände. Und wenn wir uns die Fossilien betrachten, Schicht für Schicht, die teilweise älter sind als die menschliche Spezies jemals werden kann, so werden wir uns der Sterblichkeit unserer Gattung bewußt. Kein Gesetz dieser Erde besagt, daß der Mensch – aus dieser biologischen Perspektive betrachtet – sich von anderen Lebewesen unterscheidet. Und kein Gesetz besagt, daß die Spezies Mensch unsterblich sei.

Der Mensch ist in vielerlei Hinsicht fraglos ein besonderes Lebewesen. Vor langer Zeit starben Tiere deshalb aus, weil ihre Umwelt aus welchen Gründen auch immer plötzlich nicht mehr für sie geeignet war. Das kann an klimatischen Veränderungen gelegen haben oder daß sie aufgrund der Überlegenheit von einer anderen Spezies zum Aussterben verurteilt waren. Der Mensch jedoch ist das erste Lebewesen, das die Fähigkeit hat, seine Umwelt substantiell zu verändern.

Das aber bedeutet, daß wir zwar im Laufe unserer Entwicklungsgeschichte den Unbilden unserer natürlichen Umwelt entrinnen konnten, in gewisser Weise sogar von ihr unabhängig wurden, dafür aber heute die Mittel zu unserer eigenen Zerstörung in Händen halten. Es ist dringend notwendig, daß wir uns voll bewußt werden, als Lebewesen zwar etwas besonderes, letztlich aber doch Teil eines übergeordneten natürlichen Gleichgewichts zu sein. Wenn wir dies nicht akzeptieren, müssen wir die Frage, wann die Menschheit aussterben wird, mit »eher früher als später« beantworten.

Wir wollen hier den Teufel nicht an die Wand malen. Die Menschheit ist durchaus in der Lage, sich ihrer Stellung innerhalb der Gesetzmäßigkeiten unserer Erde bewußt zu werden, und es gibt nicht den geringsten Grund, der die Völker dieser Erde daran hindern könnte, in Einklang, Harmonie – und auch Demut – auf diesem Planeten, auf dem wir erst seit so kurzer Zeit leben – miteinander zu existieren. Während dieser relativ kurzen Zeitspanne entwickelte sich als Resultat evolutionärer Zwänge ein Gehirn, das imstande ist, belebte und leblose Materie intellektuell zu erfassen. Die Ergebnisse intellektueller und technologischer Bemühungen im vergangenen Viertel des zwanzigsten Jahrhunderts geben uns einen Vorgeschmack dessen, wozu der menschliche Geist noch fähig ist. Das Potential ist enorm, ja fast unerschöpflich: wir können trockenes Land fruchtbar machen, verheerende Krankheiten durch genetische Manipulation ausrotten, eines Tages andere Planeten bereisen, womöglich sogar die Mechanismen des menschlichen Geistes erkennen!

Ein Mensch mit einem Hauch von Phantasie wird diesen Vorhersagen nicht widersprechen können. Aber hier und heute ist nur wichtig, ob die Nationen dieser Erde imstande sind, friedlich miteinander zu koexistieren und ihre Umgebung so zu achten und zu schützen, daß diese Vorhersagen eines Tages in Erfüllung gehen können.

Wir können mit aller Entschiedenheit sagen, daß dies der Menschheit gelingen kann, weil sie geistig dazu prädestiniert ist. Wenn sich auch das Schwungrad der Kultur nach der neolithischen, der industriellen und der technischen Revolution heute mit einer atemberaubenden Geschwindigkeit dreht, so können wir doch klaren Geistes allzu kurzfristige Ziele gegenüber langfristigen Perspektiven abwägen. Denn wir sind ein einziges Volk mit einem einzigen gemeinsamen Ziel: dem Überleben unserer Gattung in Gleichheit und Frieden.

Auf die Welt gekommen zu sein als Ergebnis eines biologischen Unfalls, um sie einzig und allein als Opfer unserer eigenen Arroganz wieder zu verlassen, wäre wohl der Gipfel der Ironie.

Weiterführende Literatur

Bilz, R., Paläoanthropologie. Der neue Mensch in der Sicht einer Verhaltensforschung. Frankfurt/M. 1971

Calder, N., Das Lebensspiel. Die Evolution im Licht der modernen Biologie. Reinbek 1976

Clark, G., Frühgeschichte der Menschheit. Stuttgart 1976

Gerhard, K., Der Mensch im Dämmerlicht seiner Fossilgeschichte. Salzburg 1973

Gieseler, W., Die Fossilgeschichte des Menschen. Stuttgart 1974

Grahmann, R./Müller-Beck, H., Urgeschichte der Menschheit. Stuttgart 1967

Grosser, O./Ortmann, R., Grundriß der Entwicklungsgeschichte des Menschen. Berlin 1970

Heberer, G., Moderne Anthropologie. Eine naturwissenschaftliche Menschheitsgeschichte. Reinbek 1973

Heberer, G. / Henke, W. / Rothe, H., Der Ursprung des Menschen. Unser gegenwärtiger Wissensstand. Stuttgart 1975

Herder, J. G., Abhandlungen über den Ursprung der Sprache. Stuttgart 1975

Jolly, A., Die Entwicklung des Primatenverhaltens. Stuttgart 1975

König, M. E. P., Am Anfang der Kultur. Die Zeichensprache des frühen Menschen. Berlin 1973

Königswald, G. H. R. v., Die Geschichte des Menschen. Berlin 1968

Lawick-Goodall, J. v., Wilde Schimpansen. 10 Jahre Verhaltensforschung am Gombe-Strom. Reinbek 1976

Querner, H., Stammesgeschichte des Menschen. Stuttgart 1968

Rensch, B., Vom Tier zum Halbgott. Göttingen 1970

Simpson, G. G., Leben in der Vorzeit. Einführung in die Paläoontologie. München 1972

Wickler, W., Stammesgeschichte und Ritualisierung. Zur Entstehung tierischer und menschlicher Verhaltensmuster. München 1970

Quellennachweis

Der Verlag möchte allen Bildagenturen, Institutionen und Personen danken, die für dieses Buch Illustrationen geliefert haben. Von einigen erhielten wir so viel Material, daß die Auswahl schwerfiel. Insbesondere möchten wir folgenden Personen danken, die uns bei der Bebilderung unschätzbare Dienste geleistet haben:
Richard Gray, Alison Cooke, Peter Andrewes, Christopher Stringer, Todd Olsen, P. Napier.

6–7 Photo: The Hale Observatories (Mt Wilson and Palomar). Marshall Cavendish Picture Library

8 Oben links © National Geographic Society (Photo: Leakey Family Collection)
Links © National Geographic Society (Photo: Gilbert M. Grosvenor)

8–9 Oben ZEFA, Düsseldorf (Photo: P. Fera)

9 Oben © National Geographic Society (Photo: Hugo van Lawick)
Mitte: © National Geographic Society (Photo: Mary Leakey)
Unten Photo: Roger Lewin

10 Oben Natural History Picture Agency, Westerham (Photo: Ivan Polunin)
Unten Bruce Coleman Ltd, London (Photo: Lee Lyon)

11 Ganz links Photo: Peter Andrewes
Links AAA (Photo: Germain Guillemot)
Unten links Anthro-Photo, Cambridge, Mass. (Photo: Irven De Vore)
Rechts Natural Science Photos, Watford (Photo: G. Newlands)
Unten rechts © National Geographic Society (Photo: David Brill)

12–13 Alison Cooke/Len Whiteman: Gordon Cramp Studios

14–15 Alison Cooke/Len Whiteman: Gordon Cramp Studios

16–17 Karte von Gordon Cramp Studios

18–19 Ann Ronan Picture Library, Loughton, Essex

20 The Bettmann Archive, Inc., New York

21 Ann Ronan Picture Library, Loughton, Essex

22–3 Ann Ronan Picture Library, Loughton, Essex

23 Radio Times Hulton Picture Library, London

24 Oben The Mansell Collection, London
Unten The Bettmann Archive, Inc., New York

25 Oben The Mansell Collection,

London
Unten Mary Evans Picture Library, London
26 Oben Karte von Gordon Cramp Studios
Unten links Photo: Derek Witty
Unten rechts Photo: John Freeman
27 Beide Abb. Veröffentlichungsgenehmigung durch Royal College of Surgeons of England
29 Radio Times Hulton Picture Library, London
30 The Mansell Collection, London
31 Mary Evans Picture Library, London
32 Karte von Gordon Cramp Studios
33 Links Ardea Photographics, London
Rechts Genehmigung durch British Museum (Natural History), London
34–5 Ronald Bowen
36–7 John Hillelson Agency, London (Photo: Georg Gerster)
38 Bruce Coleman Ltd, Uxbridge
39 Oben Ronald Bowen
Unten Bruce Coleman Ltd, Uxbridge (Photo: Helmut Albrecht)
40 Anthro-Photo, Cambridge, Mass. (Photo: T. W. Ransom)
41 Anthro-Photo, Cambridge, Mass. (Photo: James Moore)
42–3 Ronald Bowen
44 Nigel Osborne
46 Beide Bilder Marshall Cavendish Picture Library
47 Bruce Coleman Ltd, London (Photo: G. D. Plage)
50 Links Natural History Picture Agency (Photo: Ivan Polunin)
Rechts Bruce Coleman Ltd, London (Photo: S. C. Bisserot)
Unten rechts Bruce Coleman Ltd, London (Photo: Norman Myers)
50–1 Karte von Gordon Cramp Studios
51 Oben links Bruce Coleman Ltd, London (Photo: Jane Burton)
Links Bruce Coleman Ltd, London (Photo: Norman Tomalin)
Unten links Bruce Coleman Ltd, London (Photo: Lee Lyon)
Rechts Pitch, Paris (Photo: J. M. Cresto)
52 Photo: Peter Andrewes
53 Oben Karte von Gordon Cramp Studios
Unten Richard Gray
54 Oben Photo: E. S. Ross, San Francisco
Unten AAA Photo, Paris (Photo: Jean-Claude Chabin)
55 Links Bruce Coleman Ltd, London (Photo: M. P. Price)
55 Rechts Anthro-Photo, Cambridge, Mass. (Photo: Russell A. Mittermeier)
57 Len Whiteman / Gordon Cramp Studios
Unten Ronald Bowen
58–9 Bruce Coleman Ltd, Uxbridge (Photo: Dian Fossey)
60–1 John Topham Picture Library, Edenbridge (Photo: Simon Trevor)
61 Anthro-Photo, Cambridge, Mass. (Photo: Wrangham)
62 Bruce Coleman Ltd, Uxbridge (Photo: Norman Tomalin)
63 Bruce Coleman Ltd, Uxbridge (Photo: Mike Price)
65 John Topham Picture Library, Edenbridge (Photo: Lee Lyon)
66 Karte von Gordon Cramp Studios
Links und Mitte Photos: Peter Andrewes
Rechts Ronald Bowen
68 John Topham Picture Library, Edenbridge (Photo: Leonard Lee Rue III)
69 Alle Photos: Timothy Ransom
70 Colorific, London (Photo: Terence Spencer)
71 Anthro-Photo, Cambridge, Mass. (Photo: Wrangham)
72–3 Oben Marian Appelton
73 Unten Gordon Cramp Studios
74 Photo: Peter Andrewes
75 Anthro-Photo, Cambridge, Mass. (Photo: Nancy Nicolson)
76–7 Marian Appelton
78–9 Karten von Richard Gray/ Gordon Cramp Studios
82 Alle Photos: Diane Gifford
83 Photo: Diane Gifford
84–5 Len Whiteman / Gordon Cramp Studios
86 Alle Bilder Bruce Coleman Ltd, Uxbridge (Photos: R. I. M. Campbell)
87 ©National Geographic Society (Photo: R. I. M. Campbell)
89 Beide Photos: Diane Gifford
90 Oben und Mitte © National Geographic Society (Photos: David Brill)
Unten Cleveland Museum of Natural History
91 © National Geographical Society (Photo: David Brill)
92–3 Photo: Peter Andrewes
93 Unten Karte von Gordon Cramp Studios
Unten Photos: E. Delson
94 Shostal Associates, New York
95 Ronald Bowen
97 Oben © National Geographic Society (Photo: Melville Bell Grosvenor)
Unten © National Geographic Society (Photo: Robert M. Campbell)
98–9 Anthro-Photo, Cambridge, Mass. (Photo: Canon)
99 Oben Karte von Gordon Cramp Studios
Unten Richard Gray

100 Links Ann Winterbotham
100–1 Picturepoint Ltd, London
101 Ann Winterbotham
102 Beide Photos. E. S. Ross, San Francisco
104 John Hillelson Agency, London (Photo: Georg Gerster)
105 John Hillelson Agency, London (Photo: Georg Gerster)
106 Links Ronald Bowen
Rechts John Topham Picture Library, Edenbridge (Photo: Des Bartlett)
107 Links © National Geographic Society
Rechts Ronald Bowen
109 Oben © National Geographic Society
Unten Photo: Diane Gifford
110 Beide Bilder: Bruce Coleman Ltd, Uxbridge (Photo: R. I. M. Campbell)
110–1 Ronald Bowen
112 Oben: Anthro-Photo, Cambridge, Mass. (Photo: R. Lee)
Unten: Photo E. S. Ros, San Francisco
114–5 Ronald Bowen
118–9 Picturepoint Ltd, London
120–1 Karte von Gordon Cramp Studios
122 Ronald Bowen
123 Ronald Bowen
126–7 Ronald Bowen
128 Alle Photos: Ralph S. Solecki
129 Links: Henry de Lumley
Rechts Marian Appelton
130 Ronald Bowen
131 Photo: C. Stringer
132 Genehmigung durch American Museum of Natural History, New York
133 Genehmigung durch American Museum of Natural History, New York
134–5 Ronald Bowen
136 Oben Photo: C. Stringer
Unten Photo: E. Delson
138 Oben links Daily Telegraph Colour Library (Photo: L. L. T. Rhodes)
Oben Mitte Bruce Coleman Ltd, Uxbridge (Photo: Norman Meyers)
Oben rechts Picturepoint Ltd, London
Unten Colorific, London (Photo: John Moss)
139 Oben Colorific, London (Photo: John Moss)
Links Nigel Osborne
Unten Photo: E. S. Ross, San Francisco
140 Links Michael Holford Library
Rechts Agence Hoa-Qui, Paris
141 Beide Bilder Richard Gray
142 Ronald Bowen
143 Gordon Cramp Studios
146–7 Photo: E. S. Ross, San Francisco
149 Len Whiteman/Gordon Cramp Studios
150 Oben Agence Hoa-Qui, Paris
Unten Anthro-Photo, Cambridge, Mass. (Photo: Irven De Vore)
151 Anthro-Photo, Cambridge, Mass. (Photo: Irven De Vore)
152 Ardea Photographics, London (Photo: Gert Bekrens)
153 Beide Photos John Topham Picture Library, Edenbridge (Photo: Norman Myers)
155 Oben Anthro-Photo, Cambridge, Mass. (Photo: Irven De Vore)
Unten Anthro-Photo, Cambridge, Mass. (Photo: Jiro Tanaka
156 Oben Pitch, Paris (Photo: P. Montoya)
Unten Bruce Coleman Ltd, Uxbridge (Photo: S. Pearson)
158–9 © National Geographic Society (Photo: Robert Campbell)
160 Karte von Gordon Cramp Studios
161 Picturepoint Ltd, London
162–3 Anthro-Photo, Cambridge, Mass. (Photo: Washburn)
164 Beide Bilder: Anthro-Photo, Cambridge, Mass. (Photos: Richard Lee)
165 Anthro-Photo, Cambridge, Mass. (Photo: Irven De Vore)
166 Photo: E. S. Ross, San Francisco
167 Oben und rechts Photos: E. S. Ross, San Francisco
Links Anthro-Photo, Cambridge, Mass. (Photo: Richard Katz)
168 Anthro-Photo, Cambridge, Mass. (Photo: Richard Katz)
169 Anthro-Photo, Cambridge, Mass. (Photo: Richard Lee)
170 Anthro-Photo, Cambridge, Mass. (Photo: Irven De Vore)
171 Anthro-Photo, Cambridge, Mass. (Photo: Irven De Vore)
173 Shostal Associates, New York
174 Anthro-Photo, Cambridge, Mass. (Photo: Irve De Vore)
175 Anthro-Photo, Cambridge, Mass. (Photo: Irven De Vore)
176 Robert Harding Associates, London
177 Karte von Richard Gray/Gordon Cramp Studios
178–9 Bruce Coleman Ltd, Uxbridge (Photo: Manfred Kage)
180 Michael Holford Library, London
181 Beide Bilder Fox Photos Ltd, London
182 John Hillelson Agency, London (Photo: Howard Sochurek)
183 Daily Telegraph Colour Library, London
184 Photos: Michael Lyster
186 Alison Cooke/Nigel Osborne
187 Alison Cooke/Nigel Osborne
190 Ardea Photographics, London (Photo: Dr. P. Morris)
191 Alison Cooke/Nigel Osborne
193 Alison Cooke/Nigel Osborne
194–5 Ann Winterbotham
195 Bruce Coleman Ltd, Uxbridge (Photo: C. James Webb)

196 John Hillelson Agency, London

198–9 Richard Gray/Gordon Cramp Studios

199 Links © National Geographic Society (Photo: Mary Leakey) Rechts © National Geographic Society (Photo: Hugo van Lawick)

201 Beide Bilder Colorific, London (Photo: Nina Leen)

202 Bruce Coleman Ltd, Uxbridge (Photo: R. R. Murton)

203 Oben Nigel Osborne Unten Photos: Ralph Holloway

206–7 Sunday Times, London (Photo: Donald McCullin)

209 Oben Bruce Coleman Ltd, Uxbridge (Photo: Jane Burton) Unten Bruce Coleman Ltd, Uxbridge (Photo: D. und K. Urrey)

210 Oben John Topham Picture Library, Edenbridge (Photo: Bob Campbell, Armand Denis Productions) Unten John Topham Picture Library, Edenbridge (Photo: D. Quignard)

210–1 Susan Griggs Agency, London (Photo: John Garrett)

211 John Hillelson Agency, London (Photo: Eve Arnold)

214 Bruce Coleman Ltd, Uxbridge (Photo: Leonard Lee Rue III)

214–5 Photri, Alexandria, Va. (Photo: L. Novak)

216–7 Keystone Press Agency, London

218–9 Daily Telegraph Colour Library, London (Photo: Leonard Rhodes)

222 Sunday Times, London (Photo: Donald McCullin)

226–7 Bruce Coleman Ltd, Uxbridge (Photo: Francisco Futil)

228 Camera Press, London (Photo: Marian Kaplan)

230–1 Explorer, Paris (Photo: Jean Valentin)

232 Shostal Associates, New York

234 John Hillelson Agency, London (Photo: Ian Berry)

235 Oben Colorific, London (Photo: Tony Carr) Unten Susan Griggs Agency, London (Photo: Englebert)

236 Anthro-Photo, Cambridge, Mass. (Photo: R. Lee)

238–9 Space Frontiers Ltd, Havant (Photo: N.A.S.A.)

240–1 Keystone Press Agency Ltd, London

242 John Hillelson Agency (Photo: Zetas/Duttilleux)

243 Oben Royal Society/Royal Geographical Society (Photo: Hugh I. Jones) Unten E. S. Ross, San Francisco

244 John Hillelson Agency, London (Photo: Ernest Cole)

245 Oben Bruce Coleman Ltd, Uxbridge (Photo: Masod Qureshi) Unten Robert Harding Associates, London

246 Unten Bruce Coleman Ltd, Uxbridge (Photo: Brian J. Coates) Unten Bruce Coleman Ltd, Uxbridge (Photo: Nicolas Devore)

246–7 Picturepoint Ltd, London

247 Oben Bruce Coleman Ltd, Uxbridge (Photo: Brian J. Coates) Links Bruce Coleman Ltd, Uxbridge (Photo: Christian Zuber) Unten Bruce Coleman Ltd, Uxbridge (Photo: Fritz Prenzel)

250 Oben Explorer, Paris (Photo: Jacques Trotignan) Links Bruce Coleman Ltd, Uxbridge (Photo: Chris Bonington Rechts Picturepoint Ltd, London

251 Oben Explorer, Paris (Photo: H. Veiller) Unten Colorific, London (Photo: David Moore)

252–3 Colorific, London (Photo: John Moss)

254 Nigel Osborne

254–5 Richard Gray/Gordon Cramp Studios

255 Arts Council of Great Britain